| 大学数学基础丛书 |

线性代数

（理工类）

袁学刚　牛大田　张　友　王书臣　主编

清華大学出版社
北　京

内 容 简 介

本书按照高等学校非数学专业"线性代数"课程的教学基本要求编写而成。课程以线性方程组为主线，依据数学递归的理念、思想和方法，引入相关的概念和运算，可读性强。课程内容包括行列式、矩阵及其相关运算、矩阵的初等变换与初等矩阵及应用、向量及其相关运算、矩阵的特征值、相似矩阵与对角化、二次型等。

本书是"线性代数"立体化教材的主教材，书中内容由浅入深，章节紧密衔接，每节选配的例题和习题典型多样，层级分明，重在提升学生学习线性代数的兴趣，进而提高应用线性代数知识解决相关问题的意识和能力。本书可以作为高等学校非数学专业"线性代数"课程的教材，也可以作为高等学校教师、工程技术人员和考研学生的参考书。

图书在版编目(CIP)数据

线性代数：理工类/袁学刚等主编. —北京：清华大学出版社，2019(2024.8 重印)
(大学数学基础丛书)
ISBN 978-7-302-52187-7

Ⅰ. ①线…　Ⅱ. ①袁…　Ⅲ. ①线性代数—高等学校—教材　Ⅳ. ①O151.2

中国版本图书馆 CIP 数据核字(2019)第 012942 号

责任编辑：刘　颖
封面设计：傅瑞学
责任校对：王淑云
责任印制：宋　林

出版发行：清华大学出版社
网　址：https://www.tup.com.cn，https://www.wqxuetang.com
地　址：北京清华大学学研大厦 A 座　　邮　编：100084
社 总 机：010-83470000　　邮　购：010-62786544
投稿与读者服务：010-62776969，c-service@tup.tsinghua.edu.cn
质量反馈：010-62772015，zhiliang@tup.tsinghua.edu.cn
印 装 者：三河市东方印刷有限公司
经　销：全国新华书店
开　本：185mm×260mm　　印　张：15.75　　字　数：379 千字
版　次：2019 年 1 月第 1 版　　印　次：2024 年 8 月第 9 次印刷
定　价：45.00 元

产品编号：082105-02

前言 PREFACE

线性代数作为高等学校一门重要的基础课程，它不仅为理工科学生学习后续专业课程提供必需的数学知识，而且为工程技术人员处理科学问题提供必要的理论依据。这门课程对培养学生的理性思维能力、逻辑推理能力以及综合判断能力起着不可或缺的作用。

随着时代的发展，当前势在必行的任务是：在人才培养过程中切实贯彻"以人为本、因材施教、夯实基础、创新应用"的指导思想；为普通高等学校非数学专业学生提供一本适用面较宽、易教易学的线性代数教材；合理利用信息化手段解决数学知识的逻辑性强、枯燥无味、抽象难懂等棘手问题。结合多年来从事线性代数课程教学的体会，借鉴国内外优秀教材的思想和处理方法，大连民族大学理学院组织相关教师编写了线性代数立体化教材。

本教材以教育部高等学校大学数学课程教学指导分委员会制定的《工科类本科数学基础课程教学基本要求》为依据，在知识点的覆盖面与"基本要求"相一致的基础上，对课程内容体系进行了整体优化，突出精选够用，表达上力求通俗易懂，使之更侧重于培养学生的基础能力和应用能力，以适应应用型、复合型本科人才的培养目标。本书的主要特色体现在以下几个方面：

1. 在知识体系的编排上，注重**认知跨度**的有效衔接。在中学，初等数学处理的是数量关系，与其不同的是，线性代数需要用矩阵、向量的视角来看待并处理问题。但是刚刚进入大学的大一学生还习惯于按数量的关系思考问题。因此，我们在编写教材时，考虑到了学生的惯性思维，从线性方程组及其消元解法出发，以线性方程组为主线，逐步地引入行列式、矩阵、向量等概念，并将其作为研究线性方程组的工具，逐渐完成从数量关系到矩阵关系、向量关系的转换。

2. 在课程内容的编写上，强化**规则框架**的正确使用。这里所指的规则包括：教材内容涵盖的定义、性质、定理、推论及一些重要的结论等。在给出相关规则时，对其进行必要的说明，指出在使用这些规则解决问题时的误区，列举了一些典型反例；在证明定理、推论、性质及求解典型例题时，先进行分析提示，再引导证明或求解，逐步使学生在学习"规则"时，能够正确理解并合理使用这些"规则"，解题时做到有理可依、有据可查，同时对有些方法进行了必要的评注。

3. 在相关规则的引入上，突出**逻辑思维**的重要地位。对课程的内容进行了适当的优化和调整，利用数学递归的理念、思想和方法引入相关概念和运算。例如，在引入 n 阶行列式的定义及行列式的基本性质时，避开了逆序数，而是先将二阶、三阶行列式的各种特性讨论清楚，然后利用数学递归的思想，给出 n 阶行列式的递归定义，并证明了行列式的基本性质；将初等变换作为贯穿矩阵相关计算的工具，强调它是矩阵的同秩变换，是向量组的同线性关系变换，是线性方程组的同解变换，由此建立线性代数各模块间的相互联系。

4. 在例题习题的选配上，施行**层级类别**的合理布局。为了满足不同专业、不同层级学生的需求，将例题分为三个层级。第一层级注重的是合理并规范使用“规则”，使学生能够解决一些较为直观的问题；第二层级注重的是掌握并灵活运用“规则”，使学生能够解决具有一定难度的问题；第三层级注重的是熟知并综合利用“规则”，使学生能够解决一些启发性和综合性较强的问题。此外，每一节都配备了与例题相对应的习题，习题分为 A 和 B 两类，学生通过学习第一、第二层级的例题便可以解决 A 类题中的习题，而 B 类题则相对复杂，求解较为困难，主要是为了满足部分专业和部分考研学生的更高需求。每一章都配备了复习题，便于检测学生的学习效果。为了便于学生做习题时检验，书后附了习题答案。同时，为了便于学生从总体上认识和把握本门课程，加入了“课程总体回顾”的视频内容，以及对两套模拟试卷的讲解。

5. 在信息手段的应用上，实现**线上线下**的有机统一。目前，教材建设仍然停留在传统模式上，过分追求逻辑的严密性和理论体系的完整性，导致教学内容抽象难懂。本书是“线性代数”立体化教材的主教材，书中各处的二维码可供读者通过手机或平板电脑等移动端扫码使用，各二维码链接的内容是根据本课程知识要点、典型的例题和习题录制的相关视频。最终可使学生实现课前预习、课上听讲、课后复习的一条龙学习模式。此外，书中对定义、定理、性质和推论给出了相应的英文译文，期望通过汉英对照的形式，使学生既能学到线性代数知识，又能学到专业词汇、专业语句的英文表达，为进一步阅读、学习专业英文文献奠定基础。

本书在编写过程中，各位参与编写的教师能够统一思想、团结协作，历经了充分调研、反复论证、独立撰写、相互审阅、及时修补等环节，使本书从初稿、统稿到定稿能够分阶段顺利完成。其中，第 1、2 章由张文正编写；第 3、4 章由张誉铎编写；第 5、6 章由牛大田编写。全书由袁学刚、牛大田、张友和王书臣负责统稿及修订，并对各个章节的内容及课后习题进行了适当的增补和修改；最后由黄永东负责主审及定稿。

本书的顺利出版，离不开大连民族大学各级领导的关心和支持，在此表示感谢。还要特别感谢清华大学出版社的刘颖编审、烟台大学数学与信息科学学院的侯仁民和李清华老师，他们对本书的初稿进行了认真的审阅，给予了具体的指导，提出了宝贵的建议。本书在编写过程中，我们参阅了大量的国内外各种版本的同类教材，并借鉴了这些教材的一些经典例题和习题，由于难以一一列举出处，深感歉疚，只能在此一并表示由衷的谢意。

尽管我们投入了大量的精力，但由于水平有限，书中还会存在某些不足或错误，恳请广大同行、读者批评指正，以期进一步修正和完善。

编　者

2018 年 12 月

目录

CONTENTS

第 1 章

行列式

Determinants

行列式的概念及相关理论是线性代数课程的主要内容之一，同时也是研究线性代数其他内容的重要工具。行列式最早是在求解线性方程组时出现的，从形式上看，行列式是由一些数字、已知量或未知量按一定方式排成的数表所确定，但是还要对这个数表按照一定规则做进一步的计算，最终得到的是一个实数、复数、多项式或者函数。本章首先根据递归的思想引入行列式的概念，并给出行列式的一些基本性质；然后介绍行列式的一些计算方法，并给出一些经典算例；最后介绍利用行列式求解 n 元线性方程组的方法，即克莱姆法则。

1.1 行列式的概念 | *Concepts of determinants*

本节首先根据二元、三元线性方程组的解的形式引入二阶、三阶行列式的定义，为便于记忆，引入对角线法则；然后利用递归的思想给出 n 阶行列式的定义及行列式的按行（列）展开定理，并利用定义计算几个形式较为简单的 n 阶行列式。

1.1.1 二阶、三阶行列式 | *Second order and third order determinants*

为了能一般化地反映二元线性方程组的解，考虑如下的二元抽象线性方程组

$$\begin{cases} a_{11}x_1 + a_{12}x_2 = b_1, \\ a_{21}x_1 + a_{22}x_2 = b_2, \end{cases} \tag{1.1}$$

其中，x_1, x_2 为未知量，$a_{ij}(i,j=1,2)$ 表示第 i 个方程中 x_j 的系数，$b_i(i=1,2)$ 为第 i 个方程的常数项。

利用消元法，可得

$$(a_{11}a_{22} - a_{12}a_{21})x_1 = b_1a_{22} - a_{12}b_2, \quad (a_{11}a_{22} - a_{12}a_{21})x_2 = a_{11}b_2 - b_1a_{21}。$$

当 $a_{11}a_{22} - a_{12}a_{21} \neq 0$ 时，线性方程组(1.1)有唯一解

$$x_1 = \frac{b_1a_{22} - a_{12}b_2}{a_{11}a_{22} - a_{12}a_{21}}, \quad x_2 = \frac{a_{11}b_2 - b_1a_{21}}{a_{11}a_{22} - a_{12}a_{21}}。 \tag{1.2}$$

此唯一解均为分式，且其分子和分母中均为两个双因子乘积的差的形式，为此引入如下定义。

定义 1.1 以数 $a_{11}, a_{12}, a_{21}, a_{22}$ 为元素的**二阶行列式**定义为

Definition 1.1 The **second order determinant**, associated with the elements $a_{11}, a_{12}, a_{21}, a_{22}$, is defined as

$$D_2=\begin{vmatrix}a_{11} & a_{12}\\ a_{21} & a_{22}\end{vmatrix}=a_{11}a_{22}-a_{12}a_{21}。\tag{1.3}$$

关于定义 1.1 的几点说明。

(1) D_2 的下标 2 表示行列式的阶数。

(2) 式(1.3)称为线性方程组(1.1)的**系数行列式**(**coefficient determinant**),a_{ij} $(i,j=1,2)$称为行列式的**元素**(**element**),其中 i 为**行标**(**row index**),j 为**列标**(**column index**)。a_{ij} 这种表述方式对于 $i,j=1,2,\cdots$同样适用。

(3) 为了便于记忆,引入二阶行列式的**对角线法则**(**diagonal rule**),如图 1.1 所示:

在图 1.1 中,实线称为**主对角线**(**leading diagonal**),虚线称为**次对角线**(**skew (or minor) diagonal**)。于是,二阶行列式等于主对角线上两个元素乘积与次对角线上两个元素乘积之差。

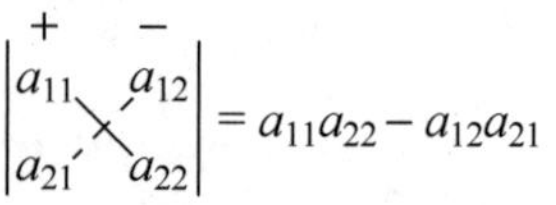

图 1.1

若记

$$D_2=\begin{vmatrix}a_{11} & a_{12}\\ a_{21} & a_{22}\end{vmatrix},\quad D_2^1=\begin{vmatrix}b_1 & a_{12}\\ b_2 & a_{22}\end{vmatrix},\quad D_2^2=\begin{vmatrix}a_{11} & b_1\\ a_{21} & b_2\end{vmatrix},$$

则当系数行列式满足 $D_2\neq0$ 时,线性方程组(1.1)的解(1.2)便可用二阶行列式表示为

$$x_1=\frac{D_2^1}{D_2},\quad x_2=\frac{D_2^2}{D_2}。\tag{1.4}$$

式(1.4)为二元线性方程组的求解公式($D_2\neq0$)。**特别注意到**,二阶行列式 D_2^1 是系数行列式 D_2 的第 1 列的元素依次替换为线性方程组的常数项;D_2^2 是系数行列式 D_2 的第 2 列的元素依次替换为线性方程组的常数项。

例 1.1 分别利用消元法和公式(1.4)求解如下的线性方程组:

$$\begin{cases}3x_1+x_2=9,\\ x_1+2x_2=8。\end{cases}$$

解 **法一** **利用消元法求解**。交换第 1 个方程和第 2 个方程得到

$$\begin{cases}x_1+2x_2=8,\\ 3x_1+x_2=9。\end{cases}$$

将第 1 个方程两端乘以-3加到第 2 个方程得到

$$\begin{cases}x_1+2x_2=8,\\ \quad\ -5x_2=-15。\end{cases}$$

将第 2 个方程两端乘以$-\frac{1}{5}$得到

$$\begin{cases}x_1+2x_2=8,\\ \qquad\ x_2=3。\end{cases}$$

将第 2 个方程两端乘以-2加到第 1 个方程得到

$$\begin{cases}x_1=2,\\ x_2=3。\end{cases}$$

法二 利用式(1.4)求解。根据对角线法则,可以求得

$$D_2=\begin{vmatrix}3&1\\1&2\end{vmatrix}=3\times2-1\times1=5,$$

$$D_2^1=\begin{vmatrix}9&1\\8&2\end{vmatrix}=9\times2-8\times1=10,\quad D_2^2=\begin{vmatrix}3&9\\1&8\end{vmatrix}=3\times8-1\times9=15。$$

因为 $D_2=5\neq0$,所以线性方程组的解为

$$x_1=\frac{D_2^1}{D_2}=\frac{10}{5}=2,\quad x_2=\frac{D_2^2}{D_2}=\frac{15}{5}=3。$$

类似地,考虑如下的三元抽象线性方程组

$$\begin{cases}a_{11}x_1+a_{12}x_2+a_{13}x_3=b_1,\\a_{21}x_1+a_{22}x_2+a_{23}x_3=b_2,\\a_{31}x_1+a_{32}x_2+a_{33}x_3=b_3,\end{cases}\tag{1.5}$$

其中 $x_i,a_{ij},b_i(i,j=1,2,3)$分别为未知量、未知量的系数以及常数项。

利用消元法可以求得,若

$$a_{11}a_{22}a_{33}+a_{12}a_{23}a_{31}+a_{13}a_{21}a_{32}-a_{13}a_{22}a_{31}-a_{12}a_{21}a_{33}-a_{11}a_{23}a_{32}\neq0,$$

则线性方程组(1.5)有唯一解

$$x_1=\frac{a_{22}a_{33}b_1+a_{12}a_{23}b_3+a_{13}a_{32}b_2-a_{13}a_{22}b_3-a_{12}a_{33}b_2-a_{23}a_{32}b_1}{a_{11}a_{22}a_{33}+a_{12}a_{23}a_{31}+a_{13}a_{21}a_{32}-a_{13}a_{22}a_{31}-a_{12}a_{21}a_{33}-a_{11}a_{23}a_{32}},$$

$$x_2=\frac{a_{11}a_{33}b_2+a_{23}a_{31}b_1+a_{13}a_{21}b_3-a_{13}a_{31}b_2-a_{21}a_{33}b_1-a_{11}a_{23}b_3}{a_{11}a_{22}a_{33}+a_{12}a_{23}a_{31}+a_{13}a_{21}a_{32}-a_{13}a_{22}a_{31}-a_{12}a_{21}a_{33}-a_{11}a_{23}a_{32}},$$

$$x_3=\frac{a_{11}a_{22}b_3+a_{12}a_{31}b_2+a_{21}a_{32}b_1-a_{22}a_{31}b_1-a_{12}a_{21}b_3-a_{11}a_{32}b_2}{a_{11}a_{22}a_{33}+a_{12}a_{23}a_{31}+a_{13}a_{21}a_{32}-a_{13}a_{22}a_{31}-a_{12}a_{21}a_{33}-a_{11}a_{23}a_{32}}。$$

与二元线性方程组类似,三元线性方程组的唯一解均为分式,且分子分母都是 6 项单项式的代数和,其中 3 项带正号,3 项带负号,且每项均为三个因子乘积的形式。为此引入如下的三阶行列式的定义。

定义 1.2 以数 $a_{ij}(i,j=1,2,3)$为元素的**三阶行列式**定义为

Definition 1.2 Based on the elements $a_{ij}(i,j=1,2,3)$, the **third order determinant** is defined as

$$D_3=\begin{vmatrix}a_{11}&a_{12}&a_{13}\\a_{21}&a_{22}&a_{23}\\a_{31}&a_{32}&a_{33}\end{vmatrix}=a_{11}a_{22}a_{33}+a_{12}a_{23}a_{31}+a_{13}a_{21}a_{32}-a_{13}a_{22}a_{31}-a_{12}a_{21}a_{33}-a_{11}a_{23}a_{32}。\tag{1.6}$$

关于定义 1.2 的几点说明。

(1) 式(1.6)中,等式左端的三阶行列式 D_3 由三行三列共 9 个元素组成。

(2) 式(1.6)的右端是 6 项单项式的代数和,并且每一项都是不同行、不同列的 3 个元素的乘积,其中前 3 项前面带有正号,后 3 项前面带有负号。

(3) 式(1.6)的表示形式较为复杂,特别是各项前面的正负号非常容易弄混。为了便于记忆,引入三阶行列式的**对角线法则**,如图 1.2 所示。

在图 1.2 中,元素 a_{11},a_{22},a_{33}所连接的实线称为**主对角线**;元素 a_{13},a_{22},a_{31}所连接的虚线称为**次对角线**。由图可见,3 条实线(主对角线方向)上 3 个元素的乘积均取正号,3 条虚

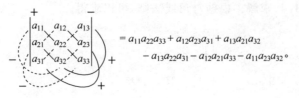

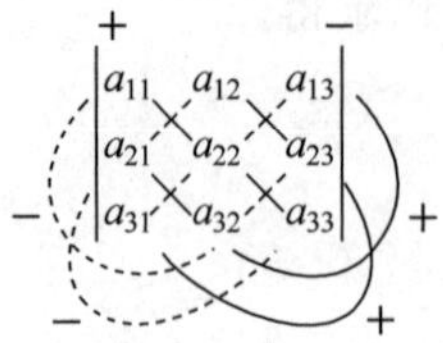

$$= a_{11}a_{22}a_{33} + a_{12}a_{23}a_{31} + a_{13}a_{21}a_{32} - a_{13}a_{22}a_{31} - a_{12}a_{21}a_{33} - a_{11}a_{23}a_{32}。$$

图 1.2

线(次对角线方向)上 3 个元素的乘积均取负号。

若令

$$D_3 = \begin{vmatrix} a_{11} & a_{12} & a_{13} \\ a_{21} & a_{22} & a_{23} \\ a_{31} & a_{32} & a_{33} \end{vmatrix}, \quad D_3^1 = \begin{vmatrix} b_1 & a_{12} & a_{13} \\ b_2 & a_{22} & a_{23} \\ b_3 & a_{32} & a_{33} \end{vmatrix},$$

$$D_3^2 = \begin{vmatrix} a_{11} & b_1 & a_{13} \\ a_{21} & b_2 & a_{23} \\ a_{31} & b_3 & a_{33} \end{vmatrix}, \quad D_3^3 = \begin{vmatrix} a_{11} & a_{12} & b_1 \\ a_{21} & a_{22} & b_2 \\ a_{31} & a_{32} & b_3 \end{vmatrix},$$

不难验证,当系数行列式满足 $D_3 \neq 0$ 时,线性方程组(1.5)有唯一解,并且解的形式为

$$x_1 = \frac{D_3^1}{D_3}, \quad x_2 = \frac{D_3^2}{D_3}, \quad x_3 = \frac{D_3^3}{D_3}。 \tag{1.7}$$

式(1.7)即为三元线性方程组的求解公式($D_3 \neq 0$)。**特别注意到**,三阶行列式 D_3^1、D_3^2 和 D_3^3 是系数行列式 D_3 的第 1 列、第 2 列和第 3 列的元素分别被替换为常数项所得。

需要指出的是,对角线法则有助于理解并记忆二阶、三阶行列式的表达式,这个法则只对二阶、三阶行列式适用。读者可自行验证,对 4 元线性方程组,如果将对角线法则用到对应的系数上,结果为 8 项单项式的代数和,但事实上,4 元线性方程组有唯一解时,解为分式,且分子、分母均为 24 项单项式的代数和。

例 1.2 计算行列式:

$$D_3 = \begin{vmatrix} 1 & -2 & 1 \\ 2 & 1 & -3 \\ -1 & 1 & -1 \end{vmatrix}。$$

分析 利用三阶行列式的对角线法则(见图 1.2)求解。

解 由对角线法则可得

$$\begin{aligned} D_3 = \begin{vmatrix} 1 & -2 & 1 \\ 2 & 1 & -3 \\ -1 & 1 & -1 \end{vmatrix} &= 1\times1\times(-1) + (-2)\times(-3)\times(-1) + 1\times1\times2 \\ &\quad -1\times1\times(-1) - (-2)\times2\times(-1) - 1\times1\times(-3) \\ &= -5。\end{aligned}$$

例 1.3 求解线性方程组:

$$\begin{cases} x_1 + 2x_2 - 4x_3 = 1, \\ -2x_1 + 2x_2 + x_3 = 0, \\ 3x_1 - 4x_2 - 2x_3 = 1。\end{cases}$$

分析 利用式(1.7)求解,计算三阶行列式时利用对角线法则。

解 利用三阶行列式的对角线法则,不难求得

$$D_3=\begin{vmatrix}1&2&-4\\-2&2&1\\3&-4&-2\end{vmatrix}=-10,\quad D_3^1=\begin{vmatrix}1&2&-4\\0&2&1\\1&-4&-2\end{vmatrix}=10,$$

$$D_3^2=\begin{vmatrix}1&1&-4\\-2&0&1\\3&1&-2\end{vmatrix}=6,\quad D_3^3=\begin{vmatrix}1&2&1\\-2&2&0\\3&-4&1\end{vmatrix}=8。$$

因为 $D_3=-10\neq0$,由求解公式(1.7),此线性方程组有唯一解,即

$$x_1=\frac{D_3^1}{D_3}=-1,\quad x_2=\frac{D_3^2}{D_3}=-\frac{3}{5},\quad x_3=\frac{D_3^3}{D_3}=-\frac{4}{5}。$$

1.1.2 *n* 阶行列式 | *n*-th order determinants

在引入二阶、三阶行列式之后,二元、三元线性方程组(未知量和方程个数相等)的解可以很方便地由二阶、三阶行列式表示出来,分别见式(1.4)和式(1.7)。自然想到的是:对于如下含有 n 个未知量的 n 个线性方程构成的 n 元线性方程组

$$\begin{cases}a_{11}x_1+a_{12}x_2+\cdots+a_{1n}x_n=b_1,\\a_{21}x_1+a_{22}x_2+\cdots+a_{2n}x_n=b_2,\\\qquad\vdots\\a_{n1}x_1+a_{n2}x_2+\cdots+a_{nn}x_n=b_n,\end{cases}$$

在一定条件下,它的解能否利用 n 阶行列式来表示呢?回答是肯定的,详情见 1.4 节。下面利用递归的思想引入 n 阶行列式的定义。

首先,根据二阶、三阶行列式的表达式不难发现它们之间有如下关系:

$$\begin{aligned}\begin{vmatrix}a_{11}&a_{12}&a_{13}\\a_{21}&a_{22}&a_{23}\\a_{31}&a_{32}&a_{33}\end{vmatrix}&=a_{11}a_{22}a_{33}+a_{12}a_{23}a_{31}+a_{13}a_{21}a_{32}-a_{13}a_{22}a_{31}-a_{12}a_{21}a_{33}-a_{11}a_{23}a_{32}\\&=a_{11}(a_{22}a_{33}-a_{23}a_{32})-a_{12}(a_{21}a_{33}-a_{23}a_{31})+a_{13}(a_{21}a_{32}-a_{22}a_{31})\\&=a_{11}\begin{vmatrix}a_{22}&a_{23}\\a_{32}&a_{33}\end{vmatrix}-a_{12}\begin{vmatrix}a_{21}&a_{23}\\a_{31}&a_{33}\end{vmatrix}+a_{13}\begin{vmatrix}a_{21}&a_{22}\\a_{31}&a_{32}\end{vmatrix}。\end{aligned}$$

由上式可见,三阶行列式可由二阶行列式计算。通过观察,可以发现最后等式右端的表达式存在一定的规律:

(1) 每一项都是三阶行列式中的第 1 行的某个元素与一个二阶行列式的乘积;

(2) 每个二阶行列式恰好是在划去前面相乘的元素所在行和所在列的元素之后,由剩余的元素按照原来的顺序组成的;

(3) 每一项前面取正号还是负号,恰好与元素 $a_{1j}(j=1,2,3)$ 的下标之和相对应,即每一项前面的符号恰好为 $(-1)^{1+j}$。

仿照三阶行列式的情形依次类推。若定义四阶行列式,它可以用三阶行列式计算;进一步地,依照递归的思想,现假设 $n-1$ **阶行列式**($n-1$**-th order determinant**)已经给出定义,那么 n 阶行列式就可以用 $n-1$ 阶行列式计算。

根据需要，首先引入余子式、代数余子式的定义。

定义 1.3 对于由 n 行 n 列共 n^2 个元素组成的数表

Definition 1.3 For the given numerical table consisted of n^2 elements located at n rows and n columns, respectively,

$$\begin{matrix} a_{11} & a_{12} & \cdots & a_{1n} \\ a_{21} & a_{22} & \cdots & a_{2n} \\ \vdots & \vdots & & \vdots \\ a_{n1} & a_{n2} & \cdots & a_{nn} \end{matrix}$$

划去元素 $a_{ij}(i,j=1,2,\cdots,n)$ 所在的第 i 行和第 j 列后，剩下的元素按原来的顺序构成了一个 $n-1$ 行 $n-1$ 列的数表，并可定义 $n-1$ 阶行列式，称之为元素 a_{ij} 的**余子式**，记作 M_{ij}，即

the $n-1$-th order determinant obtained via deleting the i-th row and the j-th column of $a_{ij}(i,j=1,2,\cdots,n)$ is said to be the **cofactor** of a_{ij}, written as M_{ij}, namely,

$$M_{ij} = \begin{vmatrix} a_{11} & \cdots & a_{1,j-1} & a_{1,j+1} & \cdots & a_{1n} \\ \vdots & & \vdots & \vdots & & \vdots \\ a_{i-11} & \cdots & a_{i-1,j-1} & a_{i-1,j+1} & \cdots & a_{i-1n} \\ a_{i+11} & \cdots & a_{i+1,j-1} & a_{i+1,j+1} & \cdots & a_{i+1n} \\ \vdots & & \vdots & \vdots & & \vdots \\ a_{n1} & \cdots & a_{n,j-1} & a_{n,j+1} & \cdots & a_{nn} \end{vmatrix}, \tag{1.8}$$

并且称

and

$$A_{ij} = (-1)^{i+j} M_{ij} \tag{1.9}$$

为元素 a_{ij} 的**代数余子式**。

is said to be the **algebraic cofactor** of a_{ij}.

根据定义 1.3，在如下的二阶行列式中

$$\begin{vmatrix} a_{11} & a_{12} \\ a_{21} & a_{22} \end{vmatrix},$$

第 1 行元素 a_{11}, a_{12} 的余子式和代数余子式分别为

$$M_{11} = a_{22}, \quad M_{12} = a_{21};$$

$$A_{11} = (-1)^{1+1} M_{11} = a_{22}, \quad A_{12} = (-1)^{1+2} M_{12} = -a_{21}。$$

于是，可将二阶行列式的表达式(1.3)重新记为

$$\begin{vmatrix} a_{11} & a_{12} \\ a_{21} & a_{22} \end{vmatrix} = a_{11}A_{11} + a_{12}A_{12}。$$

这表明二阶行列式等于它的第 1 行元素 a_{11}, a_{12} 与所对应的代数余子式 A_{11}, A_{12} 的乘积之和。

进一步地，在如下的三阶行列式中

$$\begin{vmatrix} a_{11} & a_{12} & a_{13} \\ a_{21} & a_{22} & a_{23} \\ a_{31} & a_{32} & a_{33} \end{vmatrix},$$

第 1 行元素 a_{11}, a_{12}, a_{13} 的余子式和代数余子式分别为

$$M_{11} = \begin{vmatrix} a_{22} & a_{23} \\ a_{32} & a_{33} \end{vmatrix}, \quad M_{12} = \begin{vmatrix} a_{21} & a_{23} \\ a_{31} & a_{33} \end{vmatrix}, \quad M_{13} = \begin{vmatrix} a_{21} & a_{22} \\ a_{31} & a_{32} \end{vmatrix};$$

$$A_{11}=(-1)^{1+1}M_{11}=\begin{vmatrix}a_{22} & a_{23}\\ a_{32} & a_{33}\end{vmatrix},\quad A_{12}=(-1)^{1+2}M_{12}=-\begin{vmatrix}a_{21} & a_{23}\\ a_{31} & a_{33}\end{vmatrix},$$

$$A_{13}=(-1)^{1+3}M_{13}=\begin{vmatrix}a_{21} & a_{22}\\ a_{31} & a_{32}\end{vmatrix}。$$

利用以上结果,可将三阶行列式的表达式(1.6)重新记为

$$\begin{vmatrix}a_{11} & a_{12} & a_{13}\\ a_{21} & a_{22} & a_{23}\\ a_{31} & a_{32} & a_{33}\end{vmatrix}=a_{11}A_{11}+a_{12}A_{12}+a_{13}A_{13}=\sum_{k=1}^{3}a_{1k}A_{1k}。$$

这表明三阶行列式等于它的第 1 行元素 a_{11},a_{12},a_{13} 与所对应的代数余子式 A_{11},A_{12},A_{13} 的乘积之和。

由此可见,二阶、三阶行列式可以用它们第 1 行的元素与所对应的代数余子式的乘积之和表示。事实上,这种表示方法具有一般性。按照这样的思想方法,下面给出 n 阶行列式的递归定义。

定义 1.4 由 n 行 n 列共 n^2 个元素 $a_{ij}(i,j=1,2,\cdots,n)$ 构成的 **n 阶行列式** D_n 定义为

Definition 1.4 Based on the n^2 elements $a_{ij}(i,j=1,2,\cdots,n)$ located at n rows and n columns, the n-th order determinant D_n is defined as

$$D_n=\begin{vmatrix}a_{11} & a_{12} & \cdots & a_{1n}\\ a_{21} & a_{22} & \cdots & a_{2n}\\ \vdots & \vdots & & \vdots\\ a_{n1} & a_{n2} & \cdots & a_{nn}\end{vmatrix}=a_{11}A_{11}+a_{12}A_{12}+\cdots+a_{1n}A_{1n},\tag{1.10}$$

其中 $A_{11},A_{12},\cdots,A_{1n}$ 是分别与第 1 行的元素 $a_{11},a_{12},\cdots,a_{1n}$ 对应的代数余子式。通常,式(1.10)也称为 n 阶行列式 D_n 按第 1 行的展开式。

where $A_{11},A_{12},\cdots,A_{1n}$ are the algebraic cofactors associated with the elements $a_{11},a_{12},\cdots,a_{1n}$ in the first row, respectively. In general, Eq. (1.10) is also called an expansion of the n-th order determinant D_n with respect to the first row.

关于定义 1.4 的几点说明。

(1) 当 $n=1$ 时,$|a_{11}|=a_{11}$,它不能与数的绝对值相混淆,如一阶行列式 $|-3|=-3$。

(2) 为了方便记号,式(1.10)也可以记为

$$D_n=a_{11}A_{11}+a_{12}A_{12}+\cdots+a_{1n}A_{1n}=\sum_{k=1}^{n}a_{1k}A_{1k}。\tag{1.11}$$

(3) 行列式的递归定义表明,n 阶行列式可以由 n 个 $n-1$ 阶行列式表示。进一步地,每个 $n-1$ 阶行列式又可由 $n-1$ 个 $n-2$ 阶行列式来表示。如此进行下去,n 阶行列式便可用 $(n-1),\cdots,3,2,1$ 阶行列式表示。因此,n 阶行列式最后表示成 $n!$ 项的代数和,且每一项都是 n 个不同行、不同列的元素的乘积,即

$$D_n=\sum_{p_1p_2\cdots p_n}(-1)^{\tau(p_1p_2\cdots p_n)}a_{1p_1}a_{2p_2}\cdots a_{np_n},\tag{1.12}$$

其中 $p_1p_2\cdots p_n$ 是自然数 $1,2,\cdots,n$ 的一个排列,$\tau(p_1p_2\cdots p_n)$ 是排列 $p_1p_2\cdots p_n$ 的逆序数。

由于式(1.12)涉及排列和逆序数等概念，限于篇幅无法详述，有兴趣的读者可以参考教材[1,2]。

仍然以三阶行列式为研究对象，经过移项并且合并同类项，还可以整理得到如下一些有用的表达式：

$$\begin{vmatrix} a_{11} & a_{12} & a_{13} \\ a_{21} & a_{22} & a_{23} \\ a_{31} & a_{32} & a_{33} \end{vmatrix} = a_{11}a_{22}a_{33} + a_{12}a_{23}a_{31} + a_{13}a_{21}a_{32} - a_{13}a_{22}a_{31} - a_{12}a_{21}a_{33} - a_{11}a_{23}a_{32}$$

$$= -a_{21}\begin{vmatrix} a_{12} & a_{13} \\ a_{32} & a_{33} \end{vmatrix} + a_{22}\begin{vmatrix} a_{11} & a_{13} \\ a_{31} & a_{33} \end{vmatrix} - a_{23}\begin{vmatrix} a_{11} & a_{12} \\ a_{31} & a_{32} \end{vmatrix} = a_{21}A_{21} + a_{22}A_{22} + a_{23}A_{23}$$

（按第2行展开）

$$= a_{31}\begin{vmatrix} a_{12} & a_{13} \\ a_{22} & a_{23} \end{vmatrix} - a_{32}\begin{vmatrix} a_{11} & a_{13} \\ a_{21} & a_{23} \end{vmatrix} + a_{33}\begin{vmatrix} a_{11} & a_{12} \\ a_{21} & a_{22} \end{vmatrix} = a_{31}A_{31} + a_{32}A_{32} + a_{33}A_{33}$$

（按第3行展开）

$$= a_{11}\begin{vmatrix} a_{22} & a_{23} \\ a_{32} & a_{33} \end{vmatrix} - a_{21}\begin{vmatrix} a_{12} & a_{13} \\ a_{32} & a_{33} \end{vmatrix} + a_{31}\begin{vmatrix} a_{12} & a_{13} \\ a_{22} & a_{23} \end{vmatrix} = a_{11}A_{11} + a_{21}A_{21} + a_{31}A_{31}$$

（按第1列展开）

$$= -a_{12}\begin{vmatrix} a_{21} & a_{23} \\ a_{31} & a_{33} \end{vmatrix} + a_{22}\begin{vmatrix} a_{11} & a_{13} \\ a_{31} & a_{33} \end{vmatrix} - a_{32}\begin{vmatrix} a_{11} & a_{13} \\ a_{21} & a_{23} \end{vmatrix} = a_{12}A_{12} + a_{22}A_{22} + a_{32}A_{32}$$

（按第2列展开）

$$= a_{13}\begin{vmatrix} a_{21} & a_{22} \\ a_{31} & a_{32} \end{vmatrix} - a_{23}\begin{vmatrix} a_{11} & a_{12} \\ a_{31} & a_{32} \end{vmatrix} + a_{33}\begin{vmatrix} a_{11} & a_{12} \\ a_{21} & a_{22} \end{vmatrix} = a_{13}A_{13} + a_{23}A_{23} + a_{33}A_{33}。$$

（按第3列展开）

由此可见，三阶行列式可以表示为它的任意一行(列)的各元素与其对应代数余子式的乘积之和。

依照递归思想，对于 n 阶行列式，可以证明如下定理。

定理 1.1 对于给定的 n 阶行列式，它可以表示为它的任意一行(列)的各元素与其对应代数余子式的乘积之和，即

Theorem 1.1 For the given n-th order determinant, it can be expressed as the sum of the multiplications of the elements in an arbitrary row (column) by their corresponding algebraic cofactors, namely,

$$D_n = a_{i1}A_{i1} + a_{i2}A_{i2} + \cdots + a_{in}A_{in} = \sum_{k=1}^{n} a_{ik}A_{ik} \quad (i = 1,2,\cdots,n) \tag{1.13}$$

或

or

$$D_n = a_{1j}A_{1j} + a_{2j}A_{2j} + \cdots + a_{nj}A_{nj} = \sum_{k=1}^{n} a_{kj}A_{kj} \quad (j = 1,2,\cdots,n)。 \tag{1.14}$$

该定理又称为行列式的**按行(列)展开定理(expansion theorem in accordance with a row (column))**。

由定义1.4知，如果行列式中第1行元素除 a_{1k} 外都为零，则行列式等于 a_{1k} 与其对应的代数余子式的乘积，如

$$\begin{vmatrix} 0 & 0 & \cdots & a_{1k} & \cdots & 0 \\ a_{21} & a_{22} & \cdots & a_{2k} & \cdots & a_{2n} \\ \vdots & \vdots & & \vdots & & \vdots \\ a_{n1} & a_{n2} & \cdots & a_{nk} & \cdots & a_{nn} \end{vmatrix} = a_{1k}A_{1k}。\tag{1.15}$$

此时，n 阶行列式被约化为一个 $n-1$ 阶行列式。

特别地，类似于式(1.15)，有如下推论。

推论 如果 n 阶行列式中第 i 行的元素除 a_{ik} 外都为零，那么行列式等于 a_{ik} 与其对应的代数余子式的乘积，即

Corollary If the elements in the i-th row of an n-th order determinant are all zero except for a_{ik}, then the determinant is equal to the multiplication of a_{ik} by its corresponding algebraic cofactor, namely,

$$D_n = a_{ik}A_{ik}。\tag{1.16}$$

类似地，如果 n 阶行列式中某一列的元素除 a_{kj} 外都为零，也有同样的结论成立。

例 1.4 计算下列行列式：

$$(1)\ D_3 = \begin{vmatrix} 3 & 0 & -1 \\ 0 & -2 & 2 \\ 2 & 1 & 1 \end{vmatrix}；(2)\ D_3 = \begin{vmatrix} 5 & 2 & 1 \\ 2 & 0 & 0 \\ 1 & -3 & 3 \end{vmatrix}；(3)\ D_4 = \begin{vmatrix} 1 & -2 & 0 & 3 \\ 2 & 3 & -2 & 1 \\ 0 & 1 & 0 & -1 \\ 1 & 0 & 0 & -2 \end{vmatrix}。$$

分析 分别利用式(1.10)、式(1.13)或式(1.14)求解。

解 (1) 第 1 行各元素的代数余子式分别为

$$A_{11} = (-1)^{1+1}\begin{vmatrix} -2 & 2 \\ 1 & 1 \end{vmatrix} = -4,\quad A_{12} = (-1)^{1+2}\begin{vmatrix} 0 & 2 \\ 2 & 1 \end{vmatrix} = 4,$$

$$A_{13} = (-1)^{1+3}\begin{vmatrix} 0 & -2 \\ 2 & 1 \end{vmatrix} = 4。$$

于是

$$D_3 = a_{11}A_{11} + a_{12}A_{12} + a_{13}A_{13} = 3\times(-4) + 0\times 4 + (-1)\times 4 = -16。$$

(2) 注意到，在行列式的第 2 行中，只有 $a_{21}=2\neq 0$。利用式(1.13)，将 D_3 按照第 2 行展开可得

$$D_3 = 2\times(-1)^{2+1}\begin{vmatrix} 2 & 1 \\ -3 & 3 \end{vmatrix} = -2\times[2\times 3-(-3)\times 1] = -18。$$

(3) 注意到，在行列式的第 3 列中，只有 $a_{23}=-2\neq 0$。利用式(1.14)，将 D_4 按照第 3 列展开可得

$$D_4 = (-2)\times(-1)^{2+3}\begin{vmatrix} 1 & -2 & 3 \\ 0 & 1 & -1 \\ 1 & 0 & -2 \end{vmatrix} = 2\begin{vmatrix} 1 & -2 & 3 \\ 0 & 1 & -1 \\ 1 & 0 & -2 \end{vmatrix}。$$

对等式右端的行列式再次利用式(1.14)，按照第 1 列展开可得

$$\begin{vmatrix} 1 & -2 & 3 \\ 0 & 1 & -1 \\ 1 & 0 & -2 \end{vmatrix} = 1\times(-1)^{1+1}\begin{vmatrix} 1 & -1 \\ 0 & -2 \end{vmatrix} + 0 + 1\times(-1)^{3+1}\begin{vmatrix} -2 & 3 \\ 1 & -1 \end{vmatrix} = -2+(-1) = -3。$$

于是 $D_4=2\times(-3)=-6$。

对此例中的(1)和(2)，读者可以尝试利用三阶行列式的对角线法则计算。

例 1.5 计算 n 阶行列式：

$$D_n=\begin{vmatrix} a_{11} & 0 & \cdots & 0 \\ a_{21} & a_{22} & \cdots & 0 \\ \vdots & \vdots & \ddots & \vdots \\ a_{n1} & a_{n2} & \cdots & a_{nn} \end{vmatrix}。$$

这个行列式称为**下三角形行列式**(lower triangular determinant)，其特点是当 $i<j$ 时，$a_{ij}=0(i,j=1,2,\cdots,n)$。

分析 注意到，在行列式的第1行中，除 a_{11} 外其余的元素都为零，可以利用 n 阶行列式的定义计算，此后的计算依次类推。

解 在行列式的第1行中，由于 $a_{12}=a_{13}=\cdots=a_{1n}=0$，由 n 阶行列式的定义，得

$$D_n=a_{11}A_{11}。$$

显然，A_{11} 是一个 $n-1$ 阶下三角形行列式，于是

$$A_{11}=a_{22}\begin{vmatrix} a_{33} & 0 & \cdots & 0 \\ a_{43} & a_{44} & \cdots & 0 \\ \vdots & \vdots & \ddots & \vdots \\ a_{n3} & a_{n4} & \cdots & a_{nn} \end{vmatrix}。$$

依次类推，不难求出

$$D_n=a_{11}a_{22}\cdots a_{nn}。$$

由此可见，下三角形行列式等于主对角线上各元素的乘积。

除主对角线元素外其余元素全为零的行列式称为**对角行列式**(diagonal determinant)。显然，对角行列式是下三角形行列式的特殊形式，因此有

$$D_n=\begin{vmatrix} \lambda_1 & 0 & \cdots & 0 \\ 0 & \lambda_2 & \cdots & 0 \\ \vdots & \vdots & \ddots & \vdots \\ 0 & 0 & \cdots & \lambda_n \end{vmatrix}=\lambda_1\lambda_2\cdots\lambda_n。$$

例 1.6 证明：

$$D_n=\begin{vmatrix} 0 & 0 & \cdots & 0 & a_{1n} \\ 0 & 0 & \cdots & a_{2,n-1} & a_{2n} \\ \vdots & \vdots & ⋰ & \vdots & \vdots \\ 0 & a_{n-1,2} & \cdots & a_{n-1,n-1} & a_{n-1,n} \\ a_{n1} & a_{n2} & \cdots & a_{n,n-1} & a_{nn} \end{vmatrix}=(-1)^{\frac{n(n-1)}{2}}a_{1n}a_{2,n-1}\cdots a_{n1}。$$

分析 与例1.5类似，可以利用式(1.13)证明。但不同的是，本行列式第1行中除 a_{1n} 不为零外其余元素均为零，因此与例1.5相比，行列式的结果有很大差异。

证 法一 在行列式的第1行中，由于 $a_{11}=a_{12}=\cdots=a_{1,n-1}=0$，由式(1.10)得

$$D_n = a_{1n}A_{1n} = (-1)^{1+n}a_{1n}\begin{vmatrix} 0 & \cdots & 0 & a_{2,n-1} \\ 0 & \cdots & a_{3,n-2} & a_{3,n-1} \\ \vdots & ⋰ & \vdots & \vdots \\ a_{n1} & \cdots & a_{n,n-2} & a_{n,n-1} \end{vmatrix}$$

$$= (-1)^{1+n}a_{1n} \cdot (-1)^{1+(n-1)}a_{2,n-1}\begin{vmatrix} 0 & \cdots & 0 & a_{3,n-2} \\ 0 & \cdots & a_{4,n-3} & a_{4,n-2} \\ \vdots & ⋰ & \vdots & \vdots \\ a_{n1} & \cdots & a_{n,n-3} & a_{n,n-2} \end{vmatrix}$$

$$= \cdots = (-1)^{1+n} \cdot (-1)^{1+(n-1)} \cdot \cdots \cdot (-1)^{1+2}a_{1n}a_{2,n-1} \cdot \cdots \cdot a_{n1}$$

$$= (-1)^{\frac{(n+4)(n-1)}{2}}a_{1n}a_{2,n-1}\cdots a_{n1} = (-1)^{\frac{n(n-1)}{2}}a_{1n}a_{2,n-1}\cdots a_{n1}。$$

法二 在行列式的第1列中，由于 $a_{11}=a_{21}=\cdots=a_{n-1,1}=0$，由式(1.14)得

$$D_n = a_{n1}A_{n1} = a_{n1} \cdot (-1)^{n+1}\begin{vmatrix} 0 & \cdots & 0 & a_{1n} \\ 0 & \cdots & a_{2,n-1} & a_{2n} \\ \vdots & ⋰ & \vdots & \vdots \\ a_{n-1,2} & \cdots & a_{n-1,n-1} & a_{n-1,n} \end{vmatrix}$$

$$= (-1)^{n+1}a_{n1} \cdot (-1)^{(n-1)+1}a_{n-1,2}\begin{vmatrix} 0 & \cdots & 0 & a_{1n} \\ 0 & \cdots & a_{2,n-1} & a_{2n} \\ \vdots & ⋰ & \vdots & \vdots \\ a_{n-2,3} & \cdots & a_{n-2,n-1} & a_{n-2,n} \end{vmatrix}$$

$$= \cdots = (-1)^{n+1}(-1)^{(n-1)+1}\cdots(-1)^{2+1}a_{n1}a_{n-1,2}\cdots a_{2,n-1}a_{1n}$$

$$= (-1)^{\frac{(n+4)(n-1)}{2}}a_{n1}a_{n-1,2}\cdots a_{2,n-1}a_{1n} = (-1)^{\frac{n(n-1)}{2}}a_{n1}a_{n-1,2}\cdots a_{2,n-1}a_{1n}$$

$$= (-1)^{\frac{n(n-1)}{2}}a_{1n}a_{2,n-1}\cdots a_{n1}。$$

特别地，行列式

$$D_n = \begin{vmatrix} 0 & \cdots & 0 & \lambda_1 \\ 0 & \cdots & \lambda_2 & 0 \\ \vdots & ⋰ & \vdots & \vdots \\ \lambda_n & \cdots & 0 & 0 \end{vmatrix} = (-1)^{\frac{n(n-1)}{2}}\lambda_1\lambda_2\cdots\lambda_n。$$

证毕

习题 1.1

思考题

1. 余子式 M_{ij} 和元素 a_{ij} 有什么关系？余子式 M_{ij} 和代数余子式 A_{ij} 之间有什么关系？
2. n 阶行列式的定义与定理1.1有什么联系？
3. 对于任意给定的常数 k，判断如下两个等式

$$\begin{vmatrix} a_{11} & a_{12} & a_{13} \\ a_{21} & a_{22} & a_{23} \\ a_{31} & a_{32} & a_{33} \end{vmatrix} = \begin{vmatrix} a_{12} & a_{11} & a_{13} \\ a_{22} & a_{21} & a_{23} \\ a_{32} & a_{31} & a_{33} \end{vmatrix}$$

和

$$\begin{vmatrix} a_{11} & a_{12} & a_{13} \\ a_{21} & a_{22} & a_{23} \\ a_{31} & a_{32} & a_{33} \end{vmatrix} = \begin{vmatrix} a_{11} & a_{12} & a_{13} \\ a_{21} & a_{22} & a_{23} \\ a_{31}+ka_{21} & a_{32}+ka_{22} & a_{33}+ka_{23} \end{vmatrix}$$

是否成立?

A类题

1. 计算下列行列式:

(1) $D_2=\begin{vmatrix} 3 & 6 \\ -1 & 2 \end{vmatrix}$;

(2) $D_2=\begin{vmatrix} \cos x & \sin x \\ \sin x & \cos x \end{vmatrix}$;

(3) $D_3=\begin{vmatrix} 1 & -1 & 2 \\ 0 & 3 & -1 \\ -2 & 2 & -4 \end{vmatrix}$;

(4) $D_3=\begin{vmatrix} 0 & a & 0 \\ b & 0 & c \\ 0 & d & 0 \end{vmatrix}$;

(5) $D_5=\begin{vmatrix} 3 & 0 & 0 & 0 & 4 \\ 0 & 0 & 0 & 2 & 3 \\ 0 & 0 & 5 & 0 & 2 \\ 0 & 0 & 0 & 0 & 1 \\ 0 & 4 & 0 & 0 & 1 \end{vmatrix}$;

(6) $D_n=\begin{vmatrix} 0 & 1 & 0 & \cdots & 0 \\ 0 & 0 & 2 & \cdots & 0 \\ \vdots & \vdots & \vdots & \ddots & \vdots \\ 0 & 0 & 0 & \cdots & n-1 \\ n & 0 & 0 & \cdots & 0 \end{vmatrix}$。

2. 利用行列式求解下列线性方程组:

(1) $\begin{cases} 4x_1+x_2=6, \\ 2x_1-3x_2=-4; \end{cases}$

(2) $\begin{cases} 3x_1+x_2+2x_3=5, \\ x_1+2x_2-5x_3=-2, \\ 2x_1-5x_2-2x_3=4; \end{cases}$

(3) $\begin{cases} 3x_1+2x_2+2x_3=1, \\ 2x_1+3x_2+5x_3=4, \\ x_1-4x_2+3x_3=-9; \end{cases}$

(4) $\begin{cases} x_1-2x_2+3x_3=5, \\ 2x_1+x_2-3x_3=-3, \\ 2x_1+2x_2-x_3=2。 \end{cases}$

B类题

1. 计算下列行列式:

(1) $D_3=\begin{vmatrix} a & b & c \\ b & c & a \\ c & a & b \end{vmatrix}$;

(2) $D_4=\begin{vmatrix} a & 1 & 0 & 0 \\ -1 & b & 0 & 0 \\ 0 & -1 & c & 0 \\ 0 & 0 & -1 & d \end{vmatrix}$;

(3) $D_4=\begin{vmatrix} \lambda & 1 & 0 & 0 \\ 1 & \lambda & 0 & 0 \\ 0 & 0 & \lambda & 1 \\ 0 & 0 & 1 & \lambda \end{vmatrix}$;

(4) $D_n=\begin{vmatrix} 0 & \cdots & 0 & 1 & 0 \\ 0 & \cdots & 2 & 0 & 0 \\ \vdots & ⋰ & \vdots & \vdots & \vdots \\ n-1 & \cdots & 0 & 0 & 0 \\ 0 & \cdots & 0 & 0 & n \end{vmatrix}$ $(n\geqslant 2)$。

2. 求解下列行列式方程：

(1) $D_3=\begin{vmatrix} x-6 & 5 & 3 \\ -3 & x+2 & 2 \\ -2 & 2 & x \end{vmatrix}=0$；　　(2) $D_3=\begin{vmatrix} x-1 & 1 & 1 \\ 0 & x-2 & 0 \\ 8 & 3 & x-3 \end{vmatrix}=0$。

1.2 n 阶行列式的性质及应用

Properties and applications of n-th order determinants

利用行列式的定义直接计算行列式一般很困难，行列式的阶数越高，困难越大。为了简化相应的计算，本节首先介绍行列式的一些基本性质；然后利用这些性质及推论计算一些形式较为简单的行列式。

1.2.1 行列式的基本性质

Basic properties of determinants

定义 1.5 对于如下给定的 n 阶行列式

Definition 1.5 For the following given n-th order determinant

$$D_n=\begin{vmatrix} a_{11} & a_{12} & \cdots & a_{1n} \\ a_{21} & a_{22} & \cdots & a_{2n} \\ \vdots & \vdots & & \vdots \\ a_{n1} & a_{n2} & \cdots & a_{nn} \end{vmatrix},$$

将 D_n 中行与列互换，得到新的 n 阶行列式

interchanging the rows and the columns of D_n yields a new n-th order determinant

$$D_n^{\mathrm{T}}=\begin{vmatrix} a_{11} & a_{21} & \cdots & a_{n1} \\ a_{12} & a_{22} & \cdots & a_{n2} \\ \vdots & \vdots & & \vdots \\ a_{1n} & a_{2n} & \cdots & a_{nn} \end{vmatrix}, \tag{1.17}$$

称 D_n^{T}（或记为 D_n'）为 D_n 的**转置行列式**。

it is called that D_n^{T} (or written as D_n') is the **transpose determinant** of D_n.

性质 1（转置性） 行列式与它的转置行列式相等，即 $D_n=D_n^{\mathrm{T}}$。

Property 1 (Transpose) A determinant is equal to its transpose determinant, namely, $D_n=D_n^{\mathrm{T}}$.

事实上，对于行列式 D_n 中的第 i 行元素 $a_{ik}\,(k=1,2,\cdots,n)$，在转置行列式(1.17)中变为了第 i 列的元素，即 $a_{ki}\,(k=1,2,\cdots,n)$。根据定理 1.1，将行列式 D_n 按照第 i 行展开的表达式与将转置行列式(1.17)按照第 i 列展开的表达式相等。

性质 1 表明，行列式中行与列具有同等的地位，即行列式的性质凡是对行成立的，对列也同样成立，反之亦然。

例如，对于如下的**上三角形行列式**(**upper triangular determinant**)

$$D_n=\begin{vmatrix} a_{11} & a_{12} & \cdots & a_{1n} \\ 0 & a_{22} & \cdots & a_{2n} \\ \vdots & \vdots & \ddots & \vdots \\ 0 & 0 & \cdots & a_{nn} \end{vmatrix},$$

由性质 1 可得

$$D_n = D_n^{\mathrm{T}} = \begin{vmatrix} a_{11} & 0 & \cdots & 0 \\ a_{12} & a_{22} & \cdots & 0 \\ \vdots & \vdots & \ddots & \vdots \\ a_{1n} & a_{2n} & \cdots & a_{nn} \end{vmatrix} = a_{11}a_{22}\cdots a_{nn}。$$

性质 2(反号性) 互换行列式任意两行(列),行列式改变符号。

Property 2 (Opposite sign) Interchanging arbitrary two rows (columns) of a determinant changes the sign of the determinant.

注 以 r_i 表示行列式的第 i 行,以 c_i 表示第 i 列,交换 i,j 两行(列),记作 $r_i \leftrightarrow r_j(c_i \leftrightarrow c_j)$。

例如,

$$\begin{vmatrix} 3 & 5 \\ -1 & 3 \end{vmatrix} = 14, \quad \begin{vmatrix} -1 & 3 \\ 3 & 5 \end{vmatrix} = -14。$$

要理解性质 2 并不难,不失一般性,以三阶行列式为例。将三阶行列式的第 1 行和第 3 行互换,原行列式 D_3 和新得到的行列式 $\widetilde{D}_3$ 如下:

$$D_3 = \begin{vmatrix} a_{11} & a_{12} & a_{13} \\ a_{21} & a_{22} & a_{23} \\ a_{31} & a_{32} & a_{33} \end{vmatrix}; \quad \widetilde{D}_3 = \begin{vmatrix} a_{31} & a_{32} & a_{33} \\ a_{21} & a_{22} & a_{23} \\ a_{11} & a_{12} & a_{13} \end{vmatrix}。$$

为了找到两个行列式之间的关系,根据行列式按行展开的公式(1.13),将行列式 D_3 按照第 2 行展开,得到

$$D_3 = a_{21}A_{21} + a_{22}A_{22} + a_{23}A_{23}(第\ 2\ 行)。$$

将行列式 $\widetilde{D}_3$ 按照第 2 行展开,并将其表示为标准形式,得到

$$\begin{aligned} \widetilde{D}_3 &= \begin{vmatrix} a_{31} & a_{32} & a_{33} \\ a_{21} & a_{22} & a_{23} \\ a_{11} & a_{12} & a_{13} \end{vmatrix} = -a_{21}\begin{vmatrix} a_{32} & a_{33} \\ a_{12} & a_{13} \end{vmatrix} + a_{22}\begin{vmatrix} a_{31} & a_{33} \\ a_{11} & a_{13} \end{vmatrix} - a_{23}\begin{vmatrix} a_{31} & a_{32} \\ a_{11} & a_{12} \end{vmatrix} \\ &= +a_{21}\begin{vmatrix} a_{12} & a_{13} \\ a_{32} & a_{33} \end{vmatrix} - a_{22}\begin{vmatrix} a_{11} & a_{13} \\ a_{31} & a_{33} \end{vmatrix} + a_{23}\begin{vmatrix} a_{11} & a_{12} \\ a_{31} & a_{32} \end{vmatrix} \\ &= -a_{21}A_{21} - a_{22}A_{22} - a_{23}A_{23} = -D_3。\end{aligned}$$

读者也可以尝试按照其他行或列展开,然后比对结果。

推论 若行列式中有两行(列)完全相同,行列式等于零。

Corollary A determinant is equal to zero if there exist two identical rows (columns) in the determinant.

事实上,互换行列式 D_n 中对应元素相等的两行(列),由性质 2 知,$D_n = -D_n$,故 $D_n = 0$。

性质 3(倍乘性) 行列式中某一行(列)的所有元素都乘以数 k,等于用数 k 乘此行列式,即

Property 3 (Multiple-multiplication) Multiplying all elements located at a certain row (column) of a determinant by k is equal to multiplying this determinant by k, namely,

$$\begin{vmatrix} a_{11} & a_{12} & \cdots & a_{1n} \\ \vdots & \vdots & & \vdots \\ ka_{i1} & ka_{i2} & \cdots & ka_{in} \\ \vdots & \vdots & & \vdots \\ a_{n1} & a_{n2} & \cdots & a_{nn} \end{vmatrix} = k \begin{vmatrix} a_{11} & a_{12} & \cdots & a_{1n} \\ \vdots & \vdots & & \vdots \\ a_{i1} & a_{i2} & \cdots & a_{in} \\ \vdots & \vdots & & \vdots \\ a_{n1} & a_{n2} & \cdots & a_{nn} \end{vmatrix}。\tag{1.18}$$

事实上，利用定理 1.1（行列式的按行（列）展开定理），将行列式按照第 i 行展开后并整理，便可证明式(1.18)。

注 行列式的第 i 行(列)乘以 k，记作 $kr_i(kc_i)$。

推论 1 行列式中某一行(列)的所有元素的公因子可以提到行列式的外面。

Corollary 1 The common factor of all elements located at a certain row (column) of a determinant can be taken out of the determinant.

例如，将下面的三阶行列式提出公因子后，再按第 2 列展开，有

$$D_3 = \begin{vmatrix} 2 & 0 & 2 \\ 4 & 0 & 6 \\ 3 & 6 & 0 \end{vmatrix} = 2\times 2\times 3 \begin{vmatrix} 1 & 0 & 1 \\ 2 & 0 & 3 \\ 1 & 2 & 0 \end{vmatrix} = 12\times 2\times(-1)^{3+2}\begin{vmatrix} 1 & 1 \\ 2 & 3 \end{vmatrix} = -24。$$

推论 2 若行列式中某一行(列)的元素全为零，则行列式等于零。

Corollary 2 If the elements located at a certain row (column) of a determinant are all zeros, then the determinant is equal to zero.

推论 3 若行列式中有两行(列)对应元素成比例，则行列式等于零。

Corollary 3 If the elements on two rows (columns) of a determinant are proportional correspondingly, then the determinant is equal to zero.

请读者思考，推论 1～3 该如何证明。

性质 4(可加性) 若行列式中某一行(列)的各元素 a_{ij} 都是两个元素 b_{ij} 与 c_{ij} 之和，即 $a_{ij}=b_{ij}+c_{ij}\ (j=1,2,\cdots,n,1\leqslant i\leqslant n)$，则该行列式可分解为两个相应的行列式之和，即

Property 4 (Additivity) If each element a_{ij} located at a certain row (column) of a determinant is the sum of two numbers b_{ij} and c_{ij}, i. e., $a_{ij}=b_{ij}+c_{ij}\ (j=1,2,\cdots,n,1\leqslant i\leqslant n)$, then the determinant can be decomposed into the sum of two corresponding determinants, namely,

$$D_n = \begin{vmatrix} a_{11} & a_{12} & \cdots & a_{1n} \\ \vdots & \vdots & & \vdots \\ b_{i1}+c_{i1} & b_{i2}+c_{i2} & \cdots & b_{in}+c_{in} \\ \vdots & \vdots & & \vdots \\ a_{n1} & a_{n2} & \cdots & a_{nn} \end{vmatrix}$$

$$= \begin{vmatrix} a_{11} & a_{12} & \cdots & a_{1n} \\ \vdots & \vdots & & \vdots \\ b_{i1} & b_{i2} & \cdots & b_{in} \\ \vdots & \vdots & & \vdots \\ a_{n1} & a_{n2} & \cdots & a_{nn} \end{vmatrix} + \begin{vmatrix} a_{11} & a_{12} & \cdots & a_{1n} \\ \vdots & \vdots & & \vdots \\ c_{i1} & c_{i2} & \cdots & c_{in} \\ \vdots & \vdots & & \vdots \\ a_{n1} & a_{n2} & \cdots & a_{nn} \end{vmatrix}。\tag{1.19}$$

事实上,利用定理1.1(行列式的按行(列)展开定理),将 D_n 按第 i 行展开,便可证得式(1.19)。

例如,

$$\begin{vmatrix} 4 & 6 \\ 1 & -2 \end{vmatrix} = \begin{vmatrix} 1+3 & 1+5 \\ 1 & -2 \end{vmatrix} = \begin{vmatrix} 1 & 1 \\ 1 & -2 \end{vmatrix} + \begin{vmatrix} 3 & 5 \\ 1 & -2 \end{vmatrix} = (-3)+(-11) = -14。$$

性质5(倍加性) 行列式中任一行(列)的各元素乘以一个非零常数 k 后加到另一行(列)的对应元素上,行列式的值不变,即

Property 5 (Multiple-additivity) Adding a nonzero constant k times the elements located at an arbitrary row (column) to the corresponding elements in another row (column), the determinant is invariant, namely,

$$D_n = \begin{vmatrix} a_{11} & a_{12} & \cdots & a_{1n} \\ \vdots & \vdots & & \vdots \\ a_{i1} & a_{i2} & \cdots & a_{in} \\ \vdots & \vdots & & \vdots \\ a_{j1} & a_{j2} & \cdots & a_{jn} \\ \vdots & \vdots & & \vdots \\ a_{n1} & a_{n2} & \cdots & a_{nn} \end{vmatrix} = \begin{vmatrix} a_{11} & a_{12} & \cdots & a_{1n} \\ \vdots & \vdots & & \vdots \\ a_{i1}+ka_{j1} & a_{i2}+ka_{j2} & \cdots & a_{in}+ka_{jn} \\ \vdots & \vdots & & \vdots \\ a_{j1} & a_{j2} & \cdots & a_{jn} \\ \vdots & \vdots & & \vdots \\ a_{n1} & a_{n2} & \cdots & a_{nn} \end{vmatrix}。 \quad (1.20)$$

分析 利用性质4将等式的右端拆分,然后利用性质3的推论3便可证明结论。

证 由性质4得

$$\begin{vmatrix} a_{11} & a_{12} & \cdots & a_{1n} \\ \vdots & \vdots & & \vdots \\ a_{i1}+ka_{j1} & a_{i2}+ka_{j2} & \cdots & a_{in}+ka_{jn} \\ \vdots & \vdots & & \vdots \\ a_{j1} & a_{j2} & \cdots & a_{jn} \\ \vdots & \vdots & & \vdots \\ a_{n1} & a_{n2} & \cdots & a_{nn} \end{vmatrix}$$

$$= \begin{vmatrix} a_{11} & a_{12} & \cdots & a_{1n} \\ \vdots & \vdots & & \vdots \\ a_{i1} & a_{i2} & \cdots & a_{in} \\ \vdots & \vdots & & \vdots \\ a_{j1} & a_{j2} & \cdots & a_{jn} \\ \vdots & \vdots & & \vdots \\ a_{n1} & a_{n2} & \cdots & a_{nn} \end{vmatrix} + \begin{vmatrix} a_{11} & a_{12} & \cdots & a_{1n} \\ \vdots & \vdots & & \vdots \\ ka_{j1} & ka_{j2} & \cdots & ka_{jn} \\ \vdots & \vdots & & \vdots \\ a_{j1} & a_{j2} & \cdots & a_{jn} \\ \vdots & \vdots & & \vdots \\ a_{n1} & a_{n2} & \cdots & a_{nn} \end{vmatrix}。$$

上面等号右边第一个行列式为 D_n,第二个行列式两行成比例,由推论3知行列式为零。因此上面等号右边等于 D_n。 证毕

性质5是化简行列式的一个基本方法。

注 用数 k 乘行列式的第 j 行(列)加到第 i 行(列)上,记作 $r_i+kr_j(c_i+kc_j)$。

例如,将下面的行列式的第2行乘以−4加到第1行,有

$$\begin{vmatrix}4 & 6\\1 & -2\end{vmatrix} \xlongequal{r_1+(-4)r_2} \begin{vmatrix}0 & 14\\1 & -2\end{vmatrix} = 0-14=-14。$$

由定理 1.1 和上述性质，可推出下面的定理。

定理 1.2 行列式中某一行(列)的元素与另一行(列)的元素对应的代数余子式的乘积之和等于零，即

Theorem 1.2 The sum of the multiplications of the elements located at a certain row (column) by the algebraic cofactors associated with the elements in another row (column) is equal to zero, namely,

$$a_{i1}A_{j1}+a_{i2}A_{j2}+\cdots+a_{in}A_{jn}=0 \quad (i,j=1,2,\cdots,n,i\neq j)$$

或 | or

$$a_{1i}A_{1j}+a_{2i}A_{2j}+\cdots+a_{ni}A_{nj}=0 \quad (i,j=1,2,\cdots n,i\neq j)。$$

分析 利用代数余子式的定义和行列式的按行(列)展开定理证明。

证 设

$$D_n=\begin{vmatrix}a_{11} & a_{12} & \cdots & a_{1n}\\ \vdots & \vdots & & \vdots\\ a_{i1} & a_{i2} & \cdots & a_{in}\\ \vdots & \vdots & & \vdots\\ a_{j1} & a_{j2} & \cdots & a_{jn}\\ \vdots & \vdots & & \vdots\\ a_{n1} & a_{n2} & \cdots & a_{nn}\end{vmatrix}。$$

将行列式 D_n 中的第 j 行的元素对位替换成第 i 行的元素，其他元素不变，即

$$\widetilde{D}_n=\begin{vmatrix}a_{11} & a_{12} & \cdots & a_{1n}\\ \vdots & \vdots & & \vdots\\ a_{i1} & a_{i2} & \cdots & a_{in}\\ \vdots & & & \vdots\\ a_{i1} & a_{i2} & \cdots & a_{in}\\ \vdots & \vdots & & \vdots\\ a_{n1} & a_{n2} & \cdots & a_{nn}\end{vmatrix}\begin{matrix}\\ \\ \leftarrow i\\ \\ \leftarrow j\\ \\ \\ \end{matrix}。$$

显然，$\widetilde{D}_n=0$，且 $\widetilde{D}_n$ 与 D_n 的第 j 行各元素的代数余子式对应相等，由定理 1.1，将 $\widetilde{D}_n$ 按第 j 行展开，得

$$a_{i1}A_{j1}+a_{i2}A_{j2}+\cdots+a_{in}A_{jn}=\sum_{k=1}^{n}a_{ik}A_{jk}=\widetilde{D}_n=0 \quad (i\neq j)。$$

同理可证

$$a_{1i}A_{1j}+a_{2i}A_{2j}+\cdots+a_{ni}A_{nj}=\sum_{k=1}^{n}a_{ki}A_{kj}=0 \quad (i\neq j)。$$

证毕

综合定理 1.1 和定理 1.2，对于行列式和代数余子式的关系有如下重要结论：

$$\sum_{k=1}^{n}a_{ik}A_{jk}=\begin{cases}D_n, & i=j,\\ 0, & i\neq j\end{cases} \tag{1.21}$$

和

$$\sum_{k=1}^{n} a_{ki}A_{kj} = \begin{cases} D_n, & i=j, \\ 0, & i \neq j。 \end{cases} \tag{1.22}$$

1.2.2 行列式性质的一些简单应用 *Some simple applications on properties of determinants*

对于一些形式较为简单、阶数较低的行列式，可利用行列式的性质、推论及按行（列）展开定理计算行列式。通常的计算方法有两种：一种是**化三角法**；另一种是**降阶法**。在使用这两种方法时，通常要对行列式实施以下三种行（列）运算（简称实施行（列）运算）：

（1）交换行列式的两行（列），即 $r_i \leftrightarrow r_j(c_i \leftrightarrow c_j)$；

（2）将行列式某一行（列）的公因子提到行列式的外面，即 $kr_i(kc_i)$；

（3）将行列式的某一行（列）加上另一行（列）的非零倍数，即 $r_i + kr_j(c_i + kc_j)$。

下面结合一些简单例题来初步说明这两种方法的使用策略。这两种方法的更多应用及其他一些经典的方法将在下一节中给出。

例 1.7 计算下列行列式：

（1）$D_4 = \begin{vmatrix} -3 & 3 & -6 & 10 \\ 3 & -5 & 7 & -14 \\ 2 & -2 & 4 & 6 \\ 1 & -1 & 2 & 3 \end{vmatrix}$；（2）$D_4 = \begin{vmatrix} 4 & 1 & 1 & 1 \\ 1 & 4 & 1 & 1 \\ 1 & 1 & 4 & 1 \\ 1 & 1 & 1 & 4 \end{vmatrix}$；（3）$D_4 = \begin{vmatrix} 3 & 6 & 12 & 9 \\ 2 & 5 & -6 & 1 \\ 1 & 2 & 5 & 2 \\ 3 & 7 & -1 & 4 \end{vmatrix}$。

分析 合理利用行列式的性质、推论。

解 （1）注意到，行列式的第 3 行和第 4 行的元素对应成比例，因此根据性质 3 的推论 3 可知该行列式为零，即

$$D_4 = \begin{vmatrix} -3 & 3 & -6 & 10 \\ 3 & -5 & 7 & -14 \\ 2 & -2 & 4 & 6 \\ 1 & -1 & 2 & 3 \end{vmatrix} = 2\begin{vmatrix} -3 & 3 & -6 & 10 \\ 3 & -5 & 7 & -14 \\ 1 & -1 & 2 & 3 \\ 1 & -1 & 2 & 3 \end{vmatrix} = 0。$$

（2）注意到，行列式的各行元素的和是相同的。根据行列式的特点，先将各行的所有元素都加到第 1 列的对应位置，并将其作为因子提出来；然后再利用行列式的性质 5，逐渐将行列式化为上三角形行列式。计算过程如下：

$$D_4 = \begin{vmatrix} 4 & 1 & 1 & 1 \\ 1 & 4 & 1 & 1 \\ 1 & 1 & 4 & 1 \\ 1 & 1 & 1 & 4 \end{vmatrix} \xlongequal{c_1+c_2+c_3+c_4} \begin{vmatrix} 7 & 1 & 1 & 1 \\ 7 & 4 & 1 & 1 \\ 7 & 1 & 4 & 1 \\ 7 & 1 & 1 & 4 \end{vmatrix} = 7\begin{vmatrix} 1 & 1 & 1 & 1 \\ 1 & 4 & 1 & 1 \\ 1 & 1 & 4 & 1 \\ 1 & 1 & 1 & 4 \end{vmatrix}$$

$$\xlongequal{r_2-r_1,r_3-r_1,r_4-r_1} 7\begin{vmatrix} 1 & 1 & 1 & 1 \\ 0 & 3 & 0 & 0 \\ 0 & 0 & 3 & 0 \\ 0 & 0 & 0 & 3 \end{vmatrix} = 7 \times 27 = 189。$$

（3）注意到，行列式的第 1 行有公因子 3，利用性质 3 的推论 1 将其提出后，第 1 行第 1 列的元素变为 1；然后利用行列式的性质 5，并结合其他性质及推论逐渐将原行列式化为上

三角形行列式。计算过程如下：

$$D_4=\begin{vmatrix}3&6&12&9\\2&5&-6&1\\1&2&5&2\\3&7&-1&4\end{vmatrix}\xlongequal{\frac{1}{3}r_1}3\begin{vmatrix}1&2&4&3\\2&5&-6&1\\1&2&5&2\\3&7&-1&4\end{vmatrix}\xlongequal{r_2-2r_1,r_3-r_1,r_4-3r_1}3\begin{vmatrix}1&2&4&3\\0&1&-14&-5\\0&0&1&-1\\0&1&-13&-5\end{vmatrix}$$

$$\xlongequal{r_4-r_2}3\begin{vmatrix}1&2&4&3\\0&1&-14&-5\\0&0&1&-1\\0&0&1&0\end{vmatrix}\xlongequal{r_4-r_3}3\begin{vmatrix}1&2&4&3\\0&1&-14&-5\\0&0&1&-1\\0&0&0&1\end{vmatrix}=3。$$

例 1.8 对于给定的多项式

$$f(x)=\begin{vmatrix}1&1&2&3\\1&2-x^2&2&3\\2&3&1&5\\2&3&1&9-x^2\end{vmatrix},$$

求 $f(x)=0$ 的根。

分析 利用行列式的性质，将行列式化为下三角形行列式求解。

解 根据行列式的特点，对行列式实施列运算，进而将其化为下三角形行列式，具体计算过程如下：

$$f(x)=\begin{vmatrix}1&1&2&3\\1&2-x^2&2&3\\2&3&1&5\\2&3&1&9-x^2\end{vmatrix}\xlongequal{c_2-c_1,c_3-2c_1,c_4-3c_1}\begin{vmatrix}1&0&0&0\\1&1-x^2&0&0\\2&1&-3&-1\\2&1&-3&3-x^2\end{vmatrix}$$

$$\xlongequal{(-\frac{1}{3})c_3}(-3)\begin{vmatrix}1&0&0&0\\1&1-x^2&0&0\\2&1&1&-1\\2&1&1&3-x^2\end{vmatrix}\xlongequal{c_4+c_3}(-3)\begin{vmatrix}1&0&0&0\\1&1-x^2&0&0\\2&1&1&0\\2&1&1&4-x^2\end{vmatrix}$$

$$=-3(1-x^2)(4-x^2)。$$

由 $f(x)=0$，即 $-3(1-x^2)(4-x^2)=0$，得 $f(x)=0$ 的根为

$$x_1=-1,\quad x_2=1,\quad x_3=-2,\quad x_4=2。$$

例 1.9 计算下列行列式：

(1) $D_4=\begin{vmatrix}2&5&-2&1\\0&3&2&3\\0&1&4&2\\0&0&1&0\end{vmatrix}$；　　(2) $D_4=\begin{vmatrix}2&0&0&3\\3&0&7&-14\\1&-2&4&6\\0&0&2&-4\end{vmatrix}$。

分析 注意到，这两个行列式中的零元素较多，可以利用定理 1.1(行列式按行(列)展开定理)，并结合行列式的性质及推论计算。

解 (1) 易见，行列式的第 1 列只有一个元素不为零，第 4 行也同样只有一个元素不为零，可以先按照第 1 列展开，然后再根据行列式的特点计算，过程如下：

$$D_4=\begin{vmatrix}2&5&-2&1\\0&3&2&3\\0&-1&4&2\\0&0&1&0\end{vmatrix}\xlongequal{\text{按第1列展开}}2\times(-1)^{1+1}\begin{vmatrix}3&2&3\\1&4&2\\0&1&0\end{vmatrix}\xlongequal{\text{按第3行展开}}2\times(-1)^{3+2}\begin{vmatrix}3&3\\1&2\end{vmatrix}=-6。$$

(2) 注意到，行列式的第2列的元素只有一个不为零，可以先按照第2列展开，然后再根据行列式的特点计算，过程如下：

$$D_4=\begin{vmatrix}2&0&0&3\\3&0&7&-14\\1&-2&4&6\\0&0&2&-4\end{vmatrix}\xlongequal{\text{按第2列展开}}(-2)\times(-1)^{3+2}\begin{vmatrix}2&0&3\\3&7&-14\\0&2&-4\end{vmatrix}=2\begin{vmatrix}2&0&3\\3&7&-14\\0&2&-4\end{vmatrix}$$

$$\xlongequal{c_3+2c_2}2\begin{vmatrix}2&0&3\\3&7&0\\0&2&0\end{vmatrix}\xlongequal{\text{按第3列展开}}2\times3\times(-1)^{1+3}\begin{vmatrix}3&7\\0&2\end{vmatrix}=36。$$

例 1.10 证明：

$$\begin{vmatrix}b+c&c+a&a+b\\b_1+c_1&c_1+a_1&a_1+b_1\\b_2+c_2&c_2+a_2&a_2+b_2\end{vmatrix}=2\begin{vmatrix}a&b&c\\a_1&b_1&c_1\\a_2&b_2&c_2\end{vmatrix}。$$

分析 此题恰好符合性质4(可加性)的条件，逐步进行拆分，然后再利用行列式的其他性质进行化简。

证 先用性质4(可加性)拆第1列，再用性质5(倍加性)化简得

$$左=\begin{vmatrix}b&c+a&a+b\\b_1&c_1+a_1&a_1+b_1\\b_2&c_2+a_2&a_2+b_2\end{vmatrix}+\begin{vmatrix}c&c+a&a+b\\c_1&c_1+a_1&a_1+b_1\\c_2&c_2+a_2&a_2+b_2\end{vmatrix}$$

$$=\begin{vmatrix}b&c+a&a\\b_1&c_1+a_1&a_1\\b_2&c_2+a_2&a_2\end{vmatrix}+\begin{vmatrix}c&a&a+b\\c_1&a_1&a_1+b_1\\c_2&a_2&a_2+b_2\end{vmatrix}=\begin{vmatrix}b&c&a\\b_1&c_1&a_1\\b_2&c_2&a_2\end{vmatrix}+\begin{vmatrix}c&a&b\\c_1&a_1&b_1\\c_2&a_2&b_2\end{vmatrix}$$

$$=\begin{vmatrix}a&b&c\\a_1&b_1&c_1\\a_2&b_2&c_2\end{vmatrix}+\begin{vmatrix}a&b&c\\a_1&b_1&c_1\\a_2&b_2&c_2\end{vmatrix}=2\begin{vmatrix}a&b&c\\a_1&b_1&c_1\\a_2&b_2&c_2\end{vmatrix}=右。$$

证毕

例 1.11 计算行列式：

$$D_4=\begin{vmatrix}x+1&-1&1&-1\\1&x-1&1&-1\\1&-1&x+1&-1\\1&-1&1&x-1\end{vmatrix}。$$

分析 本题可采用两种方法计算：(1)注意到，行列式的各行元素的和均为 x，可先将所有列的元素都对应加到第1列，然后利用性质3的推论1将公因子提取出来；然后再根据行列式的特点计算。(2)根据行列式的特点直接利用性质5计算。

解　法一　首先将第 2、第 3 和第 4 列的元素对应加到第 1 列上去，再提取公因子 x，则有

$$D_4=\begin{vmatrix} x & -1 & 1 & -1 \\ x & x-1 & 1 & -1 \\ x & -1 & x+1 & -1 \\ x & -1 & 1 & x-1 \end{vmatrix}=x\begin{vmatrix} 1 & -1 & 1 & -1 \\ 1 & x-1 & 1 & -1 \\ 1 & -1 & x+1 & -1 \\ 1 & -1 & 1 & x-1 \end{vmatrix}。$$

进一步地，利用性质 5 对上式实施行运算，进而将其化为上三角形行列式，即第 1 行乘以(-1)加到第 2、第 3 和第 4 行，可得

$$D_4=x\begin{vmatrix} 1 & -1 & 1 & -1 \\ 0 & x & 0 & 0 \\ 0 & 0 & x & 0 \\ 0 & 0 & 0 & x \end{vmatrix}=x^4。$$

法二　直接利用性质 5，即第 4 行乘以(-1)加到第 1、第 2 和第 3 行，然后根据行列式的特点再进行进一步的计算。具体过程如下：

$$D_4=\begin{vmatrix} x & 0 & 0 & -x \\ 0 & x & 0 & -x \\ 0 & 0 & x & -x \\ 1 & -1 & 1 & x-1 \end{vmatrix}=x^3\begin{vmatrix} 1 & 0 & 0 & -1 \\ 0 & 1 & 0 & -1 \\ 0 & 0 & 1 & -1 \\ 1 & -1 & 1 & x-1 \end{vmatrix}\xlongequal[\text{次加到第4列}]{\text{将第1、2、3列依}}x^3\begin{vmatrix} 1 & 0 & 0 & 0 \\ 0 & 1 & 0 & 0 \\ 0 & 0 & 1 & 0 \\ 1 & -1 & 1 & x \end{vmatrix}=x^4。$$

例 1.12　给定如下的行列式

$$D_4=\begin{vmatrix} 3 & -5 & 2 & 1 \\ 1 & 1 & 0 & -5 \\ -1 & 3 & 1 & 3 \\ 2 & -4 & -1 & -3 \end{vmatrix},$$

求 $A_{11}+A_{12}+A_{13}+A_{14}$ 和 $M_{11}+M_{21}+M_{31}+M_{41}$。

分析　注意到，A_{11}，A_{12}，A_{13}，A_{14} 是行列式 D_4 的第 1 行元素对应的代数余子式，计算 $A_{11}+A_{12}+A_{13}+A_{14}$ 需要将其还原为一个新的 4 阶行列式，然后合理利用性质 1～5 及其推论计算；M_{11}，M_{21}，M_{31}，M_{41} 是行列式 D_4 的第 1 列元素对应的余子式，计算 $M_{11}+M_{21}+M_{31}+M_{41}$ 时首先需要将其还原为与其对应的代数余子式的形式，进而构造一个新的 4 阶行列式，再进行计算。

解　注意 $A_{11}+A_{12}+A_{13}+A_{14}$ 等于用 1，1，1，1 替换 D_4 的第 1 行对应元素所得到的行列式，则

$$A_{11}+A_{12}+A_{13}+A_{14}=\begin{vmatrix} 1 & 1 & 1 & 1 \\ 1 & 1 & 0 & -5 \\ -1 & 3 & 1 & 3 \\ 2 & -4 & -1 & -3 \end{vmatrix}\xlongequal{r_3-r_1,\,r_4+r_1}\begin{vmatrix} 1 & 1 & 1 & 1 \\ 1 & 1 & 0 & -5 \\ -2 & 2 & 0 & 2 \\ 3 & -3 & 0 & -2 \end{vmatrix}$$

$$\xlongequal{\text{按第3列展开}}(-1)^{1+3}\begin{vmatrix} 1 & 1 & -5 \\ -2 & 2 & 2 \\ 3 & -3 & -2 \end{vmatrix}\xlongequal{c_1+c_2}\begin{vmatrix} 2 & 1 & -5 \\ 0 & 2 & 2 \\ 0 & -3 & -2 \end{vmatrix}$$

$$\xlongequal{\text{按第1列展开}}2\times(-1)^{1+1}\begin{vmatrix} 2 & 2 \\ -3 & -2 \end{vmatrix}=4。$$

根据余子式和代数余子式的关系有

$$M_{11}+M_{21}+M_{31}+M_{41}=A_{11}-A_{21}+A_{31}-A_{41}。$$

类似于前面的计算，$A_{11}-A_{21}+A_{31}-A_{41}$ 等于用 1，−1，1，−1 替换 D_4 的第 1 列对应元素所得到的行列式，则

$$\begin{aligned}M_{11}+M_{21}+M_{31}+M_{41}&=A_{11}-A_{21}+A_{31}-A_{41}\\&=\begin{vmatrix}1&-5&2&1\\-1&1&0&-5\\1&3&1&3\\-1&-4&-1&-3\end{vmatrix}\xlongequal{r_2+r_1,r_3-r_1,r_4+r_1}\begin{vmatrix}1&-5&2&1\\0&-4&2&-4\\0&8&-1&2\\0&-9&1&-2\end{vmatrix}\\&\xlongequal{\text{按第1列展开}}\begin{vmatrix}-4&2&-4\\8&-1&2\\-9&1&-2\end{vmatrix}\xlongequal{r_2+r_3}\begin{vmatrix}-4&2&-4\\-1&0&0\\-9&1&-2\end{vmatrix}\\&=(-1)\times(-1)^{2+1}\begin{vmatrix}2&-4\\1&-2\end{vmatrix}=0。\end{aligned}$$

习题 1.2

思考题

1. 下面的等式是否成立？

$$\begin{vmatrix}a_{11}+b_{11}&a_{12}+b_{12}\\a_{21}+b_{21}&a_{22}+b_{22}\end{vmatrix}=\begin{vmatrix}a_{11}&a_{12}\\a_{21}&a_{22}\end{vmatrix}+\begin{vmatrix}b_{11}&b_{12}\\b_{21}&b_{22}\end{vmatrix}。$$

2. 如何证明性质 3 的推论 3，即：若行列式中有两行(列)对应元素成比例，则行列式等于零。
3. 如何理解定理 1.1 和定理 1.2 的结论？

A类题

1. 计算下列行列式：

(1) $D_3=\begin{vmatrix}246&427&327\\1014&543&443\\-342&721&621\end{vmatrix}$； (2) $D_3=\begin{vmatrix}x&y&x+y\\y&x+y&x\\x+y&x&y\end{vmatrix}$；

(3) $D_4=\begin{vmatrix}0&1&-1&2\\-1&-1&2&1\\-1&0&-1&1\\2&2&0&0\end{vmatrix}$； (4) $D_4=\begin{vmatrix}\lambda&1&1&1\\1&\lambda&1&1\\1&1&\lambda&1\\1&1&1&\lambda\end{vmatrix}$；

(5) $D_4=\begin{vmatrix}1&1&-1&2\\-1&-1&-4&1\\2&4&-6&1\\1&2&4&2\end{vmatrix}$； (6) $D_4=\begin{vmatrix}a&b&c&d\\a&a+b&a+b+c&a+b+c+d\\0&a&a+b&a+b+c\\0&0&a&a+b\end{vmatrix}$。

2. 证明下列等式：

(1) $D_3=\begin{vmatrix} a^2 & ab & b^2 \\ 2a & a+b & 2b \\ 1 & 1 & 1 \end{vmatrix}=(a-b)^3$；　(2) $D_4=\begin{vmatrix} 1 & a & b & c+d \\ 1 & b & c & a+d \\ 1 & c & d & a+b \\ 1 & d & a & b+c \end{vmatrix}=0$；

(3) $D_3=\begin{vmatrix} a_1+b_1x & a_1x+b_1 & c_1 \\ a_2+b_2x & a_2x+b_2 & c_2 \\ a_3+b_3x & a_3x+b_3 & c_3 \end{vmatrix}=(1-x^2)\begin{vmatrix} a_1 & b_1 & c_1 \\ a_2 & b_2 & c_2 \\ a_3 & b_3 & c_3 \end{vmatrix}$。

3. 已知

$$\begin{vmatrix} a_{11} & a_{12} & a_{13} \\ a_{21} & a_{22} & a_{23} \\ a_{31} & a_{32} & a_{33} \end{vmatrix}=1,\quad 求\ D_3=\begin{vmatrix} 4a_{11} & 2a_{11}-3a_{12} & a_{13} \\ 4a_{21} & 2a_{21}-3a_{22} & a_{23} \\ 4a_{31} & 2a_{31}-3a_{32} & a_{33} \end{vmatrix}。$$

4. 给定如下的行列式：

$$D_4=\begin{vmatrix} 3 & 6 & 9 & 12 \\ 2 & 4 & 6 & 8 \\ 1 & 2 & 0 & 3 \\ 5 & 6 & 4 & 3 \end{vmatrix},$$

求 $A_{41}+2A_{42}+3A_{44}$。

5. 已知 4 阶行列式中第 3 行上的元素分别为 $-1,2,0,1$，它们对应的余子式分别为 $5,3,-7,4$，求行列式的值。

6. 求方程 $f(x)=0$ 的根，其中

$$f(x)=\begin{vmatrix} x-1 & x-2 & x-1 & x \\ x-2 & x-4 & x-2 & x \\ x-3 & x-6 & x-4 & x-1 \\ x-4 & x-8 & 2x-5 & x-2 \end{vmatrix}。$$

7. 计算下列 n 阶行列式：

(1) $D_n=\begin{vmatrix} 2 & 1 & 0 & \cdots & 0 & 0 \\ 0 & 2 & 1 & \cdots & 0 & 0 \\ 0 & 0 & 2 & \cdots & 0 & 0 \\ \vdots & \vdots & \vdots & \ddots & \vdots & \vdots \\ 0 & 0 & 0 & \cdots & 2 & 1 \\ 1 & 0 & 0 & \cdots & 0 & 2 \end{vmatrix}$；　(2) $D_n=\begin{vmatrix} 3 & 2 & 2 & \cdots & 2 & 2 \\ 2 & 3 & 2 & \cdots & 2 & 2 \\ 2 & 2 & 3 & \cdots & 2 & 2 \\ \vdots & \vdots & \vdots & \ddots & \vdots & \vdots \\ 2 & 2 & 2 & \cdots & 3 & 2 \\ 2 & 2 & 2 & \cdots & 2 & 3 \end{vmatrix}$。

B 类题

1. 计算下列行列式：

(1) $D_3=\begin{vmatrix} x^2+1 & yx & zx \\ xy & y^2+1 & zy \\ xz & yz & z^2+1 \end{vmatrix}$；　(2) $D_5=\begin{vmatrix} a_{11} & a_{12} & 0 & 0 & 0 \\ a_{21} & a_{22} & 0 & 0 & 0 \\ a_{31} & a_{32} & 1 & 0 & 0 \\ a_{41} & a_{42} & 0 & 1 & 0 \\ a_{51} & a_{52} & 0 & 0 & 1 \end{vmatrix}$；

(3) $D_4=\begin{vmatrix} a^2 & (a+1)^2 & (a+2)^2 & (a+3)^2 \\ b^2 & (b+1)^2 & (b+2)^2 & (b+3)^2 \\ c^2 & (c+1)^2 & (c+2)^2 & (c+3)^2 \\ d^2 & (d+1)^2 & (d+2)^2 & (d+3)^2 \end{vmatrix}$；

(4) $D_5=\begin{vmatrix} a+1 & 0 & 0 & 0 & a+2 \\ 0 & a+5 & 0 & a+6 & 0 \\ 0 & 0 & a+9 & 0 & 0 \\ 0 & a+7 & 0 & a+8 & 0 \\ a+3 & 0 & 0 & 0 & a+4 \end{vmatrix}$。

2. 证明：

(1) $D_4=\begin{vmatrix} a & b & c & d \\ a & a+b & a+b+c & a+b+c+d \\ a & 2a+b & 3a+2b+c & 4a+3b+2c+d \\ a & 3a+b & 6a+3b+c & 10a+6b+3c+d \end{vmatrix}=a^4$；

(2) $D_4=\begin{vmatrix} bcd & a & a^2 & a^3 \\ acd & b & b^2 & b^3 \\ abd & c & c^2 & c^3 \\ abc & d & d^2 & d^3 \end{vmatrix}=\begin{vmatrix} 1 & 1 & 1 & 1 \\ a^2 & b^2 & c^2 & d^2 \\ a^3 & b^3 & c^3 & d^3 \\ a^4 & b^4 & c^4 & d^4 \end{vmatrix}$ $(abcd\neq 0)$。

3. 已知4阶行列式中第2行上的元素分别为$-1,0,2,4$，第4行上的元素的余子式分别为$5,10,a,4$，求a的值。

4. 已知

$$D_4=\begin{vmatrix} 1 & -1 & 2 & 3 \\ 2 & 2 & 0 & 2 \\ 4 & 1 & -1 & -1 \\ 1 & 2 & 3 & 0 \end{vmatrix}。$$

求：(1) $A_{31}-A_{32}+2A_{33}+3A_{34}$；(2) $M_{11}+M_{21}+M_{31}+M_{41}$；

(3) $2A_{31}-2A_{32}+4A_{33}-2A_{34}$。

1.3 行列式的一些典型算例 Some typical examples of determinants

本章的主要任务是如何利用行列式的定义、性质、推论及按行（列）展开定理计算行列式。本节通过介绍一些典型算例总结计算行列式几种常用的方法。

计算行列式时，一定要贯彻“先观察、再定位、后计算”的指导思想，即：首先要观察行列式的结构特点；然后根据经验定位哪些方法更适用；最后再对行列式进行化简、计算或证明。

例 1.13 计算 n 阶行列式：

$$D_n=\begin{vmatrix} x & y & 0 & \cdots & 0 & 0 \\ 0 & x & y & \cdots & 0 & 0 \\ 0 & 0 & x & \cdots & 0 & 0 \\ \vdots & \vdots & \vdots & & \vdots & \vdots \\ 0 & 0 & 0 & \cdots & x & y \\ y & 0 & 0 & \cdots & 0 & x \end{vmatrix}。$$

分析 注意到，该行列式的特点是每行(列)只有两个元素不为零，并且非零元素的分布较为规范，可尝试利用定理 1.1 计算。

解 根据定理 1.1，将 D_n 按第 1 列展开可得

$$D_n=x\begin{vmatrix} x & y & 0 & \cdots & 0 \\ 0 & x & y & \cdots & 0 \\ 0 & 0 & x & \cdots & 0 \\ \vdots & \vdots & \vdots & & \vdots \\ 0 & 0 & 0 & \cdots & x \end{vmatrix}+(-1)^{n+1}y\begin{vmatrix} y & 0 & 0 & \cdots & 0 \\ x & y & 0 & \cdots & 0 \\ 0 & x & y & \cdots & 0 \\ \vdots & \vdots & \vdots & & \vdots \\ 0 & 0 & 0 & \cdots & y \end{vmatrix}$$

$$=x^n+(-1)^{n+1}y^n。$$

评述 此种类型的行列式用定义 1.4 或定理 1.1(称为**降阶法**)较为简便，若用行列式的性质计算反而会麻烦。

例 1.14 计算 n 阶行列式：

(1) $D_n=\begin{vmatrix} a_1+b_1 & a_1+b_2 & \cdots & a_1+b_n \\ a_2+b_1 & a_2+b_2 & \cdots & a_2+b_n \\ \vdots & \vdots & & \vdots \\ a_n+b_1 & a_n+b_2 & \cdots & a_n+b_n \end{vmatrix}$； (2) $D_n=\begin{vmatrix} x & a & \cdots & a \\ a & x & \cdots & a \\ \vdots & \vdots & & \vdots \\ a & a & \cdots & x \end{vmatrix}$。

分析 根据行列式的特点，综合利用行列式的性质对行列式进行化简计算。

解 (1) 显然，当 $n=1$ 时，$D_1=a_1+b_1$。

当 $n=2$ 时，容易求得

$$D_2=(a_1+b_1)(a_2+b_2)-(a_1+b_2)(a_2+b_1)=(a_1-a_2)(b_2-b_1)。$$

当 $n\geqslant 3$ 时，将第 1 行乘 -1 加到其余各行后，这些行除第 1 行外，其余各行的元素都对应成比例，即

$$D_n=\begin{vmatrix} a_1+b_1 & a_1+b_2 & \cdots & a_1+b_n \\ a_2-a_1 & a_2-a_1 & \cdots & a_2-a_1 \\ a_3-a_1 & a_3-a_1 & \cdots & a_3-a_1 \\ \vdots & \vdots & & \vdots \\ a_n-a_1 & a_n-a_1 & \cdots & a_n-a_1 \end{vmatrix}=0。$$

(2) 注意到，该行列式的各行元素的和都是 $x+(n-1)a$。将行列式 D_n 的第 2 列，第 3 列，……，第 n 列都加到第 1 列上，进而从第 1 列中提取公因子 $x+(n-1)a$，可得

$$D_n=[x+(n-1)a]\begin{vmatrix}1 & a & \cdots & a\\ 1 & x & \cdots & a\\ \vdots & \vdots & & \vdots\\ 1 & a & \cdots & x\end{vmatrix}。$$

在新得到的行列式中，利用行列式的性质 5，将第 1 行乘以(−1)依次加到第 2 行至第 n 行，进而将其化为上三角形行列式，即

$$D_n=[x+(n-1)a]\begin{vmatrix}1 & a & \cdots & a & a\\ 0 & x-a & \cdots & 0 & 0\\ \vdots & \vdots & & \vdots & \vdots\\ 0 & 0 & \cdots & x-a & 0\\ 0 & 0 & \cdots & 0 & x-a\end{vmatrix}=[x+(n-1)a](x-a)^{n-1}。$$

例 1.15 证明：

$$D_{n+1}=\begin{vmatrix}1 & 1 & 1 & \cdots & 1\\ 1 & 1 & 0 & \cdots & 0\\ 1 & 0 & 2 & \cdots & 0\\ \vdots & \vdots & \vdots & & \vdots\\ 1 & 0 & 0 & \cdots & n\end{vmatrix}=n!\left(1-\sum_{i=1}^{n}\frac{1}{i}\right)。$$

分析 该行列式称为**爪形行列式**。根据行列式的特点，利用行列式的性质 5，将行列式化为上三角形行列式，即将第 1 列中第 2 行至第 $n+1$ 行的元素化为零。

证 将 D_{n+1} 的第 2 列，第 3 列，……，第 $n+1$ 列分别乘以 $-1,-\frac{1}{2},\cdots,-\frac{1}{n}$ 都加到第 1 列上，进而求得

$$D_{n+1}=\begin{vmatrix}1-\sum\limits_{i=1}^{n}\frac{1}{i} & 1 & 1 & \cdots & 1\\ 0 & 1 & 0 & \cdots & 0\\ 0 & 0 & 2 & \cdots & 0\\ \vdots & \vdots & \vdots & & \vdots\\ 0 & 0 & 0 & \cdots & n\end{vmatrix}=n!\left(1-\sum_{i=1}^{n}\frac{1}{i}\right)。$$ 证毕

例 1.16 令

$$D_{n+k}=\begin{vmatrix}a_{11} & \cdots & a_{1k} & 0 & \cdots & 0\\ \vdots & & \vdots & \vdots & & \vdots\\ a_{k1} & \cdots & a_{kk} & 0 & \cdots & 0\\ c_{11} & \cdots & c_{1k} & b_{11} & \cdots & b_{1n}\\ \vdots & & \vdots & \vdots & & \vdots\\ c_{n1} & \cdots & c_{nk} & b_{n1} & \cdots & b_{nn}\end{vmatrix},\quad D_k=\begin{vmatrix}a_{11} & \cdots & a_{1k}\\ \vdots & & \vdots\\ a_{k1} & \cdots & a_{kk}\end{vmatrix},\quad D_n=\begin{vmatrix}b_{11} & \cdots & b_{1n}\\ \vdots & & \vdots\\ b_{n1} & \cdots & b_{nn}\end{vmatrix}。$$

证明：$D_{n+k}=D_kD_n$。

分析 根据行列式的特点，利用降阶法较为麻烦。可以尝试利用行列式的性质，进而将对应行列式化为三角形行列式证明。

证 利用行列式的性质及推论，对 D_k 实施行运算，对 D_n 实施列运算，最终可分别将 D_k 和 D_n 化为下三角形行列式

$$D_k=\begin{vmatrix} p_{11} & & \\ \vdots & \ddots & \\ p_{k1} & \cdots & p_{kk} \end{vmatrix}=p_{11}\cdots p_{kk},\quad D_n=\begin{vmatrix} q_{11} & & \\ \vdots & \ddots & \\ q_{n1} & \cdots & q_{nn} \end{vmatrix}=q_{11}\cdots q_{nn}。$$

对 D_{n+k} 的前 k 行进行与对 D_k 相同的行运算，再对后 n 列进行与对 D_n 相同的列运算，最终可将 D_{n+k} 化为下三角形行列式

$$\begin{vmatrix} p_{11} & & & & & \\ \vdots & \ddots & & & & \\ p_{k1} & \cdots & p_{kk} & & & \\ c_{11} & \cdots & c_{1k} & q_{11} & & \\ \vdots & & \vdots & \vdots & \ddots & \\ c_{n1} & \cdots & c_{nk} & q_{n1} & \cdots & q_{nn} \end{vmatrix}。$$

故

$$D_{n+k}=p_{11}\cdots p_{kk}\cdot q_{11}\cdots q_{nn}=D_kD_n。$$

证毕

评注 在例 1.14～例 1.16 中，我们综合利用行列式的性质及推论将行列式约化为上(下)三角形行列式，简称为**化三角法**。在不同类型的行列式中使用的策略也是不一样的。

例 1.17 计算 n 阶行列式：

$$D_n=\begin{vmatrix} 1+a_1 & 1 & 1 & \cdots & 1 \\ 1 & 1+a_2 & 1 & \cdots & 1 \\ 1 & 1 & 1+a_3 & \cdots & 1 \\ \vdots & \vdots & \vdots & & \vdots \\ 1 & 1 & 1 & \cdots & 1+a_n \end{vmatrix}\quad (a_1a_2\cdots a_n\neq 0)。$$

分析 注意到，行列式的元素分布较为规范，非主对角线上的元素均为 1。本例中，我们介绍一种计算此类行列式较为有效的方法，称之为“**加边法**”。

解 根据定理 1.1(按行(列)展开定理)，在 D_n 的左上角增加一行和一列，得到

$$D_{n+1}=\begin{vmatrix} 1 & 1 & 1 & 1 & \cdots & 1 \\ 0 & 1+a_1 & 1 & 1 & \cdots & 1 \\ 0 & 1 & 1+a_2 & 1 & \cdots & 1 \\ 0 & 1 & 1 & 1+a_3 & \cdots & 1 \\ \vdots & \vdots & \vdots & \vdots & & \vdots \\ 0 & 1 & 1 & 1 & \cdots & 1+a_n \end{vmatrix}=D_n。$$

将第 1 行的(−1)倍加到其余各行，再将第 2,3,…,$n+1$ 列分别乘上 $\frac{1}{a_i}(i=1,2,\cdots,n)$ 加到第 1 列，即 $c_1+\frac{1}{a_{i-1}}c_i(i=2,3,\cdots,n+1)$，得

$$D_{n+1}=\begin{vmatrix}1&1&1&\cdots&1\\-1&a_1&0&\cdots&0\\-1&0&a_2&\cdots&0\\\vdots&\vdots&\vdots&&\vdots\\-1&0&0&\cdots&a_n\end{vmatrix}=\begin{vmatrix}1+\sum\limits_{i=1}^{n}\dfrac{1}{a_i}&1&1&\cdots&1\\0&a_1&0&\cdots&0\\0&0&a_2&\cdots&0\\\vdots&\vdots&\vdots&&\vdots\\0&0&0&\cdots&a_n\end{vmatrix}$$

$$=\left(1+\sum_{i=1}^{n}\frac{1}{a_i}\right)a_1a_2\cdots a_n\text{。}$$

例 1.18 计算 $2n$ 阶行列式：

$$D_{2n}=\begin{vmatrix}a&0&\cdots&0&0&\cdots&0&b\\0&a&\cdots&0&0&\cdots&b&0\\\vdots&\vdots&&\vdots&\vdots&&\vdots&\vdots\\0&0&\cdots&a&b&\cdots&0&0\\0&0&\cdots&c&d&\cdots&0&0\\\vdots&\vdots&&\vdots&\vdots&&\vdots&\vdots\\0&c&\cdots&0&0&\cdots&d&0\\c&0&\cdots&0&0&\cdots&0&d\end{vmatrix}\text{。}$$

分析 注意到，行列式的每行(列)只有两个元素不为零，而其余的元素均为零，并且处于对位分布。根据行列式的特点，可尝试用两种方法计算，即化三角法和递推法。化三角法就是利用性质 5 依次将主对角线下方的对位元素化为零；递推法就是利用行列式的按行(列)展开定理得到递推公式，进而求得最后结果。

解 **法一** 利用化三角法计算。当 $a=0$ 时，利用定义便可以计算该行列式。这里假设 $a\neq 0$，将第 $1,2,\cdots,n$ 行均乘以 $-\dfrac{c}{a}$，依次对位加到第 $2n,2n-1,\cdots,n+1$ 行$\left(\text{用行运算的符号可表示为 } r_{2n-i+1}-\dfrac{c}{a}r_i\quad(i=1,2,\cdots,n)\right)$，得到

$$D_{2n}=\begin{vmatrix}a&0&\cdots&0&0&\cdots&0&b\\0&a&\cdots&0&0&\cdots&b&0\\\vdots&\vdots&&\vdots&\vdots&&\vdots&\vdots\\0&0&\cdots&a&b&\cdots&0&0\\0&0&\cdots&0&d-\dfrac{bc}{a}&\cdots&0&0\\\vdots&\vdots&&\vdots&\vdots&&\vdots&\vdots\\0&0&\cdots&0&0&\cdots&d-\dfrac{bc}{a}&0\\0&0&\cdots&0&0&\cdots&0&d-\dfrac{bc}{a}\end{vmatrix}$$

$$=a^n\left(d-\frac{bc}{a}\right)^n=(ad-bc)^n\text{。}$$

法二 利用降阶法计算。将 D_{2n} 按第 1 行展开，得

$$D_{2n}=a\begin{vmatrix} a & 0 & \cdots & 0 & 0 & \cdots & b & 0 \\ \vdots & \vdots & & \vdots & \vdots & & \vdots & \vdots \\ 0 & 0 & \cdots & a & b & \cdots & 0 & 0 \\ 0 & 0 & \cdots & c & d & \cdots & 0 & 0 \\ \vdots & \vdots & & \vdots & \vdots & & \vdots & \vdots \\ c & 0 & \cdots & 0 & 0 & \cdots & d & 0 \\ 0 & 0 & \cdots & 0 & 0 & \cdots & 0 & d \end{vmatrix}+b(-1)^{1+2n}\begin{vmatrix} 0 & a & \cdots & 0 & 0 & \cdots & 0 & b \\ \vdots & \vdots & & \vdots & \vdots & & \vdots & \vdots \\ 0 & 0 & \cdots & a & b & \cdots & 0 & 0 \\ 0 & 0 & \cdots & c & d & \cdots & 0 & 0 \\ \vdots & \vdots & & \vdots & \vdots & & \vdots & \vdots \\ 0 & c & \cdots & 0 & 0 & \cdots & 0 & d \\ c & 0 & \cdots & 0 & 0 & \cdots & 0 & 0 \end{vmatrix}$$

（按最后 1 行展开）　　　　　　　　（按第 1 列展开）

$$=ad(-1)^{2n-1+2n-1}D_{2n-2}+bc(-1)^{2n+1}(-1)^{2n+1-1}D_{2n-2}=(ad-bc)D_{2n-2},$$

即 $D_{2n}=(ad-bc)D_{2n-2}$。进一步地，由上述递推公式可得

$$D_{2n}=(ad-bc)D_{2(n-1)}=(ad-bc)^2D_{2(n-2)}=\cdots$$

$$=(ad-bc)^{n-1}D_2=(ad-bc)^{n-1}\begin{vmatrix} a & b \\ c & d \end{vmatrix}=(ad-bc)^n。$$

评注 该行列式用了两种方法（化三角法和降阶法）计算，表面上看化三角法更加直白、简单，但这只是针对此题而言，对其他类型的行列式并非完全如此。因此，在计算或证明行列式时，初学者要尽量做到一题多解，积累经验，进而才能针对不同的问题，选取优化的算法进行计算或证明。

例 1.19 计算 n 阶行列式：

$$D_n=\begin{vmatrix} 3 & 2 & 0 & \cdots & 0 & 0 \\ 1 & 3 & 2 & \cdots & 0 & 0 \\ 0 & 1 & 3 & \cdots & 0 & 0 \\ \vdots & \vdots & \vdots & & \vdots & \vdots \\ 0 & 0 & 0 & \cdots & 3 & 2 \\ 0 & 0 & 0 & \cdots & 1 & 3 \end{vmatrix}。$$

分析 从结构上看，此行列式称为**三对角行列式**，即除主对角线上及其两侧元素外均为零。然而，零元素虽然多，但若使用化三角法，会很麻烦，结果也很难预测。因此，采用**递推法**计算。

解 将行列式按第 1 行展开，得

$$D_n=\begin{vmatrix} 3 & 2 & 0 & \cdots & 0 & 0 \\ 1 & 3 & 2 & \cdots & 0 & 0 \\ 0 & 1 & 3 & \cdots & 0 & 0 \\ \vdots & \vdots & \vdots & & \vdots & \vdots \\ 0 & 0 & 0 & \cdots & 3 & 2 \\ 0 & 0 & 0 & \cdots & 1 & 3 \end{vmatrix}$$

$$=3\begin{vmatrix} 3 & 2 & 0 & \cdots & 0 \\ 1 & 3 & 2 & \cdots & 0 \\ 0 & 1 & 3 & \cdots & 0 \\ \vdots & \vdots & \vdots & & \vdots \\ 0 & 0 & 0 & \cdots & 3 \end{vmatrix}+2\times(-1)^{1+2}\begin{vmatrix} 1 & 2 & 0 & \cdots & 0 \\ 0 & 3 & 2 & \cdots & 0 \\ 0 & 1 & 3 & \cdots & 0 \\ \vdots & \vdots & \vdots & & \vdots \\ 0 & 0 & 0 & \cdots & 3 \end{vmatrix}。$$

上式右端的第一个行列式恰为 D_{n-1}，第二个再按第1列展开即为 D_{n-2}，于是有

$$D_n = 3D_{n-1} - 2D_{n-2}。$$

为了求得 D_n，下面采用两种方法计算。

法一 不难看到，等式 $D_n=3D_{n-1}-2D_{n-2}$ 可以变形为 $D_n-D_{n-1}=2(D_{n-1}-D_{n-2})$。进一步地，有

$$D_n - D_{n-1} = 2(D_{n-1} - D_{n-2}) = 2^{n-2}(D_2 - D_1) = 2^n,$$

其中 $D_1=3, D_2=7$。由于

$$D_n - D_{n-1} = 2^n, D_{n-1} - D_{n-2} = 2^{n-1}, D_{n-2} - D_{n-3} = 2^{n-2}, \cdots, D_2 - D_1 = 2^2,$$

将这些等式相加，可得

$$D_n - D_1 = 2^n + 2^{n-1} + \cdots + 2^2。$$

于是

$$D_n = 2^n + 2^{n-1} + \cdots + 2^2 + 3 = \frac{1-2^{n+1}}{1-2} = 2^{n+1} - 1。$$

法二 设

$$D_n - xD_{n-1} = y(D_{n-1} - xD_{n-2})。$$

通过与等式 $D_n=3D_{n-1}-2D_{n-2}$ 比较系数，得

$$\begin{cases} x + y = 3, \\ xy = 2。 \end{cases}$$

所以有

$$\begin{cases} x_1 = 1, \\ y_1 = 2, \end{cases} \quad 或 \quad \begin{cases} x_2 = 2, \\ y_2 = 1。 \end{cases}$$

当取 $x=1, y=2$ 时，有

$$D_n - D_{n-1} = 2(D_{n-1} - D_{n-2}) = 2^{n-2}(D_2 - D_1) = 2^n,$$

利用法一便可得到 $D_n=2^{n+1}-1$。

当取 $x=2, y=1$ 时，有

$$D_n - 2D_{n-1} = D_{n-1} - 2D_{n-2} = D_2 - 2D_1 = 1,$$

利用类似于法一的解法，仍可得到 $D_n=2^{n+1}-1$。

评注 此例中，行列式的展开式较为简单，法一直接对其进行了分解，进而求得了最后的表达式，但是这种直接分解的方法对于较为复杂的表达式就行不通了。法二的求解思想是：先假设出待求的递推公式的形式，然后利用待定系数法求出递推公式的表达式，最后求出行列式的表达式。这种方法在寻找递推公式时较为常用。

例 1.20 证明：

$$D_n = \begin{vmatrix} 1 & 1 & 1 & \cdots & 1 \\ x_1 & x_2 & x_3 & \cdots & x_n \\ x_1^2 & x_2^2 & x_3^2 & \cdots & x_n^2 \\ \vdots & \vdots & \vdots & & \vdots \\ x_1^{n-1} & x_2^{n-1} & x_3^{n-1} & \cdots & x_n^{n-1} \end{vmatrix} = \prod_{1 \leqslant j < i \leqslant n} (x_i - x_j),$$

其中“$\prod$”是连乘记号，它表示全体同类因子的乘积。该行列式称为**范德蒙德(Vandermonde)**

行列式。

分析 这是一个经典的行列式，证明较为烦琐，需要综合利用行列式的性质和按行(列)展开定理及数学归纳法进行证明。

证 用数学归纳法证明。

易见，当 $n=2$ 时，

$$D_2=\begin{vmatrix}1 & 1\\ x_1 & x_2\end{vmatrix}=x_2-x_1。$$

结论成立。

假设对 $n-1$ 阶范德蒙德行列式结论成立，下面证明对 n 阶范德蒙德行列式结论也成立。

为了将 D_n 降阶，即将第 1 列的第 2 行至第 n 行的元素化为零，将 D_n 的第 $n-1$ 行乘以 $-x_1$ 加到第 n 行，然后再将 D_n 的第 $n-2$ 行乘以 $-x_1$ 加到第 $n-1$ 行，以此类推，即各行依次加上前一行的 $-x_1$ 倍，得

$$D_n=\begin{vmatrix}1 & 1 & 1 & \cdots & 1\\ 0 & x_2-x_1 & x_3-x_1 & \cdots & x_n-x_1\\ 0 & x_2(x_2-x_1) & x_3(x_3-x_1) & \cdots & x_n(x_n-x_1)\\ \vdots & \vdots & \vdots & & \vdots\\ 0 & x_2^{n-3}(x_2-x_1) & x_3^{n-3}(x_3-x_1) & \cdots & x_n^{n-3}(x_n-x_1)\\ 0 & x_2^{n-2}(x_2-x_1) & x_3^{n-2}(x_3-x_1) & \cdots & x_n^{n-2}(x_n-x_1)\end{vmatrix}。$$

将得到的行列式按第 1 列展开(只剩下一个 $n-1$ 阶行列式)，并提取 $n-1$ 阶行列式每一列的公因子，即 $x_2-x_1, x_3-x_1, \cdots, x_n-x_1$，得到

$$D_{n-1}=\begin{vmatrix}x_2-x_1 & x_3-x_1 & \cdots & x_n-x_1\\ x_2(x_2-x_1) & x_3(x_3-x_1) & \cdots & x_n(x_n-x_1)\\ \vdots & \vdots & & \vdots\\ x_2^{n-2}(x_2-x_1) & x_3^{n-2}(x_3-x_1) & \cdots & x_n^{n-2}(x_n-x_1)\end{vmatrix}$$

$$=(x_2-x_1)(x_3-x_1)\cdots(x_n-x_1)\begin{vmatrix}1 & 1 & \cdots & 1\\ x_2 & x_3 & \cdots & x_n\\ \vdots & \vdots & & \vdots\\ x_2^{n-2} & x_3^{n-2} & \cdots & x_n^{n-2}\end{vmatrix}。$$

注意到，最后一个表达式中的行列式为 $n-1$ 阶范德蒙德行列式。于是，由归纳假设得

$$D_n=(x_2-x_1)(x_3-x_1)\cdots(x_n-x_1)\prod_{2\leqslant j<i\leqslant n}(x_i-x_j)=\prod_{1\leqslant j<i\leqslant n}(x_i-x_j)。$$ 证毕

评注 计算和证明行列式是本章的重点和难点。本节中，我们列举了一些典型算例，常用的方法总结如下：

(1) 降阶法，即利用行列式的定义及定理 1.1 进行化简并计算，如例 1.4～例 1.6、例 1.13；

(2) 化三角法，即用行列式性质及推论进行化简并计算，如例 1.14～例 1.16；

(3) 加边法，即与降阶法相反，当行列式较难计算时，先将行列式升阶为高一阶的行列

式，然后再综合运用行列式的性质计算，如例 1.17；

(4) 递推法，即先利用降阶法或化三角法得到行列式的递推公式，然后再计算，如例 1.18，例 1.19；

(5) 数学归纳法，即在证明与 n 阶行列式相关的等式时，直接计算非常烦琐或无法直接计算时，可以考虑使用数学归纳法，如例 1.20。

习题 1.3

思考题

1. 计算行列式时，如何选取适当的方法进行化简、计算？
2. 在用递推法计算行列式时，应注意哪些问题？
3. 范德蒙德行列式有什么特点？计算过程中用到了行列式的哪些性质及计算方法？

A类题

1. 计算下列行列式：

(1) $D_n=\begin{vmatrix} 1 & 3 & 3 & \cdots & 3 & 3 \\ 3 & 2 & 3 & \cdots & 3 & 3 \\ 3 & 3 & 3 & \cdots & 3 & 3 \\ \vdots & \vdots & \vdots & & \vdots & \vdots \\ 3 & 3 & 3 & \cdots & n-1 & 3 \\ 3 & 3 & 3 & \cdots & 3 & n \end{vmatrix}$；(2) $D_n=\begin{vmatrix} 2 & -1 & 0 & \cdots & 0 & 0 \\ -1 & 2 & -1 & \cdots & 0 & 0 \\ 0 & -1 & 2 & \cdots & 0 & 0 \\ \vdots & \vdots & \vdots & & \vdots & \vdots \\ 0 & 0 & 0 & \cdots & 2 & -1 \\ 0 & 0 & 0 & \cdots & -1 & 2 \end{vmatrix}$；

(3) $D_{n+1}=\begin{vmatrix} -a_1 & a_1 & 0 & \cdots & 0 & 0 \\ 0 & -a_2 & a_2 & \cdots & 0 & 0 \\ 0 & 0 & -a_3 & \cdots & 0 & 0 \\ \vdots & \vdots & \vdots & & \vdots & \vdots \\ 0 & 0 & 0 & \cdots & -a_n & a_n \\ 2 & 2 & 2 & \cdots & 2 & 2 \end{vmatrix}$；

(4) $D_{n+1}=\begin{vmatrix} 1 & a_1 & a_2 & \cdots & a_n \\ 1 & a_1+b_1 & a_2 & \cdots & a_n \\ 1 & a_1 & a_2+b_2 & \cdots & a_n \\ \vdots & \vdots & \vdots & & \vdots \\ 1 & a_1 & a_2 & \cdots & a_n+b_n \end{vmatrix}$；

(5) $D_n=\begin{vmatrix} x+a_1 & a_2 & \cdots & a_n \\ a_1 & x+a_2 & \cdots & a_n \\ \vdots & \vdots & & \vdots \\ a_1 & a_2 & \cdots & x+a_n \end{vmatrix}$；

(6) $D_n=\begin{vmatrix} 1+a_1 & 1 & 1 & \cdots & 1 \\ 1 & a_2 & 0 & \cdots & 0 \\ 1 & 0 & a_3 & \cdots & 0 \\ \vdots & \vdots & \vdots & & \vdots \\ 1 & 0 & 0 & \cdots & a_n \end{vmatrix}$ $(a_1a_2\cdots a_n\neq 0)$；

(7) $D_n=\begin{vmatrix} 1+x & 2 & \cdots & n-1 & n \\ 1 & 2+x & \cdots & n-1 & n \\ \vdots & \vdots & & \vdots & \vdots \\ 1 & 2 & \cdots & n-1+x & n \\ 1 & 2 & \cdots & n-1 & n+x \end{vmatrix}$；

(8) $D_{n+1}=\begin{vmatrix} a & -1 & 0 & \cdots & 0 & 0 \\ ax & a & -1 & \cdots & 0 & 0 \\ ax^2 & ax & a & \cdots & 0 & 0 \\ \vdots & \vdots & \vdots & & \vdots & \vdots \\ ax^{n-1} & ax^{n-2} & ax^{n-3} & \cdots & a & -1 \\ ax^n & ax^{n-1} & ax^{n-2} & \cdots & ax & a \end{vmatrix}$。

2. 解行列式方程：

$$D_{n+1}=\begin{vmatrix} 1 & 1 & 1 & \cdots & 1 \\ 1 & 1-x & 1 & \cdots & 1 \\ 1 & 1 & 2-x & \cdots & 1 \\ \vdots & \vdots & \vdots & & \vdots \\ 1 & 1 & 1 & \cdots & n-x \end{vmatrix}=0。$$

3. 证明下列等式：

(1) $D_4=\begin{vmatrix} 1+x & 1 & 1 & 1 \\ 1 & 1-x & 1 & 1 \\ 1 & 1 & 1+y & 1 \\ 1 & 1 & 1 & 1-y \end{vmatrix}=x^2y^2$；

(2) $D_n=\begin{vmatrix} x & 0 & 0 & \cdots & 0 & a_0 \\ -1 & x & 0 & \cdots & 0 & a_1 \\ 0 & -1 & x & \cdots & 0 & a_2 \\ \vdots & \vdots & \vdots & & \vdots & \vdots \\ 0 & 0 & 0 & \cdots & x & a_{n-2} \\ 0 & 0 & 0 & \cdots & -1 & x+a_{n-1} \end{vmatrix}=x^n+a_{n-1}x^{n-1}+\cdots+a_1x+a_0$；

(3) $D_{2n}=\begin{vmatrix} a_n & 0 & \cdots & 0 & 0 & \cdots & 0 & b_n \\ 0 & a_{n-1} & \cdots & 0 & 0 & \cdots & b_{n-1} & 0 \\ \vdots & \vdots & & \vdots & \vdots & & \vdots & \vdots \\ 0 & 0 & \cdots & a_1 & b_1 & \cdots & 0 & 0 \\ 0 & 0 & \cdots & c_1 & d_1 & \cdots & 0 & 0 \\ \vdots & \vdots & & \vdots & \vdots & & \vdots & \vdots \\ 0 & c_{n-1} & \cdots & 0 & 0 & \cdots & d_{n-1} & 0 \\ c_n & 0 & \cdots & 0 & 0 & \cdots & 0 & d_n \end{vmatrix}=\prod_{i=1}^{n}(a_id_i-b_ic_i)$。

B类题

1. 计算下列行列式：

(1) $D_n=\begin{vmatrix} n & n-1 & n-2 & \cdots & 2 & 1 \\ -1 & x & 0 & \cdots & 0 & 0 \\ 0 & -1 & x & \cdots & 0 & 0 \\ \vdots & \vdots & \vdots & & \vdots & \vdots \\ 0 & 0 & 0 & \cdots & x & 0 \\ 0 & 0 & 0 & \cdots & -1 & x \end{vmatrix}$；(2) $D_n=\begin{vmatrix} 2 & 1 & 1 & \cdots & 1 & 1 \\ 1 & 3 & 1 & \cdots & 1 & 1 \\ 1 & 1 & 4 & \cdots & 1 & 1 \\ \vdots & \vdots & \vdots & & \vdots & \vdots \\ 1 & 1 & 1 & \cdots & n & 1 \\ 1 & 1 & 1 & \cdots & 1 & n+1 \end{vmatrix}$；

(3) $D_n=\begin{vmatrix} 1 & 2 & \cdots & n-1 & n \\ 2 & 3 & \cdots & n & n+1 \\ \vdots & \vdots & & \vdots & \vdots \\ n-1 & n & \cdots & 2n-3 & 2n-2 \\ n & n+1 & \cdots & 2n-2 & 2n-1 \end{vmatrix}$。

2. 证明：当 n 为奇数时，有

$$D_n=\begin{vmatrix} 0 & a_{12} & \cdots & a_{1n} \\ -a_{12} & 0 & \cdots & a_{2n} \\ \vdots & \vdots & & \vdots \\ -a_{1n} & -a_{2n} & \cdots & 0 \end{vmatrix}=0。$$

3. 证明下列等式：

(1) $$D_n=\begin{vmatrix} a_1 & -a_2 & 0 & \cdots & 0 & 0 \\ 0 & a_2 & -a_3 & \cdots & 0 & 0 \\ 0 & 0 & a_3 & \cdots & 0 & 0 \\ \vdots & \vdots & \vdots & & \vdots & \vdots \\ 0 & 0 & 0 & \cdots & a_{n-1} & -a_n \\ 1 & 1 & 1 & \cdots & 1 & 1+a_n \end{vmatrix}$$

$$=a_1a_2\cdots a_n\left(1+\sum_{i=1}^{n}\frac{1}{a_i}\right)\quad (a_1a_2\cdots a_n\neq 0)；$$

(2) $$D_n=\begin{vmatrix} \cos x & 1 & 0 & \cdots & 0 & 0 \\ 1 & 2\cos x & 1 & \cdots & 0 & 0 \\ 0 & 1 & 2\cos x & \cdots & 0 & 0 \\ \vdots & \vdots & \vdots & & \vdots & \vdots \\ 0 & 0 & 0 & \cdots & 2\cos x & 1 \\ 0 & 0 & 0 & \cdots & 1 & 2\cos x \end{vmatrix}=\cos nx；$$

(3) $$D_{n+1}=\begin{vmatrix} a^n & (a+1)^n & \cdots & (a+n)^n \\ a^{n-1} & (a+1)^{n-1} & \cdots & (a+n)^{n-1} \\ \vdots & \vdots & & \vdots \\ a & a+1 & \cdots & a+n \\ 1 & 1 & \cdots & 1 \end{vmatrix}=(-1)^{\frac{n(n+1)}{2}}2!\,3!\cdots n!。$$

1.4 克莱姆法则 | Cramer's rule

本节将利用 n 阶行列式求解含有 n 个未知数的 n 个线性方程所构成的 n 元线性方程组，以回答 1.1.2 小节提出的问题。n 元线性方程组形式如下：

$$\begin{cases} a_{11}x_1 + a_{12}x_2 + \cdots + a_{1n}x_n = b_1, \\ a_{21}x_1 + a_{22}x_2 + \cdots + a_{2n}x_n = b_2, \\ \quad\vdots \\ a_{n1}x_1 + a_{n2}x_2 + \cdots + a_{nn}x_n = b_n, \end{cases} \tag{1.23}$$

当线性方程组(1.23)的常数项 $b_1, b_2, \cdots, b_n$ 不全为零时，称之为**非齐次线性方程组(linear system of non-homogeneous equations)**；当 $b_1, b_2, \cdots, b_n$ 全为零时，即

$$\begin{cases} a_{11}x_1 + a_{12}x_2 + \cdots + a_{1n}x_n = 0, \\ a_{21}x_1 + a_{22}x_2 + \cdots + a_{2n}x_n = 0, \\ \quad\vdots \\ a_{n1}x_1 + a_{n2}x_2 + \cdots + a_{nn}x_n = 0, \end{cases} \tag{1.24}$$

称之为对应于(1.23)的**齐次线性方程组(linear system of homogeneous equations)**。

特别地，以线性方程组(1.23)的未知量的系数构成的行列式记为

$$D_n = \begin{vmatrix} a_{11} & a_{12} & \cdots & a_{1n} \\ a_{21} & a_{22} & \cdots & a_{2n} \\ \vdots & \vdots & & \vdots \\ a_{n1} & a_{n2} & \cdots & a_{nn} \end{vmatrix},$$

称之为线性方程组(1.23)的**系数行列式(coefficient determinant)**。

定理 1.3 (**克莱姆法则**)如果线性方程组(1.23)的系数行列式不为零($D_n \neq 0$)，则该线性方程组有唯一解，即

Theorem 1.3 (Cramer's rule) If the coefficient determinant of System (1.23) satisfies $D_n \neq 0$, then the system has a unique solution, given by

$$x_1 = \frac{D_n^1}{D_n}, \quad x_2 = \frac{D_n^2}{D_n}, \quad \cdots, \quad x_n = \frac{D_n^n}{D_n}, \tag{1.25}$$

其中 D_n^j 是将系数行列式 D_n 中第 j 列的元素替换为常数项 $b_1, b_2, \cdots, b_n$ 所得到的 n 阶行列式，即

where D_n^j is the n-th order determinant obtained by replacing the elements located at the j-th column of the coefficient determinant D_n by the constant terms $b_1, b_2, \cdots, b_n$, namely,

$$D_n^j = \begin{vmatrix} a_{11} & \cdots & a_{1,j-1} & b_1 & a_{1,j+1} & \cdots & a_{1n} \\ a_{21} & \cdots & a_{2,j-1} & b_2 & a_{2,j+1} & \cdots & a_{2n} \\ \vdots & & \vdots & \vdots & \vdots & & \vdots \\ a_{n1} & \cdots & a_{n,j-1} & b_n & a_{n,j+1} & \cdots & a_{nn} \end{vmatrix} \quad (j = 1, 2, \cdots, n).$$

分析 利用行列式的性质和按行(列)展开定理证明。

证 用 D_n 的第 j 列的元素的代数余子式 $A_{1j}, A_{2j}, \cdots, A_{nj}$ 分别乘方程组(1.23)的第 1，

2,…,n 个方程两端,然后竖式相加,由定理1.1和定理1.2得到

$$x_jD_n = D_n^j \quad (j=1,2,\cdots,n)。 \tag{1.26}$$

由于 $D_n\neq 0$,得线性方程组(1.23)的解为

$$x_j = \frac{D_n^j}{D_n} \quad (j=1,2,\cdots,n)。$$

下面验证式(1.25)是线性方程组(1.23)的唯一解。为此,设

$$x_1=c_1, x_2=c_2, \cdots, x_n=c_n$$

是线性方程组(1.23)的任意一个解。不难验证

$$D_nc_1 = \begin{vmatrix} a_{11}c_1 & a_{12} & \cdots & a_{1n} \\ a_{21}c_1 & a_{22} & \cdots & a_{2n} \\ \vdots & \vdots & & \vdots \\ a_{n1}c_1 & a_{n2} & \cdots & a_{nn} \end{vmatrix} = \begin{vmatrix} a_{11}c_1+a_{12}c_2+\cdots+a_{1n}c_n & a_{12} & \cdots & a_{1n} \\ a_{21}c_1+a_{22}c_2+\cdots+a_{2n}c_n & a_{22} & \cdots & a_{2n} \\ \vdots & \vdots & & \vdots \\ a_{n1}c_1+a_{n2}c_2+\cdots+a_{nn}c_n & a_{n2} & \cdots & a_{nn} \end{vmatrix}$$

$$= \begin{vmatrix} b_1 & a_{12} & \cdots & a_{1n} \\ b_2 & a_{22} & \cdots & a_{2n} \\ \vdots & \vdots & & \vdots \\ b_n & a_{n2} & \cdots & a_{nn} \end{vmatrix} = D_n^1,$$

于是

$$c_1 = \frac{D_n^1}{D_n} \quad (D_n\neq 0)。$$

类似地,有

$$D_nc_j = D_n^j, \quad c_j = \frac{D_n^j}{D_n} \quad (j=2,3,\cdots,n)。$$

由此证明了解的唯一性。 证毕

推论 若线性方程组(1.23)无解或有至少两个不同的解,则它的系数行列式必等于零,即 $D_n=0$。

Corollary If System (1.23) has no solution or has at least two distinct solutions, then its coefficient determinant must be equal to zero, namely, $D_n=0$.

例1.21 求解线性方程组

$$\begin{cases} x_1+2x_2-x_3+3x_4=2, \\ 2x_1-x_2+3x_3-2x_4=7, \\ 3x_2-x_3+x_4=6, \\ x_1-x_2+x_3+4x_4=-4。 \end{cases}$$

分析 利用克莱姆法则进行求解。

解 由于

$$D_4 = \begin{vmatrix} 1 & 2 & -1 & 3 \\ 2 & -1 & 3 & -2 \\ 0 & 3 & -1 & 1 \\ 1 & -1 & 1 & 4 \end{vmatrix} = \begin{vmatrix} 1 & 2 & -1 & 3 \\ 0 & -5 & 5 & -8 \\ 0 & 3 & -1 & 1 \\ 0 & -3 & 2 & 1 \end{vmatrix} = \begin{vmatrix} -5 & 5 & -8 \\ 3 & -1 & 1 \\ -3 & 2 & 1 \end{vmatrix}$$

$$=\begin{vmatrix}19&-3&-8\\0&0&1\\-6&3&1\end{vmatrix}=-\begin{vmatrix}19&-3\\-6&3\end{vmatrix}=-39\neq 0,$$

所以此线性方程组有唯一解。此外,有

$$D_4^1=\begin{vmatrix}2&2&-1&3\\7&-1&3&-2\\6&3&-1&1\\-4&-1&1&4\end{vmatrix}=-39,\quad D_4^2=\begin{vmatrix}1&2&-1&3\\2&7&3&-2\\0&6&-1&1\\1&-4&1&4\end{vmatrix}=-117,$$

$$D_4^3=\begin{vmatrix}1&2&2&3\\2&-1&7&-2\\0&3&6&1\\1&-1&-4&4\end{vmatrix}=-78,\quad D_4^4=\begin{vmatrix}1&2&-1&2\\2&-1&3&7\\0&3&-1&6\\1&-1&1&-4\end{vmatrix}=39。$$

所以此线性方程组的唯一解为

$$x_1=\frac{D_4^1}{D_4}=1,\quad x_2=\frac{D_4^2}{D_4}=3,\quad x_3=\frac{D_4^3}{D_4}=2,\quad x_4=\frac{D_4^4}{D_4}=-1。$$

特别地,对于齐次线性方程组(1.24),$x_1=x_2=\cdots=x_n=0$ 显然是此线性方程组的解,这个解称为线性方程组(1.24)的**零解(zero solution)**。

对齐次线性方程组应用克莱姆法则,得到当 $D_n\neq 0$ 时,因为 $D_n^j=0(j=1,2,\cdots,n)$,所以它有唯一零解。于是有如下定理及推论。

定理 1.4 如果线性方程组(1.24)的系数行列式不为零($D_n\neq 0$),则此线性方程组有唯一零解。

Theorem 1.4 If the coefficient determinant of System (1.24) satisfies $D_n\neq 0$, then the system has a unique zero solution.

推论 如果线性方程组(1.24)有非零解,则其系数行列式必为零,即 $D_n=0$。

Corollary If System (1.24) has nonzero solutions, then its coefficient determinant must be zero, i. e., $D_n=0$.

例 1.22 问 λ 取何值时,齐次线性方程组

$$\begin{cases}(\lambda-3)x_1+x_2-x_3=0,\\x_1+(\lambda-5)x_2+x_3=0,\\-x_1+x_2+(\lambda-3)x_3=0\end{cases}$$

有非零解?

分析 利用行列式的性质和定理 1.4 的推论进行求解。

解 将系数行列式的第 2、第 3 列都加到第 1 列,然后从得到的行列式中提取公因子 $\lambda-3$,最后利用行列式的性质对其进行化简,得到

$$D_3=\begin{vmatrix}\lambda-3&1&-1\\1&\lambda-5&1\\-1&1&\lambda-3\end{vmatrix}=\begin{vmatrix}\lambda-3&1&-1\\\lambda-3&\lambda-5&1\\\lambda-3&1&\lambda-3\end{vmatrix}=(\lambda-2)(\lambda-3)(\lambda-6)。$$

根据定理 1.4 的推论,当 $D_3=0$ 时,即 $\lambda=2$ 或 3 或 6 时,此齐次线性方程组有非零解。

习题 1.4

思考题

1. 用克莱姆法则求解非齐次或齐次线性方程组需要满足的条件是什么？
2. 本节中定义的非齐次线性方程组和对应的齐次线性方程组的解之间有什么关系？

A类题

1. 用克莱姆法则求解下列线性方程组：

(1) $\begin{cases} x_1 + x_2 + x_3 = 0, \\ 2x_1 - 5x_2 - 3x_3 = 10, \\ 4x_1 + 8x_2 + 2x_3 = 4; \end{cases}$　　(2) $\begin{cases} 2x_1 - x_2 - x_3 = 4, \\ 3x_1 + 4x_2 - 2x_3 = 11, \\ 3x_1 - 2x_2 + 4x_3 = 11。 \end{cases}$

2. 判断下列齐次线性方程组是否只有零解：

(1) $\begin{cases} x_1 + x_2 + x_3 = 0, \\ x_1 + 2x_2 + 3x_3 = 0, \\ 3x_1 + 3x_2 + x_3 = 0; \end{cases}$　　(2) $\begin{cases} x_1 + x_2 + x_3 = 0, \\ 2x_1 + x_2 + x_3 = 0, \\ x_2 + x_3 = 0。 \end{cases}$

3. λ 取何值时，下列齐次线性方程组

(1) $\begin{cases} x_1 + x_2 + \lambda x_3 = 0, \\ -x_1 + \lambda x_2 + x_3 = 0, \\ x_1 - x_2 + 2x_3 = 0; \end{cases}$　　(2) $\begin{cases} \lambda x_1 + x_2 + x_3 = 0, \\ x_1 + \lambda x_2 + x_3 = 0, \\ 3x_1 - x_2 + x_3 = 0 \end{cases}$

有非零解？

4. a,b 取何值时，线性方程组

$$\begin{cases} ax_1 + x_2 + x_3 = 0, \\ x_1 + bx_2 + x_3 = 0, \\ x_1 + 2bx_2 + x_3 = 0 \end{cases}$$

只有零解？

5. 求二次多项式 $f(x) = a_0 + a_1x + a_2x^2$，满足 $f(1) = 0, f(-1) = 2, f(2) = 1$。

6. 求三次多项式 $f(x) = a_0 + a_1x + a_2x^2 + a_3x^3$，使得 $f(-1) = 0, f(1) = 4, f(2) = -1, f(3) = 16$。

B类题

1. 用克莱姆法则求解下列方程组：

(1) $\begin{cases} 2x_1 + x_2 - 5x_3 + x_4 = 8, \\ x_1 - 3x_2 - 6x_4 = 9, \\ 2x_2 - x_3 + 2x_4 = -5, \\ x_1 + 4x_2 - 7x_3 + 6x_4 = 0; \end{cases}$　　(2) $\begin{cases} x_1 + x_2 + x_3 = 5, \\ 2x_1 + x_2 - x_3 - x_4 = 1, \\ x_1 + 2x_2 - x_3 + x_4 = 2, \\ x_1 + 2x_3 + 3x_4 = 2。 \end{cases}$

2. λ 取何值时，线性方程组

$$\begin{cases}(5-\lambda)x_1+2x_2+2x_3=0,\\ 2x_1+(6-\lambda)x_2=0,\\ 2x_1+(4-\lambda)x_3=0\end{cases}$$

(1)只有零解；(2)有无穷多解？

3. 设 $f(x)=c_0+c_1x+c_2x^2+\cdots+c_nx^n$，用克莱姆法则证明：若 $f(x)$ 有 $n+1$ 个不同的根，则 $f(x)$ 是一个零多项式。

复习题1

1. 填空题

(1) 设 $\begin{vmatrix}a & 3 & 1\\ b & 0 & 1\\ c & 2 & 1\end{vmatrix}=1$，则 $D_3=\begin{vmatrix}a-3 & b-3 & c-3\\ 5 & 2 & 4\\ 1 & 1 & 1\end{vmatrix}=$________。

(2) 多项式 $\begin{vmatrix}2 & x & 0 & 0\\ 1 & 3 & 0 & 0\\ -3 & 4 & 5 & x\\ -1 & 2 & 3 & 2\end{vmatrix}$ 中 x^2 的系数为________。

(3) $D_4=\begin{vmatrix}ka_{11} & ka_{12} & ka_{13} & ka_{14}\\ ka_{21} & ka_{22} & ka_{23} & ka_{24}\\ ka_{31} & ka_{32} & ka_{33} & ka_{34}\\ ka_{41} & ka_{42} & ka_{43} & ka_{44}\end{vmatrix}=$________$\begin{vmatrix}a_{11} & a_{12} & a_{13} & a_{14}\\ a_{21} & a_{22} & a_{23} & a_{24}\\ a_{31} & a_{32} & a_{33} & a_{34}\\ a_{41} & a_{42} & a_{43} & a_{44}\end{vmatrix}$。

(4) $D_4=\begin{vmatrix}1 & 1 & 1 & 1\\ 1 & 2 & 3 & a\\ 1 & 2^2 & 3^2 & a^2\\ 1 & 2^3 & 3^3 & a^3\end{vmatrix}=$____________。

(5) $D_3=\begin{vmatrix}1 & 0 & 2\\ x & 3 & 1\\ 4 & x & 5\end{vmatrix}$ 的元素 a_{12} 的代数余子式 $A_{12}=-1$，则元素 a_{21} 的代数余子式 $A_{21}=$________。

2. 选择题

(1) 设有如下行列式

$$D_n=\begin{vmatrix}0 & 0 & \cdots & 0 & a_{1n}\\ 0 & 0 & \cdots & a_{2,n-1} & a_{2n}\\ \vdots & \vdots & \iddots & \vdots & \vdots\\ 0 & a_{n-1,2} & \cdots & a_{n-1,n-1} & a_{n-1,n}\\ a_{n1} & a_{n2} & \cdots & a_{n,n-1} & a_{nn}\end{vmatrix},$$

乘积 $a_{1n}a_{2,n-1}\cdots a_{n1}$ 前面的符号为(　　)。

A. $(-1)^n$　　B. $(-1)^{n-1}$　　C. $(-1)^{\frac{n^2}{2}}$　　D. $(-1)^{\frac{n(n-1)}{2}}$

(2) 4阶行列式中包含因子a_{23}的项的个数为(　　)。

A. 2　　B. 4　　C. 6　　D. 8

(3) $D_4=\begin{vmatrix} a_1 & 0 & 0 & b_1 \\ 0 & a_2 & b_2 & 0 \\ 0 & a_3 & b_3 & 0 \\ a_4 & 0 & 0 & b_4 \end{vmatrix}=$(　　)。

A. $a_1a_2a_3a_4-b_1b_2b_3b_4$　　B. $a_1a_2a_3a_4+b_1b_2b_3b_4$

C. $(a_1a_2-b_1b_2)(a_3a_4-b_3b_4)$　　D. $(a_2b_3-b_2a_3)(a_1b_4-b_1a_4)$

(4) 已知$D_3=\begin{vmatrix} a & b & 0 \\ -b & a & 0 \\ -1 & 0 & -1 \end{vmatrix}=0$，则(　　)。

A. $a=0,b=-1$　　B. $a=0,b=0$　　C. $a=1,b=0$；　　D. $a=1,b=-1$

(5) 若齐次线性方程组$\begin{cases} 3x_1+kx_2-x_3=0, \\ \qquad 4x_2+x_3=0, \\ kx_1-5x_2-x_3=0 \end{cases}$有非零解，则$k=$(　　)。

A. 0　　B. 1　　C. -1或-3　　D. 3

3. 计算下列行列式：

(1) $D_5=\begin{vmatrix} 0 & 2 & 3 & 4 & 5 \\ 1 & 0 & 3 & 4 & 5 \\ 1 & 2 & 0 & 4 & 5 \\ 1 & 2 & 3 & 0 & 5 \\ 1 & 2 & 3 & 4 & 0 \end{vmatrix}$；　　(2) $D_n=\begin{vmatrix} 1 & 2 & \cdots & n-1 & n \\ 2 & 3 & \cdots & n & 1 \\ \vdots & \vdots & & \vdots & \vdots \\ n-1 & n & \cdots & n-3 & n-2 \\ n & 1 & \cdots & n-2 & n-1 \end{vmatrix}$；

(3) $D_n=\begin{vmatrix} a & a+h & a+2h & \cdots & a+(n-2)h & a+(n-1)h \\ -a & a & 0 & \cdots & 0 & 0 \\ 0 & -a & a & \cdots & 0 & 0 \\ \vdots & \vdots & \vdots & & \vdots & \vdots \\ 0 & 0 & 0 & \cdots & a & 0 \\ 0 & 0 & 0 & \cdots & -a & a \end{vmatrix}$；

(4) $D_n=\begin{vmatrix} a_1 & -1 & 0 & \cdots & 0 & 0 \\ a_2 & x & -1 & \cdots & 0 & 0 \\ a_3 & 0 & x & \cdots & 0 & 0 \\ \vdots & \vdots & \vdots & & \vdots & \vdots \\ a_{n-1} & 0 & 0 & \cdots & x & -1 \\ a_n & 0 & 0 & \cdots & 0 & x \end{vmatrix}$。

4. 已知

$$D_5=\begin{vmatrix} 1 & 2 & 3 & 4 & 5 \\ 5 & 5 & 5 & 3 & 3 \\ 3 & 2 & 5 & 4 & 2 \\ 2 & 2 & 2 & 1 & 1 \\ 4 & 6 & 5 & 2 & 3 \end{vmatrix}。$$

求：(1)$A_{51}+2A_{52}+3A_{53}+4A_{54}+5A_{55}$；(2)$A_{31}+A_{32}+A_{33}$及$A_{34}+A_{35}$。

5. λ取何值时，线性方程组

$$\begin{cases}x_1+x_2+x_3=5,\\x_1+\lambda x_2-x_3=3,\\2x_1-x_2+\lambda x_3=7\end{cases}$$

有唯一解？

6. 已知齐次线性方程组

$$\begin{cases}(\lambda-1)x_1+2x_2-ax_3=0,\\3x_1+(\lambda-a)x_2+3x_3=0,\\-ax_1+2x_2+(\lambda-1)x_3=0\end{cases}$$

有非零解，其中a为常数，求λ的值。

7. 证明下列等式：

(1) $$D_4=\begin{vmatrix}a^2+\dfrac{1}{a^2} & a & \dfrac{1}{a} & 1\\ b^2+\dfrac{1}{b^2} & b & \dfrac{1}{b} & 1\\ c^2+\dfrac{1}{c^2} & c & \dfrac{1}{c} & 1\\ d^2+\dfrac{1}{d^2} & d & \dfrac{1}{d} & 1\end{vmatrix}=0\quad(abcd=1);$$

(2) $$D_4=\begin{vmatrix}1 & -1 & 1 & x-1\\ 1 & -1 & x+1 & -1\\ 1 & x-1 & 1 & -1\\ x+1 & -1 & 1 & -1\end{vmatrix}=x^4;$$

(3) $$D_n=\begin{vmatrix}a+b & ab & 0 & \cdots & 0 & 0\\ 1 & a+b & ab & \cdots & 0 & 0\\ 0 & 1 & a+b & \cdots & 0 & 0\\ \vdots & \vdots & \vdots & & \vdots & \vdots\\ 0 & 0 & 0 & \cdots & a+b & ab\\ 0 & 0 & 0 & \cdots & 1 & a+b\end{vmatrix}=\frac{a^{n+1}-b^{n+1}}{a-b}\quad(a\neq b)。$$

第 2 章

矩阵

Matrices

相比于第 1 章学习过的行列式，矩阵在线性代数理论中所处的地位是不可替代的，它贯穿于线性代数的各部分内容。矩阵及其相关理论体系的建立，使其广泛应用于现代科技的各个领域，如自然科学、工程技术、社会科学等。早在 1858 年，英国数学家凯莱发表了论文《矩阵论的研究报告》，就首先定义了矩阵的某些运算，因而他成了矩阵理论的创始人。本章首先介绍与矩阵相关的一些概念，并引入矩阵的加法运算、数乘运算、矩阵与矩阵的乘法运算及相关运算的一些规律；然后定义方阵的行列式及逆矩阵；作为矩阵计算的应用，最后介绍求解矩阵方程的一些典型方法和分块矩阵的相关知识。

2.1 矩阵及其运算 | *Matrices and operations*

2.1.1 矩阵的概念 | *Concepts of matrices*

引例 对于第 1 章中引入的由 n 个未知量的 n 个线性方程构成的 n 元线性方程组，即

$$\begin{cases} a_{11}x_1 + a_{12}x_2 + \cdots + a_{1n}x_n = b_1, \\ a_{21}x_1 + a_{22}x_2 + \cdots + a_{2n}x_n = b_2, \\ \quad\vdots \\ a_{n1}x_1 + a_{n2}x_2 + \cdots + a_{nn}x_n = b_n, \end{cases}$$

由克莱姆法则知，其解的存在唯一性完全依赖于此线性方程组中未知量的系数 $a_{ij}(i,j=1,2,\cdots,n)$ 和常数项 $b_i(i=1,2,\cdots,n)$。然而，利用克莱姆法则求解线性方程组时具有两个致命的局限性，一个是未知量的个数和方程的个数相同，另一个是系数行列式不等于零。只有当这两个条件满足时，才能使用克莱姆法则。此外，当未知量的个数 n 较大时，行列式的计算量会陡增，因此在实际求解线性方程组时很少使用克莱姆法则。由解线性方程组的消元法不难看出，整个求解过程可以视为对线性方程组的系数与常数项的一系列运算。通常将线性方程组中未知量的系数与常数项按照原来的位置排列，构造如下两个数表，即

$$\begin{pmatrix} a_{11} & a_{12} & \cdots & a_{1n} \\ a_{21} & a_{22} & \cdots & a_{2n} \\ \vdots & \vdots & & \vdots \\ a_{n1} & a_{n2} & \cdots & a_{nn} \end{pmatrix} \quad 和 \quad \begin{pmatrix} a_{11} & a_{12} & \cdots & a_{1n} & b_1 \\ a_{21} & a_{22} & \cdots & a_{2n} & b_2 \\ \vdots & \vdots & & \vdots & \vdots \\ a_{n1} & a_{n2} & \cdots & a_{nn} & b_n \end{pmatrix}。$$

这两个数表都称为矩阵，其中第一个称为线性方程组的**系数矩阵**，第二个称为线性方程组的**增广矩阵**。通过建立一系列的规则来讨论这两个矩阵的各种特性，进而可获得线性方程组的解的相关信息。

下面给出与矩阵相关的一些概念。首先给出矩阵的定义。

定义 2.1 由 $m\times n$ 个数 $a_{ij}(i=1,2,\cdots,m;j=1,2,\cdots,n)$ 排成 m 行 n 列的数表

Definition 2.1 An array of $m\times n$ scalars a_{ij} $(i=1,2,\cdots,m;\ j=1,2,\cdots,n)$ arranged by m rows and n columns, given by

$$\begin{pmatrix} a_{11} & a_{12} & \cdots & a_{1n} \\ a_{21} & a_{22} & \cdots & a_{2n} \\ \vdots & \vdots & & \vdots \\ a_{m1} & a_{m2} & \cdots & a_{mn} \end{pmatrix} \tag{2.1}$$

称为 m 行 n 列**矩阵**，或称为 $m\times n$ 矩阵，通常记作 $\mathbf{A}$。数 a_{ij} 称为矩阵 $\mathbf{A}$ 的第 i 行、第 j 列的元素。式(2.1)有时也记作 $\mathbf{A}=(a_{ij})_{m\times n}$ 或 $\mathbf{A}_{m\times n}$。

is called a **matrix** of m rows and n columns, or is called an $m\times n$ matrix, always written as $\mathbf{A}$. The scalar a_{ij} is called an element located at the i-th row and the j-th column of the matrix $\mathbf{A}$. Sometimes, Eq. (2.1) can also be written as $\mathbf{A}=(a_{ij})_{m\times n}$ or $\mathbf{A}_{m\times n}$.

关于定义 2.1 的几点说明。

(1) 由定义可知，矩阵与行列式是两个完全不同的概念。矩阵是一个数表，而行列式是一个数值或表达式；矩阵的行数和列数可以不相等，而行列式的行数和列数必须相等。

(2) 元素是实数的矩阵称为**实矩阵**(**real matrix**)；元素是复数的矩阵称为**复矩阵**(**complex matrix**)。本书中的矩阵，除特别说明外均指的是实矩阵。

(3) 当一个矩阵的行数和列数相等时，称之为**方阵**(**square matrix**)。特别地，当行数和列数都等于 n 时，称之为 n 阶方阵，有时也称为 $\boldsymbol{n}$ **阶矩阵**(**matrix of order** $\boldsymbol{n}$)。

对于给定的矩阵，当它们的行数、列数分别相等时，称之为**同型矩阵**(**matrices of the same type**)，例如，

$$\mathbf{A}_{3\times 2}=\begin{pmatrix} 1 & 2 \\ 2 & 1 \\ 7 & 0 \end{pmatrix}_{3\times 2},\quad \mathbf{B}_{3\times 2}=\begin{pmatrix} 2 & 0 \\ 3 & 1 \\ 5 & 2 \end{pmatrix}_{3\times 2}$$

是同型矩阵，然而

$$\mathbf{A}_{3\times 2}=\begin{pmatrix} 1 & 2 \\ 2 & 1 \\ 7 & 0 \end{pmatrix}_{3\times 2},\quad \mathbf{C}_{2\times 3}=\begin{pmatrix} 2 & 1 & -1 \\ 1 & 0 & -1 \end{pmatrix}_{2\times 3}$$

不是同型矩阵。

进一步地，如果两个同型矩阵 $\mathbf{A}=(a_{ij})_{m\times n}$ 与 $\mathbf{B}=(b_{ij})_{m\times n}$ 中对应的元素相等，即

$$a_{ij}=b_{ij}\quad (i=1,2,\cdots,m;j=1,2,\cdots,n),$$

则称矩阵 $\mathbf{A}$ 与 $\mathbf{B}$ **相等**，记作 $\mathbf{A}=\mathbf{B}$。

下面列举几类非常重要的矩阵。

(1) **零矩阵**：元素全为零的矩阵称为**零矩阵**(**zero matrix**)，通常记作 $\mathbf{0}_{m\times n}$。需要特别注意的是，不同型的零矩阵不相等，例如，

$$\mathbf{0}_{2\times2}=\begin{pmatrix}0&0\\0&0\end{pmatrix}_{2\times2},\quad \mathbf{0}_{3\times2}=\begin{pmatrix}0&0\\0&0\\0&0\end{pmatrix}_{3\times2},\quad \mathbf{0}_{4\times4}=\begin{pmatrix}0&0&0&0\\0&0&0&0\\0&0&0&0\\0&0&0&0\end{pmatrix}_{4\times4},$$

它们都是零矩阵,但是不相等。当阶数明确时,零矩阵简记为 $\mathbf{0}$。

(2) **行矩阵**：当一个矩阵的行数为1,即 $m=1$ 时,例如

$$\boldsymbol{A}=(a_{ij})_{1\times n}=(a_{11},a_{12},\cdots,a_{1n})$$

称为**行矩阵(row matrix)**,也称为**行向量(row vector)**。

(3) **列矩阵**：当一个矩阵的列数为1,即 $n=1$ 时,例如

$$\boldsymbol{A}=(a_{ij})_{m\times1}=\begin{pmatrix}a_{11}\\a_{21}\\\vdots\\a_{m1}\end{pmatrix}$$

称为**列矩阵(column matrix)**,也称为**列向量(column vector)**。

(4) **上三角形矩阵**：若一个方阵满足条件 $a_{ij}=0$(当 $i>j$ 时),则称该矩阵为**上三角形矩阵(upper triangular matrix)**,例如

$$\boldsymbol{A}=\begin{pmatrix}a_{11}&a_{12}&\cdots&a_{1n}\\0&a_{22}&\cdots&a_{2n}\\\vdots&\vdots&\ddots&\vdots\\0&0&\cdots&a_{nn}\end{pmatrix}。$$

(5) **下三角形矩阵**：若一个方阵满足条件 $a_{ij}=0$(当 $i<j$ 时),则称该矩阵为**下三角形矩阵(lower triangular matrix)**,例如

$$\boldsymbol{A}=\begin{pmatrix}a_{11}&0&\cdots&0\\a_{21}&a_{22}&\cdots&0\\\vdots&\vdots&\ddots&\vdots\\a_{n1}&a_{n2}&\cdots&a_{nn}\end{pmatrix}。$$

上三角形矩阵和下三角形矩阵统称为**三角形矩阵(triangular matrices)**。

(6) **对角矩阵**：若一个方阵满足条件 $a_{ij}=0$(当 $i\neq j$ 时),即非主对角线外的元素均为零,则称该矩阵为**对角矩阵(diagonal matrix)**,例如

$$\boldsymbol{\Lambda}=\begin{pmatrix}\lambda_1&0&\cdots&0\\0&\lambda_2&\cdots&0\\\vdots&\vdots&\ddots&\vdots\\0&0&\cdots&\lambda_n\end{pmatrix},$$

简记作

$$\boldsymbol{\Lambda}=\mathrm{diag}(\lambda_1,\lambda_2,\cdots,\lambda_n)。$$

进一步地,若对角矩阵主对角线上的元素均相等,则称之为**数量矩阵(scalar matrix)**,例如,

$$\begin{pmatrix} \lambda & 0 & \cdots & 0 \\ 0 & \lambda & \cdots & 0 \\ \vdots & \vdots & \ddots & \vdots \\ 0 & 0 & \cdots & \lambda \end{pmatrix}。$$

(7) **单位矩阵**：若对角矩阵主对角线上的元素均为 1，则称之为**单位矩阵**(**identity matrix**)，即当 $i \neq j$ 时，$a_{ij}=0$；当 $i=j$ 时，$a_{ii}=1$。例如，n 阶单位矩阵为

$$\boldsymbol{E}_{n\times n}=\begin{pmatrix} 1 & 0 & \cdots & 0 \\ 0 & 1 & \cdots & 0 \\ \vdots & \vdots & \ddots & \vdots \\ 0 & 0 & \cdots & 1 \end{pmatrix}_{n\times n}。$$

或记作 $\boldsymbol{E}_n$。当单位矩阵的阶数明确时，可简记为 $\boldsymbol{E}$。

2.1.2 矩阵的运算 | *Operations of matrices*

1. 矩阵的加法

定义 2.2 令 $\boldsymbol{A}=(a_{ij})_{m\times n}$，$\boldsymbol{B}=(b_{ij})_{m\times n}$，称矩阵 $\boldsymbol{C}=(a_{ij}+b_{ij})_{m\times n}$ 为 $\boldsymbol{A}$ 与 $\boldsymbol{B}$ 的和，记作 $\boldsymbol{C}=\boldsymbol{A}+\boldsymbol{B}$，即

Definition 2.2 Let $\boldsymbol{A}=(a_{ij})_{m\times n}$, $\boldsymbol{B}=(b_{ij})_{m\times n}$, the matrix $\boldsymbol{C}=(a_{ij}+b_{ij})_{m\times n}$ is called the sum of $\boldsymbol{A}$ and $\boldsymbol{B}$, written as $\boldsymbol{C}=\boldsymbol{A}+\boldsymbol{B}$, namely,

$$\begin{aligned}\boldsymbol{A}+\boldsymbol{B} &= (a_{ij})_{m\times n}+(b_{ij})_{m\times n}=(a_{ij}+b_{ij})_{m\times n} \\ &= \begin{pmatrix} a_{11}+b_{11} & a_{12}+b_{12} & \cdots & a_{1n}+b_{1n} \\ a_{21}+b_{21} & a_{22}+b_{22} & \cdots & a_{2n}+b_{2n} \\ \vdots & \vdots & & \vdots \\ a_{m1}+b_{m1} & a_{m2}+b_{m2} & \cdots & a_{mn}+b_{mn} \end{pmatrix}_{m\times n}。\end{aligned} \tag{2.2}$$

注意到，式(2.2)蕴含了矩阵加法的必要条件，即只有两个矩阵是同型矩阵时才能进行加法运算。

设 $\boldsymbol{A},\boldsymbol{B},\boldsymbol{C},\boldsymbol{0}$ 均为 $m\times n$ 矩阵，不难验证矩阵的加法满足如下运算规律：

(1) $\boldsymbol{A}+\boldsymbol{B}=\boldsymbol{B}+\boldsymbol{A}$(**交换律**)；

(2) $(\boldsymbol{A}+\boldsymbol{B})+\boldsymbol{C}=\boldsymbol{A}+(\boldsymbol{B}+\boldsymbol{C})$(**结合律**)；

(3) $\boldsymbol{A}+\boldsymbol{0}=\boldsymbol{A}$(**零矩阵**)。

称矩阵 $(-a_{ij})_{m\times n}$ 为 $\boldsymbol{A}=(a_{ij})_{m\times n}$ 的**负矩阵**，记作 $-\boldsymbol{A}$，即

$$-\boldsymbol{A}=(-a_{ij})_{m\times n}=\begin{pmatrix} -a_{11} & -a_{12} & \cdots & -a_{1n} \\ -a_{21} & -a_{22} & \cdots & -a_{2n} \\ \vdots & \vdots & & \vdots \\ -a_{m1} & -a_{m2} & \cdots & -a_{mn} \end{pmatrix}_{m\times n}。 \tag{2.3}$$

显然，由式(2.3)可得

$$\boldsymbol{A}+(-\boldsymbol{A})=\boldsymbol{0}。$$

于是，矩阵的减法可定义为

$$\boldsymbol{A}-\boldsymbol{B}=\boldsymbol{A}+(-\boldsymbol{B})=(a_{ij}-b_{ij})_{m\times n}。$$

事实上，$\boldsymbol{A}$ 加(减)$\boldsymbol{B}$ 的运算就是 $\boldsymbol{A}$ 与 $\boldsymbol{B}$ 的对应元素相加(减)。

2. 矩阵的数乘

定义 2.3 矩阵$(\lambda a_{ij})_{m\times n}$称为数$\lambda$与矩阵$\boldsymbol{A}=(a_{ij})_{m\times n}$的乘积(简称矩阵的**数乘**),记作$\lambda\boldsymbol{A}$或$\boldsymbol{A}\lambda$,即

Definition 2.3 The matrix $(\lambda a_{ij})_{m\times n}$ is called a multiplication of the matrix $\boldsymbol{A}=(a_{ij})_{m\times n}$ by the scalar λ (for short, **scalar multiplication** of a matrix), written as $\lambda\boldsymbol{A}$ or $\boldsymbol{A}\lambda$, namely,

$$\lambda\boldsymbol{A}=(\lambda a_{ij})_{m\times n}=\begin{pmatrix}\lambda a_{11} & \lambda a_{12} & \cdots & \lambda a_{1n}\\ \lambda a_{21} & \lambda a_{22} & \cdots & \lambda a_{2n}\\ \vdots & \vdots & & \vdots\\ \lambda a_{m1} & \lambda a_{m2} & \cdots & \lambda a_{mn}\end{pmatrix}_{m\times n}。\tag{2.4}$$

关于定义2.3的几点说明。

(1) 由式(2.4)可见,数与矩阵相乘是用数乘以矩阵中的所有元素,例如,

$$\begin{pmatrix}6 & 0 & -14\\ -2 & 2 & 4\end{pmatrix}=2\begin{pmatrix}3 & 0 & -7\\ -1 & 1 & 2\end{pmatrix},$$

而

$$\begin{pmatrix}6 & 0 & -14\\ -2 & 2 & 4\end{pmatrix}\neq 2\begin{pmatrix}6 & 0 & -14\\ -1 & 1 & 2\end{pmatrix}。$$

注意,不要把矩阵的数乘运算与行列式的性质3的推论1(行列式中某一行(列)的所有元素的公因子可以提到行列式符号外面)相混淆。

(2) 矩阵的加法和数乘运算统称为矩阵的**线性运算(linear operation)**。

设$\boldsymbol{A}$和$\boldsymbol{B}$均为$m\times n$矩阵,λ和μ为常数。根据数乘运算的定义,容易验证下列运算规律:

(1) $\lambda(\mu\boldsymbol{A})=(\lambda\mu)\boldsymbol{A}$;

(2) $(\lambda+\mu)\boldsymbol{A}=\lambda\boldsymbol{A}+\mu\boldsymbol{A}$;

(3) $\lambda(\boldsymbol{A}+\boldsymbol{B})=\lambda\boldsymbol{A}+\lambda\boldsymbol{B}$。

例 2.1 设

$$\boldsymbol{A}=\begin{pmatrix}-1 & 4 & -5\\ 2 & 0 & 1\end{pmatrix},\quad \boldsymbol{B}=\begin{pmatrix}3 & 0 & -7\\ -1 & 1 & 2\end{pmatrix},$$

求$2\boldsymbol{A}-3\boldsymbol{B}$。

分析 利用矩阵的线性运算(加法和数乘运算)及其运算规律计算。

解 根据矩阵的加法运算法则(2.2)和数乘运算法则(2.4),容易求得

$$\begin{aligned}2\boldsymbol{A}-3\boldsymbol{B}&=2\begin{pmatrix}-1 & 4 & -5\\ 2 & 0 & 1\end{pmatrix}-3\begin{pmatrix}3 & 0 & -7\\ -1 & 1 & 2\end{pmatrix}=\begin{pmatrix}-2 & 8 & -10\\ 4 & 0 & 2\end{pmatrix}-\begin{pmatrix}9 & 0 & -21\\ -3 & 3 & 6\end{pmatrix}\\ &=\begin{pmatrix}-11 & 8 & 11\\ 7 & -3 & -4\end{pmatrix}。\end{aligned}$$

3. 矩阵的乘法

定义 2.4 令$\boldsymbol{A}=(a_{ij})_{m\times s}$,$\boldsymbol{B}=(b_{ij})_{s\times n}$,称矩阵$\boldsymbol{C}=(c_{ij})_{m\times n}$为$\boldsymbol{A}$与$\boldsymbol{B}$的乘积,其中

Definition 2.4 Let $\boldsymbol{A}=(a_{ij})_{m\times s}$, $\boldsymbol{B}=(b_{ij})_{s\times n}$. The matrix $\boldsymbol{C}=(c_{ij})_{m\times n}$ is called the **multiplication** of $\boldsymbol{A}$ and $\boldsymbol{B}$, where

$$c_{ij}=a_{i1}b_{1j}+a_{i2}b_{2j}+\cdots+a_{is}b_{sj}=\sum_{k=1}^{s}a_{ik}b_{kj}\quad(i=1,2,\cdots,m;j=1,2,\cdots,n),$$

记作 $\boldsymbol{C}=\boldsymbol{AB}$,即 | written as $\boldsymbol{C}=\boldsymbol{AB}$, i. e.,

$$\begin{pmatrix}a_{11}&a_{12}&\cdots&a_{1s}\\a_{21}&a_{22}&\cdots&a_{2s}\\\vdots&\vdots&&\vdots\\a_{m1}&a_{m2}&\cdots&a_{ms}\end{pmatrix}\begin{pmatrix}b_{11}&b_{12}&\cdots&b_{1n}\\b_{21}&b_{22}&\cdots&b_{2n}\\\vdots&\vdots&&\vdots\\b_{s1}&b_{s2}&\cdots&b_{sn}\end{pmatrix}$$

$$=\begin{pmatrix}a_{11}b_{11}+\cdots+a_{1s}b_{s1}&a_{11}b_{12}+\cdots+a_{1s}b_{s2}&\cdots&a_{11}b_{1n}+\cdots+a_{1s}b_{sn}\\a_{21}b_{11}+\cdots+a_{2s}b_{s1}&a_{21}b_{12}+\cdots+a_{2s}b_{s2}&\cdots&a_{21}b_{1n}+\cdots+a_{2s}b_{sn}\\\vdots&\vdots&&\vdots\\a_{m1}b_{11}+\cdots+a_{ms}b_{s1}&a_{m1}b_{12}+\cdots+a_{ms}b_{s2}&\cdots&a_{m1}b_{1n}+\cdots+a_{ms}b_{sn}\end{pmatrix}_{m\times n}。\tag{2.5}$$

关于定义 2.4 的几点说明。

(1) 注意,只有当左边矩阵 $\boldsymbol{A}$ 的列数等于右边矩阵 $\boldsymbol{B}$ 的行数时,乘积 $\boldsymbol{AB}$ 才有意义,并且乘积 $\boldsymbol{AB}$ 的行数等于 $\boldsymbol{A}$ 的行数,$\boldsymbol{AB}$ 的列数等于 $\boldsymbol{B}$ 的列数。

(2) 由式(2.5)可见,矩阵 $\boldsymbol{C}=(c_{ij})_{m\times n}$ 中的元素 c_{ij} 等于第一个矩阵 $\boldsymbol{A}=(a_{ij})_{m\times s}$ 中的第 i 行与第二个矩阵 $\boldsymbol{B}=(b_{ij})_{s\times n}$ 中的第 j 列对应元素的乘积之和。

(3) 记号 $\boldsymbol{AB}$ 常读作"$\boldsymbol{A}$ 左乘 $\boldsymbol{B}$"或"$\boldsymbol{B}$ 右乘 $\boldsymbol{A}$"。

例 2.2 设

$$\boldsymbol{A}=\begin{pmatrix}1&0&1&2&0\\1&-1&2&0&2\\3&0&0&1&0\\-1&1&2&2&0\end{pmatrix},\quad\boldsymbol{B}=\begin{pmatrix}2&0&1\\1&2&0\\-1&-2&1\\0&0&2\\3&-1&0\end{pmatrix},$$

求 $\boldsymbol{AB}$。

分析 根据矩阵乘法运算法则(2.5)计算。

解 根据式(2.5),可以求得

$$\boldsymbol{AB}=\begin{pmatrix}1&0&1&2&0\\1&-1&2&0&2\\3&0&0&1&0\\-1&1&2&2&0\end{pmatrix}\begin{pmatrix}2&0&1\\1&2&0\\-1&-2&1\\0&0&2\\3&-1&0\end{pmatrix}=\begin{pmatrix}1&-2&6\\5&-8&3\\6&0&5\\-3&-2&5\end{pmatrix},$$

其中

$$c_{11}=1\times2+0\times1+1\times(-1)+2\times0+0\times3=1,$$
$$c_{12}=1\times0+0\times2+1\times(-2)+2\times0+0\times(-1)=-2,$$
$$c_{13}=1\times1+0\times0+1\times1+2\times2+0\times0=6;$$
$$c_{21}=1\times2+(-1)\times1+2\times(-1)+0\times0+2\times3=5,$$
$$c_{22}=1\times0+(-1)\times2+2\times(-2)+0\times0+2\times(-1)=-8,$$
$$c_{23}=1\times1+(-1)\times0+2\times1+0\times2+2\times0=3;$$

$$c_{31}=3\times2+0\times1+0\times(-1)+1\times0+0\times3=6,$$
$$c_{32}=3\times0+0\times2+0\times(-2)+1\times0+0\times(-1)=0,$$
$$c_{33}=3\times1+0\times0+0\times1+1\times2+0\times0=5;$$
$$c_{41}=(-1)\times2+1\times1+2\times(-1)+2\times0+0\times3=-3,$$
$$c_{42}=(-1)\times0+1\times2+2\times(-2)+2\times0+0\times(-1)=-2,$$
$$c_{43}=(-1)\times1+1\times0+2\times1+2\times2+0\times0=5。$$

例 2.3 设

$$\boldsymbol{A}=\begin{pmatrix}a_1\\a_2\\\vdots\\a_n\end{pmatrix},\quad \boldsymbol{B}=(b_1,b_2,\cdots,b_n),$$

求 $\boldsymbol{AB}$ 与 $\boldsymbol{BA}$。

分析 根据矩阵乘法运算法则(2.5)计算。

解 根据式(2.5),可以求得

$$\boldsymbol{AB}=\begin{pmatrix}a_1\\a_2\\\vdots\\a_n\end{pmatrix}(b_1,b_2,\cdots,b_n)=\begin{pmatrix}a_1b_1&a_1b_2&\cdots&a_1b_n\\a_2b_1&a_2b_2&\cdots&a_2b_n\\\vdots&\vdots&&\vdots\\a_nb_1&a_nb_2&\cdots&a_nb_n\end{pmatrix},$$

$$\boldsymbol{BA}=(b_1,b_2,\cdots,b_n)\begin{pmatrix}a_1\\a_2\\\vdots\\a_n\end{pmatrix}=b_1a_1+b_2a_2+\cdots+b_na_n。$$

评注 (1) 由例 2.2 可见,$\boldsymbol{B}$ 的列数为 3,$\boldsymbol{A}$ 的行数为 4,所以乘积 $\boldsymbol{BA}$ 无意义。

(2) 由例 2.3 可见,即使 $\boldsymbol{AB}$ 与 $\boldsymbol{BA}$ 都有意义,但却未必是同型矩阵,当然也未必相等。

(3) 由例 2.3 可见,列向量 $\boldsymbol{A}$ 与行向量 $\boldsymbol{B}$ 的乘积 $\boldsymbol{AB}$ 的结果是一个矩阵。注意到,在列向量 $\boldsymbol{A}$ 与行向量 $\boldsymbol{B}$ 的分量均不为零的情况下,矩阵 $\boldsymbol{AB}$ 的各行之间成比例,各列之间也同样成比例。因此,以后再遇到这种矩阵时,就可以将其分解为一个列向量和一个行向量的乘积。

例 2.4 设

$$\boldsymbol{A}=\begin{pmatrix}1&1\\-1&-1\end{pmatrix},\quad \boldsymbol{B}=\begin{pmatrix}-2&1\\2&-1\end{pmatrix},\quad \boldsymbol{C}=\begin{pmatrix}2&3\\1&-3\end{pmatrix},\quad \boldsymbol{D}=\begin{pmatrix}1&-1\\2&1\end{pmatrix},$$

计算 $\boldsymbol{AB},\boldsymbol{BA},\boldsymbol{AC},\boldsymbol{AD}$。

分析 根据矩阵乘法法则(2.5)计算。

解 根据式(2.5),不难求得

$$\boldsymbol{AB}=\begin{pmatrix}1&1\\-1&-1\end{pmatrix}\begin{pmatrix}-2&1\\2&-1\end{pmatrix}=\begin{pmatrix}0&0\\0&0\end{pmatrix},$$

$$\boldsymbol{BA}=\begin{pmatrix}-2&1\\2&-1\end{pmatrix}\begin{pmatrix}1&1\\-1&-1\end{pmatrix}=\begin{pmatrix}-3&-3\\3&3\end{pmatrix},$$

$$AC=\begin{pmatrix}1&1\\-1&-1\end{pmatrix}\begin{pmatrix}2&3\\1&-3\end{pmatrix}=\begin{pmatrix}3&0\\-3&0\end{pmatrix},\quad AD=\begin{pmatrix}1&1\\-1&-1\end{pmatrix}\begin{pmatrix}1&-1\\2&1\end{pmatrix}=\begin{pmatrix}3&0\\-3&0\end{pmatrix}。$$

评注 (1) 由例 2.4 可见,矩阵 $\boldsymbol{AB}$,$\boldsymbol{BA}$ 虽然都有意义且同型,但 $\boldsymbol{AB}\neq\boldsymbol{BA}$,因此,本例证明了矩阵的乘法不满足交换律。

(2) 两个非零矩阵的乘积可能为零矩阵,也就是说,由等式 $\boldsymbol{AB}=\boldsymbol{0}$,不能推出 $\boldsymbol{A}=\boldsymbol{0}$ 或 $\boldsymbol{B}=\boldsymbol{0}$。

(3) 若等式 $\boldsymbol{AC}=\boldsymbol{AD}$ 成立,不一定有 $\boldsymbol{C}=\boldsymbol{D}$,即矩阵乘法不满足消去律。

虽然矩阵乘法不满足交换律和消去律,但可以证明,其满足下列运算规律(假设这些运算都是可行的):

(1) $(\boldsymbol{AB})\boldsymbol{C}=\boldsymbol{A}(\boldsymbol{BC})$(**结合律**);

(2) $\boldsymbol{A}(\boldsymbol{B}+\boldsymbol{C})=\boldsymbol{AB}+\boldsymbol{AC}$,$(\boldsymbol{B}+\boldsymbol{C})\boldsymbol{A}=\boldsymbol{BA}+\boldsymbol{CA}$(**左、右分配律**);

(3) $\lambda(\boldsymbol{AB})=(\lambda\boldsymbol{A})\boldsymbol{B}=\boldsymbol{A}(\lambda\boldsymbol{B})$($\lambda$ 为常数);

(4) $\boldsymbol{E}_{m\times m}\boldsymbol{A}_{m\times n}=\boldsymbol{A}_{m\times n}$,$\boldsymbol{A}_{m\times n}\boldsymbol{E}_{n\times n}=\boldsymbol{A}_{m\times n}$,或简写成 $\boldsymbol{EA}=\boldsymbol{AE}=\boldsymbol{A}$。

由(4)可见,若矩阵乘法可行,单位矩阵 $\boldsymbol{E}$ 在矩阵乘法中的作用与数"1"在数的乘法中的作用类似。

定义 2.5 令 $\boldsymbol{A}$ 和 $\boldsymbol{B}$ 为 n 阶方阵。如果 $\boldsymbol{AB}=\boldsymbol{BA}$,则称矩阵 $\boldsymbol{A}$ 与矩阵 $\boldsymbol{B}$ **可交换**。

Definition 2.5 Let $\boldsymbol{A}$ and $\boldsymbol{B}$ be square matrices of order n. If $\boldsymbol{AB}=\boldsymbol{BA}$, then it is called that the matrices $\boldsymbol{A}$ and $\boldsymbol{B}$ can be **commutable.**

例如,对于如下的两个对角矩阵

$$\boldsymbol{A}=\begin{pmatrix}\lambda_1&0&\cdots&0\\0&\lambda_2&\cdots&0\\\vdots&\vdots&&\vdots\\0&0&\cdots&\lambda_n\end{pmatrix}\quad 和\quad \boldsymbol{B}=\begin{pmatrix}\mu_1&0&\cdots&0\\0&\mu_2&\cdots&0\\\vdots&\vdots&&\vdots\\0&0&\cdots&\mu_n\end{pmatrix},$$

根据矩阵的乘法法则,容易验证

$$\boldsymbol{AB}=\boldsymbol{BA}=\begin{pmatrix}\lambda_1\mu_1&0&\cdots&0\\0&\lambda_2\mu_2&\cdots&0\\\vdots&\vdots&&\vdots\\0&0&\cdots&\lambda_n\mu_n\end{pmatrix}。$$

由于矩阵的乘法满足结合律,对于 n 阶方阵 $\boldsymbol{A}$ 和正整数 k,以 $\boldsymbol{A}^k$ 表示 k 个方阵 $\boldsymbol{A}$ 的乘积,即

$$\boldsymbol{A}^k=\underbrace{\boldsymbol{A}\cdot\boldsymbol{A}\cdot\cdots\cdot\boldsymbol{A}}_{k个\boldsymbol{A}相乘},$$

称 $\boldsymbol{A}^k$ 为 $\boldsymbol{A}$ 的 k 次**方幂**。容易验证

$$\boldsymbol{A}^k\boldsymbol{A}^l=\boldsymbol{A}^{k+l},\quad (\boldsymbol{A}^k)^l=\boldsymbol{A}^{kl},$$

其中 k,l 都是正整数。

定义 2.6 设 $f(x)$为 x 的 m 次多项式,即 $f(x)=a_0+a_1x+\cdots+a_mx^m$,$\boldsymbol{A}$ 为 n 阶方阵。令

Definition 2.6 Assume that $f(x)$ is a polynomial of degree m with respect to x, given by, $f(x)=a_0+a_1x+\cdots+a_mx^m$, and that $\boldsymbol{A}$ is a square matrix of order n. Let

$$f(\mathbf{A}) = a_0\mathbf{E} + a_1\mathbf{A} + \cdots + a_m\mathbf{A}^m。 \tag{2.6}$$

$f(\mathbf{A})$称为**矩阵 $\mathbf{A}$ 的 m 次多项式**.

$f(\mathbf{A})$ is called the **polynomial of degree m with respect to the matrix $\mathbf{A}$**.

此外,因为矩阵 $\mathbf{A}^k$,$\mathbf{A}^l$ 和 $\mathbf{E}$ 都是可交换的,所以矩阵 $\mathbf{A}$ 的两个多项式$g(\mathbf{A})$和 $f(\mathbf{A})$总是可交换的,即

$$g(\mathbf{A})f(\mathbf{A}) = f(\mathbf{A})g(\mathbf{A})。$$

例 2.5 设 $f(x)=1+2x-2x^2+x^4$,$\mathbf{A}=\begin{pmatrix}2 & 0\\ 0 & -3\end{pmatrix}$,求 $f(\mathbf{A})$。

分析 根据矩阵多项式的表达式(2.6)计算。

解 根据式(2.6),可得

$$f(\mathbf{A}) = \mathbf{E} + 2\mathbf{A} - 2\mathbf{A}^2 + \mathbf{A}^4 = \begin{pmatrix}1 & 0\\ 0 & 1\end{pmatrix} + 2\begin{pmatrix}2 & 0\\ 0 & -3\end{pmatrix} - 2\begin{pmatrix}2 & 0\\ 0 & -3\end{pmatrix}^2 + \begin{pmatrix}2 & 0\\ 0 & -3\end{pmatrix}^4$$

$$= \begin{pmatrix}1 & 0\\ 0 & 1\end{pmatrix} + \begin{pmatrix}4 & 0\\ 0 & -6\end{pmatrix} + \begin{pmatrix}-8 & 0\\ 0 & -18\end{pmatrix} + \begin{pmatrix}16 & 0\\ 0 & 81\end{pmatrix} = \begin{pmatrix}13 & 0\\ 0 & 58\end{pmatrix}。$$

例 2.6 设 $\mathbf{A}$,$\mathbf{B}$ 均为 n 阶方阵,计算$(\mathbf{A}+\mathbf{B})^2$。

分析 根据矩阵乘法法则(2.5)计算。

解 根据式(2.5),可得

$$(\mathbf{A} + \mathbf{B})^2 = (\mathbf{A} + \mathbf{B})(\mathbf{A} + \mathbf{B}) = \mathbf{A}^2 + \mathbf{AB} + \mathbf{BA} + \mathbf{B}^2。$$

例 2.7 已知

$$\mathbf{A} = \begin{pmatrix}2 & 2 & 1\\ 4 & 4 & 2\\ -2 & -2 & -1\end{pmatrix},$$

求 $\mathbf{A}^n$。

分析 若要计算 $\mathbf{A}^n$,势必要有一定的规律可循。本题可以用两种方法计算：法一是递推思想,即先算出 $\mathbf{A}^2$ 后找规律；法二是因为矩阵的各行均成比例,各列也均成比例(参见例 2.3),$\mathbf{A}$ 可以表示成一个列向量和一个行向量的乘积,分解后再计算。

解 **法一** 根据矩阵的乘法,可得

$$\mathbf{A}^2 = \begin{pmatrix}2 & 2 & 1\\ 4 & 4 & 2\\ -2 & -2 & -1\end{pmatrix}\begin{pmatrix}2 & 2 & 1\\ 4 & 4 & 2\\ -2 & -2 & -1\end{pmatrix} = \begin{pmatrix}10 & 10 & 5\\ 20 & 20 & 10\\ -10 & -10 & -5\end{pmatrix} = 5\begin{pmatrix}2 & 2 & 1\\ 4 & 4 & 2\\ -2 & -2 & -1\end{pmatrix} = 5\mathbf{A},$$

故 $\mathbf{A}^3=\mathbf{A}^2\mathbf{A}=5\mathbf{AA}=5^2\mathbf{A}$,以此类推,有

$$\mathbf{A}^n = 5^{n-1}\mathbf{A} = 5^{n-1}\begin{pmatrix}2 & 2 & 1\\ 4 & 4 & 2\\ -2 & -2 & -1\end{pmatrix}。$$

法二 由矩阵乘法法则(2.5)和矩阵乘法的结合律知

$$\mathbf{A} = \begin{pmatrix}1\\ 2\\ -1\end{pmatrix}(2\ \ 2\ \ 1),$$

$$A^2=\begin{pmatrix}1\\2\\-1\end{pmatrix}(2\quad 2\quad 1)\begin{pmatrix}1\\2\\-1\end{pmatrix}(2\quad 2\quad 1)=5A,$$

$$\vdots$$

$$A^n=5^{n-1}A=5^{n-1}\begin{pmatrix}2&2&1\\4&4&2\\-2&-2&-1\end{pmatrix}。$$

评注 (1) 在例 2.5 中,不能将矩阵 A 的多项式 $f(A)=E+2A-2A^2+A^4$ 写成如下形式

$$f(A)=1+2A-2A^2+A^4。$$

(2) **需要注意的是**,只有当 A,B 可交换时,才有下列等式成立:

$$(A+B)^2=(A+B)(A+B)=A^2+2AB+B^2,\quad (A+B)(A-B)=A^2-B^2。$$

(3) 例 2.7 中,法一对低阶矩阵的计算还可以,但是对于高阶矩阵来说,计算量会很大。因此在计算之前,切记"**先观察、再定位、后计算**"的解题流程。

4. 矩阵的转置

定义 2.7 将 $m\times n$ 矩阵 A 的行换成同序数的列,得到的 $n\times m$ 矩阵称为 A 的**转置矩阵**,记作 $A^{\mathrm T}$(或 A'),即

Definition 2.7 If an $n\times m$ matrix is obtained via interchanging the rows of an $m\times n$ matrix A by the columns of the same ordinal, it is called the **transpose matrix** of A, written as $A^{\mathrm T}$(or A'), given by

$$A=\begin{pmatrix}a_{11}&a_{12}&\cdots&a_{1n}\\a_{21}&a_{22}&\cdots&a_{2n}\\\vdots&\vdots&&\vdots\\a_{m1}&a_{m2}&\cdots&a_{mn}\end{pmatrix}_{m\times n},\quad A^{\mathrm T}=\begin{pmatrix}a_{11}&a_{21}&\cdots&a_{m1}\\a_{12}&a_{22}&\cdots&a_{m2}\\\vdots&\vdots&&\vdots\\a_{1n}&a_{2n}&\cdots&a_{mn}\end{pmatrix}_{n\times m}。$$

例如,矩阵 $A=\begin{pmatrix}1&2&0\\3&1&-1\end{pmatrix}$ 的转置矩阵为

$$A^{\mathrm T}=\begin{pmatrix}1&3\\2&1\\0&-1\end{pmatrix}。$$

矩阵的转置也是一种运算,不难证明其满足下列运算规律(假设运算都是可行的):

(1) $(A^{\mathrm T})^{\mathrm T}=A$;

(2) $(A+B)^{\mathrm T}=A^{\mathrm T}+B^{\mathrm T}$;

(3) $(\lambda A)^{\mathrm T}=\lambda A^{\mathrm T}$;

(4) $(AB)^{\mathrm T}=B^{\mathrm T}A^{\mathrm T}$。

注 (2)和(4)可推广到多个矩阵的情形。

证 这里只证明(4)。设

$$A=\begin{pmatrix}a_{11}&a_{12}&\cdots&a_{1s}\\a_{21}&a_{22}&\cdots&a_{2s}\\\vdots&\vdots&&\vdots\\a_{m1}&a_{m2}&\cdots&a_{ms}\end{pmatrix},\quad B=\begin{pmatrix}b_{11}&b_{12}&\cdots&b_{1n}\\b_{21}&b_{22}&\cdots&b_{2n}\\\vdots&\vdots&&\vdots\\b_{s1}&b_{s2}&\cdots&b_{sn}\end{pmatrix}。$$

容易看出，$(\boldsymbol{AB})^{\mathrm{T}}$ 和 $\boldsymbol{B}^{\mathrm{T}}\boldsymbol{A}^{\mathrm{T}}$ 都是 $n\times m$ 矩阵。注意到，位于 $(\boldsymbol{AB})^{\mathrm{T}}$ 的第 i 行第 j 列的元素就是位于 $\boldsymbol{AB}$ 的第 j 行第 i 列的元素，且等于

$$a_{j1}b_{1i}+a_{j2}b_{2i}+\cdots+a_{js}b_{si}=\sum_{k=1}^{s}a_{jk}b_{ki}。$$

利用矩阵乘法，位于 $\boldsymbol{B}^{\mathrm{T}}\boldsymbol{A}^{\mathrm{T}}$ 的第 i 行第 j 列的元素为

$$b_{1i}a_{j1}+b_{2i}a_{j2}+\cdots+b_{si}a_{js}=\sum_{k=1}^{s}b_{ki}a_{jk}。$$

上面两个式子显然相等，所以 $(\boldsymbol{AB})^{\mathrm{T}}=\boldsymbol{B}^{\mathrm{T}}\boldsymbol{A}^{\mathrm{T}}$。

注意，一般情况下，$(\boldsymbol{AB})^{\mathrm{T}}\neq\boldsymbol{A}^{\mathrm{T}}\boldsymbol{B}^{\mathrm{T}}$。

例 2.8 设

$$\boldsymbol{A}=\begin{pmatrix}-1&1&2\\0&1&1\end{pmatrix},\quad \boldsymbol{B}=\begin{pmatrix}-1&0\\1&3\\2&1\end{pmatrix},$$

求 $(\boldsymbol{AB})^{\mathrm{T}}$ 和 $\boldsymbol{A}^{\mathrm{T}}\boldsymbol{B}^{\mathrm{T}}$。

分析 根据矩阵乘法和转置的定义计算。

解 易见

$$\boldsymbol{A}^{\mathrm{T}}=\begin{pmatrix}-1&0\\1&1\\2&1\end{pmatrix},\quad \boldsymbol{B}^{\mathrm{T}}=\begin{pmatrix}-1&1&2\\0&3&1\end{pmatrix}。$$

不难求得

$$(\boldsymbol{AB})^{\mathrm{T}}=\boldsymbol{B}^{\mathrm{T}}\boldsymbol{A}^{\mathrm{T}}=\begin{pmatrix}-1&1&2\\0&3&1\end{pmatrix}\begin{pmatrix}-1&0\\1&1\\2&1\end{pmatrix}=\begin{pmatrix}6&3\\5&4\end{pmatrix},$$

$$\boldsymbol{A}^{\mathrm{T}}\boldsymbol{B}^{\mathrm{T}}=\begin{pmatrix}-1&0\\1&1\\2&1\end{pmatrix}\begin{pmatrix}-1&1&2\\0&3&1\end{pmatrix}=\begin{pmatrix}1&-1&-2\\-1&4&3\\-2&5&5\end{pmatrix}。$$

定义 2.8 设 $\boldsymbol{A}$ 为 n 阶矩阵，如果满足 $\boldsymbol{A}^{\mathrm{T}}=\boldsymbol{A}$，即 $a_{ij}=a_{ji}(i,j=1,2,\cdots,n)$，则称 $\boldsymbol{A}$ 为**对称矩阵**；如果满足 $\boldsymbol{A}^{\mathrm{T}}=-\boldsymbol{A}$，即 $a_{ij}=-a_{ji}(i,j=1,2,\cdots,n)$，则称 $\boldsymbol{A}$ 为**反对称矩阵**。

Definition 2.8 Let $\boldsymbol{A}$ be a matrix of order n. If it satisfies $\boldsymbol{A}^{\mathrm{T}}=\boldsymbol{A}$, i. e., $a_{ij}=a_{ji}(i,j=1,2,\cdots,n)$, then $\boldsymbol{A}$ is said to be a **symmetric matrix**; while if it satisfies $\boldsymbol{A}^{\mathrm{T}}=-\boldsymbol{A}$, i. e., $a_{ij}=-a_{ji}(i,j=1,2,\cdots,n)$, then $\boldsymbol{A}$ is said to be a **skew-symmetric matrix**.

关于定义 2.8 的几点说明。

(1) **对称矩阵的特点**是：以主对角线为对称轴的对应元素相等，例如，$\begin{pmatrix}1&2&-1\\2&3&5\\-1&5&0\end{pmatrix}$ 是一个对称矩阵。

(2) **反对称矩阵的特点**是：以主对角线为对称轴的对应元素互为相反数。特别地，其主对角线上各元素均为 0。事实上，根据反对称矩阵的定义，由 $\boldsymbol{A}^{\mathrm{T}}=-\boldsymbol{A}$ 可知，$a_{ii}=-a_{ii}(i=$

$1,2,\cdots,n)$,所以有 $a_{ii}=0$。例如,$\begin{pmatrix}0&-2&1\\2&0&-5\\-1&5&0\end{pmatrix}$是一个反对称矩阵。

例 2.9 设 $\boldsymbol{A}$ 和 $\boldsymbol{B}$ 都是 n 阶对称矩阵。证明:$\boldsymbol{AB}$ 是对称矩阵的充要条件是 $\boldsymbol{AB}=\boldsymbol{BA}$。

分析 利用对称矩阵的定义验证即可。

证 **必要性** 由已知可得,$\boldsymbol{A}^{\mathrm{T}}=\boldsymbol{A},\boldsymbol{B}^{\mathrm{T}}=\boldsymbol{B}$。若 $\boldsymbol{AB}$ 是对称矩阵,即$(\boldsymbol{AB})^{\mathrm{T}}=\boldsymbol{AB}$,则有

$$\boldsymbol{AB}=(\boldsymbol{AB})^{\mathrm{T}}=\boldsymbol{B}^{\mathrm{T}}\boldsymbol{A}^{\mathrm{T}}=\boldsymbol{BA},$$

即 $\boldsymbol{AB}=\boldsymbol{BA}$。

充分性 因为 $\boldsymbol{AB}=\boldsymbol{BA}$,则$(\boldsymbol{AB})^{\mathrm{T}}=\boldsymbol{B}^{\mathrm{T}}\boldsymbol{A}^{\mathrm{T}}=\boldsymbol{BA}=\boldsymbol{AB}$,所以,$\boldsymbol{AB}$ 为对称矩阵。 证毕

例 2.10 证明:任意一个 n 阶矩阵 $\boldsymbol{A}$ 可表示为一个对称矩阵与一个反对称矩阵之和。

分析 此题可以用两种方法证明:一个是直接法,即假设出对称矩阵 $\boldsymbol{B}$ 和反对称矩阵 $\boldsymbol{C}$,依题意建立方程组并求解;一个是构造法,即根据经验写出表达式,然后再验证。

证 **法一** 假设矩阵 $\boldsymbol{B}$ 和 $\boldsymbol{C}$ 分别是对称矩阵和反对称矩阵,即 $\boldsymbol{B}=\boldsymbol{B}^{\mathrm{T}}$ 和 $\boldsymbol{C}=-\boldsymbol{C}^{\mathrm{T}}$。依题意,有

$$\begin{cases}\boldsymbol{A}=\boldsymbol{B}+\boldsymbol{C},\\ \boldsymbol{A}^{\mathrm{T}}=\boldsymbol{B}-\boldsymbol{C}。\end{cases}$$

解此方程组,不难求得

$$\boldsymbol{B}=\frac{1}{2}(\boldsymbol{A}+\boldsymbol{A}^{\mathrm{T}}),\quad \boldsymbol{C}=\frac{1}{2}(\boldsymbol{A}-\boldsymbol{A}^{\mathrm{T}})。$$

法二 设 $\boldsymbol{A}$ 是任意一个 n 阶矩阵,由于

$$\boldsymbol{A}=\frac{1}{2}\boldsymbol{A}+\frac{1}{2}\boldsymbol{A}+\frac{1}{2}\boldsymbol{A}^{\mathrm{T}}-\frac{1}{2}\boldsymbol{A}^{\mathrm{T}}=\frac{1}{2}(\boldsymbol{A}+\boldsymbol{A}^{\mathrm{T}})+\frac{1}{2}(\boldsymbol{A}-\boldsymbol{A}^{\mathrm{T}}),$$

容易验证

$$\left[\frac{1}{2}(\boldsymbol{A}+\boldsymbol{A}^{\mathrm{T}})\right]^{\mathrm{T}}=\frac{1}{2}(\boldsymbol{A}^{\mathrm{T}}+\boldsymbol{A})=\frac{1}{2}(\boldsymbol{A}+\boldsymbol{A}^{\mathrm{T}}),$$

所以$\frac{1}{2}(\boldsymbol{A}+\boldsymbol{A}^{\mathrm{T}})$是对称矩阵,而

$$\left[\frac{1}{2}(\boldsymbol{A}-\boldsymbol{A}^{\mathrm{T}})\right]^{\mathrm{T}}=\frac{1}{2}(\boldsymbol{A}^{\mathrm{T}}-\boldsymbol{A})=-\frac{1}{2}(\boldsymbol{A}-\boldsymbol{A}^{\mathrm{T}}),$$

所以$\frac{1}{2}(\boldsymbol{A}-\boldsymbol{A}^{\mathrm{T}})$是反对称矩阵,故结论得证。 证毕

习题 2.1

思考题

1. 设下面矩阵都是 n 阶方阵,判断下列说法是否正确,并说明理由:

(1) $(\boldsymbol{AB})^k=\boldsymbol{A}^k\boldsymbol{B}^k$;

(2) 若 $\boldsymbol{A}^2=\boldsymbol{A}$,则 $\boldsymbol{A}=\boldsymbol{E}$ 或 $\boldsymbol{A}=\boldsymbol{0}$。

2. 矩阵的运算和数的运算有哪些相同点和不同点?

A类题

1. 计算下列各题：

(1) $(1,2,3)\begin{pmatrix}3\\2\\1\end{pmatrix}$；　　(2) $\begin{pmatrix}3\\2\\1\end{pmatrix}(1\quad 2\quad 3)$；

(3) $\begin{pmatrix}1&2&3\\3&6&9\\2&4&6\end{pmatrix}\begin{pmatrix}1&2&-3\\-1&-2&3\\1&2&-3\end{pmatrix}$；　　(4) $\begin{pmatrix}1\\-1\\2\end{pmatrix}(1\quad -2)\begin{pmatrix}2&3\\-1&1\end{pmatrix}$。

2. 设

$$\boldsymbol{A}=\begin{pmatrix}1&1&1\\1&1&-1\\1&-1&1\end{pmatrix},\quad \boldsymbol{B}=\begin{pmatrix}1&2&3\\-1&-2&4\\0&5&1\end{pmatrix}。$$

求：(1) $3\boldsymbol{AB}-2\boldsymbol{A}$；(2) $\boldsymbol{AB}^{\mathrm{T}}$。

3. 设 $\boldsymbol{A}=\begin{pmatrix}2&4&6\\1&2&3\\1&2&3\end{pmatrix}$，求 $\boldsymbol{A}^n$。

4. 设

$$\boldsymbol{A}=\begin{pmatrix}1&2\\1&3\end{pmatrix},\quad \boldsymbol{B}=\begin{pmatrix}1&0\\1&2\end{pmatrix},$$

判断下列等式是否成立：

(1) $\boldsymbol{AB}=\boldsymbol{BA}$；(2) $(\boldsymbol{A}+\boldsymbol{B})^2=\boldsymbol{A}^2+2\boldsymbol{AB}+\boldsymbol{B}^2$；(3) $(\boldsymbol{A}+\boldsymbol{B})(\boldsymbol{A}-\boldsymbol{B})=\boldsymbol{A}^2-\boldsymbol{B}^2$。

5. 证明下列等式：

(1) $(\boldsymbol{A}+\boldsymbol{E})^2=\boldsymbol{A}^2+2\boldsymbol{A}+\boldsymbol{E}$；　　(2) $(\boldsymbol{A}+\boldsymbol{E})(\boldsymbol{A}-\boldsymbol{E})=(\boldsymbol{A}-\boldsymbol{E})(\boldsymbol{A}+\boldsymbol{E})$。

6. 设 $\boldsymbol{A}$ 是 n 阶反对称矩阵，$\boldsymbol{B}$ 是 n 阶对称矩阵，证明：

(1) $\boldsymbol{AB}-\boldsymbol{BA}$ 为对称矩阵；　　(2) $\boldsymbol{AB}+\boldsymbol{BA}$ 是 n 阶反对称矩阵；

(3) $\boldsymbol{AB}$ 是反对称矩阵的充要条件是 $\boldsymbol{AB}=\boldsymbol{BA}$。

B类题

1. 计算下列各题：

(1) $\begin{pmatrix}1&\lambda\\0&1\end{pmatrix}^n$；　　(2) $\begin{pmatrix}4&3&1\\1&-2&3\\5&7&0\end{pmatrix}\begin{pmatrix}7\\2\\1\end{pmatrix}$；

(3) $\begin{pmatrix}2&1&4&0\\1&-1&3&4\end{pmatrix}\begin{pmatrix}1&3&1\\0&-1&3\\1&-3&1\\4&0&-2\end{pmatrix}$；　　(4) $(x_1,x_2,x_3)\begin{pmatrix}a_{11}&a_{12}&a_{13}\\a_{12}&a_{22}&a_{23}\\a_{13}&a_{23}&a_{33}\end{pmatrix}\begin{pmatrix}x_1\\x_2\\x_3\end{pmatrix}$。

2. 设

$$A=\begin{pmatrix}-2 & 1\\ \frac{3}{2} & -\frac{1}{2}\end{pmatrix},\quad B=\begin{pmatrix}1 & 1\\ 0 & 0\end{pmatrix},\quad C=\begin{pmatrix}1 & 2\\ 3 & 4\end{pmatrix},$$

且 $\boldsymbol{D}=\boldsymbol{ABC}$。求：(1)$\boldsymbol{B}^n$；(2)$\boldsymbol{CA}$；(3)$\boldsymbol{D}^n$。

3. 举反例说明下列命题是错误的：

(1) 若 $\boldsymbol{A}^2=\boldsymbol{0}$，则 $\boldsymbol{A}=\boldsymbol{0}$；(2) 若 $\boldsymbol{AX}=\boldsymbol{AY}$ 且 $\boldsymbol{A}\neq\boldsymbol{0}$，则 $\boldsymbol{X}=\boldsymbol{Y}$。

4. 设 $\boldsymbol{\alpha}$ 为 3×1 列矩阵，且 $\boldsymbol{\alpha\alpha}^{\mathrm{T}}=\begin{pmatrix}1 & -1 & 1\\ -1 & 1 & -1\\ 1 & -1 & 1\end{pmatrix}$，求 $\boldsymbol{\alpha}^{\mathrm{T}}\boldsymbol{\alpha}$。

5. 设 $\boldsymbol{A}=\frac{1}{2}(\boldsymbol{B}+\boldsymbol{E})$。证明：$\boldsymbol{A}^2=\boldsymbol{A}$ 的充要条件是 $\boldsymbol{B}^2=\boldsymbol{E}$。

6. 设 $\boldsymbol{A}$ 和 $\boldsymbol{B}$ 是 n 阶方阵，且 $\boldsymbol{A}$ 为对称矩阵。证明：$\boldsymbol{B}^{\mathrm{T}}\boldsymbol{AB}$ 为对称矩阵。

2.2 方阵的行列式及其逆矩阵 | *Determinants and inverse matrices of square matrices*

由第1章的内容可知，行列式要求数表中的行数和列数必须相同，然后按照一定的规则进行计算。对于矩阵而言，它也存在行数和列数相同的情形，即方阵，但它只是一个数表而已。事实上，对方阵也可以赋以一种行列式的运算，即方阵的行列式。此外，这种运算还可以用于判断一个方阵是否可逆以及用于定义伴随矩阵，等等。

本节首先给出方阵的一种特殊运算，即方阵的行列式；然后给出一个方阵可逆的定义及其若干重要性质；最后给出利用方阵的行列式判断矩阵是否可逆的定理以及利用伴随矩阵求逆矩阵的方法。

2.2.1 方阵的行列式 | *Determinants of square matrices*

对于2.1.1节引例中给出的 n 元线性方程组(即式(1.23))，若令

$$A=\begin{pmatrix}a_{11} & a_{12} & \cdots & a_{1n}\\ a_{21} & a_{22} & \cdots & a_{2n}\\ \vdots & \vdots & & \vdots\\ a_{n1} & a_{n2} & \cdots & a_{nn}\end{pmatrix},\quad x=\begin{pmatrix}x_1\\ x_2\\ \vdots\\ x_n\end{pmatrix},\quad b=\begin{pmatrix}b_1\\ b_2\\ \vdots\\ b_n\end{pmatrix}$$

分别为线性方程组的**系数矩阵**、**未知向量**和**常数向量**，根据矩阵的乘法法则，线性方程组(1.23)的矩阵形式(matrix form)为 $\boldsymbol{Ax}=\boldsymbol{b}$。

定义 2.9 设 $\boldsymbol{A}$ 为 n 阶方阵，由 $\boldsymbol{A}$ 的元素所构成的行列式(各元素的位置不变)，称为 **$\boldsymbol{A}$ 的行列式**，记作 $|\boldsymbol{A}|$ 或 $\det\boldsymbol{A}$。

Definition 2.9 Let $\boldsymbol{A}$ be a square matrix of order n. The determinant consisted of the elements of $\boldsymbol{A}$ (the positions of all elements are invariant) is called the **determinant of $\boldsymbol{A}$**, written as $|\boldsymbol{A}|$ or $\det\boldsymbol{A}$.

例如，给定对角矩阵

$$A=\begin{pmatrix}\lambda_1 & 0 & \cdots & 0\\ 0 & \lambda_2 & \cdots & 0\\ \vdots & \vdots & & \vdots\\ 0 & 0 & \cdots & \lambda_n\end{pmatrix},$$

其行列式为$|A|=\lambda_1\lambda_2\cdots\lambda_n$。显然，对于单位矩阵$E$，有$|E|=1$。

设A,B为n阶方阵，λ为常数。方阵的行列式具有下列性质：

性质1 $|A^{\mathrm{T}}|=|A|$。(由行列式的性质1可以得到)

Property 1 $|A^{\mathrm{T}}|=|A|$. (It can be obtained by Property 1 of determinants.)

性质2 $|\lambda A|=\lambda^n|A|$。(由矩阵的数乘和行列式的性质3可以得到)

Property 2 $|\lambda A|=\lambda^n|A|$. (It can be obtained by the scalar multiplication of a matrix and Property 3 of determinants.)

性质3 $|AB|=|A||B|$。(证明较为烦琐，可见参考教材[1, 2])

Property 3 $|AB|=|A||B|$. (The proof is more tedious, which may be found in textbook [1, 2].)

关于定义2.9和上述性质的几点说明。

(1) 只有方阵才有行列式运算。

(2) 一般地，$|A+B|\neq|A|+|B|$。

(3) 由性质3可知，对于n阶方阵A,B，尽管通常有$AB\neq BA$，但$|AB|=|BA|$。特别地，$|A^m|=|A|^m$，其中m为正整数。

(4) 性质3可以推广到多个n阶方阵相乘的情形，即$|A_1A_2\cdots A_m|=|A_1||A_2|\cdots|A_m|$。

例2.11 设A、B和C为4阶矩阵，$|A|=2$，$|B|=-3$，$|C|=3$，求$|2AB|$，$|AB^{\mathrm{T}}|$和$|-3AB^{\mathrm{T}}C|$。

分析 利用方阵的行列式的性质计算。

解 根据方阵的行列式的性质2和性质3，有

$$|2AB|=2^4|A||B|=-96。$$

根据性质1和性质3，有

$$|AB^{\mathrm{T}}|=|A||B^{\mathrm{T}}|=|A||B|=-6。$$

根据性质1～性质3，有

$$|-3AB^{\mathrm{T}}C|=(-3)^4|A||B^{\mathrm{T}}||C|=81\times2\times(-3)\times3=-1458。$$

2.2.2 可逆矩阵 | *Invertible matrices*

在实数运算中，非零实数a的倒数为a^{-1}，因此有$aa^{-1}=a^{-1}a=1$。现在的问题是：在矩阵运算中，对于给定的矩阵A，是否存在矩阵B，使得$AB=BA=E$？如果这样的矩阵B存在，如何求得？下面我们讨论这个问题。

定义2.10 设A和B均为n阶方阵。若有如下等式成立，

Definition 2.10 Suppose that A and B are square matrices of order n. If the following equation is valid,

$$AB=BA=E,\tag{2.7}$$

则称矩阵A**可逆**，矩阵B称为矩阵A的**逆矩阵**，记作$B=A^{-1}$。

then A is said to be **invertible**, and B is said to be the **inverse matrix** of A, written as $B=A^{-1}$.

定理 2.1 如果矩阵 $\boldsymbol{A}$ 可逆，那么 $\boldsymbol{A}$ 的逆矩阵是唯一的。

Theorem 2.1 If the matrix $\boldsymbol{A}$ is invertible, then the inverse matrix of $\boldsymbol{A}$ is unique.

分析 根据逆矩阵的定义证明。

证 设矩阵 $\boldsymbol{B},\boldsymbol{C}$ 都是 $\boldsymbol{A}$ 的逆矩阵，根据式(2.7)，有

$$\boldsymbol{AB}=\boldsymbol{BA}=\boldsymbol{E},\quad \boldsymbol{AC}=\boldsymbol{CA}=\boldsymbol{E}。$$

进一步地

$$\boldsymbol{B}=\boldsymbol{BE}=\boldsymbol{B}(\boldsymbol{AC})=(\boldsymbol{BA})\boldsymbol{C}=\boldsymbol{EC}=\boldsymbol{C},$$

故 $\boldsymbol{A}$ 的逆矩阵是唯一的。 证毕

逆矩阵有如下性质。

性质 1 若 $\boldsymbol{A}$ 可逆，则 $\boldsymbol{A}^{-1}$ 也可逆，且 $(\boldsymbol{A}^{-1})^{-1}=\boldsymbol{A}$。

Property 1 If $\boldsymbol{A}$ is invertible, then $\boldsymbol{A}^{-1}$ is also invertible, and $(\boldsymbol{A}^{-1})^{-1}=\boldsymbol{A}$.

结论显然成立。

性质 2 若 $\boldsymbol{A}$ 可逆，$\lambda\neq0$，则 $\lambda\boldsymbol{A}$ 也可逆，且 $(\lambda\boldsymbol{A})^{-1}=\frac{1}{\lambda}\boldsymbol{A}^{-1}$。

Property 2 If $\boldsymbol{A}$ is invertible, and if $\lambda\neq0$, then $\lambda\boldsymbol{A}$ is also invertible, and $(\lambda\boldsymbol{A})^{-1}=\frac{1}{\lambda}\boldsymbol{A}^{-1}$.

证 根据矩阵乘法的结合律，容易验证

$$(\lambda\boldsymbol{A})\left(\frac{1}{\lambda}\boldsymbol{A}^{-1}\right)=\lambda\cdot\frac{1}{\lambda}\boldsymbol{AA}^{-1}=\boldsymbol{E}。$$

故 $(\lambda\boldsymbol{A})^{-1}=\frac{1}{\lambda}\boldsymbol{A}^{-1}$。 证毕

性质 3 若 $\boldsymbol{A},\boldsymbol{B}$ 均可逆，则 $\boldsymbol{AB}$ 也可逆，且 $(\boldsymbol{AB})^{-1}=\boldsymbol{B}^{-1}\boldsymbol{A}^{-1}$。

Property 3 If $\boldsymbol{A}$ and $\boldsymbol{B}$ are all invertible, then $\boldsymbol{AB}$ is also invertible, and $(\boldsymbol{AB})^{-1}=\boldsymbol{B}^{-1}\boldsymbol{A}^{-1}$.

证 不难验证

$$(\boldsymbol{AB})(\boldsymbol{B}^{-1}\boldsymbol{A}^{-1})=\boldsymbol{A}(\boldsymbol{BB}^{-1})\boldsymbol{A}^{-1}=\boldsymbol{AEA}^{-1}=\boldsymbol{AA}^{-1}=\boldsymbol{E},$$
$$(\boldsymbol{B}^{-1}\boldsymbol{A}^{-1})(\boldsymbol{AB})=\boldsymbol{B}^{-1}(\boldsymbol{AA}^{-1})\boldsymbol{B}=\boldsymbol{B}^{-1}\boldsymbol{EB}=\boldsymbol{B}^{-1}\boldsymbol{B}=\boldsymbol{E},$$

故 $(\boldsymbol{AB})^{-1}=\boldsymbol{B}^{-1}\boldsymbol{A}^{-1}$。 证毕

性质 4 若 $\boldsymbol{A}$ 可逆，则 $\boldsymbol{A}^{\mathrm{T}}$ 也可逆，且 $(\boldsymbol{A}^{\mathrm{T}})^{-1}=(\boldsymbol{A}^{-1})^{\mathrm{T}}$。

Property 4 If $\boldsymbol{A}$ is invertible, then $\boldsymbol{A}^{\mathrm{T}}$ is also invertible, and $(\boldsymbol{A}^{\mathrm{T}})^{-1}=(\boldsymbol{A}^{-1})^{\mathrm{T}}$.

证 根据矩阵转置的定义，容易验证

$$\boldsymbol{A}^{\mathrm{T}}(\boldsymbol{A}^{-1})^{\mathrm{T}}=(\boldsymbol{A}^{-1}\boldsymbol{A})^{\mathrm{T}}=\boldsymbol{E}。$$

故 $(\boldsymbol{A}^{\mathrm{T}})^{-1}=(\boldsymbol{A}^{-1})^{\mathrm{T}}$。 证毕

性质 5 若 $\boldsymbol{A}$ 可逆，则 $|\boldsymbol{A}^{-1}|=|\boldsymbol{A}|^{-1}$。

Property 5 If $\boldsymbol{A}$ is invertible, then we have $|\boldsymbol{A}^{-1}|=|\boldsymbol{A}|^{-1}$.

证 根据方阵行列式的性质 3，有

$$|\boldsymbol{A}^{-1}||\boldsymbol{A}|=|\boldsymbol{A}^{-1}\boldsymbol{A}|=|\boldsymbol{E}|=1。$$

于是，$|\boldsymbol{A}^{-1}|=|\boldsymbol{A}|^{-1}$。 证毕

关于上述性质的几点说明。

(1) 性质 2～性质 5 的证明方法很具有代表性，它相当于在算术中检验除法正确性时，都是用乘法去验证。

(2) 一般地，$(\boldsymbol{A}+\boldsymbol{B})^{-1}\neq\boldsymbol{A}^{-1}+\boldsymbol{B}^{-1}$。

(3) 性质 3 可以推广到多个方阵乘积的情形，即如果 $\boldsymbol{A}_1,\boldsymbol{A}_2,\cdots,\boldsymbol{A}_k$ 均为 n 阶可逆方阵，则乘积 $\boldsymbol{A}_1\boldsymbol{A}_2\cdots\boldsymbol{A}_k$ 也可逆，并且

$$(\boldsymbol{A}_1\boldsymbol{A}_2\cdots\boldsymbol{A}_k)^{-1}=\boldsymbol{A}_k^{-1}\boldsymbol{A}_{k-1}^{-1}\cdots\boldsymbol{A}_2^{-1}\boldsymbol{A}_1^{-1}。$$

特别地，

$$(\boldsymbol{A}^k)^{-1}=(\boldsymbol{A}^{-1})^k。$$

下面给出矩阵可逆的充分必要条件和求逆矩阵的方法。首先给出伴随矩阵的定义。

定义 2.11 对于给定的 n 阶方阵

Definition 2.11 Given the square matrix of order n

$$\boldsymbol{A}=\begin{pmatrix} a_{11} & a_{12} & \cdots & a_{1n}\\ a_{21} & a_{22} & \cdots & a_{2n}\\ \vdots & \vdots & & \vdots\\ a_{n1} & a_{n2} & \cdots & a_{nn}\end{pmatrix},$$

如下的 n 阶方阵

the following square matrix of order n

$$\boldsymbol{A}^*=\begin{pmatrix} A_{11} & A_{21} & \cdots & A_{n1}\\ A_{12} & A_{22} & \cdots & A_{n2}\\ \vdots & \vdots & & \vdots\\ A_{1n} & A_{2n} & \cdots & A_{nn}\end{pmatrix} \tag{2.8}$$

称为 $\boldsymbol{A}$ 的**伴随矩阵**，其中 $A_{ij}(i,j=1,2,\cdots,n)$ 为 $\boldsymbol{A}$ 的行列式中元素 a_{ij} 的代数余子式。

is called the **adjoint matrix** of $\boldsymbol{A}$, where $A_{ij}(i,j=1,2,\cdots,n)$ is the algebraic cofactor associated with the element a_{ij} in the determinant of $\boldsymbol{A}$.

值得注意的是，由式(2.8)可得

$$\boldsymbol{A}^*=\begin{bmatrix} A_{11} & A_{21} & \cdots & A_{n1}\\ A_{12} & A_{22} & \cdots & A_{n2}\\ \vdots & \vdots & & \vdots\\ A_{1n} & A_{2n} & \cdots & A_{nn}\end{bmatrix}=\begin{bmatrix} A_{11} & A_{12} & \cdots & A_{1n}\\ A_{21} & A_{22} & \cdots & A_{2n}\\ \vdots & \vdots & & \vdots\\ A_{n1} & A_{n2} & \cdots & A_{nn}\end{bmatrix}^{\mathrm{T}},$$

即 $\boldsymbol{A}^*$ 是将 $\boldsymbol{A}$ 中每个元素都替换为对应的代数余子式后再转置得到的。对于 $|\boldsymbol{A}|$ 中元素 a_{ij} 的代数余子式 A_{ij}，由定理 1.1 和定理 1.2 可知

$$a_{i1}A_{j1}+a_{i2}A_{j2}+\cdots+a_{in}A_{jn}=\begin{cases}|\boldsymbol{A}|, & i=j,\\ 0, & i\neq j;\end{cases}$$

$$a_{1i}A_{1j}+a_{2i}A_{2j}+\cdots+a_{ni}A_{nj}=\begin{cases}|\boldsymbol{A}|, & i=j,\\ 0, & i\neq j。\end{cases}$$

于是

$$\boldsymbol{A}\boldsymbol{A}^*=\boldsymbol{A}^*\boldsymbol{A}=\begin{pmatrix} |\boldsymbol{A}| & 0 & \cdots & 0\\ 0 & |\boldsymbol{A}| & \cdots & 0\\ \vdots & \vdots & \ddots & \vdots\\ 0 & 0 & \cdots & |\boldsymbol{A}|\end{pmatrix}=|\boldsymbol{A}|\boldsymbol{E}。 \tag{2.9}$$

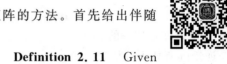

也就是说，只要$|\boldsymbol{A}|\neq 0$，就有

$$\boldsymbol{A}\left[\frac{1}{|\boldsymbol{A}|}\boldsymbol{A}^*\right]=\left[\frac{1}{|\boldsymbol{A}|}\boldsymbol{A}^*\right]\boldsymbol{A}=\boldsymbol{E}。$$

于是得到下面的定理。

定理 2.2 方阵$\boldsymbol{A}$可逆的充分必要条件是：$|\boldsymbol{A}|\neq 0$，并且

Theorem 2.2 A square matrix $\boldsymbol{A}$ is invertible if and only if $|\boldsymbol{A}|\neq 0$, and

$$\boldsymbol{A}^{-1}=\frac{1}{|\boldsymbol{A}|}\boldsymbol{A}^*。\qquad (2.10)$$

分析 利用逆矩阵和方阵的行列式的定义证明。

证 充分性 若$|\boldsymbol{A}|\neq 0$，令$\boldsymbol{B}=\frac{1}{|\boldsymbol{A}|}\boldsymbol{A}^*$，由式(2.9)可知，$\boldsymbol{AB}=\boldsymbol{BA}=\boldsymbol{E}$，即$\boldsymbol{B}$是$\boldsymbol{A}$的逆矩阵。

必要性 若$\boldsymbol{A}$可逆，则存在$\boldsymbol{A}^{-1}$，使$\boldsymbol{AA}^{-1}=\boldsymbol{E}$。对等式两边取行列式，可得

$$|\boldsymbol{AA}^{-1}|=|\boldsymbol{A}||\boldsymbol{A}^{-1}|=|\boldsymbol{E}|=1,$$

从而

$$|\boldsymbol{A}|\neq 0。$$

证毕

推论 设$\boldsymbol{A},\boldsymbol{B}$均为$n$阶方阵。若$\boldsymbol{AB}=\boldsymbol{E}$，则$\boldsymbol{A},\boldsymbol{B}$都可逆，且$\boldsymbol{A}^{-1}=\boldsymbol{B},\boldsymbol{B}^{-1}=\boldsymbol{A}$。

Corollary Suppose that $\boldsymbol{A},\boldsymbol{B}$ are all square matrices of order n. If $\boldsymbol{AB}=\boldsymbol{E}$, then $\boldsymbol{A},\boldsymbol{B}$ are all invertible, and $\boldsymbol{A}^{-1}=\boldsymbol{B},\boldsymbol{B}^{-1}=\boldsymbol{A}$.

分析 利用逆矩阵的定义和矩阵乘法证明。

证 由$\boldsymbol{AB}=\boldsymbol{E}$可得，$|\boldsymbol{A}||\boldsymbol{B}|=1$，从而$|\boldsymbol{A}|\neq 0$，$|\boldsymbol{B}|\neq 0$。由定理 2.2 知，$\boldsymbol{A},\boldsymbol{B}$均可逆，用$\boldsymbol{A}^{-1}$左乘$\boldsymbol{AB}=\boldsymbol{E}$，得

$$\boldsymbol{A}^{-1}(\boldsymbol{AB})=(\boldsymbol{A}^{-1}\boldsymbol{A})\boldsymbol{B}=\boldsymbol{EB}=\boldsymbol{B}=\boldsymbol{A}^{-1}\boldsymbol{E}=\boldsymbol{A}^{-1},$$

即$\boldsymbol{B}=\boldsymbol{A}^{-1}$。

同理，用$\boldsymbol{B}^{-1}$右乘$\boldsymbol{AB}=\boldsymbol{E}$得$\boldsymbol{A}=\boldsymbol{B}^{-1}$。 证毕

关于定理 2.2 及其推论的几点说明。

(1) 定理 2.2 不仅给出了判定矩阵可逆的充要条件，而且提供了一种利用伴随矩阵求逆矩阵的方法。

(2) 由$\boldsymbol{AA}^*=|\boldsymbol{A}|\boldsymbol{E}$，容易验证，$|\boldsymbol{A}^*|=|\boldsymbol{A}|^{n-1}$(习题 2.2 B3)。

(3) 由定理可知，当$|\boldsymbol{A}|\neq 0$时，$\boldsymbol{A}$是可逆矩阵，也称之为**非奇异矩阵**(**non-singular matrix**)；当$|\boldsymbol{A}|=0$时，$\boldsymbol{A}$是不可逆矩阵，也称之为**奇异矩阵**(**singular matrix**)。

(4) 定理 2.2 的推论说明，要判断矩阵$\boldsymbol{A}$是否可逆，不用再根据定义 2.10 那样去验证$\boldsymbol{AB}=\boldsymbol{E}$和$\boldsymbol{BA}=\boldsymbol{E}$，只需验证其中一个即可。

关于线性方程组$\boldsymbol{Ax}=\boldsymbol{b}$的解，有如下的定理及推论。

定理 2.3 若线性方程组$\boldsymbol{Ax}=\boldsymbol{b}$的系数矩阵$\boldsymbol{A}$可逆，即$|\boldsymbol{A}|\neq 0$，则此线性方程组有唯一解，且解为

Theorem 2.3 If the coefficient matrix $\boldsymbol{A}$ associated with the linear system $\boldsymbol{Ax}=\boldsymbol{b}$ is invertible, i. e., $|\boldsymbol{A}|\neq 0$, then the system has a unique solution, given by

$$\boldsymbol{x}=\boldsymbol{A}^{-1}\boldsymbol{b}。$$

推论 若线性方程组 $\boldsymbol{Ax}=\boldsymbol{b}$ 无解或至少有两个不同的解，则 $\boldsymbol{A}$ 是奇异的，即 $|\boldsymbol{A}|=0$。

Corollary If the linear system $\boldsymbol{Ax}=\boldsymbol{b}$ has no solution or has at least two distinct solutions, then $\boldsymbol{A}$ is singular, i.e., $|\boldsymbol{A}|=0$.

定理 2.4 若齐次线性方程组 $\boldsymbol{Ax}=\boldsymbol{0}$ 的系数矩阵 $\boldsymbol{A}$ 可逆，即 $|\boldsymbol{A}|\neq 0$，则它有唯一零解。

Theorem 2.4 If the coefficient matrix $\boldsymbol{A}$ associated with the homogeneous linear system $\boldsymbol{Ax}=\boldsymbol{0}$ is invertible, i.e., $|\boldsymbol{A}|\neq 0$, then it has a unique zero solution.

推论 若齐次线性方程组 $\boldsymbol{Ax}=\boldsymbol{0}$ 有非零解，则 $\boldsymbol{A}$ 是奇异的，即 $|\boldsymbol{A}|=0$。

Corollary If the homogeneous linear system $\boldsymbol{Ax}=\boldsymbol{0}$ has nonzero solutions, then $\boldsymbol{A}$ is singular, i.e., $|\boldsymbol{A}|=0$.

例 2.12 设二阶方阵为 $\boldsymbol{A}=\begin{pmatrix} a & b \\ c & d \end{pmatrix}$，确定 $\boldsymbol{A}$ 可逆的条件，并求 $\boldsymbol{A}^{-1}$。

分析 根据定理 2.2 求解。

解 由定理 2.2 知，当 $|\boldsymbol{A}|=ad-bc\neq 0$ 时，$\boldsymbol{A}$ 可逆。不难求得

$$A_{11}=d,\quad A_{12}=-c,\quad A_{21}=-b,\quad A_{22}=a。$$

于是，$\boldsymbol{A}$ 的伴随矩阵为 $\boldsymbol{A}^*=\begin{pmatrix} d & -b \\ -c & a \end{pmatrix}$。所以有

$$\boldsymbol{A}^{-1}=\frac{1}{|\boldsymbol{A}|}\boldsymbol{A}^*=\frac{1}{ad-bc}\begin{pmatrix} d & -b \\ -c & a \end{pmatrix}。$$

注意到，例 2.12 的结果可以作为求二阶方阵的逆的公式使用。

例 2.13 解答下列问题：

(1) 判断矩阵 $\boldsymbol{A}=\begin{pmatrix} 2 & 1 & 2 \\ 3 & 2 & 2 \\ 1 & 2 & 3 \end{pmatrix}$ 是否可逆？若可逆，求出其逆矩阵；

(2) 若给定 $\boldsymbol{b}=\begin{pmatrix} 1 \\ 1 \\ 0 \end{pmatrix}$，判定线性方程组 $\boldsymbol{Ax}=\boldsymbol{b}$ 是否有唯一解。若有唯一解，并求解。

分析 根据定理 2.2 判断矩阵 $\boldsymbol{A}$ 是否可逆，若可逆，利用式(2.10)求逆矩阵；根据定理 2.3 判断线性方程组是否有唯一解并求解。

解 (1) 容易求得，$|\boldsymbol{A}|=5\neq 0$，因此矩阵 $\boldsymbol{A}$ 是可逆的。进一步地，$|\boldsymbol{A}|$ 中各元素对应的代数余子式分别为

$$A_{11}=2, A_{21}=1, A_{31}=-2;\quad A_{12}=-7, A_{22}=4, A_{32}=2;\quad A_{13}=4, A_{23}=-3, A_{33}=1。$$

于是

$$\boldsymbol{A}^*=\begin{pmatrix} 2 & 1 & -2 \\ -7 & 4 & 2 \\ 4 & -3 & 1 \end{pmatrix}。$$

由式(2.10)可得

$$\boldsymbol{A}^{-1}=\frac{1}{|\boldsymbol{A}|}\boldsymbol{A}^*=\frac{1}{5}\begin{pmatrix} 2 & 1 & -2 \\ -7 & 4 & 2 \\ 4 & -3 & 1 \end{pmatrix}。$$

(2) 由于(1)知 $\boldsymbol{A}$ 可逆,因此线性方程组 $\boldsymbol{Ax}=\boldsymbol{b}$ 有唯一解,即

$$\boldsymbol{x}=\boldsymbol{A}^{-1}\boldsymbol{b}=\frac{1}{5}\begin{pmatrix}2 & 1 & -2\\ -7 & 4 & 2\\ 4 & -3 & 1\end{pmatrix}\begin{pmatrix}1\\ 1\\ 0\end{pmatrix}=\begin{pmatrix}\dfrac{3}{5}\\ -\dfrac{3}{5}\\ \dfrac{1}{5}\end{pmatrix}。$$

例 2.14 设

$$\boldsymbol{A}=\begin{pmatrix}a_1 & 0 & \cdots & 0\\ 0 & a_2 & \cdots & 0\\ \vdots & \vdots & \ddots & \vdots\\ 0 & 0 & \cdots & a_n\end{pmatrix},$$

其中 $a_i\neq 0(i=1,2,\cdots,n)$。证明:

$$\boldsymbol{A}^{-1}=\begin{pmatrix}a_1^{-1} & 0 & \cdots & 0\\ 0 & a_2^{-1} & \cdots & 0\\ \vdots & \vdots & \ddots & \vdots\\ 0 & 0 & \cdots & a_n^{-1}\end{pmatrix}。$$

分析 根据逆矩阵定义即可验证。

证 因为

$$\begin{pmatrix}a_1 & 0 & \cdots & 0\\ 0 & a_2 & \cdots & 0\\ \vdots & \vdots & \ddots & \vdots\\ 0 & 0 & \cdots & a_n\end{pmatrix}\begin{pmatrix}a_1^{-1} & 0 & \cdots & 0\\ 0 & a_2^{-1} & \cdots & 0\\ \vdots & \vdots & \ddots & \vdots\\ 0 & 0 & \cdots & a_n^{-1}\end{pmatrix}=\begin{pmatrix}1 & 0 & \cdots & 0\\ 0 & 1 & \cdots & 0\\ \vdots & \vdots & \ddots & \vdots\\ 0 & 0 & \cdots & 1\end{pmatrix},$$

所以有

$$\boldsymbol{A}^{-1}=\begin{pmatrix}a_1^{-1} & 0 & \cdots & 0\\ 0 & a_2^{-1} & \cdots & 0\\ \vdots & \vdots & \ddots & \vdots\\ 0 & 0 & \cdots & a_n^{-1}\end{pmatrix}。$$

评注 由逆矩阵的存在唯一性可知,若对角矩阵可逆,则它的逆矩阵仍然是对角矩阵,且主对角线上的元素恰为原矩阵中主对角线上对应元素的倒数。

不难验证,下面的等式成立:

$$\begin{pmatrix}0 & \cdots & 0 & a_1\\ 0 & \cdots & a_2 & 0\\ \vdots & \ddots & \vdots & \vdots\\ a_n & \cdots & 0 & 0\end{pmatrix}^{-1}=\begin{pmatrix}0 & \cdots & 0 & a_n^{-1}\\ 0 & \cdots & a_{n-1}^{-1} & 0\\ \vdots & \ddots & \vdots & \vdots\\ a_1^{-1} & \cdots & 0 & 0\end{pmatrix}。$$

例 2.15 设方阵 $\boldsymbol{A}$ 满足 $\boldsymbol{A}^2-\boldsymbol{A}-2\boldsymbol{E}=\boldsymbol{0}$,证明:矩阵 $\boldsymbol{A}$ 及 $\boldsymbol{A}+2\boldsymbol{E}$ 都可逆,并求 $\boldsymbol{A}^{-1}$,$(\boldsymbol{A}+2\boldsymbol{E})^{-1}$。

分析 利用矩阵的乘法和定理 2.2 的推论证明并求解。

证 **法一** 将等式 $\boldsymbol{A}^2-\boldsymbol{A}-2\boldsymbol{E}=\boldsymbol{0}$ 变形,可得

$$\frac{1}{2}(\boldsymbol{A}-\boldsymbol{E})\boldsymbol{A}=\boldsymbol{E}。$$

由此可知,$\boldsymbol{A}$ 可逆,且

$$\boldsymbol{A}^{-1}=\frac{1}{2}(\boldsymbol{A}-\boldsymbol{E})。$$

类似地,为了证明 $\boldsymbol{A}+2\boldsymbol{E}$ 可逆,再将等式 $\boldsymbol{A}^2-\boldsymbol{A}-2\boldsymbol{E}=\boldsymbol{0}$ 连续变形并整理,可得

$$\boldsymbol{A}^2-\boldsymbol{A}-6\boldsymbol{E}=-4\boldsymbol{E},$$
$$(\boldsymbol{A}-3\boldsymbol{E})(\boldsymbol{A}+2\boldsymbol{E})=-4\boldsymbol{E},$$
$$-\frac{1}{4}(\boldsymbol{A}-3\boldsymbol{E})(\boldsymbol{A}+2\boldsymbol{E})=\boldsymbol{E}。$$

由此可知,$\boldsymbol{A}+2\boldsymbol{E}$ 可逆,且

$$(\boldsymbol{A}+2\boldsymbol{E})^{-1}=-\frac{1}{4}(\boldsymbol{A}-3\boldsymbol{E})。$$

法二 根据等式 $\boldsymbol{A}^2-\boldsymbol{A}-2\boldsymbol{E}=\boldsymbol{0}$ 的信息,可假设待求的逆矩阵为

$$\boldsymbol{A}^{-1}=\frac{1}{\beta}(\boldsymbol{A}+\alpha\boldsymbol{E}),$$

其中 α,β 为待定系数。令 $\boldsymbol{A}\left[\frac{1}{\beta}(\boldsymbol{A}+\alpha\boldsymbol{E})\right]=\boldsymbol{E}$,即 $\boldsymbol{A}(\boldsymbol{A}+\alpha\boldsymbol{E})=\beta\boldsymbol{E}$,则有

$$\boldsymbol{A}^2+\alpha\boldsymbol{A}-\beta\boldsymbol{E}=\boldsymbol{0},$$

与已知等式 $\boldsymbol{A}^2-\boldsymbol{A}-2\boldsymbol{E}=\boldsymbol{0}$ 比对,易见,$\alpha=-1,\beta=2$。于是

$$\boldsymbol{A}^{-1}=\frac{1}{2}(\boldsymbol{A}-\boldsymbol{E})。$$

令 $(\boldsymbol{A}+2\boldsymbol{E})\left[\frac{1}{\beta}(\boldsymbol{A}+\alpha\boldsymbol{E})\right]=\boldsymbol{E}$,即 $(\boldsymbol{A}+2\boldsymbol{E})(\boldsymbol{A}+\alpha\boldsymbol{E})=\beta\boldsymbol{E}$,则有

$$\boldsymbol{A}^2+(2+\alpha)\boldsymbol{A}+(2a-\beta)\boldsymbol{E}=\boldsymbol{0},$$

与已知等式 $\boldsymbol{A}^2-\boldsymbol{A}-2\boldsymbol{E}=\boldsymbol{0}$ 比对,可知

$$2+\alpha=-1,\quad 2\alpha-\beta=-2,$$

得到 $\alpha=-3,\beta=-4$。于是

$$(\boldsymbol{A}+2\boldsymbol{E})^{-1}=-\frac{1}{4}(\boldsymbol{A}-3\boldsymbol{E})。$$

评注 (1) 本题的求解方法不仅可以证明矩阵可逆,同时也可以求出对应的逆矩阵。一般地,此类问题可用两种方法求解:一种是**配项方法**,即根据待求的逆矩阵对已知等式进行配项,然后将等式整理成 $\boldsymbol{AB}=\boldsymbol{E}$ 或 $\boldsymbol{BA}=\boldsymbol{E}$ 即可;另一种是**待定系数法**,即根据已知等式的信息先假设出带有未知系数的矩阵,然后利用矩阵的乘法和定理 2.2 的推论与已知等式进行比对,最终确定待定系数。

(2) 注意,$\boldsymbol{A}^2-\boldsymbol{A}-2\boldsymbol{E}=(\boldsymbol{A}-\boldsymbol{E})\boldsymbol{A}-2\boldsymbol{E}$ 不能写成 $\boldsymbol{A}^2-\boldsymbol{A}-2\boldsymbol{E}=(\boldsymbol{A}-1)\boldsymbol{A}-2\boldsymbol{E}$。

例 2.16 设 $\boldsymbol{A}$ 是 n 阶方阵,满足 $\boldsymbol{AA}^{\mathrm{T}}=\boldsymbol{E}$,且 $|\boldsymbol{A}|=-1$,求 $|\boldsymbol{A}+\boldsymbol{E}|$。

分析 根据矩阵乘法法则及方阵的行列式定义,利用 $\boldsymbol{AA}^{\mathrm{T}}=\boldsymbol{E}$ 求解。

解 由已知 $\boldsymbol{AA}^{\mathrm{T}}=\boldsymbol{E}$,则

$$|\boldsymbol{A}+\boldsymbol{E}|=|\boldsymbol{A}+\boldsymbol{AA}^{\mathrm{T}}|=|\boldsymbol{A}(\boldsymbol{E}+\boldsymbol{A}^{\mathrm{T}})|=|\boldsymbol{A}||(\boldsymbol{E}+\boldsymbol{A}^{\mathrm{T}})|=-|(\boldsymbol{E}+\boldsymbol{A})^{\mathrm{T}}|=-|\boldsymbol{A}+\boldsymbol{E}|。$$

因此有 $2|\boldsymbol{A}+\boldsymbol{E}|=0$,即 $|\boldsymbol{A}+\boldsymbol{E}|=0$。

习题 2.2

思考题

1. 判断下列说法是否正确，并说明理由：

(1) 若三个方阵 $\boldsymbol{A},\boldsymbol{B},\boldsymbol{C}$ 满足 $\boldsymbol{AB}=\boldsymbol{CA}=\boldsymbol{E}$，则 $\boldsymbol{B}=\boldsymbol{C}$；

(2) 若 $\boldsymbol{AB}=\boldsymbol{0}$，且 $\boldsymbol{A}$ 可逆，则 $\boldsymbol{B}=\boldsymbol{0}$；

(3) 若对称矩阵 $\boldsymbol{A}$ 可逆，则 $\boldsymbol{A}^{-1}$ 也是对称矩阵；

(4) $|-\boldsymbol{A}|=-|\boldsymbol{A}|$。

2. 矩阵和行列式有什么区别和联系？

3. 设 $\boldsymbol{A},\boldsymbol{B}$ 都是 n 阶方阵，若 $\boldsymbol{AB}=\boldsymbol{BA}=|\boldsymbol{A}|\boldsymbol{E}$，是否必有 $\boldsymbol{B}=\boldsymbol{A}^*$。

A类题

1. 设

$$\boldsymbol{A}=\begin{pmatrix}1 & 2 & 1\\ 1 & 0 & 1\end{pmatrix},\quad \boldsymbol{B}=\begin{pmatrix}1 & 2\\ 1 & 1\\ 1 & 1\end{pmatrix},$$

求 $|\boldsymbol{AB}|$ 和 $|\boldsymbol{BA}|$。

2. 设 $\boldsymbol{A}$ 和 $\boldsymbol{B}$ 为两个三阶方阵，$|\boldsymbol{A}|=4$，$|\boldsymbol{B}|=-5$，计算下列行列式：

(1) $|2\boldsymbol{AB}|$；(2) $|\boldsymbol{AB}^{\mathrm{T}}|$；(3) $|\boldsymbol{A}^{-1}\boldsymbol{B}^{-1}|$；(4) $|-\boldsymbol{A}^{-1}\boldsymbol{B}|$。

3. 设 $\boldsymbol{A}$ 为三阶方阵，$|\boldsymbol{A}|=3$，求 $|(2\boldsymbol{A})^{-1}-5\boldsymbol{A}^*|$。

4. 设 $\boldsymbol{A}=\begin{pmatrix}1 & 4 & 6\\ 0 & 2 & 5\\ 0 & 0 & 3\end{pmatrix}$，求 $|\boldsymbol{A}-(\boldsymbol{A}^*)^{-1}|$。

5. 设 $\boldsymbol{A}$ 为 n 阶方阵，且 $|\boldsymbol{A}|=2$，求 $\left|\left(\frac{1}{2}\boldsymbol{A}\right)^{-1}-3\boldsymbol{A}^*\right|$。

6. 用伴随矩阵求下列矩阵的逆矩阵：

(1) $\begin{pmatrix}1 & 2\\ 2 & 5\end{pmatrix}$；　(2) $\begin{pmatrix}\cos\theta & -\sin\theta\\ \sin\theta & \cos\theta\end{pmatrix}$；　(3) $\begin{pmatrix}1 & 2 & 3\\ 2 & 2 & 1\\ 3 & 4 & 3\end{pmatrix}$。

7. 已知

$$\boldsymbol{A}=\begin{pmatrix}1 & 5 & 4\\ 0 & 2 & 4\\ 1 & 3 & 1\end{pmatrix},$$

求 $(\boldsymbol{A}^*)^{-1}$。

8. 证明下列等式：

(1) $(\boldsymbol{A}^*)^{\mathrm{T}}=(\boldsymbol{A}^{\mathrm{T}})^*$；　(2) $(\boldsymbol{A}^*)^{-1}=(\boldsymbol{A}^{-1})^*$。

9. 设有多项式 $f(x)=x^2+2x+1$ 及矩阵 $\boldsymbol{A}$，其中

$$\boldsymbol{A}=\begin{pmatrix}-1&1&0\\0&-1&0\\1&0&-1\end{pmatrix},$$

解答下列问题：

(1) 求矩阵多项式 $f(\boldsymbol{A})$；

(2) 若有矩阵 $\boldsymbol{B}$ 满足 $f(\boldsymbol{B})=\boldsymbol{0}$，试证明 $\boldsymbol{B}$ 可逆，并求 $\boldsymbol{B}^{-1}$。

10. 设有矩阵 $\boldsymbol{A}$ 和 $\boldsymbol{B}$，且 $\boldsymbol{B}=\boldsymbol{P}^{-1}\boldsymbol{AP}$，其中 $\boldsymbol{P}$ 为三阶可逆矩阵，

$$\boldsymbol{A}=\begin{pmatrix}0&-1&0\\1&0&0\\0&0&-1\end{pmatrix},$$

求 $\boldsymbol{B}^{2004}-2\boldsymbol{A}^2$。

11. 设 n 阶方阵 $\boldsymbol{A}$ 满足关系式 $\boldsymbol{A}^3+\boldsymbol{A}^2-\boldsymbol{A}+\boldsymbol{E}=\boldsymbol{0}$，证明：$\boldsymbol{A}$ 可逆并求其逆矩阵。

12. 设方阵 $\boldsymbol{A}$ 满足 $2\boldsymbol{A}^2+\boldsymbol{A}-3\boldsymbol{E}=\boldsymbol{0}$，解答下列问题：

(1) 证明 $\boldsymbol{A}$ 可逆，并求 $\boldsymbol{A}^{-1}$；　(2) 证明 $3\boldsymbol{E}-\boldsymbol{A}$ 可逆，并求 $(3\boldsymbol{E}-\boldsymbol{A})^{-1}$。

13. 求解下列线性方程组：

(1) $\begin{cases}x_1+2x_2+3x_3=1,\\2x_1+2x_2+5x_3=2,\\3x_1+5x_2+x_3=3;\end{cases}$　(2) $\begin{cases}x_1-x_2-x_3=2,\\2x_1-x_2-3x_3=1,\\3x_1+2x_2-5x_3=0。\end{cases}$

B类题

1. 设 $\boldsymbol{A}$ 是 5 阶方阵，且 $|\boldsymbol{A}|=3$，$\boldsymbol{A}^*$ 是 $\boldsymbol{A}$ 的伴随矩阵，计算下列行列式：

(1) $|\boldsymbol{A}^{-1}|$；(2) $|\boldsymbol{AA}^{\mathrm{T}}|$；(3) $|\boldsymbol{A}^*|$；(4) $|2\boldsymbol{A}^{-1}-\boldsymbol{A}^*|$；(5) $|(\boldsymbol{A}^*)^*|$。

2. 判断下列说法是否正确，说明理由：

(1) 若 $\boldsymbol{A}^2=\boldsymbol{E}$，则 $\boldsymbol{A}=\boldsymbol{E}$ 或 $\boldsymbol{A}=-\boldsymbol{E}$；　(2) 若 $\boldsymbol{A}^*=\boldsymbol{0}$，则 $\boldsymbol{A}=\boldsymbol{0}$；

(3) 若 $|\boldsymbol{A}|=0$，则 $\boldsymbol{A}=\boldsymbol{0}$；　(4) $\boldsymbol{A}$ 与 $\boldsymbol{A}^*$，$\boldsymbol{A}^{-1}$ 均可交换。

3. 设 $\boldsymbol{A}$ 为 n 阶方阵，伴随矩阵为 $\boldsymbol{A}^*$，证明：

(1) 若 $|\boldsymbol{A}|=0$，则 $|\boldsymbol{A}^*|=0$；　(2) $|\boldsymbol{A}^*|=|\boldsymbol{A}|^{n-1}$。

4. 设 $\boldsymbol{A}$ 是 n 阶可逆矩阵，证明：$(\boldsymbol{A}^*)^*=|\boldsymbol{A}|^{n-2}\boldsymbol{A}$，并求 $|(\boldsymbol{A}^*)^*|$。

5. 设三阶方阵 $\boldsymbol{A}$，$\boldsymbol{B}$ 满足 $\boldsymbol{A}^2\boldsymbol{B}-\boldsymbol{A}-\boldsymbol{B}=\boldsymbol{E}$，其中

$$\boldsymbol{A}=\begin{pmatrix}1&0&1\\0&2&0\\-1&0&1\end{pmatrix},$$

求 $|\boldsymbol{B}|$。

6. 设矩阵 $\boldsymbol{A}$ 及 $\boldsymbol{E}+\boldsymbol{AB}$ 均为 n 阶可逆矩阵，证明：$\boldsymbol{E}+\boldsymbol{BA}$ 也可逆。

7. 设矩阵 $\boldsymbol{A}$，$\boldsymbol{B}$ 及 $\boldsymbol{A}+\boldsymbol{B}$ 均可逆，证明：$\boldsymbol{A}^{-1}+\boldsymbol{B}^{-1}$ 也可逆，并求其逆矩阵。

2.3 矩阵方程 | *Matrix equations*

在实际应用中，经常需要求解一些简单的、常见的矩阵方程，如 $\boldsymbol{AX}=\boldsymbol{C}$，$\boldsymbol{XB}=\boldsymbol{C}$ 和 $\boldsymbol{AXB}=\boldsymbol{C}$。在这些矩阵方程中，若 $\boldsymbol{A}$ 和 $\boldsymbol{B}$ 都可逆，根据矩阵的乘法和逆矩阵的定义，它们的解的形

式可以依次写为 $\boldsymbol{X}=\boldsymbol{A}^{-1}\boldsymbol{C}$，$\boldsymbol{X}=\boldsymbol{C}\boldsymbol{B}^{-1}$ 和 $\boldsymbol{X}=\boldsymbol{A}^{-1}\boldsymbol{C}\boldsymbol{B}^{-1}$。当然，在实际问题中还会遇到其他形式的(或许更复杂的)矩阵方程。

对于形式较为简单的矩阵方程，一般的求解步骤是：

第一步 根据矩阵运算规律对矩阵方程化简整理。

第二步 根据矩阵运算定义代入计算。

例 2.17 给定如下三个矩阵

$$\boldsymbol{A}=\begin{pmatrix}2&1&2\\3&2&2\\1&2&3\end{pmatrix},\quad \boldsymbol{B}=\begin{pmatrix}2&1\\5&3\end{pmatrix},\quad \boldsymbol{C}=\begin{pmatrix}2&1\\1&0\\0&1\end{pmatrix},$$

求矩阵 $\boldsymbol{X}$，使得 $\boldsymbol{AXB}=\boldsymbol{C}$。

分析 使用解矩阵方程的一般步骤求解，并利用定理 2.2 求相应矩阵的逆矩阵。

解 不难求得，$|\boldsymbol{A}|=5$(参见例 2.13)，$|\boldsymbol{B}|=1$，故矩阵 $\boldsymbol{A}$ 和 $\boldsymbol{B}$ 均可逆，且

$$\boldsymbol{A}^{-1}=\frac{1}{5}\begin{pmatrix}2&1&-2\\-7&4&2\\4&-3&1\end{pmatrix},\quad \boldsymbol{B}^{-1}=\begin{pmatrix}3&-1\\-5&2\end{pmatrix}。$$

用 $\boldsymbol{A}^{-1}$ 左乘 $\boldsymbol{AXB}=\boldsymbol{C}$，得 $\boldsymbol{XB}=\boldsymbol{A}^{-1}\boldsymbol{C}$，然后用 $\boldsymbol{B}^{-1}$ 右乘 $\boldsymbol{XB}=\boldsymbol{A}^{-1}\boldsymbol{C}$，进而得到

$$\boldsymbol{X}=\boldsymbol{A}^{-1}\boldsymbol{C}\boldsymbol{B}^{-1}。$$

于是

$$\boldsymbol{X}=\boldsymbol{A}^{-1}\boldsymbol{C}\boldsymbol{B}^{-1}=\frac{1}{5}\begin{pmatrix}2&1&-2\\-7&4&2\\4&-3&1\end{pmatrix}\begin{pmatrix}2&1\\1&0\\0&1\end{pmatrix}\begin{pmatrix}3&-1\\-5&2\end{pmatrix}$$

$$=\begin{pmatrix}1&0\\-2&-1\\1&1\end{pmatrix}\begin{pmatrix}3&-1\\-5&2\end{pmatrix}=\begin{pmatrix}3&-1\\-1&0\\-2&1\end{pmatrix}。$$

例 2.18 设 $\boldsymbol{A}$，$\boldsymbol{B}$ 均为三阶方阵，且满足 $\boldsymbol{AB}=\boldsymbol{A}+2\boldsymbol{B}$，其中

$$\boldsymbol{A}=\begin{pmatrix}0&3&3\\1&1&0\\-1&2&3\end{pmatrix},$$

求 $\boldsymbol{B}$。

分析 使用解矩阵方程的一般步骤求解，即先根据要求将等式适当变形，然后利用定理 2.2 求出相应矩阵的逆矩阵，最后求出 $\boldsymbol{B}$。

解 由已知等式 $\boldsymbol{AB}=\boldsymbol{A}+2\boldsymbol{B}$ 可得，$(\boldsymbol{A}-2\boldsymbol{E})\boldsymbol{B}=\boldsymbol{A}$。

不难验证，$|\boldsymbol{A}-2\boldsymbol{E}|\neq 0$，所以矩阵 $\boldsymbol{A}-2\boldsymbol{E}$ 可逆。在等式 $(\boldsymbol{A}-2\boldsymbol{E})\boldsymbol{B}=\boldsymbol{A}$ 两端同时左乘 $(\boldsymbol{A}-2\boldsymbol{E})^{-1}$，有

$$\boldsymbol{B}=(\boldsymbol{A}-2\boldsymbol{E})^{-1}\boldsymbol{A}=\begin{pmatrix}-2&3&3\\1&-1&0\\-1&2&1\end{pmatrix}^{-1}\begin{pmatrix}0&3&3\\1&1&0\\-1&2&3\end{pmatrix}$$

$$=\frac{1}{2}\begin{pmatrix}-1&3&3\\-1&1&3\\1&1&-1\end{pmatrix}\begin{pmatrix}0&3&3\\1&1&0\\-1&2&3\end{pmatrix}=\begin{pmatrix}0&3&3\\-1&2&3\\1&1&0\end{pmatrix}。$$

需要注意的是，由$(\boldsymbol{A}-2\boldsymbol{E})\boldsymbol{B}=\boldsymbol{A}$得到$\boldsymbol{B}=(\boldsymbol{A}-2\boldsymbol{E})^{-1}\boldsymbol{A}$，而不是$\boldsymbol{B}=\boldsymbol{A}(\boldsymbol{A}-2\boldsymbol{E})^{-1}$。

例 2.19 设$\boldsymbol{A},\boldsymbol{B}$均为三阶方阵，且满足$\boldsymbol{AB}+\boldsymbol{E}=\boldsymbol{A}^2+\boldsymbol{B}$，其中

$$\boldsymbol{A}=\begin{pmatrix}1&0&1\\0&2&0\\-1&0&1\end{pmatrix},$$

求$\boldsymbol{B}$。

分析 与例2.18类似，但在计算过程中要注意技巧。

解 由已知等式$\boldsymbol{AB}+\boldsymbol{E}=\boldsymbol{A}^2+\boldsymbol{B}$可得

$$(\boldsymbol{A}-\boldsymbol{E})\boldsymbol{B}=\boldsymbol{A}^2-\boldsymbol{E},$$

即$(\boldsymbol{A}-\boldsymbol{E})\boldsymbol{B}=(\boldsymbol{A}-\boldsymbol{E})(\boldsymbol{A}+\boldsymbol{E})$。而

$$\boldsymbol{A}-\boldsymbol{E}=\begin{pmatrix}1&0&1\\0&2&0\\-1&0&1\end{pmatrix}-\begin{pmatrix}1&0&0\\0&1&0\\0&0&1\end{pmatrix}=\begin{pmatrix}0&0&1\\0&1&0\\-1&0&0\end{pmatrix}。$$

因为$|\boldsymbol{A}-\boldsymbol{E}|=1\neq0$，即$\boldsymbol{A}-\boldsymbol{E}$可逆。在等式$(\boldsymbol{A}-\boldsymbol{E})\boldsymbol{B}=(\boldsymbol{A}-\boldsymbol{E})(\boldsymbol{A}+\boldsymbol{E})$两端同时左乘$(\boldsymbol{A}-\boldsymbol{E})^{-1}$，可得

$$\boldsymbol{B}=\boldsymbol{A}+\boldsymbol{E}=\begin{pmatrix}1&0&1\\0&2&0\\-1&0&1\end{pmatrix}+\begin{pmatrix}1&0&0\\0&1&0\\0&0&1\end{pmatrix}=\begin{pmatrix}2&0&1\\0&3&0\\-1&0&2\end{pmatrix}。$$

例 2.20 设$\boldsymbol{A},\boldsymbol{B}$均为三阶方阵，且满足$\boldsymbol{A}^2=\boldsymbol{A}$，$2\boldsymbol{A}-\boldsymbol{B}-\boldsymbol{AB}=\boldsymbol{E}$。解答下列问题：

(1) 证明矩阵$\boldsymbol{A}-\boldsymbol{B}$是可逆的，并求出它的逆；

(2) 若$\boldsymbol{A}=\begin{pmatrix}1&0&0\\0&3&-1\\0&6&-2\end{pmatrix}$，求矩阵$\boldsymbol{B}$。

分析 (1) 证明$\boldsymbol{A}-\boldsymbol{B}$可逆，就是要根据已知等式，利用矩阵的乘法法则将其变形，不可或缺的条件是$\boldsymbol{A}^2=\boldsymbol{A}$，进而找到$\boldsymbol{X}$，使得$(\boldsymbol{A}-\boldsymbol{B})\boldsymbol{X}=\boldsymbol{E}$；(2)通过对等式$2\boldsymbol{A}-\boldsymbol{B}-\boldsymbol{AB}=\boldsymbol{E}$的整理变形，求$\boldsymbol{B}$。

解 (1) 将等式$2\boldsymbol{A}-\boldsymbol{B}-\boldsymbol{AB}=\boldsymbol{E}$变形可得，

$$\boldsymbol{A}-\boldsymbol{B}+\boldsymbol{A}-\boldsymbol{AB}=\boldsymbol{E}。$$

由已知条件$\boldsymbol{A}^2=\boldsymbol{A}$可得，$\boldsymbol{A}-\boldsymbol{B}+\boldsymbol{A}^2-\boldsymbol{AB}=\boldsymbol{E}$，进而有

$$(\boldsymbol{A}-\boldsymbol{B})(\boldsymbol{A}+\boldsymbol{E})=\boldsymbol{E}。$$

因此矩阵$\boldsymbol{A}-\boldsymbol{B}$是可逆的，且$(\boldsymbol{A}-\boldsymbol{B})^{-1}=\boldsymbol{A}+\boldsymbol{E}$。

(2) 由(1)可知，$(\boldsymbol{A}-\boldsymbol{B})=(\boldsymbol{A}+\boldsymbol{E})^{-1}$，进而有$\boldsymbol{B}=\boldsymbol{A}-(\boldsymbol{A}+\boldsymbol{E})^{-1}$。不难求得

$$(\boldsymbol{A}+\boldsymbol{E})^{-1}=\begin{pmatrix}2&0&0\\0&4&-1\\0&6&-1\end{pmatrix}^{-1}=\frac{1}{2}\begin{pmatrix}1&0&0\\0&-1&1\\0&-6&4\end{pmatrix}。$$

所以

$$\boldsymbol{B}=\boldsymbol{A}-(\boldsymbol{A}+\boldsymbol{E})^{-1}=\begin{pmatrix}1&0&0\\0&3&-1\\0&6&-2\end{pmatrix}-\frac{1}{2}\begin{pmatrix}1&0&0\\0&-1&1\\0&-6&4\end{pmatrix}=\frac{1}{2}\begin{pmatrix}1&0&0\\0&7&-3\\0&18&-8\end{pmatrix}。$$

评注 本例中,(2)也可以将等式 $2\boldsymbol{A}-\boldsymbol{B}-\boldsymbol{A}\boldsymbol{B}=\boldsymbol{E}$ 变形为 $\boldsymbol{B}=(\boldsymbol{A}+\boldsymbol{E})^{-1}(2\boldsymbol{A}-\boldsymbol{E})$求解,但是计算量显然要大。

例 2.21 设矩阵 $\boldsymbol{A},\boldsymbol{B}$ 满足 $\boldsymbol{A}^*\boldsymbol{B}\boldsymbol{A}=2\boldsymbol{B}\boldsymbol{A}-8\boldsymbol{E}$,其中 $\boldsymbol{A}=\begin{pmatrix}1&0&0\\0&-2&0\\0&0&1\end{pmatrix}$,求 $\boldsymbol{B}$。

分析 利用定理 2.2(逆矩阵和伴随矩阵之间的关系公式(2.10))求解。

解 由已知条件可以求得,$|\boldsymbol{A}|=-2$。进而由式(2.10)可知,$\boldsymbol{A}\boldsymbol{A}^*=|\boldsymbol{A}|\boldsymbol{E}=-2\boldsymbol{E}$,在等式 $\boldsymbol{A}^*\boldsymbol{B}\boldsymbol{A}=2\boldsymbol{B}\boldsymbol{A}-8\boldsymbol{E}$ 两端分别左乘 $\boldsymbol{A}$,再分别右乘 $\boldsymbol{A}^{-1}$,得

$$\boldsymbol{A}\boldsymbol{A}^*\boldsymbol{B}\boldsymbol{A}\boldsymbol{A}^{-1}=2\boldsymbol{A}\boldsymbol{B}\boldsymbol{A}\boldsymbol{A}^{-1}-8\boldsymbol{A}\boldsymbol{A}^{-1},$$

即 $-2\boldsymbol{B}=2\boldsymbol{A}\boldsymbol{B}-8\boldsymbol{E}$。整理得 $(\boldsymbol{A}+\boldsymbol{E})\boldsymbol{B}=4\boldsymbol{E}$。于是

$$\boldsymbol{B}=4(\boldsymbol{A}+\boldsymbol{E})^{-1}=4\begin{pmatrix}2&0&0\\0&-1&0\\0&0&2\end{pmatrix}^{-1}=4\begin{pmatrix}\frac{1}{2}&0&0\\0&-1&0\\0&0&\frac{1}{2}\end{pmatrix}=\begin{pmatrix}2&0&0\\0&-4&0\\0&0&2\end{pmatrix}。$$

习题 2.3

思考题

1. 解矩阵方程时,有哪些方法和技巧?
2. 判断下列计算是否正确,并说明理由:
(1) 若 $\boldsymbol{A}$ 可逆,由 $\boldsymbol{A}\boldsymbol{X}=\boldsymbol{Y}\boldsymbol{A}$,可得 $\boldsymbol{X}=\boldsymbol{Y}$;
(2) 若 $\boldsymbol{A}$ 可逆,且满足 $\boldsymbol{X}\boldsymbol{A}=\boldsymbol{C}$,则 $\boldsymbol{X}=\boldsymbol{A}^{-1}\boldsymbol{C}$。

A类题

1. 解下列矩阵方程:

(1) $\begin{pmatrix}2&5\\1&3\end{pmatrix}\boldsymbol{X}=\begin{pmatrix}4\\2\end{pmatrix}$;

(2) $\boldsymbol{X}\begin{pmatrix}2&1&-1\\2&1&0\\1&-1&1\end{pmatrix}=\begin{pmatrix}1&-1&3\\4&3&2\end{pmatrix}$;

(3) $\begin{pmatrix}1&4\\-1&2\end{pmatrix}\boldsymbol{X}\begin{pmatrix}2&0\\-1&1\end{pmatrix}=\begin{pmatrix}3&1\\0&-1\end{pmatrix}$;

(4) $\begin{pmatrix}4&2&3\\1&1&0\\-1&2&3\end{pmatrix}\boldsymbol{X}=\begin{pmatrix}4&2&3\\1&1&0\\-1&2&3\end{pmatrix}+2\boldsymbol{X}$。

2. 给定如下三个矩阵

$$\boldsymbol{A}=\begin{pmatrix}1&2&3\\2&2&1\\3&4&3\end{pmatrix},\quad \boldsymbol{B}=\begin{pmatrix}2&1\\5&3\end{pmatrix},\quad \boldsymbol{C}=\begin{pmatrix}1&3\\2&0\\3&1\end{pmatrix},$$

求矩阵 $\boldsymbol{X}$,使得 $\boldsymbol{A}\boldsymbol{X}\boldsymbol{B}=\boldsymbol{C}$。

3. 设 $\boldsymbol{A},\boldsymbol{B}$ 均为三阶方阵，且满足 $\boldsymbol{A}^{-1}\boldsymbol{B}\boldsymbol{A}=6\boldsymbol{A}+\boldsymbol{B}\boldsymbol{A}$，其中

$$\boldsymbol{A}=\begin{pmatrix}\frac{1}{2} & 0 & 0\\ 0 & \frac{1}{4} & 0\\ 0 & 0 & \frac{1}{7}\end{pmatrix},$$

求矩阵 $\boldsymbol{B}$。

4. 设 $\boldsymbol{A},\boldsymbol{B}$ 均为三阶方阵，且满足 $\boldsymbol{A}+\boldsymbol{B}=\boldsymbol{A}\boldsymbol{B}$，解答下列问题：

(1) 证明 $\boldsymbol{A}-\boldsymbol{E}$ 可逆；

(2) 已知

$$\boldsymbol{B}=\begin{pmatrix}1 & -3 & 0\\ 2 & 1 & 0\\ 0 & 0 & 2\end{pmatrix},$$

求矩阵 $\boldsymbol{A}$。

5. 已知矩阵方程 $(\boldsymbol{E}-\boldsymbol{A})\boldsymbol{X}=\boldsymbol{B}$，其中

$$\boldsymbol{A}=\begin{pmatrix}0 & 1 & 0\\ -1 & 1 & 0\\ -1 & 0 & -1\end{pmatrix},\quad \boldsymbol{B}=\begin{pmatrix}1 & -1\\ 2 & 0\\ 1 & 1\end{pmatrix},$$

求矩阵 $\boldsymbol{X}$。

6. 已知 $\boldsymbol{A}$ 的伴随矩阵为

$$\boldsymbol{A}^{*}=\begin{pmatrix}1 & 0 & 0 & 0\\ 0 & 1 & 0 & 0\\ 1 & 0 & 1 & 0\\ 0 & -3 & 0 & 8\end{pmatrix},$$

且有 $\boldsymbol{A}\boldsymbol{B}\boldsymbol{A}^{-1}=\boldsymbol{B}\boldsymbol{A}^{-1}+3\boldsymbol{E}$。求矩阵 $\boldsymbol{B}$。

B类题

1. 设矩阵

$$\boldsymbol{A}=\begin{pmatrix}1 & 1 & -1\\ -1 & 1 & 1\\ 1 & -1 & 1\end{pmatrix}$$

满足 $\boldsymbol{A}^{*}\boldsymbol{X}=\boldsymbol{A}^{-1}+2\boldsymbol{X}$，其中 $\boldsymbol{A}^{*}$ 是 $\boldsymbol{A}$ 的伴随矩阵。求矩阵 $\boldsymbol{X}$。

2. 设矩阵 $\boldsymbol{A}=\begin{pmatrix}1 & 0 & 1\\ 0 & 2 & 0\\ 1 & 0 & 1\end{pmatrix}$ 满足 $\boldsymbol{A}\boldsymbol{B}+\boldsymbol{E}=\boldsymbol{A}^{2}+\boldsymbol{B}$，求矩阵 $\boldsymbol{B}$。

3. 设矩阵 $\boldsymbol{A}$ 满足 $\boldsymbol{A}\boldsymbol{X}=\boldsymbol{A}+2\boldsymbol{X}$，其中 $\boldsymbol{A}=\begin{pmatrix}1 & -1 & 0\\ 0 & 1 & -1\\ -1 & 0 & 1\end{pmatrix}$，求矩阵 $\boldsymbol{X}$。

4. 已知矩阵 $\boldsymbol{A}$ 与 $\boldsymbol{B}$ 满足 $\boldsymbol{AX}=\boldsymbol{B}+2\boldsymbol{X}$，其中

$$\boldsymbol{A}=\begin{pmatrix}3&0&1\\1&1&1\\1&1&4\end{pmatrix},\quad \boldsymbol{B}=\begin{pmatrix}2&1&3\\0&1&2\\1&0&3\end{pmatrix},$$

求矩阵 $\boldsymbol{X}$。

5. 设 $\boldsymbol{A}$ 可逆，且 $\boldsymbol{A}^*\boldsymbol{B}=\boldsymbol{A}^{-1}+\boldsymbol{B}$，解答下列问题：

(1) 证明 $\boldsymbol{B}$ 可逆；

(2) 当 $\boldsymbol{A}=\begin{pmatrix}2&6&0\\0&2&6\\0&0&2\end{pmatrix}$ 时，求 $\boldsymbol{B}$。

6. 设三阶方阵 $\boldsymbol{A},\boldsymbol{B}$ 满足 $\boldsymbol{A}-\boldsymbol{AB}=\boldsymbol{E}$，且 $\boldsymbol{AB}-2\boldsymbol{E}=\begin{pmatrix}-1&0&0\\0&-1&0\\0&0&-1\end{pmatrix}$，求 $\boldsymbol{A}$ 和 $\boldsymbol{B}$。

2.4 分块矩阵 | Block matrices

对于一些大型稀疏矩阵(即行数和列数较高，零元素较多的矩阵)，其零元素排列通常有一定的规律，此时常采用分块方式进行相关的运算，将大型稀疏矩阵的运算简化为小型矩阵的运算。本节首先介绍分块矩阵的定义及划分方法；然后给出分块矩阵的性质及使用原则，并通过一些算例来说明将矩阵先分块再运算的优势。

定义 2.12 若将矩阵 **A** 用若干条纵线和横线分成许多个小矩阵，每个小矩阵称为 **A** 的子块。以子块为元素的矩阵称为 **A** 的**分块矩阵**。

Definition 2.12 If the matrix **A** is partitioned into many small matrices by some vertical lines and horizontal lines, each small matrix is said to be a subblock of **A**, and the matrix consisted of subblocks to be its elements is said to be a **block matrix.**

例如，对于给定的矩阵

$$\boldsymbol{A}=\begin{pmatrix}1&2&4&1\\3&0&5&7\\-1&2&0&1\end{pmatrix},$$

可将矩阵 **A** 划分为如下分块矩阵

$$\boldsymbol{A}=\left(\begin{array}{cc:cc}1&2&4&1\\\hdashline 3&0&5&7\\-1&2&0&1\end{array}\right)=\begin{pmatrix}\boldsymbol{A}_{11}&\boldsymbol{A}_{12}\\\boldsymbol{A}_{21}&\boldsymbol{A}_{22}\end{pmatrix},$$

其中，$\boldsymbol{A}_{11}=(1\quad 2)$，$\boldsymbol{A}_{12}=(4\quad 1)$，$\boldsymbol{A}_{21}=\begin{pmatrix}3&0\\-1&2\end{pmatrix}$，$\boldsymbol{A}_{22}=\begin{pmatrix}5&7\\0&1\end{pmatrix}$ 为分块矩阵 **A** 的子块。

根据其特点及不同的需要，可将一个矩阵进行不同形式的分块。如上述矩阵 **A** 还可按如下方式分块，即

$$\boldsymbol{A}=\left(\begin{array}{cc:cc}1&2&4&1\\3&0&5&7\\-1&2&0&1\end{array}\right)=(\boldsymbol{A}_{11}\quad\boldsymbol{A}_{12})$$

或

$$\boldsymbol{A}=\left(\begin{array}{c:c:cc}1&2&4&1\\3&0&5&7\\ \hdashline -1&2&0&1\end{array}\right)=\begin{pmatrix}\boldsymbol{A}_{11}&\boldsymbol{A}_{12}&\boldsymbol{A}_{13}\\\boldsymbol{A}_{21}&\boldsymbol{A}_{22}&\boldsymbol{A}_{23}\end{pmatrix}。$$

在对分块矩阵进行某些运算时,可先将每个子块当作分块矩阵的元素,然后按矩阵的运算法则对每个子块进行相应的运算。但进行分块时应注意以下几点:

(1) 在计算 $\boldsymbol{A}\pm\boldsymbol{B}$ 时,$\boldsymbol{A}$ 和 $\boldsymbol{B}$ 的分块方式必须相同,以保证它们的对应子块是同型的。

(2) 在计算 $\boldsymbol{AB}$ 时,对 $\boldsymbol{A}$ 的列的分块方式与 $\boldsymbol{B}$ 的行的分块方式必须一致,以保证它们对应的子块能够相乘。

(3) 求 $\boldsymbol{A}^{\mathrm{T}}$ 时,要先将子块作为分块矩阵的元素,然后分块矩阵转置,最后再将各子块转置。例如,

$$\begin{pmatrix}\boldsymbol{A}_{11}&\boldsymbol{A}_{12}&\boldsymbol{A}_{13}\\\boldsymbol{A}_{21}&\boldsymbol{A}_{22}&\boldsymbol{A}_{23}\end{pmatrix}^{\mathrm{T}}=\begin{pmatrix}\boldsymbol{A}_{11}^{\mathrm{T}}&\boldsymbol{A}_{21}^{\mathrm{T}}\\\boldsymbol{A}_{12}^{\mathrm{T}}&\boldsymbol{A}_{22}^{\mathrm{T}}\\\boldsymbol{A}_{13}^{\mathrm{T}}&\boldsymbol{A}_{23}^{\mathrm{T}}\end{pmatrix}。$$

例 2.22 给定如下的矩阵

$$\boldsymbol{A}=\begin{pmatrix}1&0&0&0\\0&1&0&0\\-1&2&1&0\\1&1&0&1\end{pmatrix},\quad \boldsymbol{B}=\begin{pmatrix}1&0&1&0\\-1&2&0&1\\-1&0&4&1\\-1&-1&2&0\end{pmatrix},$$

求 $\boldsymbol{AB}$。

分析 根据矩阵的特点进行分块,然后利用分块矩阵的乘法进行计算。

解 根据矩阵的特点,将 $\boldsymbol{A}$,$\boldsymbol{B}$ 划分为如下的分块矩阵:

$$\boldsymbol{A}=\left(\begin{array}{cc:cc}1&0&0&0\\0&1&0&0\\ \hdashline -1&2&1&0\\1&1&0&1\end{array}\right)=\begin{pmatrix}\boldsymbol{E}&\boldsymbol{0}\\\boldsymbol{A}_1&\boldsymbol{E}\end{pmatrix},\quad \boldsymbol{B}=\left(\begin{array}{cc:cc}1&0&1&0\\-1&2&0&1\\ \hdashline -1&0&4&1\\-1&-1&2&0\end{array}\right)=\begin{pmatrix}\boldsymbol{B}_{11}&\boldsymbol{E}\\\boldsymbol{B}_{21}&\boldsymbol{B}_{22}\end{pmatrix}。$$

利用分块矩阵的乘法,可得

$$\boldsymbol{AB}=\begin{pmatrix}\boldsymbol{E}&\boldsymbol{0}\\\boldsymbol{A}_1&\boldsymbol{E}\end{pmatrix}\begin{pmatrix}\boldsymbol{B}_{11}&\boldsymbol{E}\\\boldsymbol{B}_{21}&\boldsymbol{B}_{22}\end{pmatrix}=\begin{pmatrix}\boldsymbol{B}_{11}&\boldsymbol{E}\\\boldsymbol{A}_1\boldsymbol{B}_{11}+\boldsymbol{B}_{21}&\boldsymbol{A}_1+\boldsymbol{B}_{22}\end{pmatrix},$$

其中

$$\boldsymbol{A}_1\boldsymbol{B}_{11}+\boldsymbol{B}_{21}=\begin{pmatrix}-1&2\\1&1\end{pmatrix}\begin{pmatrix}1&0\\-1&2\end{pmatrix}+\begin{pmatrix}-1&0\\-1&-1\end{pmatrix}=\begin{pmatrix}-4&4\\-1&1\end{pmatrix},$$

$$\boldsymbol{A}_1+\boldsymbol{B}_{22}=\begin{pmatrix}-1&2\\1&1\end{pmatrix}+\begin{pmatrix}4&1\\2&0\end{pmatrix}=\begin{pmatrix}3&3\\3&1\end{pmatrix}。$$

因此,有

$$\boldsymbol{AB}=\begin{pmatrix}1&0&1&0\\-1&2&0&1\\-4&4&3&3\\-1&1&3&1\end{pmatrix}。$$

令 $\boldsymbol{A}$ 为 n 阶方阵。若 $\boldsymbol{A}$ 可以划分成如下形式:

$$
A=\begin{pmatrix} A_1 & 0 & \cdots & 0 \\ 0 & A_2 & \cdots & 0 \\ \vdots & \vdots & \ddots & \vdots \\ 0 & 0 & \cdots & A_s \end{pmatrix}, \tag{2.11}
$$

其中，$A_i(i=1,2,\cdots,s)$均为方阵(阶数可以是不同的)，$\mathbf{0}$为零矩阵(不必是同型的)，则称式(2.11)为**分块对角矩阵(block diagonal matrix)**。

分块对角矩阵具有如下性质：

性质1 $|A|=|A_1||A_2|\cdots|A_s|$。

性质2 若$|A_i|\neq 0(i=1,2,\cdots,s)$，则$A$可逆，且

Property 1 $|A|=|A_1||A_2|\cdots|A_s|$.

Property 2 If $|A_i|\neq 0(i=1,2,\cdots,s)$, then A is invertible, moreover,

$$
A^{-1}=\begin{pmatrix} A_1^{-1} & 0 & \cdots & 0 \\ 0 & A_2^{-1} & \cdots & 0 \\ \vdots & \vdots & \ddots & \vdots \\ 0 & 0 & \cdots & A_s^{-1} \end{pmatrix}。
$$

例2.23 设

$$
A=\begin{pmatrix} 3 & 0 & 0 & 0 & 0 \\ 0 & 5 & 3 & 0 & 0 \\ 0 & 2 & 1 & 0 & 0 \\ 0 & 0 & 0 & 2 & 5 \\ 0 & 0 & 0 & 1 & 2 \end{pmatrix},
$$

求$|A^3|$与A^{-1}。

分析 根据矩阵的特点对矩阵进行分块，进而利用分块对角阵的性质进行计算。

解 对A进行如下分块

$$
A=\left(\begin{array}{c|cc|cc} 3 & 0 & 0 & 0 & 0 \\ \hline 0 & 5 & 3 & 0 & 0 \\ 0 & 2 & 1 & 0 & 0 \\ \hline 0 & 0 & 0 & 2 & 5 \\ 0 & 0 & 0 & 1 & 2 \end{array}\right)=\begin{pmatrix} A_1 & 0 & 0 \\ 0 & A_2 & 0 \\ 0 & 0 & A_3 \end{pmatrix},
$$

其中

$$
|A_1|=3,\quad |A_2|=-1,\quad |A_3|=-1,
$$

$$
A_1^{-1}=\left(\frac{1}{3}\right),\quad A_2^{-1}=\begin{pmatrix} -1 & 3 \\ 2 & -5 \end{pmatrix},\quad A_3^{-1}=\begin{pmatrix} -2 & 5 \\ 1 & -2 \end{pmatrix}。
$$

故

$$
|A^3|=|A|^3=(|A_1||A_2||A_3|)^3=(3\times(-1)\times(-1))^3=27;
$$

$$
A^{-1}=\begin{pmatrix} A_1^{-1} & 0 & 0 \\ 0 & A_2^{-1} & 0 \\ 0 & 0 & A_3^{-1} \end{pmatrix}=\begin{pmatrix} \frac{1}{3} & 0 & 0 & 0 & 0 \\ 0 & -1 & 3 & 0 & 0 \\ 0 & 2 & -5 & 0 & 0 \\ 0 & 0 & 0 & -2 & 5 \\ 0 & 0 & 0 & 1 & -2 \end{pmatrix}。
$$

例 2.24 设

$$\boldsymbol{D}=\begin{pmatrix}\boldsymbol{A} & \boldsymbol{0}\\ \boldsymbol{C} & \boldsymbol{B}\end{pmatrix},$$

其中 $\boldsymbol{A},\boldsymbol{B}$ 分别是 k 阶、r 阶可逆矩阵，$\boldsymbol{C}$ 是 $r\times k$ 矩阵，$\boldsymbol{0}$ 是 $k\times r$ 零矩阵。求 $\boldsymbol{D}^{-1}$。

分析 根据要求，假设给出 $\boldsymbol{D}^{-1}$ 的形式，然后利用逆矩阵的定义和分块矩阵的性质、乘法计算，求解相应的矩阵方程.

解 设

$$\boldsymbol{D}^{-1}=\begin{bmatrix}\boldsymbol{X}_{11} & \boldsymbol{X}_{12}\\ \boldsymbol{X}_{21} & \boldsymbol{X}_{22}\end{bmatrix},$$

其中 $\boldsymbol{X}_{11},\boldsymbol{X}_{12},\boldsymbol{X}_{21},\boldsymbol{X}_{22}$ 分别为 $k\times k,k\times r,r\times k,r\times r$ 矩阵。

由逆矩阵的定义可知

$$\begin{pmatrix}\boldsymbol{A} & \boldsymbol{0}\\ \boldsymbol{C} & \boldsymbol{B}\end{pmatrix}\begin{bmatrix}\boldsymbol{X}_{11} & \boldsymbol{X}_{12}\\ \boldsymbol{X}_{21} & \boldsymbol{X}_{22}\end{bmatrix}=\begin{bmatrix}\boldsymbol{E}_k & \boldsymbol{0}\\ \boldsymbol{0} & \boldsymbol{E}_r\end{bmatrix}。$$

根据分块矩阵的乘法，可得

$$\begin{cases}\boldsymbol{A}\boldsymbol{X}_{11}=\boldsymbol{E}_k,\\ \boldsymbol{A}\boldsymbol{X}_{12}=\boldsymbol{0},\\ \boldsymbol{C}\boldsymbol{X}_{11}+\boldsymbol{B}\boldsymbol{X}_{21}=\boldsymbol{0},\\ \boldsymbol{C}\boldsymbol{X}_{12}+\boldsymbol{B}\boldsymbol{X}_{22}=\boldsymbol{E}_r。\end{cases}$$

该矩阵方程组的解为

$$\boldsymbol{X}_{11}=\boldsymbol{A}^{-1},\quad \boldsymbol{X}_{12}=\boldsymbol{A}^{-1}\boldsymbol{0}=\boldsymbol{0},\quad \boldsymbol{X}_{21}=-\boldsymbol{B}^{-1}\boldsymbol{C}\boldsymbol{A}^{-1},\quad \boldsymbol{X}_{22}=\boldsymbol{B}^{-1}。$$

因此

$$\boldsymbol{D}^{-1}=\begin{bmatrix}\boldsymbol{A}^{-1} & \boldsymbol{0}\\ -\boldsymbol{B}^{-1}\boldsymbol{C}\boldsymbol{A}^{-1} & \boldsymbol{B}^{-1}\end{bmatrix}。$$

例 2.25 证明：$\boldsymbol{AB}=\boldsymbol{0}$ 的充要条件是 $\boldsymbol{B}$ 的每个列向量都是齐次线性方程组 $\boldsymbol{Ax}=\boldsymbol{0}$ 的解。

分析 利用分块矩阵的性质、乘法以及齐次线性方程组解的定义证明。

证 不妨设 $\boldsymbol{A}$ 为 $m\times n$ 矩阵，$\boldsymbol{B}$ 为 $n\times s$ 矩阵。把 $\boldsymbol{B}$ 按列分为 $1\times s$ 分块矩阵 $\boldsymbol{B}=(\boldsymbol{\beta}_1,\boldsymbol{\beta}_2,\cdots,\boldsymbol{\beta}_s)$。由分块矩阵的乘法有

$$\boldsymbol{AB}=\boldsymbol{A}(\boldsymbol{\beta}_1,\boldsymbol{\beta}_2,\cdots,\boldsymbol{\beta}_s)=(\boldsymbol{A\beta}_1,\boldsymbol{A\beta}_2,\cdots,\boldsymbol{A\beta}_s)。$$

于是

$$\begin{aligned}\boldsymbol{AB}=\boldsymbol{0}&\Leftrightarrow\boldsymbol{AB}=\boldsymbol{A}(\boldsymbol{\beta}_1,\boldsymbol{\beta}_2,\cdots,\boldsymbol{\beta}_s)=(\boldsymbol{A\beta}_1,\boldsymbol{A\beta}_2,\cdots,\boldsymbol{A\beta}_s)=(\boldsymbol{0},\boldsymbol{0},\cdots,\boldsymbol{0})\\ &\Leftrightarrow\boldsymbol{A\beta}_1=\boldsymbol{0},\boldsymbol{A\beta}_2=\boldsymbol{0},\cdots,\boldsymbol{A\beta}_s=\boldsymbol{0}\\ &\Leftrightarrow\boldsymbol{\beta}_1,\boldsymbol{\beta}_2,\cdots,\boldsymbol{\beta}_s\text{ 都是 }\boldsymbol{Ax}=\boldsymbol{0}\text{ 的解。}\end{aligned}$$

例 2.26 如果将 n 阶方阵 $\boldsymbol{A},\boldsymbol{E}$ 分块为如下的形式：

$$\boldsymbol{A}=\begin{bmatrix}a_{11} & a_{12} & \cdots & a_{1n}\\ a_{21} & a_{22} & \cdots & a_{2n}\\ \vdots & \vdots & & \vdots\\ a_{n1} & a_{n2} & \cdots & a_{nn}\end{bmatrix}=(\boldsymbol{\alpha}_1,\boldsymbol{\alpha}_2,\cdots,\boldsymbol{\alpha}_n),$$

$$E=\left(\begin{array}{c:c:c:c}1 & 0 & \cdots & 0\\0 & 1 & \cdots & 0\\\vdots & \vdots & & \vdots\\0 & 0 & \cdots & 1\end{array}\right)=(e_1,e_2,\cdots,e_n)。$$

则

$$AE=A(e_1,e_2,\cdots,e_n)=(Ae_1,Ae_2,\cdots,Ae_n)=(\alpha_1,\alpha_2,\cdots,\alpha_n)$$

所以

$$Ae_j=\alpha_j\quad(j=1,2,\cdots,n)。$$

习题 2.4

思考题

1. 判断说法“若 a 和 b 都是 $n\times1$ 列矩阵，则 $ab^{\mathrm{T}}=ba^{\mathrm{T}}$ 或 $a^{\mathrm{T}}b=b^{\mathrm{T}}a$”是否正确，并说明理由。

2. 利用分块矩阵进行各种运算时，有哪些注意事项？

A类题

1. 计算下列各题：

(1) $\begin{pmatrix}2&1&0&0\\5&3&0&0\\0&0&1&0\\0&0&0&1\end{pmatrix}\begin{pmatrix}3&-1&0&0\\-2&1&0&0\\0&0&-2&3\\0&0&7&5\end{pmatrix}$； (2) $\begin{pmatrix}3&2&0&0\\4&3&0&0\\0&0&1&-1\\0&0&0&1\end{pmatrix}^2$；

(3) $\begin{pmatrix}1&-2&1&0\\0&1&0&1\\0&0&2&-1\\0&0&0&3\end{pmatrix}\begin{pmatrix}1&0&-2&3\\0&1&0&3\\0&0&3&-1\\0&0&-2&1\end{pmatrix}$。

2. 求下列矩阵的逆矩阵：

(1) $\begin{pmatrix}1&2&0&0\\3&7&0&0\\0&0&4&3\\0&0&3&2\end{pmatrix}$； (2) $\begin{pmatrix}1&0&0&0&0\\2&-1&0&0&0\\0&0&1&0&1\\0&0&-1&1&0\\0&0&3&1&1\end{pmatrix}$； (3) $\begin{pmatrix}0&0&0&1&2\\0&0&0&4&3\\1&1&0&0&0\\0&1&1&0&0\\1&0&1&0&0\end{pmatrix}$。

3. 设 $A=\begin{pmatrix}3&4&0&0\\4&-3&0&0\\0&0&2&0\\0&0&2&2\end{pmatrix}$，求(1) $|A^8|$；(2) A^4；(3) A^{-1}。

4. 设

$$\boldsymbol{A}=\begin{pmatrix}-1 & 0 & 0 & 0\\ 0 & -1 & 0 & 0\\ -2 & 1 & 1 & 0\\ 1 & -1 & 0 & 1\end{pmatrix},\quad \boldsymbol{B}=\begin{pmatrix}-1 & 0 & 1 & 0\\ 1 & 3 & 0 & 1\\ 1 & 0 & 3 & 1\\ -1 & -1 & 2 & 1\end{pmatrix},$$

用分块矩阵方法求 $\boldsymbol{AB}$。

B类题

1. 设

$$\boldsymbol{A}=\begin{pmatrix}\alpha & 2 & 0 & 0\\ 0 & \alpha & 0 & 0\\ 0 & 0 & \beta & 0\\ 0 & 0 & -2 & \beta\end{pmatrix},\quad \boldsymbol{B}=\begin{pmatrix}\alpha & -2 & 0 & 0\\ 0 & \alpha & 0 & 0\\ 0 & 0 & \beta & 0\\ 0 & 0 & 2 & \beta\end{pmatrix},$$

求 $\boldsymbol{ABA}$。

2. 求下列矩阵的逆矩阵：

(1) $\begin{pmatrix}0 & a_2 & 0 & \cdots & 0 & 0\\ 0 & 0 & a_3 & \cdots & 0 & 0\\ 0 & 0 & 0 & \cdots & 0 & 0\\ \vdots & \vdots & \vdots & \ddots & \vdots & \vdots\\ 0 & 0 & 0 & \cdots & 0 & a_n\\ a_1 & 0 & 0 & \cdots & 0 & 0\end{pmatrix}\quad (a_1a_2\cdots a_n\neq 0)$；

(2) $\begin{pmatrix}0 & 0 & \cdots & 0 & 0 & \cdots & 0 & a_1\\ 0 & 0 & \cdots & 0 & 0 & \cdots & a_2 & 0\\ \vdots & \vdots & \ddots & \vdots & \vdots & ⋰ & \vdots & \vdots\\ 0 & 0 & \cdots & 0 & a_n & 0 & 0 & 0\\ a_{n+1} & 0 & \cdots & 0 & 0 & \cdots & 0 & 0\\ 0 & a_{n+2} & \cdots & 0 & 0 & \cdots & 0 & 0\\ \vdots & \vdots & \ddots & \vdots & \vdots & ⋰ & \vdots & \vdots\\ 0 & 0 & \cdots & a_{2n} & 0 & \cdots & 0 & 0\end{pmatrix}\quad (a_1a_2\cdots a_{2n}\neq 0)$。

3. 设 $\boldsymbol{A}_1,\boldsymbol{A}_2,\cdots,\boldsymbol{A}_s$ 都可逆，求矩阵 $\boldsymbol{A}$ 的逆矩阵，其中

$$\boldsymbol{A}=\begin{pmatrix}\boldsymbol{0} & \cdots & \boldsymbol{0} & \boldsymbol{A}_1\\ \boldsymbol{0} & \cdots & \boldsymbol{A}_2 & \boldsymbol{0}\\ \vdots & ⋰ & \vdots & \vdots\\ \boldsymbol{A}_s & \cdots & \boldsymbol{0} & \boldsymbol{0}\end{pmatrix}。$$

4. 设 $\boldsymbol{A},\boldsymbol{B}$ 分别为 n 阶和 m 阶可逆方阵。求下列分块矩阵的逆矩阵：

(1) $\begin{pmatrix}\boldsymbol{0} & \boldsymbol{A}\\ \boldsymbol{B} & \boldsymbol{C}\end{pmatrix}$；　(2) $\begin{pmatrix}\boldsymbol{A} & \boldsymbol{C}\\ \boldsymbol{0} & \boldsymbol{B}\end{pmatrix}$；　(3) $\begin{pmatrix}\boldsymbol{A} & \boldsymbol{0}\\ \boldsymbol{C} & \boldsymbol{B}\end{pmatrix}$；　(4) $\begin{pmatrix}\boldsymbol{C} & \boldsymbol{A}\\ \boldsymbol{B} & \boldsymbol{0}\end{pmatrix}$。

复习题2

1. 填空题

(1) 设 $\boldsymbol{A}$ 为 n 阶方阵，且 $|\boldsymbol{A}|=a\neq0$，则 $|2\boldsymbol{A}^{-1}|=$________。

(2) 设 $\boldsymbol{A}$ 为三阶方阵，$|\boldsymbol{A}|=\dfrac{1}{3}$，则 $\left|\left(\dfrac{1}{2}\boldsymbol{A}\right)^{-1}+3\boldsymbol{A}^*\right|=$________。

(3) 若矩阵 $\boldsymbol{A}=\begin{pmatrix}1&-1&3\\-1&2&\lambda\\0&5&0\end{pmatrix}$ 为奇异矩阵，则 $\lambda=$________。

(4) 设矩阵 $\boldsymbol{A}=\begin{pmatrix}0&1&0&0\\0&0&1&0\\0&0&0&1\\0&0&0&0\end{pmatrix}$，则 $\boldsymbol{A}^3=$________。

(5) 设 $\boldsymbol{A}$ 为 m 阶方阵，$\boldsymbol{B}$ 为 n 阶方阵，且 $|\boldsymbol{A}|=a$，$|\boldsymbol{B}|=b$，若 $\boldsymbol{C}=\begin{pmatrix}\boldsymbol{0}&3\boldsymbol{A}\\-\boldsymbol{B}&\boldsymbol{0}\end{pmatrix}$，则 $|\boldsymbol{C}|=$________。

2. 选择题

(1) 设 $\boldsymbol{A},\boldsymbol{B}$ 均为 n 阶方阵，下列运算中正确的是(　　)。

A. $|-\boldsymbol{A}|=\boldsymbol{A}$　　B. $|\boldsymbol{AB}|=|\boldsymbol{A}||\boldsymbol{B}|$

C. $|k\boldsymbol{A}|=k|\boldsymbol{A}|$　　D. $|\boldsymbol{A}+\boldsymbol{B}|=|\boldsymbol{A}|+|\boldsymbol{B}|$

(2) 设 n 阶方阵 $\boldsymbol{A}$ 为的伴随矩阵为 $\boldsymbol{A}^*$，且 $|\boldsymbol{A}^*|=a\neq0$，则 $|\boldsymbol{A}|=$(　　)。

A. a　　B. $\dfrac{1}{a}$　　C. $a^{\frac{1}{n-1}}$　　D. $a^{\frac{1}{n}}$

(3) 设 $\boldsymbol{A},\boldsymbol{B}$ 均为 n 阶方阵，下列运算中正确的是(　　)。

A. $\boldsymbol{A}^2=\boldsymbol{0}\Leftrightarrow\boldsymbol{A}=\boldsymbol{0}$　　B. $\boldsymbol{A}^2=\boldsymbol{A}\Leftrightarrow\boldsymbol{A}=\boldsymbol{0}$ 或 $\boldsymbol{A}=\boldsymbol{E}$

C. $(\boldsymbol{A}-\boldsymbol{B})(\boldsymbol{A}+\boldsymbol{B})=\boldsymbol{A}^2-\boldsymbol{B}^2$　　D. $(\boldsymbol{A}-\boldsymbol{B})^2=\boldsymbol{A}^2-\boldsymbol{AB}-\boldsymbol{BA}+\boldsymbol{B}^2$

(4) 设 $\boldsymbol{A},\boldsymbol{B}$ 均为二阶方阵，$\boldsymbol{A}^*,\boldsymbol{B}^*$ 分别为 $\boldsymbol{A},\boldsymbol{B}$ 的伴随矩阵，若 $|\boldsymbol{A}|=2$，$|\boldsymbol{B}|=3$，则分块矩阵 $\begin{pmatrix}\boldsymbol{0}&\boldsymbol{A}\\\boldsymbol{B}&\boldsymbol{0}\end{pmatrix}$ 的伴随矩阵为(　　)。

A. $\begin{pmatrix}\boldsymbol{0}&3\boldsymbol{B}^*\\2\boldsymbol{A}^*&\boldsymbol{0}\end{pmatrix}$　　B. $\begin{pmatrix}\boldsymbol{0}&2\boldsymbol{B}^*\\3\boldsymbol{A}^*&\boldsymbol{0}\end{pmatrix}$　　C. $\begin{pmatrix}\boldsymbol{0}&3\boldsymbol{A}^*\\2\boldsymbol{B}^*&\boldsymbol{0}\end{pmatrix}$　　D. $\begin{pmatrix}\boldsymbol{0}&2\boldsymbol{A}^*\\3\boldsymbol{B}^*&\boldsymbol{0}\end{pmatrix}$

(5) 设 $\boldsymbol{A}$ 为 3×1 矩阵，$\boldsymbol{AA}^{\mathrm{T}}=\begin{pmatrix}1&-1&1\\-1&1&-1\\1&-1&1\end{pmatrix}$，则 $\boldsymbol{A}^{\mathrm{T}}\boldsymbol{A}=$(　　)。

A. 1　　B. 2　　C. 3　　D. 4

3. 计算下列各题：

(1) 设矩阵 $\boldsymbol{A}=\begin{pmatrix}0&3&3\\1&1&0\\-1&2&3\end{pmatrix}$，且 $\boldsymbol{AB}=\boldsymbol{A}+2\boldsymbol{B}$，求矩阵 $\boldsymbol{B}$。

(2) 设矩阵 $\boldsymbol{A}=\begin{pmatrix}3\\1\\2\end{pmatrix}(1\quad 1\quad -1)$，求 $\boldsymbol{A}^n$（n 为自然数）。

(3) 已知矩阵 $\boldsymbol{A}$ 的逆矩阵为 $\boldsymbol{A}^{-1}=\begin{pmatrix}1&1&1\\1&2&1\\1&1&3\end{pmatrix}$，求 $(\boldsymbol{A}^*)^{-1}$。

(4) 设 $\boldsymbol{A}$ 为三阶方阵，且 $|\boldsymbol{A}|=2$，求 $||\boldsymbol{A}^*|\boldsymbol{A}|$，$|(2\boldsymbol{A})^{-1}-5\boldsymbol{A}^*|$，$|(\boldsymbol{A}^*)^{-1}|$。

(5) 设矩阵 $\boldsymbol{A}=\begin{pmatrix}3&8&0&0&0\\2&5&0&0&0\\0&0&1&2&3\\0&0&4&5&8\\0&0&3&4&6\end{pmatrix}$，求 $|\boldsymbol{A}|$ 及 $\boldsymbol{A}^{-1}$。

4. 设 $\boldsymbol{A},\boldsymbol{B}$ 均为 n 阶方阵，$\boldsymbol{A}^*$ 是 $\boldsymbol{A}$ 的伴随矩阵，且 $|\boldsymbol{A}|=2$，$|\boldsymbol{B}|=-3$，计算下列行列式：

(1) $|\boldsymbol{A}^{-1}\boldsymbol{B}^*-\boldsymbol{A}^*\boldsymbol{B}^{-1}|$；　　(2) $|2\boldsymbol{A}^*\boldsymbol{B}|$。

5. 设 $\boldsymbol{A},\boldsymbol{B}$ 为两个4阶方阵，$\boldsymbol{A}=(\boldsymbol{\alpha},\boldsymbol{\gamma}_2,\boldsymbol{\gamma}_3,\boldsymbol{\gamma}_4)$，$\boldsymbol{B}=(\boldsymbol{\beta},\boldsymbol{\gamma}_2,\boldsymbol{\gamma}_3,\boldsymbol{\gamma}_4)$，其中 $\boldsymbol{\alpha},\boldsymbol{\beta},\boldsymbol{\gamma}_2,\boldsymbol{\gamma}_3,\boldsymbol{\gamma}_4$ 均为列矩阵，且 $|\boldsymbol{A}|=4$，$|\boldsymbol{B}|=1$。求 $|\boldsymbol{A}+\boldsymbol{B}|$。

6. 设 a,b,c,d 为不全为零的实数，证明：线性方程组

$$\begin{cases}ax_1+bx_2+cx_3+dx_4=0,\\bx_1-ax_2+dx_3-cx_4=0,\\cx_1-dx_2-ax_3+bx_4=0,\\dx_1+cx_2-bx_3-ax_4=0\end{cases}$$

只有零解。

7. 设 $\boldsymbol{A}$ 和 $\boldsymbol{B}$ 为同阶方阵，判断下列说法是否正确，并说明理由：

(1) 若矩阵 $\boldsymbol{AB}$ 可逆，则 $\boldsymbol{A}$ 和 $\boldsymbol{B}$ 都可逆；

(2) 若矩阵 $\boldsymbol{AB}$ 可逆，则 $\boldsymbol{BA}$ 也可逆；

(3) 若矩阵 $\boldsymbol{A}^{\mathrm{T}}\boldsymbol{A}$ 可逆，则 $\boldsymbol{A}\boldsymbol{A}^{\mathrm{T}}$ 也可逆。

8. 解答下列问题：

(1) 判断矩阵 $\boldsymbol{A}=\begin{pmatrix}1&2&-1\\3&1&0\\-1&0&-2\end{pmatrix}$ 是否可逆？若可逆，求出其逆矩阵：

(2) 令 $\boldsymbol{b}=\begin{pmatrix}1\\1\\0\end{pmatrix}$。判定线性方程组 $\boldsymbol{Ax}=\boldsymbol{b}$ 是否有唯一解。若有唯一解，请求解。

9. 设矩阵 $\boldsymbol{A}=\dfrac{1}{2}\begin{pmatrix}1&3&0\\2&5&0\\1&-1&2\end{pmatrix}$，求 $(\boldsymbol{A}^{-1})^*$。

10. 设 n 阶方阵 $\boldsymbol{A}$ 满足 $\boldsymbol{A}^2-\boldsymbol{A}+\boldsymbol{E}=\boldsymbol{0}$，证明：$\boldsymbol{A}$ 为非奇异矩阵。

11. 设 $\boldsymbol{A}^k=\boldsymbol{0}$（$k$ 是正整数），证明：

$$(\boldsymbol{E}-\boldsymbol{A})^{-1}=\boldsymbol{E}+\boldsymbol{A}+\boldsymbol{A}^2+\cdots+\boldsymbol{A}^{k-1}。$$

第 3 章

矩阵的初等变换及应用

Elementary Operations on Matrices and Applications

在前两章中，我们利用行列式研究了线性方程组的解的存在唯一性（克莱姆法则），给出了判断一个矩阵是否可逆的充分必要条件及求逆矩阵的方法（伴随矩阵法）。然而，用行列式求解线性方程组时，会遇到很多局限，如：未知量的个数和方程的个数必须相等；系数行列式不能为零；随着未知量的个数增多，行列式的阶数会相应增大，计算量会陡增，等等。此外，在利用伴随矩阵求一个矩阵的逆矩阵时，也同样会遇到行列式的计算量陡增的情况。面对这些不可避免的困难，在实际应用中通常采用矩阵的初等变换法解决此类问题。

矩阵的初等变换是矩阵理论中一种重要的运算，它可以用于简化矩阵的形式，进而解决求矩阵的秩、求矩阵的逆、求解线性方程组等众多与线性代数相关的问题。本章首先引入初等变换和初等矩阵的定义及性质；作为初等变换的应用，随后介绍如何使用初等变换简化矩阵的形式，求矩阵的逆和秩，以及如何求解线性方程组。

3.1 初等变换与初等矩阵 | *Elementary operations and elementary matrices*

3.1.1 矩阵的初等变换 | *Elementary operations on matrices*

初等代数中用消元法求解二元、三元线性方程组时，常需要对线性方程组进行同解变形，即：

(1) 交换两个方程的位置；

(2) 用一个非零数乘以某一个方程；

(3) 将某个方程乘以一个常数后加到另外一个方程上。

引例 求解如下的线性方程组：

$$\begin{cases} 7x_1+8x_2+11x_3=-3, \\ 5x_1+\ \ x_2-3x_3=-4, \\ \ \ x_1+2x_2+3x_3=1。\end{cases} \tag{3.1}$$

解 将线性方程组(3.1)中第1、3个方程的位置互换，得

$$\begin{cases} \ \ x_1+2x_2+3x_3=1, \\ 5x_1+\ \ x_2-3x_3=-4, \\ 7x_1+8x_2+11x_3=-3。\end{cases} \tag{3.2}$$

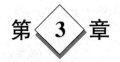

将线性方程组(3.2)中第1个方程的(−5)和(−7)倍分别加到第2个方程、第3个方程上,得

$$\begin{cases} x_1+2x_2+3x_3=1, \\ -9x_2-18x_3=-9, \\ -6x_2-10x_3=-10。\end{cases} \tag{3.3}$$

将线性方程组(3.3)中第2个和第3个方程分别提出公因子(−9)和(−2),得

$$\begin{cases} x_1+2x_2+3x_3=1, \\ x_2+2x_3=1, \\ 3x_2+5x_3=5。\end{cases} \tag{3.4}$$

将线性方程组(3.4)中第2个方程的(−3)倍加到第3个方程上,得

$$\begin{cases} x_1+2x_2+3x_3=1, \\ x_2+2x_3=1, \\ -x_3=2。\end{cases} \tag{3.5}$$

再将线性方程组(3.5)中第3个方程的2倍、3倍分别加到第2个方程、第1个方程上,得

$$\begin{cases} x_1+2x_2=7, \\ x_2=5, \\ -x_3=2。\end{cases} \tag{3.6}$$

最后,将线性方程组(3.6)中第2个方程的(−2)倍加到第1个方程上,将第3个方程乘以数(−1),得

$$\begin{cases} x_1=-3, \\ x_2=5, \\ x_3=-2。\end{cases} \tag{3.7}$$

由初等代数可知,以上各线性方程组同解,故线性方程组(3.1)的解为

$$x_1=-3,\quad x_2=5,\quad x_3=-2。$$

若利用矩阵的乘法将线性方程组用矩阵的形式表示,则上述求解过程实质就是对线性方程组的增广矩阵实施的行运算,这种行运算就是矩阵的初等行变换。下面给出初等行变换的定义。

定义 3.1 如下的三种变换称为对矩阵实施的**初等行变换**:

(1) 互换矩阵的第 i,j 行(记作 $r_i \leftrightarrow r_j$),简称为**换行**;

(2) 将矩阵的第 i 行各元素乘以非零常数 k(记作 kr_i),简称为**数乘**;

(3) 将矩阵的第 j 行各元素乘以非零数 k 后加到第 i 行的对应元素上(记作 r_i+kr_j),简称为**倍加**。

Definition 3.1 The following three operations are said to be **elementary row operations** performing on matrices:

(1) Interchange the i-th row and the j-th row of a matrix (written as $r_i \leftrightarrow r_j$), for short, **row-interchanging**;

(2) Multiply the i-th row of a matrix by a nonzero constant k (written as kr_i), for short, **scalar-multiplication**;

(3) Add a nonzero constant k times the j-th row of a matrix to the i-th row (written as r_i+kr_j), for short, **multiple-adding.**

若将定义 3.1 中的"行"换成"列"，即可得到**初等列变换**(**elementary column operations**)的定义(所用记号是将"r"换成"c")。对矩阵进行的初等行变换和初等列变换，统称为**初等变换**(**elementary operations**)。

定义 3.2 如果矩阵 $\boldsymbol{A}$ 经过有限次初等变换变成矩阵 $\boldsymbol{B}$，则称矩阵 $\boldsymbol{A}$ 与 $\boldsymbol{B}$ **等价**，记作 $\boldsymbol{A}\sim\boldsymbol{B}$ 或 $\boldsymbol{A}\to\boldsymbol{B}$。

Definition 3.2 It is called that a matrix $\boldsymbol{A}$ is equivalent to a matrix $\boldsymbol{B}$, if the matrix $\boldsymbol{B}$ is obtained by performing a finite sequence of elementary operations on the matrix $\boldsymbol{A}$, written as $\boldsymbol{A}\sim\boldsymbol{B}$ or $\boldsymbol{A}\to\boldsymbol{B}$.

容易验证，矩阵的等价关系具有下列性质：

(1) **反身性** $\boldsymbol{A}$ 与 $\boldsymbol{A}$ 等价；

(2) **对称性** 如果 $\boldsymbol{A}$ 与 $\boldsymbol{B}$ 等价，那么 $\boldsymbol{B}$ 与 $\boldsymbol{A}$ 等价；

(3) **传递性** 如果 $\boldsymbol{A}$ 与 $\boldsymbol{B}$ 等价，$\boldsymbol{B}$ 与 $\boldsymbol{C}$ 等价，那么 $\boldsymbol{A}$ 与 $\boldsymbol{C}$ 等价。

(1) **Reflexivity** $\boldsymbol{A}$ is equivalent to itself;

(2) **Symmetry** If $\boldsymbol{A}$ is equivalent to $\boldsymbol{B}$, then $\boldsymbol{B}$ is equivalent to $\boldsymbol{A}$;

(3) **Transitivity** If $\boldsymbol{A}$ is equivalent to $\boldsymbol{B}$ and $\boldsymbol{B}$ is equivalent to $\boldsymbol{C}$, then $\boldsymbol{A}$ is equivalent to $\boldsymbol{C}$.

利用定义 3.1 和定义 3.2，线性方程组(3.1)的求解过程可用对增广矩阵实施的初等行变换描述，具体过程如下：

$$\overline{\boldsymbol{A}}=\begin{pmatrix}7 & 8 & 11 & -3\\ 5 & 1 & -3 & -4\\ 1 & 2 & 3 & 1\end{pmatrix}\xrightarrow{r_1\leftrightarrow r_3}\begin{pmatrix}1 & 2 & 3 & 1\\ 5 & 1 & -3 & -4\\ 7 & 8 & 11 & -3\end{pmatrix}$$

$$\xrightarrow[r_3-7r_1]{r_2-5r_1}\begin{pmatrix}1 & 2 & 3 & 1\\ 0 & -9 & -18 & -9\\ 0 & -6 & -10 & -10\end{pmatrix}\xrightarrow[-r_3/2]{-r_2/9}\begin{pmatrix}1 & 2 & 3 & 1\\ 0 & 1 & 2 & 1\\ 0 & 3 & 5 & 5\end{pmatrix}\xrightarrow{r_3-3r_2}\begin{pmatrix}1 & 2 & 3 & 1\\ 0 & 1 & 2 & 1\\ 0 & 0 & -1 & 2\end{pmatrix}$$

$$\xrightarrow[r_1+3r_3]{r_2+2r_3}\begin{pmatrix}1 & 2 & 0 & 7\\ 0 & 1 & 0 & 5\\ 0 & 0 & -1 & 2\end{pmatrix}\xrightarrow[-r_3]{r_1-2r_2}\begin{pmatrix}1 & 0 & 0 & -3\\ 0 & 1 & 0 & 5\\ 0 & 0 & 1 & -2\end{pmatrix}。$$

以上矩阵依次对应于线性方程组(3.1)～线性方程组(3.7)。

因此，初等行变换是**同解变换**，即原增广矩阵所对应的线性方程组与新增广矩阵(经过有限次初等行变换得到)所对应的线性方程组是同解的。于是有下面的结论。

定理 3.1 令 $\overline{\boldsymbol{A}}=(\boldsymbol{A},\boldsymbol{b})$ 和 $\overline{\boldsymbol{B}}=(\boldsymbol{B},\boldsymbol{d})$ 分别为线性方程组 $\boldsymbol{Ax}=\boldsymbol{b}$ 和 $\boldsymbol{Bx}=\boldsymbol{d}$ 的增广矩阵。若矩阵 $\overline{\boldsymbol{A}}$ 经过有限次初等行变换后变为矩阵 $\overline{\boldsymbol{B}}$，则线性方程组 $\boldsymbol{Bx}=\boldsymbol{d}$ 与 $\boldsymbol{Ax}=\boldsymbol{b}$ 同解。

Theorem 3.1 Let $\overline{\boldsymbol{A}}=(\boldsymbol{A},\boldsymbol{b})$ and $\overline{\boldsymbol{B}}=(\boldsymbol{B},\boldsymbol{d})$ be augmented matrices associated with the linear systems $\boldsymbol{Ax}=\boldsymbol{b}$ and $\boldsymbol{Bx}=\boldsymbol{d}$. If the matrix $\overline{\boldsymbol{B}}$ is obtained from the matrix $\overline{\boldsymbol{A}}$ via a finite sequence of elementary row operations, then the linear systems given by $\boldsymbol{Ax}=\boldsymbol{b}$ and $\boldsymbol{Bx}=\boldsymbol{d}$ have the same solution.

由于初等列变换会改变对应的线性方程组中未知数的位置，从而导致解的位置发生变化，所以，在实际计算时通常**只用初等行变换求解线性方程组**，很少使用初等列变换。

一般地，对矩阵 $\boldsymbol{A}_{m\times n}$ 实施有限次的初等行变换，可将其约化为如下形式的矩阵

$$\begin{pmatrix} c_{11} & c_{12} & \cdots & c_{1r} & c_{1,r+1} & \cdots & c_{1n} \\ 0 & c_{22} & \cdots & c_{2r} & c_{2,r+1} & \cdots & c_{2n} \\ \vdots & \vdots & & \vdots & \vdots & & \vdots \\ 0 & 0 & \cdots & c_{rr} & c_{r,r+1} & \cdots & c_{rn} \\ 0 & 0 & \cdots & 0 & 0 & \cdots & 0 \\ 0 & 0 & \cdots & 0 & 0 & \cdots & 0 \end{pmatrix},$$

称之为**行阶梯形矩阵**(**row echelon matrix**)。它具有如下特点:

(1) 每个阶梯只占一行;

(2) 任一非零行(即元素不全为零的行)的第一个非零元素的列标一定不小于行标,且第一个非零元素的列标都大于它上面的非零行(如果存在)的第一个非零元素的列标;

(3) 元素全为零的行(如果存在)必位于矩阵的最下面几行。

例如,下列矩阵

$$\boldsymbol{A}=\begin{pmatrix} 1 & 0 & -4 \\ 0 & 2 & 2 \\ 0 & 0 & 3 \end{pmatrix},\quad \boldsymbol{B}=\begin{pmatrix} 3 & 5 & 2 & -1 & -1 \\ 0 & 0 & 1 & 0 & -2 \\ 0 & 0 & 0 & 0 & 5 \end{pmatrix},$$

$$\boldsymbol{C}=\begin{pmatrix} 2 & 3 & 1 & -2 \\ 0 & 0 & 0 & 1 \\ 0 & 0 & 0 & 0 \\ 0 & 0 & 0 & 0 \end{pmatrix},\quad \boldsymbol{D}=\begin{pmatrix} 1 & 0 & -3 & 3 & 1 \\ 0 & 0 & -2 & 1 & 2 \\ 0 & 0 & 0 & 2 & -1 \\ 0 & 0 & 0 & 0 & 0 \end{pmatrix}$$

均为行阶梯形矩阵。

若对行阶梯形矩阵再实施有限次的初等行变换,可以将其进一步约化为如下的矩阵,即

$$\begin{pmatrix} 1 & 0 & \cdots & 0 & b_{1,r+1} & \cdots & b_{1n} \\ 0 & 1 & \cdots & 0 & b_{2,r+1} & \cdots & b_{2n} \\ \vdots & \vdots & & \vdots & \vdots & & \vdots \\ 0 & 0 & \cdots & 1 & b_{r,r+1} & \cdots & b_{rn} \\ 0 & 0 & \cdots & 0 & 0 & \cdots & 0 \\ \vdots & \vdots & & \vdots & \vdots & & \vdots \\ 0 & 0 & \cdots & 0 & 0 & \cdots & 0 \end{pmatrix},$$

称之为**行最简形**(**row-reduced form**)。它的特点是:每一非零行的第一个非零元素全为 1;且它所在的列中其余元素全为零。

例如,下列矩阵

$$\boldsymbol{A}=\begin{pmatrix} 1 & 0 & 0 \\ 0 & 1 & 0 \\ 0 & 0 & 1 \end{pmatrix},\quad \boldsymbol{B}=\begin{pmatrix} 1 & 2 & 0 & 2 & 0 \\ 0 & 0 & 1 & 0 & 0 \\ 0 & 0 & 0 & 0 & 1 \end{pmatrix},$$

$$\boldsymbol{C}=\begin{pmatrix} 1 & 2 & 2 & 0 \\ 0 & 0 & 0 & 1 \\ 0 & 0 & 0 & 0 \\ 0 & 0 & 0 & 0 \end{pmatrix},\quad \boldsymbol{D}=\begin{pmatrix} 1 & 2 & 0 & 0 & 4 \\ 0 & 0 & 1 & 0 & 3 \\ 0 & 0 & 0 & 1 & -3 \\ 0 & 0 & 0 & 0 & 0 \end{pmatrix}$$

均为行最简形矩阵。

对于任一给定的矩阵 $\boldsymbol{A}_{m\times n}$，可以经过有限次的初等行变换将其约化为行阶梯形以及行最简形。进一步地，若对行最简形矩阵再实施有限次初等列变换，则有下面的最简单形式，即

$$\begin{pmatrix} 1 & 0 & \cdots & 0 & 0 & \cdots & 0 \\ 0 & 1 & \cdots & 0 & 0 & \cdots & 0 \\ \vdots & \vdots & & \vdots & \vdots & & \vdots \\ 0 & 0 & \cdots & 1 & 0 & \cdots & 0 \\ 0 & 0 & \cdots & 0 & 0 & \cdots & 0 \\ \vdots & \vdots & & \vdots & \vdots & & \vdots \\ 0 & 0 & \cdots & 0 & 0 & \cdots & 0 \end{pmatrix},$$

称之为矩阵 $\boldsymbol{A}_{m\times n}$ 的**标准形(canonical form)**。

定理 3.2 任一矩阵可经有限次初等行变换约化为行阶梯形矩阵。

Theorem 3.2 Any matrix can be reduced to a row echelon matrix by a finite sequence of elementary row operations.

证 设有矩阵 $\boldsymbol{A}=(a_{ij})_{m\times n}$。

若 $\boldsymbol{A}$ 中的所有元素 a_{ij} 都等于零，即零矩阵，那么 $\boldsymbol{A}$ 已是行阶梯形矩阵。

若 $\boldsymbol{A}$ 中至少有一元素 a_{ij} 不为零，且不为零的元素在第一列时，不妨设 $a_{11}\neq 0$(否则对 $\boldsymbol{A}$ 施以第一种初等行变换，总可将不为零的元素换到 a_{11} 的位置上)，用 $-\dfrac{a_{i1}}{a_{11}}$ 乘以第 1 行各元素加到第 i 行($i=2,3,\cdots,m$)的对应元素上，得矩阵 $\boldsymbol{A}_1$，即

$$\boldsymbol{A}\longrightarrow\boldsymbol{A}_1=\begin{pmatrix} a_{11} & a_{12} & a_{13} & \cdots & a_{1n} \\ 0 & a'_{22} & a'_{23} & \cdots & a'_{2n} \\ \vdots & \vdots & \vdots & & \vdots \\ 0 & a'_{m2} & a'_{m3} & \cdots & a'_{mn} \end{pmatrix}。$$

若 $\boldsymbol{A}_1$ 中除第 1 行外其余各行元素全为零，那么 $\boldsymbol{A}_1$ 即为行阶梯形矩阵。如若不然，不妨设 $a'_{22}\neq 0$，可仿照上面的方法将 $\boldsymbol{A}_1$ 的第 3 行至第 m 行的第 2 列元素化为零，即

$$\boldsymbol{A}_1\longrightarrow\begin{pmatrix} a_{11} & a_{12} & a_{13} & \cdots & a_{1n} \\ 0 & a'_{22} & a'_{23} & \cdots & a'_{2n} \\ 0 & 0 & a''_{33} & \cdots & a''_{3n} \\ \vdots & \vdots & \vdots & & \vdots \\ 0 & 0 & a''_{m3} & \cdots & a''_{mn} \end{pmatrix}。$$

按上述规律及方法继续下去，最后可将 $\boldsymbol{A}$ 约化为行阶梯形矩阵。如果 $\boldsymbol{A}$ 的第 1 列元素全为零，那么依次考虑它的第 2 列，等等。 证毕

同理可以证明如下结论。

推论 1 任意矩阵可经过有限次初等行变换约化为行最简形矩阵。

Corollary 1 Any matrix can be reduced to a row-reduced matrix by a finite sequence of elementary row operations.

推论 2 任一可逆矩阵可经过有限次初等行变换约化为单位矩阵。

Corollary 2 Any invertible matrix can be reduced to an identity matrix by a finite sequence of elementary row operations.

证 设 $\boldsymbol{A}$ 为可逆方阵，则 $|\boldsymbol{A}|\neq 0$，根据行列式的性质可知，$\boldsymbol{A}$ 经过一次初等行变换得到方阵 $\boldsymbol{B}$ 的行列式满足 $|\boldsymbol{B}|\neq 0$，所以，方阵 $\boldsymbol{A}$ 经过有限次初等行变换的行最简形必为单位矩阵 $\boldsymbol{E}$。 证毕

例 3.1 将矩阵 $\boldsymbol{A}$ 约化为行阶梯形、行最简形和标准形，其中

$$\boldsymbol{A}=\begin{pmatrix}2&-1&-1&1&2\\1&1&-2&1&4\\4&-6&2&-2&4\\3&6&-9&7&9\end{pmatrix}。$$

分析 先利用初等行变换将矩阵 $\boldsymbol{A}$ 约化为行阶梯形、行最简形，再用初等列变换将行最简形进一步化简成标准形。

解 对 $\boldsymbol{A}$ 实施初等行变换，得

$$\boldsymbol{A}\xrightarrow{r_1\leftrightarrow r_2}\begin{pmatrix}1&1&-2&1&4\\2&-1&-1&1&2\\4&-6&2&-2&4\\3&6&-9&7&9\end{pmatrix}\xrightarrow[r_4-3r_1]{\substack{r_2-2r_1\\r_3-4r_1}}\begin{pmatrix}1&1&-2&1&4\\0&-3&3&-1&-6\\0&-10&10&-6&-12\\0&3&-3&4&-3\end{pmatrix}$$

$$\xrightarrow[r_4+r_2]{r_3-3r_2}\begin{pmatrix}1&1&-2&1&4\\0&-3&3&-1&-6\\0&-1&1&-3&6\\0&0&0&3&-9\end{pmatrix}\xrightarrow{r_2\leftrightarrow r_3}\begin{pmatrix}1&1&-2&1&4\\0&-1&1&-3&6\\0&-3&3&-1&-6\\0&0&0&3&-9\end{pmatrix}$$

$$\xrightarrow[r_4/3]{r_3-3r_2}\begin{pmatrix}1&1&-2&1&4\\0&-1&1&-3&6\\0&0&0&8&-24\\0&0&0&1&-3\end{pmatrix}\xrightarrow[r_4-8r_3]{\substack{-r_2\\r_3\leftrightarrow r_4}}\begin{pmatrix}1&1&-2&1&4\\0&1&-1&3&-6\\0&0&0&1&-3\\0&0&0&0&0\end{pmatrix}=\boldsymbol{B}。$$

$\boldsymbol{B}$ 为行阶梯形矩阵。继续对 $\boldsymbol{B}$ 进行初等行变换，得

$$\boldsymbol{B}\xrightarrow[r_1-r_2]{\substack{r_2-3r_3\\r_1-r_3}}\begin{pmatrix}1&0&-1&0&4\\0&1&-1&0&3\\0&0&0&1&-3\\0&0&0&0&0\end{pmatrix}=\boldsymbol{C}。$$

$\boldsymbol{C}$ 为行最简形矩阵。继续对 $\boldsymbol{C}$ 进行初等列变换，得

$$\boldsymbol{C}\xrightarrow[c_5-4c_1]{c_3+c_1}\begin{pmatrix}1&0&0&0&0\\0&1&-1&0&3\\0&0&0&1&-3\\0&0&0&0&0\end{pmatrix}\xrightarrow[\substack{c_5+3c_4\\c_3\leftrightarrow c_4}]{\substack{c_3+c_2\\c_5-3c_2}}\begin{pmatrix}1&0&0&0&0\\0&1&0&0&0\\0&0&1&0&0\\0&0&0&0&0\end{pmatrix}=\boldsymbol{D}。$$

显然，$\boldsymbol{D}$ 为标准形矩阵。

3.1.2 初等矩阵 | *Elementary matrices*

定义 3.3 由单位矩阵 $\boldsymbol{E}$ 经过一次初等

Definition 3.3 The matrix is called an

变换得到的矩阵称为**初等矩阵**。

elementary matrix if it is obtained by performing an elementary operation on the identity matrix $\boldsymbol{E}$.

事实上,矩阵的三种初等变换对应于三种初等矩阵。

(1) **第一种初等矩阵**:互换单位矩阵 $\boldsymbol{E}$ 的第 i 行与第 j 行(或第 i 列与第 j 列)可以得到**第一种初等矩阵(elementary matrix of the first kind)**,即

$$\boldsymbol{E}(i,j)=\begin{pmatrix} 1 & & & & & & & & \\ & \ddots & & & & & & & \\ & & 1 & & & & & & \\ & & & 0 & \cdots & & 1 & & \\ & & & \vdots & 1 & & \vdots & & \\ & & & & & \ddots & & & \\ & & & 1 & \cdots & & 0 & & \\ & & & & & & & 1 & \\ & & & & & & & & \ddots \\ & & & & & & & & & 1 \end{pmatrix}\begin{matrix} \\ \\ \\ 第\,i\,行 \\ \\ \\ 第\,j\,行 \\ \\ \\ \\ \end{matrix}。$$

(2) **第二种初等矩阵**:将单位矩阵 $\boldsymbol{E}$ 的第 i 行(或列)乘以非零常数 k 可以得到**第二种初等矩阵(elementary matrix of the second kind)**,即

$$\boldsymbol{E}(i(k))=\begin{pmatrix} 1 & & & & & \\ & \ddots & & & & \\ & & 1 & & & \\ & & & k & & \\ & & & & 1 & \\ & & & & & \ddots \\ & & & & & & 1 \end{pmatrix}\begin{matrix} \\ \\ \\ 第\,i\,行。 \\ \\ \\ \\ \end{matrix}$$

(3) **第三种初等矩阵**:将单位矩阵 $\boldsymbol{E}$ 的第 j 行(或第 i 列)乘以非零常数 k 加到第 i 行(或第 j 列)的对应元素上,可以得到**第三种初等矩阵(elementary matrix of the third kind)**,即

$$\boldsymbol{E}(ij(k))=\begin{pmatrix} 1 & & & & & \\ & \ddots & & & & \\ & & 1 & \cdots & k & \\ & & & \ddots & \vdots & \\ & & & & 1 & \\ & & & & & \ddots \\ & & & & & & 1 \end{pmatrix}\begin{matrix} \\ \\ 第\,i\,行 \\ \\ 第\,j\,行 \\ \\ \\ \end{matrix}。$$

初等变换与初等矩阵建立起对应关系后,可以得到如下关于初等矩阵的结论。

定理 3.3 设 $\boldsymbol{A}$ 是一个 $m\times n$ 矩阵。对 $\boldsymbol{A}$ 施以一次初等行变换,相当于在 $\boldsymbol{A}$ 的左边

Theorem 3.3 Let $\boldsymbol{A}$ be an $m\times n$ matrix. Performing an elementary row opera-

乘以相应的 m 阶初等矩阵；对 $\boldsymbol{A}$ 施以一次初等列变换，相当于在 $\boldsymbol{A}$ 的右边乘以相应的 n 阶初等矩阵。简称为**左乘变行，右乘变列**。

tion on $\boldsymbol{A}$ is equivalent to multiplying $\boldsymbol{A}$ on the left by the corresponding elementary matrix of order m; interestingly, performing an elementary column operation on $\boldsymbol{A}$ is equivalent to multiplying $\boldsymbol{A}$ on the right by the corresponding elementary matrix of order n. For short, **premultiplying once changes a row and postmultiplying changes a column.**

关于定理 3.3 及初等变换和初等矩阵的几点说明。

(1) 对矩阵 $\boldsymbol{A}$ 施以一次**初等行(列)变换**得到矩阵 $\boldsymbol{B}$，$\boldsymbol{B}$ 和 $\boldsymbol{A}$ 的关系是等价的，即 $\boldsymbol{A}\sim\boldsymbol{B}$；而在 $\boldsymbol{A}$ 的左(右)边乘以相应的 m 阶**初等矩阵** $\boldsymbol{P}$(n 阶**初等矩阵** $\boldsymbol{Q}$)得到矩阵 $\boldsymbol{B}$ 和 $\boldsymbol{A}$ 的关系可以用等号连接，即 $\boldsymbol{B}=\boldsymbol{PA}(\boldsymbol{B}=\boldsymbol{AQ})$。

(2) 准确理解"**左乘变行，右乘变列**"非常重要。对于第一种初等矩阵，在矩阵 $\boldsymbol{A}$ 左边乘(或右边乘)以初等矩阵 $\boldsymbol{E}(i,j)$，表示对矩阵 $\boldsymbol{A}$ 的第 i 行与第 j 行(或第 i 列与第 j 列)进行互换；对于第二种初等矩阵，在矩阵 $\boldsymbol{A}$ 左边乘(或右边乘)以初等矩阵 $\boldsymbol{E}(i(k))$，表示对矩阵 $\boldsymbol{A}$ 的第 i 行(或第 i 列)乘以非零常数 k；然而，**对于第三种初等矩阵，在矩阵 $\boldsymbol{A}$ 左边乘以 $\boldsymbol{E}(ij(k))$ 表示将矩阵 $\boldsymbol{A}$ 的第 j 行乘以常数 k 加到第 i 行的对应元素上，右边乘以 $\boldsymbol{E}(ij(k))$ 表示将矩阵 $\boldsymbol{A}$ 的第 i 列乘以常数 k 加到第 j 列的对应元素上**。这些细节经常被初学者弄混，因此，必须要记清楚这些符号的具体含义和使用规范。

例如，对矩阵 $\boldsymbol{A}$ 施以一次初等行变换

$$\boldsymbol{A}=\begin{pmatrix} a_{11} & a_{12} & a_{13} & a_{14} \\ a_{21} & a_{22} & a_{23} & a_{24} \\ a_{31} & a_{32} & a_{33} & a_{34} \end{pmatrix} \xrightarrow{r_1\leftrightarrow r_3} \begin{pmatrix} a_{31} & a_{32} & a_{33} & a_{34} \\ a_{21} & a_{22} & a_{23} & a_{24} \\ a_{11} & a_{12} & a_{13} & a_{14} \end{pmatrix},$$

相应地，

$$\boldsymbol{E}(1,3)\boldsymbol{A}=\begin{pmatrix} 0 & 0 & 1 \\ 0 & 1 & 0 \\ 1 & 0 & 0 \end{pmatrix}\begin{pmatrix} a_{11} & a_{12} & a_{13} & a_{14} \\ a_{21} & a_{22} & a_{23} & a_{24} \\ a_{31} & a_{32} & a_{33} & a_{34} \end{pmatrix}=\begin{pmatrix} a_{31} & a_{32} & a_{33} & a_{34} \\ a_{21} & a_{22} & a_{23} & a_{24} \\ a_{11} & a_{12} & a_{13} & a_{14} \end{pmatrix}。$$

对 $\boldsymbol{A}$ 施以一次初等行变换

$$\boldsymbol{A}=\begin{pmatrix} a_{11} & a_{12} & a_{13} & a_{14} \\ a_{21} & a_{22} & a_{23} & a_{24} \\ a_{31} & a_{32} & a_{33} & a_{34} \end{pmatrix} \xrightarrow{r_2+kr_3} \begin{pmatrix} a_{11} & a_{12} & a_{13} & a_{14} \\ a_{21}+ka_{31} & a_{22}+ka_{32} & a_{23}+ka_{33} & a_{24}+ka_{34} \\ a_{31} & a_{32} & a_{33} & a_{34} \end{pmatrix},$$

相应地，

$$\boldsymbol{E}(23(k))\boldsymbol{A}=\begin{pmatrix} 1 & 0 & 0 \\ 0 & 1 & k \\ 0 & 0 & 1 \end{pmatrix}\begin{pmatrix} a_{11} & a_{12} & a_{13} & a_{14} \\ a_{21} & a_{22} & a_{23} & a_{24} \\ a_{31} & a_{32} & a_{33} & a_{34} \end{pmatrix}$$

$$=\begin{pmatrix} a_{11} & a_{12} & a_{13} & a_{14} \\ a_{21}+ka_{31} & a_{22}+ka_{32} & a_{23}+ka_{33} & a_{24}+ka_{34} \\ a_{31} & a_{32} & a_{33} & a_{34} \end{pmatrix}。$$

对 **A** 施以一次初等列变换

$$\boldsymbol{A}=\begin{pmatrix}a_{11}&a_{12}&a_{13}&a_{14}\\a_{21}&a_{22}&a_{23}&a_{24}\\a_{31}&a_{32}&a_{33}&a_{34}\end{pmatrix}\xrightarrow{c_1+kc_4}\begin{pmatrix}a_{11}+ka_{14}&a_{12}&a_{13}&a_{14}\\a_{21}+ka_{24}&a_{22}&a_{23}&a_{24}\\a_{31}+ka_{34}&a_{32}&a_{33}&a_{34}\end{pmatrix},$$

相应地

$$\boldsymbol{AE}(41(k))=\begin{pmatrix}a_{11}&a_{12}&a_{13}&a_{14}\\a_{21}&a_{22}&a_{23}&a_{24}\\a_{31}&a_{32}&a_{33}&a_{34}\end{pmatrix}\begin{pmatrix}1&0&0&0\\0&1&0&0\\0&0&1&0\\k&0&0&1\end{pmatrix}=\begin{pmatrix}a_{11}+ka_{14}&a_{12}&a_{13}&a_{14}\\a_{21}+ka_{24}&a_{22}&a_{23}&a_{24}\\a_{31}+ka_{34}&a_{32}&a_{33}&a_{34}\end{pmatrix}。$$

为了进一步加深理解,见下面的例题。

例 3.2 对于给定的矩阵

$$\boldsymbol{A}=\begin{pmatrix}1&0&-1\\2&2&1\\0&-1&1\end{pmatrix}$$

和初等矩阵

$$\boldsymbol{E}(1,2)=\begin{pmatrix}0&1&0\\1&0&0\\0&0&1\end{pmatrix},\quad \boldsymbol{E}(3(5))=\begin{pmatrix}1&0&0\\0&1&0\\0&0&5\end{pmatrix},\quad \boldsymbol{E}(32(3))=\begin{pmatrix}1&0&0\\0&1&0\\0&3&1\end{pmatrix},$$

分别用三种初等矩阵左乘、右乘矩阵 **A**。

分析 利用初等矩阵的定义和矩阵的乘法法则计算,并比较结果。

解 分别用三种初等矩阵左乘矩阵 **A**,可得

$$\boldsymbol{E}(1,2)\boldsymbol{A}=\begin{pmatrix}0&1&0\\1&0&0\\0&0&1\end{pmatrix}\begin{pmatrix}1&0&-1\\2&2&1\\0&-1&1\end{pmatrix}=\begin{pmatrix}2&2&1\\1&0&-1\\0&-1&1\end{pmatrix}。$$

上式表明,用 **E**(1,2)左乘 **A** 相当于交换矩阵 **A** 的第 1 行与第 2 行。

$$\boldsymbol{E}(3(5))\boldsymbol{A}=\begin{pmatrix}1&0&0\\0&1&0\\0&0&5\end{pmatrix}\begin{pmatrix}1&0&-1\\2&2&1\\0&-1&1\end{pmatrix}=\begin{pmatrix}1&0&-1\\2&2&1\\0&-5&5\end{pmatrix}。$$

上式表明,用 **E**(3(5))左乘 **A** 相当于将矩阵 **A** 的第 3 行乘以 5。

$$\boldsymbol{E}(32(3))\boldsymbol{A}=\begin{pmatrix}1&0&0\\0&1&0\\0&3&1\end{pmatrix}\begin{pmatrix}1&0&-1\\2&2&1\\0&-1&1\end{pmatrix}=\begin{pmatrix}1&0&-1\\2&2&1\\6&5&4\end{pmatrix}。$$

上式表明,用 **E**(32(3))左乘 **A** 相当于将矩阵 **A** 的第 2 行乘以 3 加到第 3 行。

分别用三种初等矩阵右乘矩阵 **A**,可得

$$\boldsymbol{AE}(1,2)=\begin{pmatrix}1&0&-1\\2&2&1\\0&-1&1\end{pmatrix}\begin{pmatrix}0&1&0\\1&0&0\\0&0&1\end{pmatrix}=\begin{pmatrix}0&1&-1\\2&2&1\\-1&0&1\end{pmatrix}。$$

上式表明，用 $\boldsymbol{E}(1,2)$ 右乘 $\boldsymbol{A}$ 相当于交换矩阵 $\boldsymbol{A}$ 的第1列与第2列。

$$\boldsymbol{AE}(3(5))=\begin{pmatrix}1&0&-1\\2&2&1\\0&-1&1\end{pmatrix}\begin{pmatrix}1&0&0\\0&1&0\\0&0&5\end{pmatrix}=\begin{pmatrix}1&0&-5\\2&2&5\\0&-1&5\end{pmatrix}。$$

上式表明，用 $\boldsymbol{E}(3(5))$ 右乘 $\boldsymbol{A}$ 相当于将矩阵 $\boldsymbol{A}$ 的第3列乘以5。

$$\boldsymbol{AE}(32(3))=\begin{pmatrix}1&0&-1\\2&2&1\\0&-1&1\end{pmatrix}\begin{pmatrix}1&0&0\\0&1&0\\0&3&1\end{pmatrix}=\begin{pmatrix}1&-3&-1\\2&5&1\\0&2&1\end{pmatrix}。$$

上式表明，用 $\boldsymbol{E}(32(3))$ 右乘 $\boldsymbol{A}$ 相当于将矩阵 $\boldsymbol{A}$ 的第3列乘以3加到第2列。

因此，根据定理3.3可以将矩阵 $\boldsymbol{A}$ 与 $\boldsymbol{B}$ 的等价关系用初等矩阵的乘法表示出来。

定理 3.4 两个 $m\times n$ 矩阵 $\boldsymbol{A}$ 与 $\boldsymbol{B}$ 等价的充要条件是：存在 m 阶初等矩阵 $\boldsymbol{P}_1,\boldsymbol{P}_2,\cdots,\boldsymbol{P}_l$ 及 n 阶初等矩阵 $\boldsymbol{Q}_1,\boldsymbol{Q}_2,\cdots,\boldsymbol{Q}_t$，使得

Theorem 3.4 Two $m\times n$ matrices $\boldsymbol{A}$ and $\boldsymbol{B}$ are equivalent if and only if there exist elementary matrices of order m, given by $\boldsymbol{P}_1,\boldsymbol{P}_2,\cdots,\boldsymbol{P}_l$, and elementary matrices of order n, given by $\boldsymbol{Q}_1,\boldsymbol{Q}_2,\cdots,\boldsymbol{Q}_t$, such that

$$\boldsymbol{P}_l\boldsymbol{P}_{l-1}\cdots\boldsymbol{P}_1\boldsymbol{A}\boldsymbol{Q}_1\boldsymbol{Q}_2\cdots\boldsymbol{Q}_t=\boldsymbol{B}。$$

对于三种初等矩阵 $\boldsymbol{E}(i,j),\boldsymbol{E}(i(k)),\boldsymbol{E}(ij(k))$，容易求得，

$$|\boldsymbol{E}(i,j)|=-1,\quad |\boldsymbol{E}(i(k))|=k\neq 0,\quad |\boldsymbol{E}(ij(k))|=1。$$

因此它们都可逆。此外，不难验证：

(1) $(\boldsymbol{E}(i,j))^{-1}=\boldsymbol{E}(i,j),(\boldsymbol{E}(i(k)))^{-1}=\boldsymbol{E}\left(i\left(\frac{1}{k}\right)\right),(\boldsymbol{E}(ij(k)))^{-1}=\boldsymbol{E}(ij(-k))$；

(2) 若 $|\boldsymbol{A}|=a$，则 $|\boldsymbol{E}(i,j)\boldsymbol{A}|=-a,|\boldsymbol{E}(i(k))\boldsymbol{A}|=ka,|\boldsymbol{E}(ij(k))\boldsymbol{A}|=a$。

基于以上的讨论，不难证明如下的定理。

定理 3.5 初等矩阵均可逆，而且初等矩阵的逆矩阵仍为同类型的初等矩阵。

Theorem 3.5 Elementary matrices are all invertible and their inverse matrices are all elementary matrices of the same types.

定理 3.6 若 $|\boldsymbol{A}|\neq 0$，则与 $\boldsymbol{A}$ 等价的 $\boldsymbol{B}$ 的行列式不为零，即 $|\boldsymbol{B}|\neq 0$。

Theorem 3.6 If $|\boldsymbol{A}|\neq 0$, then the determinant of $\boldsymbol{B}$ equivalent to $\boldsymbol{A}$ is nonzero, i. e., $|\boldsymbol{B}|\neq 0$.

例 3.3 求解如下的矩阵方程：

$$\begin{pmatrix}0&1&0\\1&0&0\\0&0&1\end{pmatrix}\boldsymbol{X}\begin{pmatrix}1&0&1\\0&1&0\\0&0&1\end{pmatrix}=\begin{pmatrix}1&2&3\\4&5&6\\7&8&9\end{pmatrix}。$$

分析 注意到，$\begin{pmatrix}0&1&0\\1&0&0\\0&0&1\end{pmatrix}$ 是初等矩阵 $\boldsymbol{E}(1,2)$，其逆矩阵就是其本身；$\begin{pmatrix}1&0&1\\0&1&0\\0&0&1\end{pmatrix}$ 是初等矩阵 $\boldsymbol{E}(13(1))$，其逆矩阵是 $\boldsymbol{E}(13(-1))=\begin{pmatrix}1&0&-1\\0&1&0\\0&0&1\end{pmatrix}$。

解 由已知可得

$$\boldsymbol{X}=\begin{pmatrix}0&1&0\\1&0&0\\0&0&1\end{pmatrix}^{-1}\begin{pmatrix}1&2&3\\4&5&6\\7&8&9\end{pmatrix}\begin{pmatrix}1&0&1\\0&1&0\\0&0&1\end{pmatrix}^{-1}=\begin{pmatrix}0&1&0\\1&0&0\\0&0&1\end{pmatrix}\begin{pmatrix}1&2&3\\4&5&6\\7&8&9\end{pmatrix}\begin{pmatrix}1&0&-1\\0&1&0\\0&0&1\end{pmatrix}$$

$$=\begin{pmatrix}4&5&6\\1&2&3\\7&8&9\end{pmatrix}\begin{pmatrix}1&0&-1\\0&1&0\\0&0&1\end{pmatrix}=\begin{pmatrix}4&5&2\\1&2&2\\7&8&2\end{pmatrix}。$$

3.1.3 用初等变换求逆矩阵 *Finding inverse matrices by elementary operations*

在第 2 章中，我们介绍了如何利用伴随矩阵求一个可逆矩阵的逆矩阵，但对高阶可逆矩阵来说，使用伴随矩阵求矩阵的逆的计算量非常大，在实际计算时很少使用。下面介绍求逆矩阵的一种简单且有效的方法——初等变换法。

定理 3.7 方阵 $\boldsymbol{A}$ 可逆的充分必要条件是：$\boldsymbol{A}$ 能表示成有限个初等矩阵的乘积，即

Theorem 3.7 A square matrix $\boldsymbol{A}$ is invertible if and only if it can be expressed as a product of finite elementary matrices, namely,

$$\boldsymbol{A}=\boldsymbol{P}_1\boldsymbol{P}_2\cdots\boldsymbol{P}_s,$$

其中 $\boldsymbol{P}_1,\boldsymbol{P}_2,\cdots,\boldsymbol{P}_s$ 均为初等矩阵。

where $\boldsymbol{P}_1, \boldsymbol{P}_2, \cdots, \boldsymbol{P}_s$ are all elementary matrices.

证　充分性　若 $\boldsymbol{A}=\boldsymbol{P}_1\boldsymbol{P}_2\cdots\boldsymbol{P}_s$，因为 $\boldsymbol{P}_1,\boldsymbol{P}_2,\cdots,\boldsymbol{P}_s$ 均为初等矩阵，所以有

$$|\boldsymbol{A}|=|\boldsymbol{P}_1|\cdots|\boldsymbol{P}_s|\neq 0,$$

即 $\boldsymbol{A}$ 可逆。

必要性　若 $\boldsymbol{A}$ 可逆，由定理 3.2 的推论 2 可知，$\boldsymbol{A}$ 一定可以经过有限次初等行变换变为单位矩阵 $\boldsymbol{E}$，再根据定理 3.3，存在初等矩阵 $\boldsymbol{U}_1,\boldsymbol{U}_2,\cdots,\boldsymbol{U}_s$，使得

$$\boldsymbol{U}_s\cdots\boldsymbol{U}_2\boldsymbol{U}_1\boldsymbol{A}=\boldsymbol{E},\tag{3.8}$$

即

$$\boldsymbol{A}=\boldsymbol{U}_1^{-1}\boldsymbol{U}_2^{-1}\cdots\boldsymbol{U}_s^{-1}\boldsymbol{E}=\boldsymbol{U}_1^{-1}\boldsymbol{U}_2^{-1}\cdots\boldsymbol{U}_s^{-1}。$$

令 $\boldsymbol{P}_1=\boldsymbol{U}_1^{-1},\boldsymbol{P}_2=\boldsymbol{U}_2^{-1},\cdots,\boldsymbol{P}_s=\boldsymbol{U}_s^{-1}$，由定理 3.4 可知，$\boldsymbol{P}_1,\boldsymbol{P}_2,\cdots,\boldsymbol{P}_s$ 仍为初等矩阵，故

$$\boldsymbol{A}=\boldsymbol{P}_1\boldsymbol{P}_2\cdots\boldsymbol{P}_s。$$

证毕

由式(3.8)可知

$$\boldsymbol{U}_s\cdots\boldsymbol{U}_2\boldsymbol{U}_1=\boldsymbol{A}^{-1}。$$

又因为

$$\boldsymbol{U}_s\cdots\boldsymbol{U}_2\boldsymbol{U}_1\boldsymbol{E}=\boldsymbol{U}_s\cdots\boldsymbol{U}_2\boldsymbol{U}_1,$$

不难发现

$$\boldsymbol{U}_s\cdots\boldsymbol{U}_2\boldsymbol{U}_1(\boldsymbol{A}\mid\boldsymbol{E})=(\boldsymbol{E}\mid\boldsymbol{A}^{-1})。\tag{3.9}$$

其中 $(\boldsymbol{A}\mid\boldsymbol{E})$ 为 $n\times 2n$ 矩阵。

由式(3.9)可见，若矩阵 $\boldsymbol{A}$ 经过一系列初等行变换变为单位矩阵 $\boldsymbol{E}$，则单位矩阵 $\boldsymbol{E}$ 经过同样的初等行变换变为 $\boldsymbol{A}^{-1}$，其过程可表示为

$$(\boldsymbol{A} \vdots \boldsymbol{E}) \xrightarrow{\text{初等行变换}} (\boldsymbol{E} \vdots \boldsymbol{A}^{-1})。\tag{3.10}$$

类似地，若对 $2n\times n$ 矩阵 $\begin{pmatrix}\boldsymbol{A}\\ \cdots \\ \boldsymbol{E}\end{pmatrix}$ 实施初等列变换，有

$$\begin{pmatrix}\boldsymbol{A}\\ \cdots \\ \boldsymbol{E}\end{pmatrix} \xrightarrow{\text{初等列变换}} \begin{pmatrix}\boldsymbol{E}\\ \cdots \\ \boldsymbol{A}^{-1}\end{pmatrix}。\tag{3.11}$$

用初等变换求逆矩阵的几点说明。

(1) 对矩阵 $(\boldsymbol{A} \vdots \boldsymbol{E})$ 只能实施初等行变换，且在进行初等行变换时，必须对右边单位矩阵 $\boldsymbol{E}$ 所在的块同时进行变换。

(2) 在求一个矩阵的逆矩阵时，也可使用式(3.11)，即初等列变换求逆矩阵，但是对矩阵 $\begin{pmatrix}\boldsymbol{A}\\ \cdots \\ \boldsymbol{E}\end{pmatrix}$ 只能实施初等列变换。

例 3.4 给定如下矩阵

$$\boldsymbol{A}=\begin{pmatrix}2 & 4 & -3\\ 1 & 4 & -2\\ 1 & 2 & -2\end{pmatrix},$$

求 $\boldsymbol{A}$ 的逆矩阵。

分析 根据式(3.10)，先将矩阵 $\boldsymbol{A}$ 和 $\boldsymbol{E}$ 组成一个新的矩阵 $(\boldsymbol{A} \vdots \boldsymbol{E})$，然后对其实施初等行变换将其约化为 $(\boldsymbol{E} \vdots \boldsymbol{A}^{-1})$。

解 对 $(\boldsymbol{A} \vdots \boldsymbol{E})$ 实施初等行变换，得

$$(\boldsymbol{A} \vdots \boldsymbol{E})=\begin{pmatrix}2 & 4 & -3 & 1 & 0 & 0\\ 1 & 4 & -2 & 0 & 1 & 0\\ 1 & 2 & -2 & 0 & 0 & 1\end{pmatrix} \xrightarrow{r_1\leftrightarrow r_3} \begin{pmatrix}1 & 2 & -2 & 0 & 0 & 1\\ 1 & 4 & -2 & 0 & 1 & 0\\ 2 & 4 & -3 & 1 & 0 & 0\end{pmatrix}$$

$$\xrightarrow[r_3-2r_1]{r_2-r_1} \begin{pmatrix}1 & 2 & -2 & 0 & 0 & 1\\ 0 & 2 & 0 & 0 & 1 & -1\\ 0 & 0 & 1 & 1 & 0 & -2\end{pmatrix} \xrightarrow[r_1-r_2]{r_1+2r_3} \begin{pmatrix}1 & 0 & 0 & 2 & -1 & -2\\ 0 & 2 & 0 & 0 & 1 & -1\\ 0 & 0 & 1 & 1 & 0 & -2\end{pmatrix}$$

$$\xrightarrow{\frac{1}{2}r_2} \begin{pmatrix}1 & 0 & 0 & 2 & -1 & -2\\ 0 & 1 & 0 & 0 & 1/2 & -1/2\\ 0 & 0 & 1 & 1 & 0 & -2\end{pmatrix}。$$

所以有

$$\boldsymbol{A}^{-1}=\frac{1}{2}\begin{pmatrix}4 & -2 & -4\\ 0 & 1 & -1\\ 2 & 0 & -4\end{pmatrix}。$$

以上用初等变换求逆矩阵的方法也可用于解某些特殊的矩阵方程。

设有矩阵方程 $\boldsymbol{AX}=\boldsymbol{B}$。若 $\boldsymbol{A}$ 可逆，则 $\boldsymbol{X}=\boldsymbol{A}^{-1}\boldsymbol{B}$。由矩阵的乘法法则可得

$$\boldsymbol{A}^{-1}(\boldsymbol{A} \vdots \boldsymbol{B})=(\boldsymbol{E} \vdots \boldsymbol{A}^{-1}\boldsymbol{B}),$$

因此，对矩阵 $(\boldsymbol{A} \vdots \boldsymbol{B})$ 实施初等行变换，当把 $\boldsymbol{A}$ 变换为单位矩阵 $\boldsymbol{E}$ 时，$\boldsymbol{B}$ 就约化为 $\boldsymbol{A}^{-1}\boldsymbol{B}$，即

$$(\boldsymbol{A} \vdots \boldsymbol{B}) \xrightarrow{\text{初等行变换}} (\boldsymbol{E} \vdots \boldsymbol{X})。\tag{3.12}$$

同理,在求解矩阵方程 $\boldsymbol{YA}=\boldsymbol{C}$ 时,若 $\boldsymbol{A}$ 可逆,则 $\boldsymbol{Y}=\boldsymbol{CA}^{-1}$。可以对矩阵$\begin{pmatrix}\boldsymbol{A}\\ \hdashline \boldsymbol{C}\end{pmatrix}$实施初等列变换,使得

$$\begin{pmatrix}\boldsymbol{A}\\ \hdashline \boldsymbol{C}\end{pmatrix} \xrightarrow{\text{初等列变换}} \begin{pmatrix}\boldsymbol{E}\\ \hdashline \boldsymbol{Y}\end{pmatrix}。\tag{3.13}$$

例 3.5 解矩阵方程 $\boldsymbol{AX}=\boldsymbol{B}$ 其中

$$\boldsymbol{A}=\begin{pmatrix}1 & 0 & 1\\ -1 & 1 & 1\\ 2 & -1 & 1\end{pmatrix},\quad \boldsymbol{B}=\begin{pmatrix}1 & 1\\ 0 & 1\\ -1 & 0\end{pmatrix}。$$

分析 先将矩阵方程转化为 $\boldsymbol{X}=\boldsymbol{A}^{-1}\boldsymbol{B}$,然后将矩阵 $\boldsymbol{A}$ 和 $\boldsymbol{B}$ 组成新的矩阵$(\boldsymbol{A} \vdots \boldsymbol{B})$,进而对其实施初等行变换将其约化为$(\boldsymbol{E} \vdots \boldsymbol{X})$。

解 不难验证 $\boldsymbol{A}$ 可逆,所以 $\boldsymbol{X}=\boldsymbol{A}^{-1}\boldsymbol{B}$。根据式(3.12),对$(\boldsymbol{A} \vdots \boldsymbol{B})$实施初等行变换,可得

$$(\boldsymbol{A} \vdots \boldsymbol{B})=\begin{pmatrix}1 & 0 & 1 & 1 & 1\\ -1 & 1 & 1 & 0 & 1\\ 2 & -1 & 1 & -1 & 0\end{pmatrix} \xrightarrow[r_3-2r_1]{r_2+r_1} \begin{pmatrix}1 & 0 & 1 & 1 & 1\\ 0 & 1 & 2 & 1 & 2\\ 0 & -1 & -1 & -3 & -2\end{pmatrix}$$

$$\xrightarrow{r_3+r_2} \begin{pmatrix}1 & 0 & 1 & 1 & 1\\ 0 & 1 & 2 & 1 & 2\\ 0 & 0 & 1 & -2 & 0\end{pmatrix} \xrightarrow[r_1-r_3]{r_2-2r_3} \begin{pmatrix}1 & 0 & 0 & 3 & 1\\ 0 & 1 & 0 & 5 & 2\\ 0 & 0 & 1 & -2 & 0\end{pmatrix}=(\boldsymbol{E} \vdots \boldsymbol{X})。$$

所以有

$$\boldsymbol{X}=\begin{pmatrix}3 & 1\\ 5 & 2\\ -2 & 0\end{pmatrix}。$$

例 3.6 设 $\boldsymbol{A}$ 是 n 阶可逆矩阵,将 $\boldsymbol{A}$ 的第 i 行与第 j 行对换,所得的新矩阵记为 $\boldsymbol{B}$,解答下列问题:

(1) 证明 $\boldsymbol{B}$ 可逆;　　(2)求 $\boldsymbol{AB}^{-1}$。

分析 先利用初等矩阵找到 $\boldsymbol{A}$ 与 $\boldsymbol{B}$ 之间的关系。通过矩阵逆的定义可以证明(1);然后通过(1)的结论再进一步计算(2)。

解 由已知条件可得,$\boldsymbol{E}(i,j)\boldsymbol{A}=\boldsymbol{B}$,且有$(\boldsymbol{E}(i,j))^{-1}=\boldsymbol{E}(i,j)$。

(1) 由于 $\boldsymbol{E}(i,j)$ 和 $\boldsymbol{A}$ 均可逆,根据可逆矩阵的性质 3,即可证得 $\boldsymbol{B}=\boldsymbol{E}(i,j)\boldsymbol{A}$ 也可逆,且有

$$\boldsymbol{B}^{-1}=\boldsymbol{A}^{-1}(\boldsymbol{E}(i,j))^{-1}=\boldsymbol{A}^{-1}\boldsymbol{E}(i,j)。$$

易见,$\boldsymbol{B}^{-1}$ 即为 $\boldsymbol{A}^{-1}$ 对换第 i 列与第 j 列后得到的矩阵。

(2) 根据(1),不难求得

$$\boldsymbol{AB}^{-1}=\boldsymbol{AA}^{-1}\boldsymbol{E}(i,j)=\boldsymbol{E}(i,j)。$$

习题 3.1

思考题

1. 在对矩阵实施初等变换时,与初等矩阵有何关系?
2. 举例说明:对一个矩阵只实施初等行变换,一般情况下得不到矩阵标准型。
3. 在对矩阵实施初等变换时,如何理解“左乘变行、右乘变列”的说法?

A类题

1. 用初等行变换,将下列矩阵约化为行阶梯形及行最简形:

(1) $\begin{pmatrix} 1 & 2 & 3 \\ 2 & 2 & 1 \\ 3 & 4 & 3 \end{pmatrix}$; (2) $\begin{pmatrix} 1 & -1 & 3 & 0 \\ -2 & 1 & -2 & 1 \\ -1 & -1 & 5 & 2 \end{pmatrix}$;

(3) $\begin{pmatrix} 1 & -2 & 1 & 3 \\ 2 & -1 & 0 & 2 \\ 4 & -5 & 2 & 8 \\ -1 & -1 & 1 & 1 \end{pmatrix}$; (4) $\begin{pmatrix} 2 & 1 & -1 & -2 & 3 \\ 0 & 2 & 1 & 1 & -2 \\ 1 & 2 & 3 & -1 & 2 \\ 3 & 5 & 3 & -2 & 3 \end{pmatrix}$。

2. 设有如下的初等矩阵:

$$\boldsymbol{E}(1,2)=\begin{pmatrix} 0 & 1 & 0 \\ 1 & 0 & 0 \\ 0 & 0 & 1 \end{pmatrix},\quad \boldsymbol{E}(2(3))=\begin{pmatrix} 1 & 0 & 0 \\ 0 & 3 & 0 \\ 0 & 0 & 1 \end{pmatrix},\quad \boldsymbol{E}(32(2))=\begin{pmatrix} 1 & 0 & 0 \\ 0 & 1 & 0 \\ 0 & 2 & 1 \end{pmatrix}。$$

分别用三种初等矩阵左乘、右乘矩阵$\boldsymbol{A}$,其中

$$\boldsymbol{A}=\begin{pmatrix} 2 & 3 & 1 \\ 1 & -1 & 2 \\ 2 & 0 & 3 \end{pmatrix}。$$

3. 计算下列各题:

(1) $\begin{pmatrix} 1 & 0 & 0 \\ 0 & 1 & 0 \\ 0 & 2 & 1 \end{pmatrix}\begin{pmatrix} 1 & 2 & 3 \\ 2 & 3 & 4 \\ 3 & 4 & 5 \end{pmatrix}\begin{pmatrix} 0 & 0 & 1 \\ 0 & 1 & 0 \\ 1 & 0 & 0 \end{pmatrix}$;

(2) $\begin{pmatrix} 1 & 0 & 0 \\ 0 & 3 & 0 \\ 0 & 0 & 1 \end{pmatrix}^5\begin{pmatrix} 1 & 2 & 3 \\ 2 & 3 & 4 \\ 3 & 4 & 5 \end{pmatrix}\begin{pmatrix} 0 & 1 & 0 \\ 1 & 0 & 0 \\ 0 & 0 & 1 \end{pmatrix}^{20}$;

(3) $\begin{pmatrix} 1 & 0 & 0 \\ 0 & 1 & 0 \\ 0 & 1 & 1 \end{pmatrix}^{10}\begin{pmatrix} 1 & 2 & 3 \\ 2 & 3 & 4 \\ 3 & 4 & 5 \end{pmatrix}\begin{pmatrix} 0 & 0 & 1 \\ 0 & 1 & 0 \\ 1 & 0 & 0 \end{pmatrix}^{15}$。

4. 设$\begin{pmatrix} 1 & 2 \\ -1 & 3 \end{pmatrix}\xrightarrow[r_1+r_2]{r_2+r_1}\boldsymbol{B}$,求$\boldsymbol{B}$。(注意初等变换与它们的变换顺序有关,并且后面的变

换是在前面变换完成的基础上进行的。)

5. 利用初等变换求下列矩阵的逆矩阵：

(1) $\begin{pmatrix}1&2&-1\\3&4&-2\\5&4&1\end{pmatrix}$； (2) $\begin{pmatrix}2&2&3\\1&-1&0\\-1&2&1\end{pmatrix}$；

(3) $\begin{pmatrix}1&0&0&0\\1&2&0&0\\2&1&3&0\\3&2&1&4\end{pmatrix}$； (4) $\begin{pmatrix}3&-2&0&-1\\0&2&2&1\\1&-2&-3&-2\\0&1&2&1\end{pmatrix}$。

6. 利用初等变换解下列矩阵方程：

(1) $\begin{pmatrix}2&5\\1&3\end{pmatrix}\boldsymbol{X}=\begin{pmatrix}4\\2\end{pmatrix}$； (2) $\begin{pmatrix}1&4\\-1&2\end{pmatrix}\boldsymbol{X}\begin{pmatrix}2&0\\-1&1\end{pmatrix}=\begin{pmatrix}3&1\\0&-1\end{pmatrix}$；

(3) $\boldsymbol{X}\begin{pmatrix}2&1&-1\\2&1&0\\1&-1&1\end{pmatrix}=\begin{pmatrix}1&-1&3\\4&3&2\end{pmatrix}$。

B类题

1. 利用矩阵的初等变换证明：若上(下)三角形矩阵可逆，则其逆矩阵仍为上(下)三角形矩阵。

2. 利用初等行变换解下列矩阵方程：

(1) 已知矩阵 $\boldsymbol{A}$ 满足 $\boldsymbol{AX}=\boldsymbol{A}-3\boldsymbol{X}$，求矩阵 $\boldsymbol{X}$，其中

$$\boldsymbol{A}=\begin{pmatrix}1&-1&0\\0&1&-1\\0&0&1\end{pmatrix};$$

(2) 已知矩阵 $\boldsymbol{A}$ 满足 $\boldsymbol{AX}=\boldsymbol{A}+2\boldsymbol{X}$，求矩阵 $\boldsymbol{X}$，其中

$$\boldsymbol{A}=\begin{pmatrix}4&2&3\\1&1&0\\-1&2&3\end{pmatrix};$$

(3) 已知矩阵 $\boldsymbol{A}$ 与 $\boldsymbol{B}$ 满足 $\boldsymbol{AX}=\boldsymbol{B}+\boldsymbol{X}$，求矩阵 $\boldsymbol{X}$，其中

$$\boldsymbol{A}=\begin{pmatrix}3&0&0\\1&2&0\\1&0&3\end{pmatrix},\quad \boldsymbol{B}=\begin{pmatrix}1&1&0\\0&1&2\\1&0&2\end{pmatrix}。$$

3. 设 $\boldsymbol{A}$ 为三阶方阵。将 $\boldsymbol{A}$ 的第 1 列与第 2 列交换得到 $\boldsymbol{B}$，再将 $\boldsymbol{B}$ 的第 2 列加到第 3 列得到 $\boldsymbol{C}$，求满足 $\boldsymbol{AQ}=\boldsymbol{C}$ 的可逆矩阵 $\boldsymbol{Q}$。

4. 设 $\boldsymbol{A}$ 为 n 阶可逆矩阵，且 $\boldsymbol{A}$ 的第 i 行乘一个非零常数 k 后得到 $\boldsymbol{B}$。解答下列各题：

(1) 证明 $\boldsymbol{B}$ 可逆，并且 $\boldsymbol{B}^{-1}$ 是由 $\boldsymbol{A}^{-1}$ 的第 i 列乘一个常数 $\frac{1}{k}$ 后得到的矩阵。

(2) 求 $\boldsymbol{AB}^{-1}$ 及 $\boldsymbol{BA}^{-1}$。

5. 将可逆矩阵 $\boldsymbol{A}=\begin{pmatrix}1 & 2 & 0\\ -1 & 1 & 1\\ 3 & -2 & 0\end{pmatrix}$ 分解为初等矩阵的乘积。

3.2 矩阵的秩 | *Ranks of matrices*

3.2.1 矩阵秩的概念 | *Concepts of ranks of matrices*

矩阵的秩是定性分析线性方程组解的结构和向量组的线性关系(见第4章)的一个重要工具。为了引入矩阵的秩的定义,下面先介绍 k 阶子式的概念。

定义 3.4 设 $\boldsymbol{A}$ 为 $m\times n$ 矩阵,在 $\boldsymbol{A}$ 中任取 k 行与 k 列($k\leqslant\min\{m,n\}$),选取位于这些行、列交叉处的 k^2 个元素,不改变它们在 $\boldsymbol{A}$ 中所处的相对位置,构成一个 k 阶行列式,称为 $\boldsymbol{A}$ 的一个 k **阶子式**。

Definition 3.4 Let $\boldsymbol{A}$ be an $m\times n$ matrix. Extracting k rows and k columns ($k\leqslant\min\{m,n\}$) in $\boldsymbol{A}$ arbitrarily, we obtain k^2 elements locating at the intersection points of the extracted rows and columns. The k-th order determinant composed of the k^2 elements in the original order of arrangement is called a ***k*-th order subdeterminant** of $\boldsymbol{A}$.

由排列组合性质知,$m\times n$ 矩阵的 k 阶子式共有 $C_n^k C_m^k$ 个。

例如,由 $C_2^1C_3^1=6$ 和 $C_2^2C_3^2=3$ 可知,矩阵 $\boldsymbol{A}=\begin{pmatrix}1 & 2 & 3\\ 0 & 1 & 2\end{pmatrix}$ 有6个一阶子式,有3个二阶子式。

定义 3.5 矩阵 $\boldsymbol{A}$ 中不为零的子式的最高阶数称为 $\boldsymbol{A}$ **的秩**,记作 $R(\boldsymbol{A})$。

Definition 3.5 The highest order of the nonzero subdeterminant of a matrix $\boldsymbol{A}$ is called the rank of $\boldsymbol{A}$, written as $R(\boldsymbol{A})$.

设 $\boldsymbol{A}$ 为 n 阶方阵,若 $|\boldsymbol{A}|\neq 0$(即 $\boldsymbol{A}$ 可逆),则 $R(\boldsymbol{A})=n$,称 $\boldsymbol{A}$ 为**满秩矩阵**;若 $|\boldsymbol{A}|=0$,即 $\boldsymbol{A}$ 不可逆,则 $R(\boldsymbol{A})<n$,称 $\boldsymbol{A}$ 为**降秩矩阵**。

由矩阵的秩的定义可以得到如下结论:

(1) 零矩阵的秩为零。

(2) 若 $\boldsymbol{A}$ 为 $m\times n$ 矩阵,则 $R(\boldsymbol{A})\leqslant\min\{m,n\}$,即 $\boldsymbol{A}$ 的秩既不超过其行数,又不超过其列数。

(3) 若 $\boldsymbol{A}$ 有一个 r 阶子式不等于零,则 $R(\boldsymbol{A})\geqslant r$;若 $\boldsymbol{A}$ 的所有 $r+1$ 阶子式都为零,则 $R(\boldsymbol{A})\leqslant r$。因此若这两个条件同时满足,则 $R(\boldsymbol{A})=r$。

(4) $R(\boldsymbol{A})=R(\boldsymbol{A}^{\mathrm{T}})$。

例 3.7 求下列矩阵的秩:

(1) $\boldsymbol{A}=\begin{pmatrix}1 & 3 & -9 & 3\\ 1 & 4 & -12 & 7\\ -1 & 0 & 0 & 9\end{pmatrix}$; (2) $\boldsymbol{B}=\begin{pmatrix}1 & 2 & 1 & 3 & 4\\ 0 & 2 & 5 & 1 & 2\\ 0 & 0 & 0 & 1 & 1\\ 0 & 0 & 0 & 0 & 0\end{pmatrix}$。

分析 利用矩阵的秩的定义求。

解 (1) 易见,$\boldsymbol{A}$ 的最高阶子式为三阶,且有 4 个三阶子式,分别为

$$\begin{vmatrix}1&3&-9\\1&4&-12\\-1&0&0\end{vmatrix}=0,\quad\begin{vmatrix}1&3&3\\1&4&7\\-1&0&9\end{vmatrix}=0,\quad\begin{vmatrix}1&-9&3\\1&-12&7\\-1&0&9\end{vmatrix}=0,\quad\begin{vmatrix}3&-9&3\\4&-12&7\\0&0&9\end{vmatrix}=0,$$

即 $\boldsymbol{A}$ 的所有三阶子式均为零,进一步地,$\boldsymbol{A}$ 有一个二阶子式 $\begin{vmatrix}1&3\\1&4\end{vmatrix}\neq0$,故 $\mathrm{R}(\boldsymbol{A})=2$。

(2) 容易看出,$\boldsymbol{B}$ 的所有 4 阶子式均为零,但存在一个不为零的三阶子式,即

$$\begin{vmatrix}1&2&3\\0&2&1\\0&0&1\end{vmatrix}=2\neq0,$$

故 $\mathrm{R}(\boldsymbol{B})=3$。

由例 3.7 可以看出,当矩阵的阶数较高时,用定义 3.5 求矩阵的秩显得比较困难,但是行阶梯形矩阵的秩则较容易求得,且恰好为非零行的个数。下面介绍利用初等变换的方法求矩阵的秩。

3.2.2 用初等变换求矩阵的秩 *Finding ranks of matrices by elementary operations*

由行阶梯形矩阵的特点可知,它的秩等于阶梯上非零行的个数,即阶梯数。现在的问题是:矩阵 $\boldsymbol{A}$ 的秩与 $\boldsymbol{A}$ 的行阶梯形矩阵 $\boldsymbol{B}$ 的秩是否相等?回答是肯定的,见下面的定理。

定理 3.8 初等变换不改变矩阵的秩,**即初等变换是保秩变换。**

Theorem 3.8 Elementary operations do not change the rank of a matrix, namely, **elementary operations are rank-preserving operations.**

证 只需证明 $\mathrm{R}(\boldsymbol{A})=\mathrm{R}(\boldsymbol{B})$,其中矩阵 $\boldsymbol{B}$ 由 $\boldsymbol{A}$ 经过一次初等行变换得到。

设 $\mathrm{R}(\boldsymbol{A})=r$,即矩阵 $\boldsymbol{A}$ 中有一个不为零的 r 阶子式,记作 A_r。根据行列式的性质和初等变换的定义,在矩阵 $\boldsymbol{B}$ 中也能找到不为零的 r 阶子式 B_r(B_r 和 A_r 的关系只能满足三种情形之一:即相等,反号,倍数),从而 $r=\mathrm{R}(\boldsymbol{A})\leqslant\mathrm{R}(\boldsymbol{B})$。由于初等变换都是可逆的,有 $\mathrm{R}(\boldsymbol{A})\geqslant\mathrm{R}(\boldsymbol{B})$。因此 $\mathrm{R}(\boldsymbol{A})=\mathrm{R}(\boldsymbol{B})$。 证毕

对例 3.7(1)中的矩阵 $\boldsymbol{A}$ 进行初等行变换,得

$$\boldsymbol{A}=\begin{pmatrix}1&3&-9&3\\1&4&-12&7\\-1&0&0&9\end{pmatrix}\xrightarrow{r_3\leftrightarrow r_1}\begin{pmatrix}-1&0&0&9\\1&4&-12&7\\1&3&-9&3\end{pmatrix}\xrightarrow[r_3+r_1]{r_2+r_1}\begin{pmatrix}-1&0&0&9\\0&4&-12&16\\0&3&-9&12\end{pmatrix}$$

$$\xrightarrow[\frac{1}{3}r_3]{\frac{1}{4}r_2}\begin{pmatrix}-1&0&0&9\\0&1&-3&4\\0&1&-3&4\end{pmatrix}\xrightarrow{r_3-r_2}\begin{pmatrix}-1&0&0&9\\0&1&-3&4\\0&0&0&0\end{pmatrix}。$$

因此,$\mathrm{R}(\boldsymbol{A})=2$。

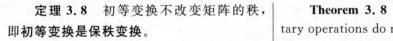

例 3.8 设

$$\boldsymbol{A}=\begin{pmatrix}1&-2&2&-1\\2&-4&8&0\\-2&4&-2&3\\3&-6&0&-6\end{pmatrix},\quad \boldsymbol{b}=\begin{pmatrix}1\\2\\3\\4\end{pmatrix},$$

求 $\boldsymbol{A}$ 及 $\overline{\boldsymbol{A}}=(\boldsymbol{A}\mid\boldsymbol{b})$ 的秩。

分析 利用初等行变换将矩阵约化为行阶梯形。

解 对 $\overline{\boldsymbol{A}}$ 实施初等行变换，得到如下行阶梯形矩阵

$$\overline{\boldsymbol{A}}=\left(\begin{array}{cccc|c}1&-2&2&-1&1\\2&-4&8&0&2\\-2&4&-2&3&3\\3&-6&0&-6&4\end{array}\right)\xrightarrow[r_4-3r_1]{\substack{r_2-2r_1\\r_3+2r_1}}\left(\begin{array}{cccc|c}1&-2&2&-1&1\\0&0&4&2&0\\0&0&2&1&5\\0&0&-6&-3&1\end{array}\right)$$

$$\xrightarrow[r_4+3r_2]{\substack{(1/2)r_2\\r_3-r_2}}\left(\begin{array}{cccc|c}1&-2&2&-1&1\\0&0&2&1&0\\0&0&0&0&5\\0&0&0&0&1\end{array}\right)\xrightarrow[r_4-r_3]{(1/5)r_3}\left(\begin{array}{cccc|c}1&-2&2&-1&1\\0&0&2&1&0\\0&0&0&0&1\\0&0&0&0&0\end{array}\right)。$$

易见，$\mathrm{R}(\boldsymbol{A})=2$，$\mathrm{R}(\overline{\boldsymbol{A}})=3$。

例 3.9 设

$$\boldsymbol{A}=\begin{pmatrix}3&2&0&5&0\\3&-2&3&6&-1\\2&0&1&5&-3\\1&6&-4&-1&4\end{pmatrix},$$

求 $\boldsymbol{A}$ 的秩。

分析 利用初等行变换将矩阵约化为行阶梯形。

解 对 $\boldsymbol{A}$ 作初等行变换，得到如下的行阶梯形矩阵

$$\boldsymbol{A}\xrightarrow{r_1\leftrightarrow r_4}\begin{pmatrix}1&6&-4&-1&4\\3&-2&3&6&-1\\2&0&1&5&-3\\3&2&0&5&0\end{pmatrix}\xrightarrow{r_2-r_4}\begin{pmatrix}1&6&-4&-1&4\\0&-4&3&1&-1\\2&0&1&5&-3\\3&2&0&5&0\end{pmatrix}$$

$$\xrightarrow[r_4-3r_1]{r_3-2r_1}\begin{pmatrix}1&6&-4&-1&4\\0&-4&3&1&-1\\0&-12&9&7&-11\\0&-16&12&8&-12\end{pmatrix}\xrightarrow[r_4-4r_2]{r_3-3r_2}\begin{pmatrix}1&6&-4&-1&4\\0&-4&3&1&-1\\0&0&0&4&-8\\0&0&0&4&-8\end{pmatrix}$$

$$\xrightarrow{r_4-r_3}\begin{pmatrix}1&6&-4&-1&4\\0&-4&3&1&-1\\0&0&0&4&-8\\0&0&0&0&0\end{pmatrix}。$$

易见，行阶梯形矩阵有 3 个非零行。因此，$\mathrm{R}(\boldsymbol{A})=3$。

例 3.10 求矩阵 $\boldsymbol{A}$ 的秩,并求一个最高阶非零子式,其中

$$\boldsymbol{A}=\begin{pmatrix}3 & 2 & -1 & -3 & -2\\2 & -1 & 3 & 1 & -3\\7 & 0 & 5 & -1 & -8\end{pmatrix}。$$

分析 先利用初等行变换将矩阵约化为行阶梯形矩阵,求出矩阵的秩,然后再根据矩阵的秩选取最高阶非零子式。

解 对矩阵实施初等行变换,有

$$\boldsymbol{A}=\begin{pmatrix}3 & 2 & -1 & -3 & -2\\2 & -1 & 3 & 1 & -3\\7 & 0 & 5 & -1 & -8\end{pmatrix}\xrightarrow{r_1-r_2}\begin{pmatrix}1 & 3 & -4 & -4 & 1\\2 & -1 & 3 & 1 & -3\\7 & 0 & 5 & -1 & -8\end{pmatrix}$$

$$\xrightarrow[r_3-7r_1]{r_2-2r_1}\begin{pmatrix}1 & 3 & -4 & -4 & 1\\0 & -7 & 11 & 9 & -5\\0 & -21 & 33 & 27 & -15\end{pmatrix}\xrightarrow{r_3-3r_2}\begin{pmatrix}1 & 3 & -4 & -4 & 1\\0 & -7 & 11 & 9 & -5\\0 & 0 & 0 & 0 & 0\end{pmatrix}。$$

因此,$\mathrm{R}(\boldsymbol{A})=2$。根据要求,不难选取一个最高阶非零二阶子式,即

$$\begin{vmatrix}3 & 2\\2 & -1\end{vmatrix}=-7。$$

评注 从本题的题目要求来看,需要求一个最高阶的非零子式,直觉是用定义 3.5 求矩阵的秩,于是需要计算 10 个三阶行列式,若所有三阶行列式为零,还需要再计算二阶子式,计算量较大。因此先利用初等行变换将矩阵约化为行阶梯形矩阵,根据矩阵的秩数情况和非零行(未曾进行第一种初等行变换)选取子式较为方便。对于阶数较高的矩阵,求矩阵的秩和最高阶非零子式时,初等变换的方法较为适用。

例 3.11 设

$$\boldsymbol{A}=\begin{pmatrix}1 & -1 & 1 & 2\\3 & \lambda & -1 & 2\\5 & 3 & \mu & 6\end{pmatrix},$$

若 $\mathrm{R}(\boldsymbol{A})=2$,求 λ 与 μ 的值。

分析 利用初等行变换将矩阵约化为行阶梯形,由于矩阵的秩为 2,故阶梯数为 2。

解 对 $\boldsymbol{A}$ 作初等行变换,得到如下矩阵

$$\boldsymbol{A}\xrightarrow[r_3-5r_1]{r_2-3r_1}\begin{pmatrix}1 & -1 & 1 & 2\\0 & \lambda+3 & -4 & -4\\0 & 8 & \mu-5 & -4\end{pmatrix}\xrightarrow{r_3-r_2}\begin{pmatrix}1 & -1 & 1 & 2\\0 & \lambda+3 & -4 & -4\\0 & 5-\lambda & \mu-1 & 0\end{pmatrix}$$

$$\xrightarrow{c_2\leftrightarrow c_4}\begin{pmatrix}1 & 2 & 1 & -1\\0 & -4 & -4 & \lambda+3\\0 & 0 & \mu-1 & 5-\lambda\end{pmatrix}。$$

因为 $\mathrm{R}(\boldsymbol{A})=2$,所以有 $5-\lambda=0,\mu-1=0$,即 $\lambda=5,\mu=1$。

评注 因为对一个矩阵实施初等行、列变换均不改变矩阵的秩,所以在求矩阵的秩时,既可以实施初等行变换,必要的时候也可以实施初等列变换。

例 3.12 设

$$\boldsymbol{A}=\begin{pmatrix}1 & -2 & 3k\\-1 & 2k & -3\\k & -2 & 3\end{pmatrix},$$

k 为何值,使得

(1) $R(\boldsymbol{A})=1$； (2) $R(\boldsymbol{A})=2$； (3) $R(\boldsymbol{A})=3$?

分析 利用初等行变换将矩阵约化为上三角矩阵,然后再进行讨论。

解 容易求得 $\boldsymbol{A}$ 的行阶梯形矩阵如下

$$\boldsymbol{A}=\begin{pmatrix}1 & -2 & 3k\\ -1 & 2k & -3\\ k & -2 & 3\end{pmatrix}\rightarrow\begin{pmatrix}1 & -1 & k\\ 0 & k-1 & k-1\\ 0 & 0 & -(k-1)(k+2)\end{pmatrix}。$$

于是,有下面的结论:

(1) 当 $k=1$ 时,$R(\boldsymbol{A})=1$。

(2) 当 $k=-2$ 时,$R(\boldsymbol{A})=2$。

(3) 当 $k\neq1$ 且 $k\neq-2$ 时,$R(\boldsymbol{A})=3$。

例 3.13 设 $\boldsymbol{A}$ 为 n 阶可逆矩阵,$\boldsymbol{B}$ 为 $n\times m$ 矩阵。证明:$R(\boldsymbol{AB})=R(\boldsymbol{B})$。

分析 可逆矩阵可以表示成有限个初等矩阵的乘积,初等变换不改变矩阵的秩。

证 因为 $\boldsymbol{A}$ 可逆,它可以表示成若干个初等矩阵之积,即 $\boldsymbol{A}=\boldsymbol{P}_1\boldsymbol{P}_2\cdots\boldsymbol{P}_s$,其中 $\boldsymbol{P}_i(i=1,2,\cdots,s)$ 皆为初等矩阵,$\boldsymbol{AB}=\boldsymbol{P}_1\boldsymbol{P}_2\cdots\boldsymbol{P}_s\boldsymbol{B}$,即 $\boldsymbol{AB}$ 是 $\boldsymbol{B}$ 经 s 次初等行变换后得出的,由定理 3.8 可知

$$R(\boldsymbol{AB})=R(\boldsymbol{B})。$$

习题 3.2

思考题

1. 若 $R(\boldsymbol{A})=r$,矩阵 $\boldsymbol{A}$ 中能否有等于零的 $r-1$ 阶子式? 能否有等于零的 r 阶子式? 能否有不为零的 $r+1$ 阶子式?

2. 一个非零矩阵的行最简形和行阶梯形有什么区别和联系? 它们的秩是否相等?

3. 从矩阵 $\boldsymbol{A}$ 中划去一行得到矩阵 $\boldsymbol{B}$,则 $\boldsymbol{A}$ 和 $\boldsymbol{B}$ 的秩有什么关系?

A类题

1. 求下列矩阵的秩:

(1) $\begin{pmatrix}1 & -1 & 3 & 0\\ -2 & 1 & -2 & 1\\ -1 & -1 & 5 & 2\end{pmatrix}$; (2) $\begin{pmatrix}1 & 2 & -1 & 3\\ 2 & -1 & 0 & 2\\ 3 & 1 & -1 & 5\\ 1 & -3 & 1 & -1\end{pmatrix}$。

2. 已知矩阵 $\boldsymbol{A}$ 的秩为 3,即 $R(\boldsymbol{A})=3$,求 a 的值,其中

$$\boldsymbol{A}=\begin{pmatrix}1 & 1 & 2 & a & 3\\ 2 & 2 & 3 & 1 & 4\\ 1 & 0 & 1 & 1 & 5\\ 2 & 3 & 5 & 5 & 4\end{pmatrix}。$$

3. 对于 λ 的不同取值，讨论矩阵 $\boldsymbol{A}$ 的秩，其中

(1) $\boldsymbol{A}=\begin{pmatrix}3&0&1\\1&\lambda&0\\5&4&1\end{pmatrix}$；　　(2) $\boldsymbol{A}=\begin{pmatrix}1&\lambda&-1&2\\2&-1&\lambda&5\\1&10&-6&1\end{pmatrix}$。

4. 求下列矩阵的秩，并求一个最高阶非零子式：

(1) $\begin{pmatrix}3&1&2&-2\\4&3&0&-1\\1&2&-2&1\end{pmatrix}$；　　(2) $\begin{pmatrix}1&2&-2&-1&-1\\2&-1&3&1&3\\4&-5&7&3&5\end{pmatrix}$；

(3) $\begin{pmatrix}2&-1&0&3\\3&1&1&3\\1&2&1&0\\5&0&1&6\end{pmatrix}$；　　(4) $\begin{pmatrix}1&-1&2&0&3\\3&0&-1&1&6\\2&2&-3&1&3\\0&1&2&2&3\end{pmatrix}$。

5. 判断下列说法是否正确，并说明理由：

(1) 若 $\mathrm{R}(\boldsymbol{A})=r$，则 $\boldsymbol{A}$ 中所有的 r 阶子式不为零；

(2) 若 $\boldsymbol{A}$ 中有 r 阶子式不等于零，则 $\mathrm{R}(\boldsymbol{A})=r$；

(3) 两个同型矩阵等价的充分必要条件是它们有相同的秩。

B类题

1. 对于 λ 的不同取值，讨论矩阵 $\boldsymbol{A}$ 的秩，其中

$$\boldsymbol{A}=\begin{pmatrix}\lambda&1&1&1\\1&\lambda&1&1\\1&1&\lambda&1\\1&1&1&\lambda\end{pmatrix}。$$

2. 证明：方阵 $\boldsymbol{A}$ 可逆的充分必要条件是 $\boldsymbol{A}$ 与单位矩阵等价。

3.3 线性方程组的解　Solutions of linear systems of equations

由 1.4 节的内容可知，克莱姆法则仅适用于未知量的个数和方程的个数相同的情形。对于一般形式的线性方程组 $\boldsymbol{Ax}=\boldsymbol{b}$（系数矩阵 $\boldsymbol{A}$ 不是方阵），克莱姆法则便失效了。本节讨论如何利用矩阵的秩判定线性方程组 $\boldsymbol{Ax}=\boldsymbol{b}$ 的解的存在性，并给出线性方程组的具体解法。

设含 n 个未知量，m 个方程的线性方程组如下：

$$\begin{cases}a_{11}x_1+a_{12}x_2+\cdots+a_{1n}x_n=b_1,\\a_{21}x_1+a_{22}x_2+\cdots+a_{2n}x_n=b_2,\\\quad\vdots\\a_{m1}x_1+a_{m2}x_2+\cdots+a_{mn}x_n=b_m。\end{cases}\tag{3.14}$$

令

$$\boldsymbol{A}=\begin{pmatrix} a_{11} & a_{12} & \cdots & a_{1n} \\ a_{21} & a_{22} & \cdots & a_{2n} \\ \vdots & \vdots & & \vdots \\ a_{m1} & a_{m2} & \cdots & a_{mn} \end{pmatrix},\quad \overline{\boldsymbol{A}}=\begin{pmatrix} a_{11} & a_{12} & \cdots & a_{1n} & b_1 \\ a_{21} & a_{22} & \cdots & a_{2n} & b_2 \\ \vdots & \vdots & & \vdots & \vdots \\ a_{m1} & a_{m2} & \cdots & a_{mn} & b_m \end{pmatrix},\quad \boldsymbol{x}=\begin{pmatrix} x_1 \\ x_2 \\ \vdots \\ x_n \end{pmatrix},\quad \boldsymbol{b}=\begin{pmatrix} b_1 \\ b_2 \\ \vdots \\ b_m \end{pmatrix},$$

其中 $\boldsymbol{A}$ 和 $\overline{\boldsymbol{A}}$ 分别为线性方程组(3.14)的**系数矩阵**和**增广矩阵**,则线性方程组(3.14)可以写成如下的矩阵形式

$$\boldsymbol{Ax}=\boldsymbol{b}。\tag{3.15}$$

进一步地,若 $b_1,b_2,\cdots,b_m$ 不全为零,即 $\boldsymbol{b}\neq\boldsymbol{0}$,则称线性方程组(3.15)为**非齐次线性方程组**;称 $\boldsymbol{Ax}=\boldsymbol{0}$ 为对应于线性方程组(3.15)的**齐次线性方程组**。

若令

$$\boldsymbol{\alpha}_j=\begin{pmatrix} a_{1j} \\ a_{2j} \\ \vdots \\ a_{mj} \end{pmatrix},\quad j=1,2,\cdots,n,\quad \boldsymbol{b}=\begin{pmatrix} b_1 \\ b_2 \\ \vdots \\ b_m \end{pmatrix},$$

则系数矩阵和增广矩阵可分别记为

$$\boldsymbol{A}=(\boldsymbol{\alpha}_1,\boldsymbol{\alpha}_2,\cdots,\boldsymbol{\alpha}_n),\quad \overline{\boldsymbol{A}}=(\boldsymbol{\alpha}_1,\boldsymbol{\alpha}_2,\cdots,\boldsymbol{\alpha}_n,\boldsymbol{b})。$$

对于线性方程组(3.15)(或式(3.14)),核心问题是判定线性方程组是否有解?如果有解,有多少组解,并且如何求解?我们有如下定理。

定理 3.9 对于由式(3.15)给定的线性方程组,当系数矩阵 $\boldsymbol{A}$ 和增广矩阵 $\overline{\boldsymbol{A}}$ 的秩满足如下条件时,有

(1) 若 $\mathrm{R}(\boldsymbol{A})\neq\mathrm{R}(\overline{\boldsymbol{A}})$,线性方程组无解;

(2) 若 $\mathrm{R}(\boldsymbol{A})=\mathrm{R}(\overline{\boldsymbol{A}})=n$,线性方程组有解,且有唯一解;

(3) 若 $\mathrm{R}(\boldsymbol{A})=\mathrm{R}(\overline{\boldsymbol{A}})=r<n$,线性方程组有解,且有无穷多解。

Theorem 3.9 For the linear system given by (3.15), as the coefficient matrix $\boldsymbol{A}$ and the augmented matrix $\overline{\boldsymbol{A}}$ satisfy the following conditions, we have

(1) The system has no solution if $\mathrm{R}(\boldsymbol{A})\neq\mathrm{R}(\overline{\boldsymbol{A}})$;

(2) The system has a unique solution if $\mathrm{R}(\boldsymbol{A})=\mathrm{R}(\overline{\boldsymbol{A}})=n$;

(3) The system has infinitely many solutions if $\mathrm{R}(\boldsymbol{A})=\mathrm{R}(\overline{\boldsymbol{A}})=r<n$.

分析 利用初等行变换将增广矩阵约化为行最简形,然后再根据增广矩阵和系数矩阵的秩判断线性方程组的解的情况。

证 为了叙述方便,不妨假设增广矩阵 $\overline{\boldsymbol{A}}=(\boldsymbol{\alpha}_1,\boldsymbol{\alpha}_2,\cdots,\boldsymbol{\alpha}_n,\boldsymbol{b})$ 的行最简形为

$$\begin{pmatrix} 1 & 0 & \cdots & 0 & b_{1,r+1} & \cdots & b_{1n} & d_1 \\ 0 & 1 & \cdots & 0 & b_{2,r+1} & \cdots & b_{2n} & d_2 \\ \vdots & \vdots & & \vdots & \vdots & & \vdots & \vdots \\ 0 & 0 & \cdots & 1 & b_{r,r+1} & \cdots & b_{rn} & d_r \\ 0 & 0 & \cdots & 0 & 0 & \cdots & 0 & d_{r+1} \\ 0 & 0 & \cdots & 0 & 0 & \cdots & 0 & 0 \\ \vdots & \vdots & & \vdots & \vdots & & \vdots & \vdots \\ 0 & 0 & \cdots & 0 & 0 & \cdots & 0 & 0 \end{pmatrix}。$$

(1) 若 $R(\boldsymbol{A})\neq R(\bar{\boldsymbol{A}})$，即 $d_{r+1}\neq 0$。此时第 $r+1$ 行对应于矛盾方程 $0=d_{r+1}$，故线性方程组(3.15)无解。

(2) 当 $R(\boldsymbol{A})=R(\bar{\boldsymbol{A}})=n$ 时，$\bar{\boldsymbol{A}}=(\boldsymbol{\alpha}_1,\boldsymbol{\alpha}_2,\cdots,\boldsymbol{\alpha}_n,\boldsymbol{b})$ 的行最简形为

$$\begin{pmatrix} 1 & 0 & \cdots & 0 & d_1 \\ 0 & 1 & \cdots & 0 & d_2 \\ \vdots & \vdots & \ddots & \vdots & \vdots \\ 0 & 0 & \cdots & 1 & d_n \end{pmatrix}。$$

此时，线性方程组(3.15)有解，且有唯一解

$$\begin{cases} x_1=d_1, \\ x_2=d_2, \\ \quad\vdots \\ x_n=d_n, \end{cases} \quad \text{或写为} \begin{pmatrix} x_1 \\ x_2 \\ \vdots \\ x_n \end{pmatrix}=\begin{pmatrix} d_1 \\ d_2 \\ \vdots \\ d_n \end{pmatrix}。$$

(3) 当 $R(\boldsymbol{A})=R(\bar{\boldsymbol{A}})=r<n$，$\bar{\boldsymbol{A}}=(\boldsymbol{\alpha}_1,\boldsymbol{\alpha}_2,\cdots,\boldsymbol{\alpha}_n,\boldsymbol{b})$ 的行最简形为

$$\begin{pmatrix} 1 & 0 & \cdots & 0 & b_{1,r+1} & \cdots & b_{1n} & d_1 \\ 0 & 1 & \cdots & 0 & b_{2,r+1} & \cdots & b_{2n} & d_2 \\ \vdots & \vdots & \ddots & \vdots & \vdots & & \vdots & \vdots \\ 0 & 0 & \cdots & 1 & b_{r,r+1} & \cdots & b_{rn} & d_r \\ 0 & 0 & \cdots & 0 & 0 & \cdots & 0 & 0 \\ \vdots & \vdots & & \vdots & \vdots & & \vdots & \vdots \\ 0 & 0 & \cdots & 0 & 0 & \cdots & 0 & 0 \end{pmatrix},$$

与 $\boldsymbol{Ax}=\boldsymbol{b}$ 同解的线性方程组为

$$\begin{cases} x_1 \qquad\qquad + b_{1,r+1}x_{r+1}+\cdots+b_{1n}x_n=d_1, \\ \qquad x_2 \qquad + b_{2,r+1}x_{r+1}+\cdots+b_{2n}x_n=d_2, \\ \qquad\qquad \vdots \\ \qquad\qquad x_r+b_{r,r+1}x_{r+1}+\cdots+b_{rn}x_n=d_r, \end{cases}$$

即

$$\begin{cases} x_1=-b_{1,r+1}x_{r+1}-\cdots-b_{1n}x_n+d_1, \\ x_2=-b_{2,r+1}x_{r+1}-\cdots-b_{2n}x_n+d_2, \\ \qquad\vdots \\ x_r=-b_{r,r+1}x_{r+1}-\cdots-b_{rn}x_n+d_r。 \end{cases} \tag{3.16}$$

显然，线性方程组(3.15)与线性方程组(3.16)同解。

在线性方程组(3.16)中，任给 $x_{r+1},\cdots,x_n$ 一组值，可唯一确定 $x_1,x_2,\cdots,x_r$ 的值，从而得到线性方程组(3.15)的一个解。将 $x_1,x_2,\cdots,x_r$ 称为**主变量**(**principal variable**)，$x_{r+1},\cdots,x_n$ 称为**自由未知量**(**free unknown variable**)，自由未知量可取任意实数。

令自由未知量 $x_{r+1}=k_1,\cdots,x_n=k_{n-r}$，得到线性方程组(3.16)的一组解。因此，线性方程组(3.15)不仅有解，且有无穷多解，即

$$\begin{cases} x_1 = -b_{1,r+1}k_1 - \cdots - b_{1n}k_{n-r} + d_1, \\ \qquad \vdots \\ x_r = -b_{r,r+1}k_1 - \cdots - b_{rn}k_{n-r} + d_r, \\ x_{r+1} = \qquad k_1, \\ \qquad \vdots \\ x_n = \qquad\qquad k_{n-r}, \end{cases}$$

或写为

$$\begin{pmatrix} x_1 \\ \vdots \\ x_r \\ x_{r+1} \\ \vdots \\ x_n \end{pmatrix} = \begin{pmatrix} -b_{1,r+1}k_1 - \cdots - b_{1n}k_{n-r} + d_1 \\ \vdots \\ -b_{r,r+1}k_1 - \cdots - b_{rn}k_{n-r} + d_r \\ k_1 \\ \vdots \\ k_{n-r} \end{pmatrix} = k_1 \begin{pmatrix} -b_{1,r+1} \\ \vdots \\ -b_{r,r+1} \\ 1 \\ \vdots \\ 0 \end{pmatrix} + \cdots + k_{n-r} \begin{pmatrix} -b_{1n} \\ \vdots \\ -b_{rn} \\ 0 \\ \vdots \\ 1 \end{pmatrix} + \begin{pmatrix} d_1 \\ \vdots \\ d_r \\ 0 \\ \vdots \\ 0 \end{pmatrix},$$

其中 $k_1,k_2,\cdots,k_{n-r}$ 为任意实数。 证毕

特别地，对于齐次线性方程组有如下定理成立。

定理 3.10 设给定的齐次线性方程组为 $\boldsymbol{A}_{m\times n}\boldsymbol{x}=\boldsymbol{0}$。

(1) 若 $\mathrm{R}(\boldsymbol{A})=n$，则线性方程组有唯一零解；

(2) 若 $\mathrm{R}(\boldsymbol{A})<n$，则线性方程组有(无穷多个)非零解。

Theorem 3.10 Assume that the homogeneous linear system is given by $\boldsymbol{A}_{m\times n}\boldsymbol{x}=\boldsymbol{0}$.

(1) The system has a unique zero solution if $\mathrm{R}(\boldsymbol{A})=n$;

(2) The system has (infinitely many) nonzero solutions if $\mathrm{R}(\boldsymbol{A})<n$.

例 3.14 求解如下的线性方程组

$$\begin{cases} x_1 - 3x_2 + 2x_3 - x_4 = 2, \\ 2x_1 + x_2 - 2x_3 + 3x_4 = 1, \\ 4x_1 - 5x_2 + 2x_3 + x_4 = 2。 \end{cases}$$

分析 利用初等行变换将线性方程组的增广矩阵约化为行阶梯形；然后根据定理 3.9 的结论判断解的情况。

解 对线性方程组的增广矩阵 $\bar{\boldsymbol{A}}$ 施以初等行变换

$$\bar{\boldsymbol{A}} = \begin{pmatrix} 1 & -3 & 2 & -1 & 2 \\ 2 & 1 & -2 & 3 & 1 \\ 4 & -5 & 2 & 1 & 2 \end{pmatrix} \xrightarrow[r_3-4r_1]{r_2-2r_1} \begin{pmatrix} 1 & -3 & 2 & -1 & 2 \\ 0 & 7 & -6 & 5 & -3 \\ 0 & 7 & -6 & 5 & -6 \end{pmatrix}$$

$$\xrightarrow{r_3-r_2} \begin{pmatrix} 1 & -3 & 2 & -1 & 2 \\ 0 & 7 & -6 & 5 & -3 \\ 0 & 0 & 0 & 0 & -3 \end{pmatrix}。$$

显然，$R(\mathbf{A})=2$，$R(\bar{\mathbf{A}})=3$，$R(\mathbf{A})\neq R(\bar{\mathbf{A}})$。故此线性方程组无解。

例 3.15 求解线性方程组

$$\begin{cases} x_1+x_2+3x_3=6, \\ 2x_1-x_2+x_3=5, \\ 3x_1+2x_2-2x_3=-3, \\ 4x_1+3x_2+x_3=3。\end{cases}$$

分析 方法与例 3.14 类似。

解 对线性方程组的增广矩阵 $\bar{\mathbf{A}}$ 施以初等行变换，并将其约化为行最简形，具体计算过程如下：

$$\bar{\mathbf{A}}=\begin{pmatrix} 1 & 1 & 3 & 6 \\ 2 & -1 & 1 & 5 \\ 3 & 2 & -2 & -3 \\ 4 & 3 & 1 & 3 \end{pmatrix} \xrightarrow[r_4-4r_1]{\substack{r_2-2r_1 \\ r_3-3r_1}} \begin{pmatrix} 1 & 1 & 3 & 6 \\ 0 & -3 & -5 & -7 \\ 0 & -1 & -11 & -21 \\ 0 & -1 & -11 & -21 \end{pmatrix}$$

$$\xrightarrow[r_4-r_3]{\substack{r_1+r_3 \\ r_2-3r_3}} \begin{pmatrix} 1 & 0 & -8 & -15 \\ 0 & 0 & 28 & 56 \\ 0 & -1 & -11 & -21 \\ 0 & 0 & 0 & 0 \end{pmatrix} \xrightarrow[-r_3]{\frac{1}{28}r_2} \begin{pmatrix} 1 & 0 & -8 & -15 \\ 0 & 0 & 1 & 2 \\ 0 & 1 & 11 & 21 \\ 0 & 0 & 0 & 0 \end{pmatrix}$$

$$\xrightarrow{r_2\leftrightarrow r_3} \begin{pmatrix} 1 & 0 & -8 & -15 \\ 0 & 1 & 11 & 21 \\ 0 & 0 & 1 & 2 \\ 0 & 0 & 0 & 0 \end{pmatrix} \xrightarrow[r_2-11r_3]{r_1+8r_3} \begin{pmatrix} 1 & 0 & 0 & 1 \\ 0 & 1 & 0 & -1 \\ 0 & 0 & 1 & 2 \\ 0 & 0 & 0 & 0 \end{pmatrix}。$$

显然，$R(\mathbf{A})=R(\bar{\mathbf{A}})=3$，故此线性方程组有唯一解。与原线性方程组同解的线性方程组为

$$\begin{cases} x_1=1, \\ x_2=-1, \\ x_3=2。\end{cases}$$

这也是原线性方程组的唯一解，即

$$\begin{pmatrix} x_1 \\ x_2 \\ x_3 \end{pmatrix}=\begin{pmatrix} 1 \\ -1 \\ 2 \end{pmatrix}。$$

例 3.16 求解线性方程组

$$\begin{cases} x_1-x_2+2x_3-x_4=4, \\ x_1+x_2+3x_3-2x_4=8, \\ 2x_1+x_2+3x_4=2, \\ 4x_1+x_2+5x_3=14。\end{cases}$$

分析 方法与例3.14类似。

解 对线性方程组的增广矩阵 $\bar{\boldsymbol{A}}$ 施以初等行变换,有

$$\bar{\boldsymbol{A}}=\begin{pmatrix}1&-1&2&-1&4\\1&1&3&-2&8\\2&1&0&3&2\\4&1&5&0&14\end{pmatrix}\xrightarrow[r_4-4r_1]{\substack{r_2-r_1\\r_3-2r_1}}\begin{pmatrix}1&-1&2&-1&4\\0&2&1&-1&4\\0&3&-4&5&-6\\0&5&-3&4&-2\end{pmatrix}$$

$$\xrightarrow[r_4-2r_3]{r_2-r_3}\begin{pmatrix}1&-1&2&-1&4\\0&-1&5&-6&10\\0&3&-4&5&-6\\0&-1&5&-6&10\end{pmatrix}\xrightarrow[r_4-r_2]{\substack{r_1-r_2\\r_3+3r_2}}\begin{pmatrix}1&0&-3&5&-6\\0&-1&5&-6&10\\0&0&11&-13&24\\0&0&0&0&0\end{pmatrix}$$

$$\xrightarrow[\frac{1}{11}r_3]{-r_2}\begin{pmatrix}1&0&-3&5&-6\\0&1&-5&6&-10\\0&0&1&-\frac{13}{11}&\frac{24}{11}\\0&0&0&0&0\end{pmatrix}\xrightarrow[r_2+5r_3]{r_1+3r_3}\begin{pmatrix}1&0&0&\frac{16}{11}&\frac{6}{11}\\0&1&0&\frac{1}{11}&\frac{10}{11}\\0&0&1&-\frac{13}{11}&\frac{24}{11}\\0&0&0&0&0\end{pmatrix}。$$

显然,$\mathrm{R}(\boldsymbol{A})=\mathrm{R}(\bar{\boldsymbol{A}})=3<4$,因此,该线性方程组有无穷多解。与原线性方程组同解的线性方程组为

$$\begin{cases}x_1+\frac{16}{11}x_4=\frac{6}{11},\\x_2+\frac{1}{11}x_4=\frac{10}{11},\\x_3-\frac{13}{11}x_4=\frac{24}{11},\end{cases}$$

即

$$\begin{cases}x_1=-\frac{16}{11}x_4+\frac{6}{11},\\x_2=-\frac{1}{11}x_4+\frac{10}{11},\\x_3=\frac{13}{11}x_4+\frac{24}{11}。\end{cases}$$

令 $x_4=k$,则

$$\begin{cases}x_1=-\frac{16}{11}k+\frac{6}{11},\\x_2=-\frac{1}{11}k+\frac{10}{11},\\x_3=\frac{13}{11}k+\frac{24}{11},\\x_4=k。\end{cases}$$

即

$$\begin{pmatrix}x_1\\x_2\\x_3\\x_4\end{pmatrix}=k\begin{pmatrix}-\dfrac{16}{11}\\-\dfrac{1}{11}\\\dfrac{13}{11}\\1\end{pmatrix}+\begin{pmatrix}\dfrac{6}{11}\\\dfrac{10}{11}\\\dfrac{24}{11}\\0\end{pmatrix}\quad(k\text{ 为任意实数})。$$

评注 由例 3.14～例 3.16 可见,在求解非齐次线性方程组时,可先利用初等行变换将线性方程组的增广矩阵约化为行阶梯形矩阵,然后判断 $\mathrm{R}(\bar{\boldsymbol{A}})$和 $\mathrm{R}(\boldsymbol{A})$是否相等？若不相等,则线性方程组无解；若相等,再进一步将增广矩阵约化为行最简形,进而求出线性方程组的解。

例 3.17 求解齐次线性方程组

$$\begin{cases}x_1+2x_2-x_3+3x_4-2x_5=0,\\x_1+x_2+4x_3-x_4+4x_5=0,\\2x_1+3x_2+3x_3+2x_4+2x_5=0,\\4x_1+7x_2+x_3+8x_4-2x_5=0。\end{cases}$$

分析 利用初等行变换将线性方程组的系数矩阵约化为行阶梯形；然后根据定理 3.10 的结论判定解的情况。

解 由 $m=4,n=5$ 可知,$\mathrm{R}(\boldsymbol{A})\leqslant m<n$,因此所给线性方程组有无穷多的非零解。对系数矩阵 $\boldsymbol{A}$ 施以初等行变换,有

$$\boldsymbol{A}=\begin{pmatrix}1&2&-1&3&-2\\1&1&4&-1&4\\2&3&3&2&2\\4&7&1&8&-2\end{pmatrix}\xrightarrow[r_4-4r_1]{\substack{r_2-r_1\\r_3-2r_1}}\begin{pmatrix}1&2&-1&3&-2\\0&-1&5&-4&6\\0&-1&5&-4&6\\0&-1&5&-4&6\end{pmatrix}$$

$$\xrightarrow[r_4-r_2]{\substack{r_1+2r_2\\r_3-r_2}}\begin{pmatrix}1&0&9&-5&10\\0&-1&5&-4&6\\0&0&0&0&0\\0&0&0&0&0\end{pmatrix}\xrightarrow{-r_2}\begin{pmatrix}1&0&9&-5&10\\0&1&-5&4&-6\\0&0&0&0&0\\0&0&0&0&0\end{pmatrix}。$$

$\mathrm{R}(\boldsymbol{A})=2<5$,因此,该线性方程组有无穷多解。与原线性方程组同解的线性方程组为

$$\begin{cases}x_1=-9x_3+5x_4-10x_5,\\x_2=5x_3-4x_4+6x_5。\end{cases}$$

令 $x_3=k_1,x_4=k_2,x_5=k_3$,则

$$\begin{cases}x_1=-9k_1+5k_2-10k_3,\\x_2=5k_1-4k_2+6k_3,\end{cases}$$

即

$$\begin{pmatrix}x_1\\x_2\\x_3\\x_4\\x_5\end{pmatrix}=k_1\begin{pmatrix}-9\\5\\1\\0\\0\end{pmatrix}+k_2\begin{pmatrix}5\\-4\\0\\1\\0\end{pmatrix}+k_3\begin{pmatrix}-10\\6\\0\\0\\1\end{pmatrix}\quad(k_1,k_2,k_3\text{ 为任意实数})。$$

例 3.18 给定如下的线性方程组：

$$\begin{cases} x_1 + x_2 + x_3 + x_4 = 0, \\ x_2 + 2x_3 + 2x_4 = 1, \\ -x_2 + (a-3)x_3 - 2x_4 = b, \\ 3x_1 + 2x_2 + x_3 + ax_4 = -1。\end{cases}$$

当 a,b 取何值时，线性方程组无解、有唯一解或有无穷多解？在有解时，求出其解。

分析 利用初等行变换将线性方程组的增广矩阵约化为行阶梯形矩阵，进而利用定理 3.9 讨论此线性方程组解的情况。

解 易见，线性方程组的增广矩阵为

$$\bar{\boldsymbol{A}} = (\boldsymbol{A}, \boldsymbol{b}) = \left(\begin{array}{cccc:c} 1 & 1 & 1 & 1 & 0 \\ 0 & 1 & 2 & 2 & 1 \\ 0 & -1 & a-3 & -2 & b \\ 3 & 2 & 1 & a & -1 \end{array}\right)。$$

对增广矩阵 $\bar{\boldsymbol{A}}$ 实施初等行变换，有

$$\bar{\boldsymbol{A}} \xrightarrow[r_4 - 3r_1]{r_3 + r_2} \left(\begin{array}{cccc:c} 1 & 1 & 1 & 1 & 0 \\ 0 & 1 & 2 & 2 & 1 \\ 0 & 0 & a-1 & 0 & b+1 \\ 0 & -1 & -2 & a-3 & -1 \end{array}\right) \xrightarrow{r_4 + r_2} \left(\begin{array}{cccc:c} 1 & 1 & 1 & 1 & 0 \\ 0 & 1 & 2 & 2 & 1 \\ 0 & 0 & a-1 & 0 & b+1 \\ 0 & 0 & 0 & a-1 & 0 \end{array}\right)。$$

根据定理 3.9，分三种情况讨论线性方程组的解的情况。

(1) 当 $a-1 \neq 0$ 时，$R(\boldsymbol{A}) = R(\bar{\boldsymbol{A}}) = 4$，线性方程组有唯一解，即

$$\begin{pmatrix} x_1 \\ x_2 \\ x_3 \\ x_4 \end{pmatrix} = \begin{pmatrix} \dfrac{b-a+2}{a-1} \\ \dfrac{a-2b-3}{a-1} \\ \dfrac{b+1}{a-1} \\ 0 \end{pmatrix}。$$

(2) 当 $a-1=0$，且 $b \neq -1$ 时，$R(\boldsymbol{A}) = 2 < R(\bar{\boldsymbol{A}}) = 3$，故此线性方程组无解。

(3) 当 $a=1$，且 $b=-1$ 时，$R(\boldsymbol{A}) = R(\bar{\boldsymbol{A}}) = 2 < 4$，线性方程组有无穷多解，同解的线性方程组为

$$\begin{cases} x_1 + x_2 + x_3 + x_4 = 0, \\ x_2 + 2x_3 + 2x_4 = 1, \end{cases}$$

进一步地，有

$$\begin{cases} x_1 = x_3 + x_4 - 1, \\ x_2 = -2x_3 - 2x_4 + 1。\end{cases}$$

令 $x_3 = k_1, x_4 = k_2$，线性方程组的解可以表示为

$$\begin{pmatrix} x_1 \\ x_2 \\ x_3 \\ x_4 \end{pmatrix} = k_1 \begin{pmatrix} 1 \\ -2 \\ 1 \\ 0 \end{pmatrix} + k_2 \begin{pmatrix} 1 \\ -2 \\ 0 \\ 1 \end{pmatrix} + \begin{pmatrix} -1 \\ 1 \\ 0 \\ 0 \end{pmatrix} \quad (k_1, k_2 \text{ 为任意实数})。$$

例 3.19 证明：线性方程组

$$\begin{cases} x_1-x_2 = a_1, \\ x_2-x_3 = a_2, \\ x_3-x_4 = a_3, \\ x_4-x_5 = a_4, \\ -x_1+x_5 = a_5 \end{cases}$$

有解的充要条件是 $\sum_{i=1}^{5}a_i = 0$。

分析 利用初等行变换将线性方程组的增广矩阵约化为行阶梯形；然后根据定理 3.9 的结论判定其解的情况。

证 对增广矩阵实施初等行变换，有

$$\bar{A}=\left(\begin{array}{ccccc:c} 1 & -1 & 0 & 0 & 0 & a_1 \\ 0 & 1 & -1 & 0 & 0 & a_2 \\ 0 & 0 & 1 & -1 & 0 & a_3 \\ 0 & 0 & 0 & 1 & -1 & a_4 \\ -1 & 0 & 0 & 0 & 1 & a_5 \end{array}\right) \xrightarrow{r_5+r_1} \left(\begin{array}{ccccc:c} 1 & -1 & 0 & 0 & 0 & a_1 \\ 0 & 1 & -1 & 0 & 0 & a_2 \\ 0 & 0 & 1 & -1 & 0 & a_3 \\ 0 & 0 & 0 & 1 & -1 & a_4 \\ 0 & -1 & 0 & 0 & 1 & a_1+a_5 \end{array}\right)$$

$$\xrightarrow[r_5+r_4]{\substack{r_5+r_2\\ r_5+r_3}} \left(\begin{array}{ccccc:c} 1 & -1 & 0 & 0 & 0 & a_1 \\ 0 & 1 & -1 & 0 & 0 & a_2 \\ 0 & 0 & 1 & -1 & 0 & a_3 \\ 0 & 0 & 0 & 1 & -1 & a_4 \\ 0 & 0 & 0 & 0 & 0 & \sum_{i=1}^{5}a_i \end{array}\right)。$$

根据定理 3.9 可得，$R(\boldsymbol{A}) = R(\bar{\boldsymbol{A}}) = 4 \Leftrightarrow \sum_{i=1}^{5}a_i = 0$。 证毕

习题 3.3

思考题

1. 非齐次线性方程组的解与对应的齐次线性方程组的解之间有无关系？

2. 如何判断非齐次线性方程组是否有解？

3. 下列说法是否正确，并说明理由：

(1) 若 $R(\boldsymbol{A}_{m\times n})=m$，则线性方程组 $\boldsymbol{Ax}=\boldsymbol{0}$ 只有零解。

(2) 若线性方程组 $\boldsymbol{Ax}=\boldsymbol{b}(\boldsymbol{b}\neq\boldsymbol{0})$ 有无穷多解，则线性方程组 $\boldsymbol{Ax}=\boldsymbol{0}$ 也有无穷多解。

A类题

1. 设下列矩阵为线性方程组的增广矩阵，哪些对应的线性方程组无解、有唯一解、有无穷多解？

(1) $\begin{pmatrix}1 & 3 & 1\\0 & 1 & -1\\0 & 0 & 0\end{pmatrix}$；　　(2) $\begin{pmatrix}1 & 2 & 4\\0 & 1 & 3\\0 & 0 & 1\end{pmatrix}$；

(3) $\begin{pmatrix}1 & -2 & 2 & -3\\0 & 1 & -1 & 3\\0 & 0 & 1 & 0\end{pmatrix}$；　　(4) $\begin{pmatrix}1 & 4 & 2 & -2\\0 & 0 & 1 & 4\\0 & 0 & 0 & 1\end{pmatrix}$；

(5) (1,0,2,3)。

2. 求解下列齐次线性方程组：

(1) $\begin{cases}x_1+2x_2+x_3-x_4=0,\\3x_1+6x_2-x_3-3x_4=0,\\5x_1+10x_2+x_3-5x_4=0;\end{cases}$　　(2) $\begin{cases}x_1+x_2+x_3+4x_4-3x_5=0,\\x_1-x_2+3x_3-2x_4-x_5=0,\\2x_1+x_2+3x_3+5x_4-5x_5=0,\\3x_1+x_2+5x_3+6x_4-7x_5=0。\end{cases}$

3. 求解下列非齐次线性方程组：

(1) $\begin{cases}x_1+x_2+2x_3=1,\\2x_1-x_2+2x_3=4,\\x_1-2x_2=3,\\4x_1+x_2+4x_3=2;\end{cases}$　　(2) $\begin{cases}x_1+x_2-2x_3+3x_4=0,\\2x_1+x_2-6x_3+4x_4=-1,\\3x_1+2x_2-8x_3+7x_4=-1,\\x_1-x_2-6x_3-x_4=-2;\end{cases}$

(3) $\begin{cases}x_1-2x_2+3x_3-4x_4=4,\\x_2-x_3+x_4=-3,\\x_1+3x_2-3x_4=1,\\-7x_2+3x_3+x_4=-3。\end{cases}$

4. 设有非齐次线性方程组

$$\begin{cases}\lambda x_1+x_2+x_3=1,\\x_1+\lambda x_2+x_3=\lambda,\\x_1+x_2+\lambda x_3=\lambda^2。\end{cases}$$

λ 取何值时,此线性方程组(1)有唯一解；(2)无解；(3)有无穷多解？在线性方程组有解的情形下,求出解。

5. 设有线性方程组

$$\begin{cases}x_1-x_2-2x_3+3x_4=0,\\x_1-3x_2-6x_3+2x_4=-1,\\x_1+5x_2+10x_3-x_4=b,\\3x_1+x_2+ax_3+4x_4=1。\end{cases}$$

当 a,b 取何值时,此线性方程组(1)无解；(2)有唯一解；(3)有无穷多解？在线性方程组有解的情形下,求出解。

6. 判断下列说法是否正确,并说明理由：

(1) 若 $\boldsymbol{A}_{m\times n}\boldsymbol{x}=\boldsymbol{0}$,且 $\mathrm{R}(\boldsymbol{A}_{m\times n})=m$,则 $\boldsymbol{Ax}=\boldsymbol{0}$ 一定有解；

(2) 若 $\boldsymbol{A}_{m\times n}\boldsymbol{x}=\boldsymbol{b}$,且 $\mathrm{R}(\boldsymbol{A}_{m\times n})=m$,则 $\boldsymbol{Ax}=\boldsymbol{b}$ 一定有解；

(3) 若 $\boldsymbol{A}_{m\times n}\boldsymbol{x}=\boldsymbol{0}$,且 $m<n$,则 $\boldsymbol{Ax}=\boldsymbol{0}$ 有非零解。

B类题

1. 设

$$\boldsymbol{B}=\begin{pmatrix}1 & -3\\ 2 & 2\\ 3 & -1\end{pmatrix}=(\boldsymbol{\beta}_1,\boldsymbol{\beta}_2),\quad \boldsymbol{A}=\begin{pmatrix}4 & 1 & -2\\ 2 & 2 & 1\\ 3 & 1 & -1\end{pmatrix},$$

解线性方程组 $\boldsymbol{Ax}=\boldsymbol{\beta}_1,\boldsymbol{Ax}=\boldsymbol{\beta}_2$。

2. 设

$$\boldsymbol{A}=\begin{pmatrix}1 & 2 & -1 & 3\\ 2 & 1 & 4 & 3\\ 0 & a & 2 & -1\end{pmatrix},\quad \boldsymbol{\beta}=\begin{pmatrix}1\\ 5\\ -6\end{pmatrix},$$

且线性方程组 $\boldsymbol{Ax}=\boldsymbol{\beta}$ 无解。求 a 的值。

3. 设 $\boldsymbol{BA}=\boldsymbol{0}$,其中 $\boldsymbol{A}$ 是三阶非零矩阵,$\boldsymbol{B}=\begin{pmatrix}1 & 2 & 0\\ 2 & 0 & -4\\ -1 & t & 5\\ 1 & 0 & -2\end{pmatrix}$,求 t 的值。

4. 当 k 取何值时,线性方程组

$$\begin{cases}x_1+x_2+kx_3=4,\\ -x_1+kx_2+x_3=k^2,\\ x_1-x_2+2x_3=-4\end{cases}$$

(1)有唯一解;(2)无解;(3)有无穷多解?在线性方程组有解的情形下,求出解。

复习题 3

1. 填空题

(1) 设 $\boldsymbol{A}$ 为 4×3 矩阵,且 $\mathrm{R}(\boldsymbol{A})=2$,$\boldsymbol{B}=\begin{pmatrix}4 & 0 & 2\\ 0 & 2 & 0\\ 1 & 0 & 3\end{pmatrix}$,则 $\mathrm{R}(\boldsymbol{AB})-\mathrm{R}(\boldsymbol{A})=$________。

(2) 已知某非齐次线性方程组的增广矩阵的行最简形为 $\begin{pmatrix}1 & -1 & 0 & 1\\ 0 & 0 & 1 & 3\\ 0 & 0 & 0 & 0\end{pmatrix}$,则该线性方程组中有________个主变量,有________个自由未知量,线性方程组的解为________。

(3) 设 $\boldsymbol{A}$ 为三阶方阵,$\boldsymbol{B}=\begin{pmatrix}1 & -1 & 0\\ 2 & 1 & 1\\ 3 & 0 & k\end{pmatrix}$。若 $\mathrm{R}(\boldsymbol{A})=1$,$\boldsymbol{AB}=\boldsymbol{0}$,则 $k=$________。

(4) 设 $\boldsymbol{A}=\begin{pmatrix}1 & 1 & 2 & -2\\ 1 & 3 & a & 2a\\ 1 & -1 & 6 & 0\end{pmatrix}$,若 $\mathrm{R}(\boldsymbol{A})=2$,则 $a=$________。

(5) 设 $\boldsymbol{A}=\begin{pmatrix}1 & 1 & 0\\1 & 0 & 1\\0 & 1 & 1\end{pmatrix}$，$\boldsymbol{B}=\begin{pmatrix}a & 1 & 1\\2 & 1 & a\\1 & 1 & a\end{pmatrix}$，且矩阵 $\boldsymbol{AB}$ 的秩为 2，则 $a=$________。

2. 选择题

(1) 设 $\boldsymbol{A}=\begin{pmatrix}1 & -1 & 0\\0 & 1 & -1\\-1 & 0 & 1\end{pmatrix}$，$\boldsymbol{b}=\begin{pmatrix}a_1\\a_2\\a_3\end{pmatrix}$，线性方程组 $\boldsymbol{Ax}=\boldsymbol{b}$ 有解的充分必要条件为(　　)。

A. $a_1=a_2=a_3$　　B. $a_1=a_2=a_3=1$　　C. $a_1+a_2+a_3=0$　　D. $a_1-a_2+a_3=0$

(2) 已知非齐次线性方程组为 $\boldsymbol{Ax}=\boldsymbol{b}$，对应的齐次线性方程组为 $\boldsymbol{Ax}=\boldsymbol{0}$，则下列说法正确的是(　　)。

A. 若 $\boldsymbol{Ax}=\boldsymbol{0}$ 仅有零解，则 $\boldsymbol{Ax}=\boldsymbol{b}$ 有唯一解

B. 若 $\boldsymbol{Ax}=\boldsymbol{0}$ 有非零解，则 $\boldsymbol{Ax}=\boldsymbol{b}$ 有无穷多组解

C. 若 $\boldsymbol{Ax}=\boldsymbol{b}$ 有无穷多组解，则 $\boldsymbol{Ax}=\boldsymbol{0}$ 仅有零解

D. 若 $\boldsymbol{Ax}=\boldsymbol{b}$ 有无穷多组解，则 $\boldsymbol{Ax}=\boldsymbol{0}$ 有非零解

(3) 已知 $\boldsymbol{A}$ 为 $m\times n$ 矩阵，且 $\mathrm{R}(\boldsymbol{A})=r<\min\{m,n\}$，则下列说法正确的是(　　)。

A. $\boldsymbol{A}$ 中没有等于零的 $r-1$ 阶子式，至少有一个 r 阶子式不为零

B. $\boldsymbol{A}$ 中有等于零的 r 阶子式，没有不等于零的 $r+1$ 阶子式

C. $\boldsymbol{A}$ 中有不等于零的 r 阶子式，所有 $r+1$ 阶子式全为零

D. $\boldsymbol{A}$ 中任何 r 阶子式不等于零，任何 $r+1$ 阶子式都等于零

(4) 设 $\boldsymbol{A}$ 和 $\boldsymbol{B}$ 分别为 $m\times n$ 和 $n\times m$ 矩阵，则齐次线性方程组 $\boldsymbol{ABx}=\boldsymbol{0}$(　　)。

A. 当 $n>m$ 时仅有零解　　B. 当 $m>n$ 时必有非零解

C. 当 $m>n$ 时仅有零解　　D. 当 $n>m$ 时必有非零解

(5) 设 $\boldsymbol{A}=\begin{pmatrix}a_{11} & a_{12} & a_{13}\\a_{21} & a_{22} & a_{23}\\a_{31} & a_{32} & a_{33}\end{pmatrix}$，$\boldsymbol{B}=\begin{pmatrix}a_{21} & a_{22} & a_{23}\\a_{11} & a_{12} & a_{13}\\a_{31}+a_{11} & a_{32}+a_{12} & a_{33}+a_{13}\end{pmatrix}$，$\boldsymbol{P}_1=\begin{pmatrix}0 & 1 & 0\\1 & 0 & 0\\0 & 0 & 1\end{pmatrix}$，$\boldsymbol{P}_2=\begin{pmatrix}1 & 0 & 0\\0 & 1 & 0\\1 & 0 & 1\end{pmatrix}$，则必有(　　)。

A. $\boldsymbol{AP}_1\boldsymbol{P}_2=\boldsymbol{B}$　　B. $\boldsymbol{AP}_2\boldsymbol{P}_1=\boldsymbol{B}$　　C. $\boldsymbol{P}_1\boldsymbol{P}_2\boldsymbol{A}=\boldsymbol{B}$　　D. $\boldsymbol{P}_2\boldsymbol{P}_1\boldsymbol{A}=\boldsymbol{B}$

3. 求下列矩阵的秩，并找出一个最高阶非零子式：

(1) $\begin{pmatrix}1 & 2 & 4 & 3\\2 & 1 & -2 & 3\\3 & 1 & 2 & -1\\-1 & 0 & -4 & 4\end{pmatrix}$；　　(2) $\begin{pmatrix}2 & -1 & 3 & 3 & 1\\3 & 2 & 2 & 1 & -1\\1 & 3 & -1 & -2 & -2\\4 & 5 & 1 & -1 & -3\end{pmatrix}$。

4. 设矩阵 $\boldsymbol{A}=\begin{pmatrix}1 & -2 & 3k\\-1 & 2k & -3\\k & -2 & 3\\-2 & 4k & -6\end{pmatrix}$，当 k 为何值时，使得

(1) $R(\boldsymbol{A})=1$；　　(2) $R(\boldsymbol{A})=2$；　　(3) $R(\boldsymbol{A})=3$。

5. 已知 n 阶方阵 $\boldsymbol{A}=\begin{pmatrix} a & 1 & \cdots & 1 \\ 1 & a & \cdots & 1 \\ \vdots & \vdots & & \vdots \\ 1 & 1 & \cdots & a \end{pmatrix}$，求 $R(\boldsymbol{A})$。

6. 求下列矩阵的逆矩阵：

(1) $\begin{pmatrix} 1 & 0 & 0 & 0 \\ 1 & 1 & 0 & 0 \\ 1 & -1 & 1 & 0 \\ 1 & -1 & -1 & 1 \end{pmatrix}$；　　(2) $\begin{pmatrix} 1 & 1 & 0 & 0 \\ 1 & 2 & 0 & 0 \\ 0 & 0 & 1 & 2 \\ 0 & 0 & 2 & 5 \end{pmatrix}$；

(3) $\begin{pmatrix} 2 & 12 & 0 & 0 \\ 3 & 2 & 0 & 0 \\ 5 & 7 & 1 & 8 \\ -1 & -3 & -1 & -6 \end{pmatrix}$。

7. 求解下列线性方程组：

(1) $\begin{cases} x_1+2x_2-3x_3+4x_4=0, \\ 2x_1+3x_2+2x_3-x_4=0, \\ 4x_1+7x_2-4x_3+7x_4=0, \\ 3x_1+5x_2-x_3+3x_4=0; \end{cases}$　　(2) $\begin{cases} x_1+3x_2-2x_3-4x_4=7, \\ 3x_1+5x_2-x_3+x_4=6, \\ 4x_1+8x_2-3x_3-3x_4=13, \\ 2x_1+2x_2+x_3+5x_4=-1。 \end{cases}$

8. 设齐次线性方程组为

$$\begin{cases} (3-\lambda)x_1-x_2+x_3=0, \\ x_1+(1-\lambda)x_2+x_3=0, \\ -3x_1+3x_2-(1+\lambda)x_3=0。 \end{cases}$$

当 λ 为何值时，此齐次线性方程组有非零解？并在有非零解时，求出解。

9. 设非齐次线性方程组为

$$\begin{cases} (1+\lambda)x_1+x_2+x_3=0, \\ x_1+(1+\lambda)x_2+x_3=3, \\ x_1+x_2+(1+\lambda)x_3=\lambda。 \end{cases}$$

当 λ 取何值时，非齐次线性方程组(1)有唯一解；(2)无解；(3)有无穷多解，并在有无穷多组解时，求出解。

10. 试讨论 a 和 b 取何值时，非齐次线性方程组

$$\begin{cases} x_1+x_2-2x_3+3x_4=0, \\ 2x_1+x_2-6x_3+4x_4=-1, \\ 3x_1+2x_2+ax_3+7x_4=-1, \\ x_1-x_2-6x_3-x_4=b, \end{cases}$$

(1)有唯一解；(2)无解；(3)有无穷多解，并在线性方程组有解时，求出解。

第 4 章

向量

Vectors

在第 3 章中，我们利用向量表示了线性方程组的解的形式，特别是当线性方程组有无穷多解时，用向量表示解的结构会显得更加清晰。然而，向量的用途不仅限于此。早在 1843 年，英国数学家哈密顿研究"四元数"概念的同时，就引入了向量的概念。作为线性代数中最基本的概念之一，向量不仅是线性代数的核心，其相关理论和方法已经渗透到自然科学、工程技术、经济管理等各个领域，也是解决众多数学问题常用的工具。

本章的内容分向量组和线性方程组两部分。向量组部分是从线性组合、线性相关(无关)出发，讨论向量组中线性无关向量的个数，从而引出向量组的极大无关组和向量组的秩的概念。线性方程组部分的主要内容是利用向量组的理论，对线性方程组解的情况以及解的结构进行讨论。重点讨论当线性方程组有无穷多解时，如何用极大无关组来表示线性方程组的所有解，即通解。

4.1 向量及其线性运算 | *Vectors and their linear operations*

本节首先给出与向量相关的一些概念，并引入向量的线性运算；通过引入向量组的线性组合、线性表示等概念，建立向量组的线性组合与线性方程组的解之间的关系，并给出几个相关结论；最后给出两个向量组等价的条件，即它们可以相互线性表示。

4.1.1 向量的概念 | *Concepts of vectors*

在 2.1.1 节中我们曾由矩阵给出过行向量及列向量的定义，下面从有序数组的角度给出向量的定义。

定义 4.1 由 n 个数 $a_1,a_2,\cdots,a_n$ 组成的有序数组

Definition 4.1 An ordered array consisted of n numbers $a_1,a_2,\cdots,a_n$, given by

$$\boldsymbol{\alpha}=(a_1,a_2,\cdots,a_n) \tag{4.1}$$

称为 n 维**行向量**。数 $a_1,a_2,\cdots,a_n$ 称为向量 $\boldsymbol{\alpha}$ 的分量，a_j 称为向量 $\boldsymbol{\alpha}$ 的第 j 个分量(或坐标)，$j=1,2,\cdots,n$。

is called an n dimensional **row vector.** The numbers, $a_1,a_2,\cdots,a_n$, are called the elements of $\boldsymbol{\alpha}$, a_j is called the j-th element (or coordinate) of $\boldsymbol{\alpha}$, where $j=1,2,\cdots,n$.

$$\boldsymbol{\alpha}=\begin{pmatrix}a_1\\a_2\\\vdots\\a_n\end{pmatrix}\quad 或 \quad \boldsymbol{\alpha}=(a_1,a_2,\cdots,a_n)^{\mathrm{T}} \tag{4.2}$$

称为 n 维**列向量**。 | is called an n dimensional **column vector.**

关于定义 4.1 的几点说明。

(1) 令$\mathbb{R}$表示实数集，以 $a_j\in\mathbb{R}\,(j=1,2,\cdots,n)$为分量的向量$\boldsymbol{\alpha}=(a_1,a_2,\cdots,a_n)$称为实行向量。本章只讨论定义在实数集上的向量。

(2) 在解析几何中，我们将既有大小又有方向的量称为向量，并将可随意平行移动的有向线段作为向量的几何形象。引入坐标系后，又定义了向量的坐标表示式(3 个有次序实数)，即上面定义的三维向量。因此，当 $n\leqslant 3$ 时，n 维向量可以将有向线段作为其几何形象。但是，当 $n>3$ 时，n 维向量没有直观的几何形象。

例如，在下面的线性方程组

$$\begin{cases}a_{11}x_1+a_{12}x_2+\cdots+a_{1n}x_n=b_1,\\a_{21}x_1+a_{22}x_2+\cdots+a_{2n}x_n=b_2,\\\quad\vdots\\a_{m1}x_1+a_{m2}x_2+\cdots+a_{mn}x_n=b_m\end{cases} \tag{4.3}$$

中，第 i 个方程的系数和常数项对应着一个 $n+1$ 维行向量

$$(a_{i1},a_{i2},\cdots,a_{in},b_i),\quad i=1,2,\cdots,m。$$

特别地，线性方程组(4.3)的一个解 $x_1=c_1,x_2=c_2,\cdots,x_n=c_n$ 可表示为如下的 n 维列向量，即

$$\begin{pmatrix}c_1\\c_2\\\vdots\\c_n\end{pmatrix},$$

称之为该方程组的**解向量(solution vector)**。

再例如，线性方程组(4.3)的系数矩阵为

$$\boldsymbol{A}=\begin{pmatrix}a_{11}&a_{12}&\cdots&a_{1n}\\a_{21}&a_{22}&\cdots&a_{2n}\\\vdots&\vdots&&\vdots\\a_{m1}&a_{m2}&\cdots&a_{mn}\end{pmatrix}, \tag{4.4}$$

它的每一列构成一个 m 维列向量，总共有 n 个 m 维列向量

$$\boldsymbol{\alpha}_j=\begin{pmatrix}a_{1j}\\a_{2j}\\\vdots\\a_{mj}\end{pmatrix},\quad j=1,2,\cdots,n。 \tag{4.5}$$

它的每一行构成一个 n 维行向量，总共有 m 个 n 维行向量，即

$$\boldsymbol{\beta}_i=(a_{i1},a_{i2},\cdots,a_{in}),\quad i=1,2,\cdots,m。 \tag{4.6}$$

因此，矩阵 $\boldsymbol{A}$ 可用向量表示为

$$\boldsymbol{A}=(\boldsymbol{\alpha}_1,\boldsymbol{\alpha}_2,\cdots,\boldsymbol{\alpha}_n) \quad \text{或} \quad \boldsymbol{A}=\begin{pmatrix}\boldsymbol{\beta}_1\\ \boldsymbol{\beta}_2\\ \vdots\\ \boldsymbol{\beta}_m\end{pmatrix}。 \tag{4.7}$$

式(4.7)可以看作是对矩阵 **A** 的两类分块。反过来，同维数的向量可以组成一个矩阵 **A**。

4.1.2 向量的线性运算 | *Linear operations of vectors*

向量作为一种特殊的矩阵，它有和矩阵一样的运算及其运算规律。下面仅就列向量进行讨论。

对于如下两个 n 维向量

$$\boldsymbol{\alpha}=\begin{pmatrix}a_1\\ a_2\\ \vdots\\ a_n\end{pmatrix} \quad \text{和} \quad \boldsymbol{\beta}=\begin{pmatrix}b_1\\ b_2\\ \vdots\\ b_n\end{pmatrix},$$

若它们对应分量都相等，即

$$a_i=b_i,\quad i=1,2,\cdots,n,$$

则称向量 $\boldsymbol{\alpha}$ 与 $\boldsymbol{\beta}$ **相等**，记为 $\boldsymbol{\alpha}=\boldsymbol{\beta}$。

分量都是零的向量称为**零向量(zero vector)**，记作 **0**，即

$$\boldsymbol{0}=\begin{pmatrix}0\\ 0\\ \vdots\\ 0\end{pmatrix}。$$

注意，维数不同的零向量不相等，如

$$\boldsymbol{0}_3=\begin{pmatrix}0\\ 0\\ 0\end{pmatrix},\quad \boldsymbol{0}_4=\begin{pmatrix}0\\ 0\\ 0\\ 0\end{pmatrix}$$

都是零向量，但 $\boldsymbol{0}_3\neq\boldsymbol{0}_4$。

向量 $\begin{pmatrix}-a_1\\ -a_2\\ \vdots\\ -a_n\end{pmatrix}$ 称为 $\boldsymbol{\alpha}=\begin{pmatrix}a_1\\ a_2\\ \vdots\\ a_n\end{pmatrix}$ 的**负向量(negative vector)**，记作 $-\boldsymbol{\alpha}$。

定义 4.2 设 $\boldsymbol{\alpha}=\begin{pmatrix}a_1\\ a_2\\ \vdots\\ a_n\end{pmatrix}$，$\boldsymbol{\beta}=\begin{pmatrix}b_1\\ b_2\\ \vdots\\ b_n\end{pmatrix}$ 是两个 n 维向量，向量 $\begin{pmatrix}a_1+b_1\\ a_2+b_2\\ \vdots\\ a_n+b_n\end{pmatrix}$ 称为 $\boldsymbol{\alpha}$ 与 $\boldsymbol{\beta}$ 的**加法**，记作 $\boldsymbol{\alpha}+\boldsymbol{\beta}$，即

Definition 4.2 Let $\boldsymbol{\alpha}=\begin{pmatrix}a_1\\ a_2\\ \vdots\\ a_n\end{pmatrix}$, $\boldsymbol{\beta}=\begin{pmatrix}b_1\\ b_2\\ \vdots\\ b_n\end{pmatrix}$ be two n dimensional vectors. The vector $\begin{pmatrix}a_1+b_1\\ a_2+b_2\\ \vdots\\ a_n+b_n\end{pmatrix}$ is called an **addition** of $\boldsymbol{\alpha}$ and $\boldsymbol{\beta}$, written as $\boldsymbol{\alpha}+\boldsymbol{\beta}$, i.e.,

$$\boldsymbol{\alpha}+\boldsymbol{\beta}=\begin{pmatrix}a_1\\a_2\\\vdots\\a_n\end{pmatrix}+\begin{pmatrix}b_1\\b_2\\\vdots\\b_n\end{pmatrix}=\begin{pmatrix}a_1+b_1\\a_2+b_2\\\vdots\\a_n+b_n\end{pmatrix}。$$

由负向量定义向量减法为

$$\boldsymbol{\alpha}-\boldsymbol{\beta}=\boldsymbol{\alpha}+(-\boldsymbol{\beta})=\begin{pmatrix}a_1-b_1\\a_2-b_2\\\vdots\\a_n-b_n\end{pmatrix}。$$

事实上，$\boldsymbol{\alpha}$ 与 $\boldsymbol{\beta}$ 的和(或差)就是它们的对应元素的和(或差)。

定义 4.3 设 $\boldsymbol{\alpha}=\begin{pmatrix}a_1\\a_2\\\vdots\\a_n\end{pmatrix}$ 为 n 维向量，$\lambda\in\mathbb{R}$。向量 $\begin{pmatrix}\lambda a_1\\\lambda a_2\\\vdots\\\lambda a_n\end{pmatrix}$ 称为数 λ 与向量 $\boldsymbol{\alpha}$ 的数乘，记作 $\lambda\boldsymbol{\alpha}$，即

Definition 4.3 Let $\boldsymbol{\alpha}=\begin{pmatrix}a_1\\a_2\\\vdots\\a_n\end{pmatrix}$ be an n dimensional vector, $\lambda\in\mathbb{R}$. The vector $\begin{pmatrix}\lambda a_1\\\lambda a_2\\\vdots\\\lambda a_n\end{pmatrix}$ is said to be the scalar multiplication of the vector $\boldsymbol{\alpha}$ by the number λ, written as $\lambda\boldsymbol{\alpha}$, namely,

$$\lambda\boldsymbol{\alpha}=\begin{pmatrix}\lambda a_1\\\lambda a_2\\\vdots\\\lambda a_n\end{pmatrix}。$$

根据定义 4.3，有

$$0\boldsymbol{\alpha}=\mathbf{0},\quad (-1)\boldsymbol{\alpha}=-\boldsymbol{\alpha},\quad \lambda\mathbf{0}=\mathbf{0}。$$

此外，如果 $\lambda\neq0$，$\boldsymbol{\alpha}\neq\mathbf{0}$，那么 $\lambda\boldsymbol{\alpha}\neq\mathbf{0}$。

向量的加法及数与向量的数乘两种运算，统称为向量的**线性运算**(**linear operation**)。不难验证，向量的线性运算满足以下 8 条运算规律(其中 $\boldsymbol{\alpha}$，$\boldsymbol{\beta}$，$\boldsymbol{\gamma}$ 都是 n 维向量，$\lambda,\mu\in\mathbb{R}$)：

(1) $\boldsymbol{\alpha}+\boldsymbol{\beta}=\boldsymbol{\beta}+\boldsymbol{\alpha}$；

(2) $(\boldsymbol{\alpha}+\boldsymbol{\beta})+\boldsymbol{\gamma}=\boldsymbol{\alpha}+(\boldsymbol{\beta}+\boldsymbol{\gamma})$；

(3) $\boldsymbol{\alpha}+\mathbf{0}=\boldsymbol{\alpha}$(零元素)；

(4) $\boldsymbol{\alpha}+(-\boldsymbol{\alpha})=\mathbf{0}$(负元素)；

(5) $1\cdot\boldsymbol{\alpha}=\boldsymbol{\alpha}$(单位元)；

(6) $\lambda(\mu\boldsymbol{\alpha})=(\lambda\mu)\boldsymbol{\alpha}$；

(7) $\lambda(\boldsymbol{\alpha}+\boldsymbol{\beta})=\lambda\boldsymbol{\alpha}+\lambda\boldsymbol{\beta}$；

(8) $(\lambda+\mu)\boldsymbol{\alpha}=\lambda\boldsymbol{\alpha}+\mu\boldsymbol{\alpha}$。

例 4.1 已知

$$\boldsymbol{\alpha}=\begin{pmatrix}2\\1\\2\\-2\end{pmatrix},\quad \boldsymbol{\beta}=\begin{pmatrix}3\\2\\-1\\-5\end{pmatrix},$$

若 $5\boldsymbol{\alpha}-3\boldsymbol{\gamma}=2\boldsymbol{\beta}$，求向量$\boldsymbol{\gamma}$。

分析 根据向量的线性运算法则求解。

解 由 $5\boldsymbol{\alpha}-3\boldsymbol{\gamma}=2\boldsymbol{\beta}$ 可得，$\boldsymbol{\gamma}=\frac{1}{3}(5\boldsymbol{\alpha}-2\boldsymbol{\beta})$。根据向量的定义以及运算规律得

$$\boldsymbol{\gamma}=\frac{1}{3}(5\boldsymbol{\alpha}-2\boldsymbol{\beta})=\frac{1}{3}\left[5\begin{pmatrix}2\\1\\2\\-2\end{pmatrix}-2\begin{pmatrix}3\\2\\-1\\-5\end{pmatrix}\right]=\frac{1}{3}\left[\begin{pmatrix}10\\5\\10\\-10\end{pmatrix}-\begin{pmatrix}6\\4\\-2\\-10\end{pmatrix}\right]=\frac{1}{3}\begin{pmatrix}4\\1\\12\\0\end{pmatrix}。$$

4.1.3 向量组的线性组合 | *Linear combinations of vector sets*

由若干个同维数的向量所组成的集合称为**向量组**。

定义 4.4 对于给定的向量组$\boldsymbol{\alpha}$，$\boldsymbol{\alpha}_1$，$\boldsymbol{\alpha}_2$，…，$\boldsymbol{\alpha}_m$，如果存在数 $\lambda_1,\lambda_2,\cdots,\lambda_m$，使得

Definition 4.4 For the given vector set $\boldsymbol{\alpha}$, $\boldsymbol{\alpha}_1$, $\boldsymbol{\alpha}_2$, …, $\boldsymbol{\alpha}_m$, if there exist numbers λ_1, λ_2, …, λ_m such that

$$\boldsymbol{\alpha}=\lambda_1\boldsymbol{\alpha}_1+\lambda_2\boldsymbol{\alpha}_2+\cdots+\lambda_m\boldsymbol{\alpha}_m,\tag{4.8}$$

则称向量$\boldsymbol{\alpha}$ 是向量组$\boldsymbol{\alpha}_1$，$\boldsymbol{\alpha}_2$，…，$\boldsymbol{\alpha}_m$ 的**线性组合**，或称$\boldsymbol{\alpha}$ 可由$\boldsymbol{\alpha}_1$，$\boldsymbol{\alpha}_2$，…，$\boldsymbol{\alpha}_m$ **线性表示**。

then it is called that $\boldsymbol{\alpha}$ is a **linear combination** of the vector set $\boldsymbol{\alpha}_1$, $\boldsymbol{\alpha}_2$, …, $\boldsymbol{\alpha}_m$, or is called that $\boldsymbol{\alpha}$ can be **linearly represented** by $\boldsymbol{\alpha}_1$, $\boldsymbol{\alpha}_2$, …, $\boldsymbol{\alpha}_m$.

例如，对于给定的向量组

$$\boldsymbol{\alpha}=\begin{pmatrix}1\\2\\3\\4\end{pmatrix},\quad \boldsymbol{\beta}=\begin{pmatrix}4\\3\\2\\1\end{pmatrix},\quad \boldsymbol{\gamma}=\begin{pmatrix}5\\5\\5\\5\end{pmatrix},$$

易见，$\boldsymbol{\gamma}=\boldsymbol{\alpha}+\boldsymbol{\beta}$，即$\boldsymbol{\gamma}$ 可由$\boldsymbol{\alpha}$ 和$\boldsymbol{\beta}$ 线性表示。

显然，$\mathbf{0}=0\boldsymbol{\alpha}_1+0\boldsymbol{\alpha}_2+\cdots+0\boldsymbol{\alpha}_m$，即零向量是任一向量组$\boldsymbol{\alpha}_1$，$\boldsymbol{\alpha}_2$，…，$\boldsymbol{\alpha}_m$ 的线性组合。

对于向量组$\boldsymbol{\alpha}_1$，$\boldsymbol{\alpha}_2$，…，$\boldsymbol{\alpha}_m$，每个向量$\boldsymbol{\alpha}_i(i=1,2,\cdots,m)$均可由该向量组线性表示，即

$$\boldsymbol{\alpha}_i=0\boldsymbol{\alpha}_1+0\boldsymbol{\alpha}_2+\cdots+1\boldsymbol{\alpha}_i+\cdots+0\boldsymbol{\alpha}_m。$$

设有如下 n 维向量组

$$\boldsymbol{e}_1=\begin{pmatrix}1\\0\\\vdots\\0\end{pmatrix},\boldsymbol{e}_2=\begin{pmatrix}0\\1\\\vdots\\0\end{pmatrix},\cdots,\boldsymbol{e}_n=\begin{pmatrix}0\\0\\\vdots\\1\end{pmatrix},$$

称 $\boldsymbol{e}_1,\boldsymbol{e}_2,\cdots,\boldsymbol{e}_n$ 为 n **维单位向量组**。特别地，对于任意给定的 n 维列向量，如

$$\boldsymbol{\alpha}=\begin{pmatrix}a_1\\a_2\\\vdots\\a_n\end{pmatrix},$$

易见

$$\boldsymbol{\alpha}=a_1\boldsymbol{e}_1+a_2\boldsymbol{e}_2+\cdots+a_n\boldsymbol{e}_n。$$

所以，$\boldsymbol{\alpha}$ 是$\boldsymbol{e}_1,\boldsymbol{e}_2,\cdots,\boldsymbol{e}_n$ 的线性组合，换句话说，任一个 n 维向量均可由 n 维单位向量组线性表示。

例 4.2 证明：向量$\boldsymbol{\alpha}=\begin{pmatrix}5\\1\\0\end{pmatrix}$是向量组$\boldsymbol{\alpha}_1=\begin{pmatrix}1\\2\\-3\end{pmatrix}$，$\boldsymbol{\alpha}_2=\begin{pmatrix}3\\0\\1\end{pmatrix}$，$\boldsymbol{\alpha}_3=\begin{pmatrix}9\\6\\-6\end{pmatrix}$的线性组合，并将$\boldsymbol{\alpha}$ 用$\boldsymbol{\alpha}_1,\boldsymbol{\alpha}_2,\boldsymbol{\alpha}_3$ 线性表示。

分析 根据向量组的线性表示的定义，$\boldsymbol{\alpha}$ 能否用$\boldsymbol{\alpha}_1,\boldsymbol{\alpha}_2,\boldsymbol{\alpha}_3$ 线性表示的问题可以转化为线性方程组是否有解的问题。

解 假定$\boldsymbol{\alpha}=\lambda_1\boldsymbol{\alpha}_1+\lambda_2\boldsymbol{\alpha}_2+\lambda_3\boldsymbol{\alpha}_3$，即

$$\lambda_1\begin{pmatrix}1\\2\\-3\end{pmatrix}+\lambda_2\begin{pmatrix}3\\0\\1\end{pmatrix}+\lambda_3\begin{pmatrix}9\\6\\-6\end{pmatrix}=\begin{pmatrix}5\\1\\0\end{pmatrix}。$$

由向量的线性运算，得

$$\begin{cases}\lambda_1+3\lambda_2+9\lambda_3=5,\\2\lambda_1\qquad\quad+6\lambda_3=1,\\-3\lambda_1+\lambda_2-6\lambda_3=0。\end{cases}$$

将该线性方程组的增广矩阵约化为行最简形矩阵，具体计算过程如下：

$$\overline{\boldsymbol{A}}=\begin{pmatrix}1&3&9&5\\2&0&6&1\\-3&1&-6&0\end{pmatrix}\xrightarrow[r_3+3r_1]{r_2-2r_1}\begin{pmatrix}1&3&9&5\\0&-6&-12&-9\\0&10&21&15\end{pmatrix}\xrightarrow[r_3-5r_2]{-r_2/3}\begin{pmatrix}1&3&9&5\\0&2&4&3\\0&0&1&0\end{pmatrix}$$

$$\xrightarrow[r_1-9r_3]{r_2-4r_3}\begin{pmatrix}1&3&0&5\\0&2&0&3\\0&0&1&0\end{pmatrix}\xrightarrow[r_1-3r_2]{r_2/2}\begin{pmatrix}1&0&0&\frac{1}{2}\\0&1&0&\frac{3}{2}\\0&0&1&0\end{pmatrix}。$$

因此，$\lambda_1=\frac{1}{2}$，$\lambda_2=\frac{3}{2}$，$\lambda_3=0$，于是$\boldsymbol{\alpha}$ 可由$\boldsymbol{\alpha}_1,\boldsymbol{\alpha}_2,\boldsymbol{\alpha}_3$ 线性表示，且唯一表示为

$$\boldsymbol{\alpha}=\frac{1}{2}\boldsymbol{\alpha}_1+\frac{3}{2}\boldsymbol{\alpha}_2+0\,\boldsymbol{\alpha}_3。$$

例 4.3 已知$\boldsymbol{\alpha}_1,\boldsymbol{\alpha}_2,\boldsymbol{\alpha}_3,\boldsymbol{\alpha}_4,\boldsymbol{\beta}$都是 n 维向量，且向量$\boldsymbol{\beta}$可由向量组$\boldsymbol{\alpha}_1,\boldsymbol{\alpha}_2,\boldsymbol{\alpha}_3,\boldsymbol{\alpha}_4$ 线性表示，但不能由$\boldsymbol{\alpha}_1,\boldsymbol{\alpha}_2,\boldsymbol{\alpha}_3$ 线性表示。证明：$\boldsymbol{\alpha}_4$ 可由$\boldsymbol{\alpha}_1,\boldsymbol{\alpha}_2,\boldsymbol{\alpha}_3,\boldsymbol{\beta}$线性表示。

分析 利用线性表示的定义讨论。

证 因为$\boldsymbol{\beta}$可由$\boldsymbol{\alpha}_1,\boldsymbol{\alpha}_2,\boldsymbol{\alpha}_3,\boldsymbol{\alpha}_4$ 线性表示，即存在数 k_1,k_2,k_3,k_4，使得

$$\boldsymbol{\beta}=k_1\boldsymbol{\alpha}_1+k_2\boldsymbol{\alpha}_2+k_3\boldsymbol{\alpha}_3+k_4\boldsymbol{\alpha}_4。$$

由已知，$\boldsymbol{\beta}$不能由$\boldsymbol{\alpha}_1,\boldsymbol{\alpha}_2,\boldsymbol{\alpha}_3$线性表示，所以$k_4\neq0$。否则，若$k_4=0$，则上式成为

$$\boldsymbol{\beta}=k_1\boldsymbol{\alpha}_1+k_2\boldsymbol{\alpha}_2+k_3\boldsymbol{\alpha}_3,$$

与已知矛盾。因此，有

$$\boldsymbol{\alpha}_4=\frac{1}{k_4}(\boldsymbol{\beta}-k_1\boldsymbol{\alpha}_1-k_2\boldsymbol{\alpha}_2-k_3\boldsymbol{\alpha}_3),$$

即$\boldsymbol{\alpha}_4$可由$\boldsymbol{\alpha}_1,\boldsymbol{\alpha}_2,\boldsymbol{\alpha}_3,\boldsymbol{\beta}$线性表示。 证毕

一般地，一个向量$\boldsymbol{\alpha}$与一个向量组$\boldsymbol{\alpha}_1,\boldsymbol{\alpha}_2,\cdots,\boldsymbol{\alpha}_m$之间的关系必为下列情形之一：

(1) 向量$\boldsymbol{\alpha}$不能由向量组$\boldsymbol{\alpha}_1,\boldsymbol{\alpha}_2,\cdots,\boldsymbol{\alpha}_m$线性表示；

(2) 向量$\boldsymbol{\alpha}$可由向量组$\boldsymbol{\alpha}_1,\boldsymbol{\alpha}_2,\cdots,\boldsymbol{\alpha}_m$线性表示，且表示唯一；

(3) 向量$\boldsymbol{\alpha}$可由向量组$\boldsymbol{\alpha}_1,\boldsymbol{\alpha}_2,\cdots,\boldsymbol{\alpha}_m$线性表示，且表示不唯一。

另一方面，对于给定的线性方程组(4.3)，上节中我们曾以$\boldsymbol{\alpha}_j$表示第j个未知量x_j的系数构成的m维列向量，见式(4.5)。若以$\boldsymbol{\beta}$表示该线性方程组的常数项，即

$$\boldsymbol{\beta}=\begin{pmatrix}b_1\\b_2\\\vdots\\b_m\end{pmatrix},$$

则该线性方程组可写出列向量的组合

$$x_1\boldsymbol{\alpha}_1+x_2\boldsymbol{\alpha}_2+\cdots+x_n\boldsymbol{\alpha}_n=\boldsymbol{\beta}。\tag{4.9}$$

于是，列向量$\boldsymbol{\beta}$能否由列向量组$\boldsymbol{\alpha}_1,\boldsymbol{\alpha}_2,\cdots,\boldsymbol{\alpha}_n$线性表示就转化为线性方程组有没有解的问题。因此，有下面的定理。

定理 4.1 列向量$\boldsymbol{\beta}$能由列向量组$\boldsymbol{\alpha}_1,\boldsymbol{\alpha}_2,\cdots,\boldsymbol{\alpha}_n$线性表示为式(4.9)的充分必要条件是：线性方程组(4.3)有解。

Theorem 4.1 The column vector $\boldsymbol{\beta}$ can be linearly represented as Eq. (4.9) by the column vector set $\boldsymbol{\alpha}_1,\boldsymbol{\alpha}_2,\cdots,\boldsymbol{\alpha}_n$ if and only if the linear system (4.3) has a solution.

进一步地，有如下的定理。

定理 4.2 (1) 向量$\boldsymbol{\beta}$不能由向量组$\boldsymbol{\alpha}_1,\boldsymbol{\alpha}_2,\cdots,\boldsymbol{\alpha}_n$线性表示的充分必要条件是线性方程组(4.3)无解；

Theorem 4.2 (1) A vector $\boldsymbol{\beta}$ can not be linearly represented by the vector set $\boldsymbol{\alpha}_1,\boldsymbol{\alpha}_2,\cdots,\boldsymbol{\alpha}_n$ if and only if the linear system (4.3) has no solution;

(2) 向量$\boldsymbol{\beta}$能由向量组$\boldsymbol{\alpha}_1,\boldsymbol{\alpha}_2,\cdots,\boldsymbol{\alpha}_n$唯一线性表示的充分必要条件是线性方程组(4.3)有唯一解；

(2) A vector $\boldsymbol{\beta}$ can be linearly represented by the vector set $\boldsymbol{\alpha}_1,\boldsymbol{\alpha}_2,\cdots,\boldsymbol{\alpha}_n$ uniquely if and only if the linear system (4.3) has a unique solution;

(3) 向量$\boldsymbol{\beta}$能由向量组$\boldsymbol{\alpha}_1,\boldsymbol{\alpha}_2,\cdots,\boldsymbol{\alpha}_n$线性表示且表示式不唯一的充分必要条件是线性方程组(4.3)有无穷多解。

(3) A vector $\boldsymbol{\beta}$ can be linearly represented by the vector set $\boldsymbol{\alpha}_1,\boldsymbol{\alpha}_2,\cdots,\boldsymbol{\alpha}_n$, moreover, the expression is not unique if and only if the linear system (4.3) has infinitely many solutions.

前面讨论了一个向量能否用向量组线性表示的情形，进而将其转化为线性方程组的解的问题。事实上，向量组和向量组之间也同样有线性表示的说法，下面给出具体的定义。

定义 4.5 设有两个向量组(Ⅰ)：$\boldsymbol{\alpha}_1, \boldsymbol{\alpha}_2, \cdots, \boldsymbol{\alpha}_s$ 和(Ⅱ)：$\boldsymbol{\beta}_1, \boldsymbol{\beta}_2, \cdots, \boldsymbol{\beta}_r$，如果向量组(Ⅱ)中每一个向量$\boldsymbol{\beta}_i(i=1,2,\cdots,r)$都可以由向量组(Ⅰ)线性表示，则称向量组(Ⅱ)可以由向量组(Ⅰ)线性表示。

Definition 4.5 Assume that there are two vector sets given by (Ⅰ): $\boldsymbol{\alpha}_1, \boldsymbol{\alpha}_2, \cdots, \boldsymbol{\alpha}_s$ and (Ⅱ): $\boldsymbol{\beta}_1, \boldsymbol{\beta}_2, \cdots, \boldsymbol{\beta}_r$, respectively. If each vector $\boldsymbol{\beta}_i (i=1,2,\cdots,r)$ in the vector set (Ⅱ) can be linearly represented by the vectors set (Ⅰ), then it is said that (Ⅱ) can be linearly represented by (Ⅰ).

根据定义 4.5，若向量组(Ⅱ)可以由向量组(Ⅰ)线性表示，则有

$$\begin{cases} \boldsymbol{\beta}_1 = a_{11}\boldsymbol{\alpha}_1 + a_{21}\boldsymbol{\alpha}_2 + \cdots + a_{s1}\boldsymbol{\alpha}_s, \\ \boldsymbol{\beta}_2 = a_{12}\boldsymbol{\alpha}_1 + a_{22}\boldsymbol{\alpha}_2 + \cdots + a_{s2}\boldsymbol{\alpha}_s, \\ \quad\vdots \\ \boldsymbol{\beta}_r = a_{1r}\boldsymbol{\alpha}_1 + a_{2r}\boldsymbol{\alpha}_2 + \cdots + a_{sr}\boldsymbol{\alpha}_s。 \end{cases} \tag{4.10}$$

式(4.10)可以用矩阵符号表示为

$$(\boldsymbol{\beta}_1, \boldsymbol{\beta}_2, \cdots, \boldsymbol{\beta}_r) = (\boldsymbol{\alpha}_1, \boldsymbol{\alpha}_2, \cdots, \boldsymbol{\alpha}_s)\mathbf{A},$$

其中

$$\mathbf{A} = \begin{pmatrix} a_{11} & a_{12} & \cdots & a_{1r} \\ a_{21} & a_{22} & \cdots & a_{2r} \\ \vdots & \vdots & & \vdots \\ a_{s1} & a_{s2} & \cdots & a_{sr} \end{pmatrix}。$$

矩阵 $\mathbf{A}=(a_{ij})_{s\times r}$ 称为向量组(Ⅱ)由向量组(Ⅰ)线性表示的**表示矩阵(representation matrix)**。根据矩阵的乘法运算，其中 $\mathbf{A}$ 的第 j 列元素是向量$\boldsymbol{\beta}_j$ 用向量组$\boldsymbol{\alpha}_1, \boldsymbol{\alpha}_2, \cdots, \boldsymbol{\alpha}_s$ 表示的系数。

定义 4.6 如果两个给定的向量组(Ⅰ)：$\boldsymbol{\alpha}_1, \boldsymbol{\alpha}_2, \cdots, \boldsymbol{\alpha}_s$ 和向量组(Ⅱ)：$\boldsymbol{\beta}_1, \boldsymbol{\beta}_2, \cdots, \boldsymbol{\beta}_r$ 可以互相线性表示，则称这两个向量组**等价**。

Definition 4.6 If the two given vector sets (Ⅰ) $\boldsymbol{\alpha}_1, \boldsymbol{\alpha}_2, \cdots, \boldsymbol{\alpha}_s$ and (Ⅱ) $\boldsymbol{\beta}_1, \boldsymbol{\beta}_2, \cdots, \boldsymbol{\beta}_r$ can be linearly represented by each other, then they are said to be **equivalent**.

注意，向量组等价与矩阵等价是完全不同的两个概念。

不难证明两个向量组的等价具有如下性质。

(1) **反身性** 任意一个向量组$\boldsymbol{\alpha}_1, \boldsymbol{\alpha}_2, \cdots, \boldsymbol{\alpha}_s$ 与它自身等价；

(1) **Reflexivity** Any vector set $\boldsymbol{\alpha}_1, \boldsymbol{\alpha}_2, \cdots, \boldsymbol{\alpha}_s$ is equivalent to itself;

(2) **对称性** 如果向量组$\boldsymbol{\alpha}_1, \boldsymbol{\alpha}_2, \cdots, \boldsymbol{\alpha}_s$ 与 $\boldsymbol{\beta}_1, \boldsymbol{\beta}_2, \cdots, \boldsymbol{\beta}_r$ 等价，那么向量组$\boldsymbol{\beta}_1, \boldsymbol{\beta}_2, \cdots, \boldsymbol{\beta}_r$ 也与$\boldsymbol{\alpha}_1, \boldsymbol{\alpha}_2, \cdots, \boldsymbol{\alpha}_s$ 等价；

(2) **Symmetry** If the vector set $\boldsymbol{\alpha}_1, \boldsymbol{\alpha}_2, \cdots, \boldsymbol{\alpha}_s$ is equivalent to the vector set $\boldsymbol{\beta}_1, \boldsymbol{\beta}_2, \cdots, \boldsymbol{\beta}_r$, then $\boldsymbol{\beta}_1, \boldsymbol{\beta}_2, \cdots, \boldsymbol{\beta}_r$ is also equivalent to $\boldsymbol{\alpha}_1, \boldsymbol{\alpha}_2, \cdots, \boldsymbol{\alpha}_s$;

(3) **传递性** 如果向量组$\boldsymbol{\alpha}_1, \boldsymbol{\alpha}_2, \cdots, \boldsymbol{\alpha}_s$ 与 $\boldsymbol{\beta}_1, \boldsymbol{\beta}_2, \cdots, \boldsymbol{\beta}_r$ 等价，而向量组$\boldsymbol{\beta}_1, \boldsymbol{\beta}_2, \cdots, \boldsymbol{\beta}_r$ 又与

(3) **Transitivity** If the vector set $\boldsymbol{\alpha}_1, \boldsymbol{\alpha}_2, \cdots, \boldsymbol{\alpha}_s$ is equivalent to the vector set $\boldsymbol{\beta}_1, \boldsymbol{\beta}_2, \cdots, \boldsymbol{\beta}_r$, and if $\boldsymbol{\beta}_1, \boldsymbol{\beta}_2, \cdots, \boldsymbol{\beta}_r$ is equivalent to

$\boldsymbol{\gamma}_1,\boldsymbol{\gamma}_2,\cdots,\boldsymbol{\gamma}_p$ 等价，那么向量组 $\boldsymbol{\alpha}_1,\boldsymbol{\alpha}_2,\cdots,\boldsymbol{\alpha}_s$ 与 $\boldsymbol{\gamma}_1,\boldsymbol{\gamma}_2,\cdots,\boldsymbol{\gamma}_p$ 等价。

the vector set $\boldsymbol{\gamma}_1,\boldsymbol{\gamma}_2,\cdots,\boldsymbol{\gamma}_p$, then $\boldsymbol{\alpha}_1,\boldsymbol{\alpha}_2,\cdots,\boldsymbol{\alpha}_s$ is equivalent to $\boldsymbol{\gamma}_1,\boldsymbol{\gamma}_2,\cdots,\boldsymbol{\gamma}_p$.

例 4.4 已知向量组为

$$(\boldsymbol{\alpha}_1,\boldsymbol{\alpha}_2)=\begin{pmatrix}1 & 2\\ 0 & 1\\ 3 & -4\\ 1 & -3\end{pmatrix},\quad (\boldsymbol{\beta}_1,\boldsymbol{\beta}_2)=\begin{pmatrix}-3 & 8\\ -1 & 3\\ 7 & -18\\ 4 & -11\end{pmatrix}。$$

证明：向量组 $\boldsymbol{\alpha}_1,\boldsymbol{\alpha}_2$ 与向量组 $\boldsymbol{\beta}_1,\boldsymbol{\beta}_2$ 等价。

分析 将向量组等价的问题转化为线性方程组解的问题。要证向量组的等价性，即证存在二阶方阵 $\boldsymbol{X},\boldsymbol{Y}$，使

$$(\boldsymbol{\alpha}_1,\boldsymbol{\alpha}_2)\boldsymbol{X}=(\boldsymbol{\beta}_1,\boldsymbol{\beta}_2),\quad (\boldsymbol{\beta}_1,\boldsymbol{\beta}_2)\boldsymbol{Y}=(\boldsymbol{\alpha}_1,\boldsymbol{\alpha}_2)。$$

进而将问题转化为表示矩阵 $\boldsymbol{X},\boldsymbol{Y}$ 是否存在的问题。

证 设有二阶方阵 $\boldsymbol{X}=\begin{pmatrix}x_1 & y_1\\ x_2 & y_2\end{pmatrix}$，依题意，对应的非齐次线性方程组为

$$\begin{cases}\boldsymbol{\beta}_1=x_1\boldsymbol{\alpha}_1+x_2\boldsymbol{\alpha}_2,\\ \boldsymbol{\beta}_2=y_1\boldsymbol{\alpha}_1+y_2\boldsymbol{\alpha}_2。\end{cases}$$

根据 3.3 节中矩阵方程的解法，对增广矩阵 $(\boldsymbol{\alpha}_1,\boldsymbol{\alpha}_2,\boldsymbol{\beta}_1,\boldsymbol{\beta}_2)$ 施以初等行变换，得

$$(\boldsymbol{\alpha}_1,\boldsymbol{\alpha}_2,\boldsymbol{\beta}_1,\boldsymbol{\beta}_2)=\begin{pmatrix}-1 & 2 & -3 & 8\\ 0 & 1 & -1 & 3\\ 3 & -4 & 7 & -18\\ 1 & -3 & 4 & -11\end{pmatrix}\xrightarrow[r_4+r_1]{r_3+3r_1}\begin{pmatrix}-1 & 2 & -3 & 8\\ 0 & 1 & -1 & 3\\ 0 & 2 & -2 & 6\\ 0 & -1 & 1 & -3\end{pmatrix}$$

$$\xrightarrow[r_4+r_2]{r_3-2r_2}\begin{pmatrix}-1 & 2 & -3 & 8\\ 0 & 1 & -1 & 3\\ 0 & 0 & 0 & 0\\ 0 & 0 & 0 & 0\end{pmatrix}\xrightarrow[-r_1]{r_1-2r_2}\begin{pmatrix}1 & 0 & 1 & -2\\ 0 & 1 & -1 & 3\\ 0 & 0 & 0 & 0\\ 0 & 0 & 0 & 0\end{pmatrix}。$$

因此，有

$$\boldsymbol{X}=\begin{pmatrix}1 & -2\\ -1 & 3\end{pmatrix}。$$

由 $|\boldsymbol{X}|=1\neq 0$ 知，$\boldsymbol{X}$ 可逆。取 $\boldsymbol{Y}=\boldsymbol{X}^{-1}$ 即为所求。因此向量组 $\boldsymbol{\alpha}_1,\boldsymbol{\alpha}_2$ 与向量组 $\boldsymbol{\beta}_1,\boldsymbol{\beta}_2$ 等价。

证毕

习题 4.1

思考题

1. 向量可进行线性运算的条件是什么？
2. 一个向量可以用向量组线性表示与线性方程组的解有何关系？
3. 两个矩阵等价和两个向量组等价有什么区别和联系？

A类题

1. 已知向量组

$$\boldsymbol{\alpha}_1=\begin{pmatrix}2\\5\\1\\3\end{pmatrix},\quad \boldsymbol{\alpha}_2=\begin{pmatrix}10\\1\\5\\10\end{pmatrix},\quad \boldsymbol{\alpha}_3=\begin{pmatrix}4\\1\\-1\\1\end{pmatrix},$$

且 $3(\boldsymbol{\alpha}_1-\boldsymbol{\alpha})+2(\boldsymbol{\alpha}_2+\boldsymbol{\alpha})=(\boldsymbol{\alpha}_3+\boldsymbol{\alpha})$，求 $\boldsymbol{\alpha}$。

2. 已知向量组

$$\boldsymbol{\beta}=\begin{pmatrix}2\\2\\-6\end{pmatrix},\quad \boldsymbol{\alpha}_1=\begin{pmatrix}1\\2\\3\end{pmatrix},\quad \boldsymbol{\alpha}_2=\begin{pmatrix}0\\2\\3\end{pmatrix},\quad \boldsymbol{\alpha}_3=\begin{pmatrix}0\\0\\3\end{pmatrix},$$

将 $\boldsymbol{\beta}$ 用 $\boldsymbol{\alpha}_1,\boldsymbol{\alpha}_2,\boldsymbol{\alpha}_3$ 线性表示。

3. 设有向量组

$$\boldsymbol{\alpha}_1=\begin{pmatrix}\lambda\\1\\1\end{pmatrix},\quad \boldsymbol{\alpha}_2=\begin{pmatrix}1\\\lambda\\1\end{pmatrix},\quad \boldsymbol{\alpha}_3=\begin{pmatrix}1\\1\\\lambda\end{pmatrix},\quad \boldsymbol{\beta}=\begin{pmatrix}\lambda-3\\-2\\-2\end{pmatrix}。$$

若 $\boldsymbol{\beta}$ 不能由向量组 $\boldsymbol{\alpha}_1,\boldsymbol{\alpha}_2,\boldsymbol{\alpha}_3$ 线性表示，求 λ 的值。

4. 设有向量组

$$\boldsymbol{\alpha}_1=\begin{pmatrix}1\\0\\2\\3\end{pmatrix},\quad \boldsymbol{\alpha}_2=\begin{pmatrix}1\\1\\3\\5\end{pmatrix},\quad \boldsymbol{\alpha}_3=\begin{pmatrix}1\\-1\\a+2\\1\end{pmatrix},\quad \boldsymbol{\alpha}_4=\begin{pmatrix}1\\2\\4\\a+8\end{pmatrix},\quad \boldsymbol{\beta}=\begin{pmatrix}1\\1\\b+3\\5\end{pmatrix}。$$

解答下列问题：

(1) a,b 为何值时，$\boldsymbol{\beta}$ 不能由 $\boldsymbol{\alpha}_1,\boldsymbol{\alpha}_2,\boldsymbol{\alpha}_3,\boldsymbol{\alpha}_4$ 线性表示？

(2) a,b 为何值时，$\boldsymbol{\beta}$ 能由 $\boldsymbol{\alpha}_1,\boldsymbol{\alpha}_2,\boldsymbol{\alpha}_3,\boldsymbol{\alpha}_4$ 唯一地线性表示？

(3) a,b 为何值时，$\boldsymbol{\beta}$ 能由 $\boldsymbol{\alpha}_1,\boldsymbol{\alpha}_2,\boldsymbol{\alpha}_3,\boldsymbol{\alpha}_4$ 线性表示，但表示式不唯一？

5. 已知向量组

$$(\boldsymbol{\alpha}_1,\boldsymbol{\alpha}_2)=\begin{pmatrix}2&3\\0&-2\\2&1\\4&4\end{pmatrix},\quad (\boldsymbol{\beta}_1,\boldsymbol{\beta}_2)=\begin{pmatrix}-5&4\\6&-4\\1&0\\-4&4\end{pmatrix}。$$

证明：向量组 $\boldsymbol{\alpha}_1,\boldsymbol{\alpha}_2$ 与向量组 $\boldsymbol{\beta}_1,\boldsymbol{\beta}_2$ 等价。

6. 设 $\boldsymbol{\beta}$ 可由 $\boldsymbol{\alpha}_1,\boldsymbol{\alpha}_2,\cdots,\boldsymbol{\alpha}_{m-1},\boldsymbol{\alpha}_m$ 线性表示，但不能由 $\boldsymbol{\alpha}_1,\boldsymbol{\alpha}_2,\cdots,\boldsymbol{\alpha}_{m-1}$ 线性表示。解答下列问题：

(1) $\boldsymbol{\alpha}_m$ 可否由 $\boldsymbol{\alpha}_1,\boldsymbol{\alpha}_2,\cdots,\boldsymbol{\alpha}_{m-1},\boldsymbol{\beta}$ 线性表示，说明理由；

(2) $\boldsymbol{\alpha}_m$ 可否由 $\boldsymbol{\alpha}_1,\boldsymbol{\alpha}_2,\cdots,\boldsymbol{\alpha}_{m-1}$ 线性表示，说明理由。

4.2 向量组的线性相关性 | *Linear dependence of vector sets*

上一节讨论了一个向量能否由一个向量组线性表示的条件，如果可以，表示形式是否唯一等问题。从另一个角度看，若向量 $\boldsymbol{\beta}$ 能由向量组 $\boldsymbol{\alpha}_1,\boldsymbol{\alpha}_2,\cdots,\boldsymbol{\alpha}_s$ 线性表示，则掌握了向量组

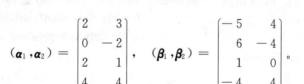

$\boldsymbol{\alpha}_1,\boldsymbol{\alpha}_2,\cdots,\boldsymbol{\alpha}_s$ 的信息也就相当于掌握了向量$\boldsymbol{\beta}$ 的信息。换句话说，向量$\boldsymbol{\beta}$ 的信息一旦丢失，也可以通过向量组$\boldsymbol{\alpha}_1,\boldsymbol{\alpha}_2,\cdots,\boldsymbol{\alpha}_s$ 将它找回来。因此，在研究一个向量组时，我们关心这个向量组中的向量是否存在这种关系。若向量组中有一个向量能用其他向量线性表示，则即使丢掉这个向量也不会在本质上影响对这个向量组的研究。

本节首先引入向量组的线性相关性的概念；然后给出几个判断向量组线性相关性的定理；最后结合一些典型算例说明如何判断或证明向量组的线性相关性。

引例 在下面的线性方程组中，哪个方程是多余的：

$$\begin{cases}-2x_1+x_2+3x_3=0,\\ x_1+2x_2-3x_3=0,\\ -3x_1+4x_2+3x_3=0。\end{cases}$$

不难验证，第 3 个方程是由第 1 个方程的 2 倍加到第 2 个方程得到的，即第 3 个方程的解的信息已经包含在第 1 个和第 2 个方程中，因此第 3 个方程是多余的。

若将每个方程的系数记作一个行向量，则得到一个行向量组

$$\boldsymbol{\beta}_1=(-2,1,3),\quad \boldsymbol{\beta}_2=(1,2,-3),\quad \boldsymbol{\beta}_3=(-3,4,3),$$

它们有下面关系：

$$\boldsymbol{\beta}_3=2\boldsymbol{\beta}_1+\boldsymbol{\beta}_2。$$

根据线性方程组中三个方程之间的关系，行向量组$\boldsymbol{\beta}_1,\boldsymbol{\beta}_2,\boldsymbol{\beta}_3$ 之间的关系也可以这样理解：$\boldsymbol{\beta}_3$ 的信息可以完全由$\boldsymbol{\beta}_1$ 和$\boldsymbol{\beta}_2$ 提供。

如果一个向量组存在这种关系，就称这个向量组是线性相关的，否则称这个向量组是线性无关的。为此，给出如下定义。

定义 4.7 对于给定的 m 维向量组$\boldsymbol{\alpha}_1,\boldsymbol{\alpha}_2,\cdots,\boldsymbol{\alpha}_n$，如果存在不全为零的数 $k_1,k_2,\cdots,k_n$，使得

Definition 4.7 For the given m dimensional vector set $\boldsymbol{\alpha}_1,\boldsymbol{\alpha}_2,\cdots,\boldsymbol{\alpha}_n$, if there exist numbers $k_1,k_2,\cdots,k_n$, which are not all zero, such that

$$k_1\boldsymbol{\alpha}_1+k_2\boldsymbol{\alpha}_2+\cdots+k_n\boldsymbol{\alpha}_n=\boldsymbol{0},\tag{4.11}$$

则称向量组$\boldsymbol{\alpha}_1,\boldsymbol{\alpha}_2,\cdots,\boldsymbol{\alpha}_n$ **线性相关**，否则称之为**线性无关**。

then the vector set $\boldsymbol{\alpha}_1,\boldsymbol{\alpha}_2,\cdots,\boldsymbol{\alpha}_n$ is said to be **linearly dependent**; otherwise, it is said to be **linearly independent**.

关于定义 4.7 的几点说明。

(1) 事实上，由于向量组$\boldsymbol{\alpha}_1,\boldsymbol{\alpha}_2,\cdots,\boldsymbol{\alpha}_n$ 是m 维的，因此，式(4.11)可以看成一个由 n 个未知数 $k_1,k_2,\cdots,k_n$，m 个方程组成的齐次线性方程组。

(2) 在三维空间中，对于两个给定的三维向量$\boldsymbol{\alpha}_1,\boldsymbol{\alpha}_2$，它们线性相关的充分必要条件是：$\boldsymbol{\alpha}_1=k\boldsymbol{\alpha}_2$，即$\boldsymbol{\alpha}_1,\boldsymbol{\alpha}_2$ 共线；三个三维向量$\boldsymbol{\alpha}_1,\boldsymbol{\alpha}_2,\boldsymbol{\alpha}_3$ 线性相关的充分必要条件是：存在不全为零的数 k_1,k_2,k_3，使 $k_1\boldsymbol{\alpha}_1+k_2\boldsymbol{\alpha}_2+k_3\boldsymbol{\alpha}_3=\boldsymbol{0}$，即$\boldsymbol{\alpha}_1,\boldsymbol{\alpha}_2,\boldsymbol{\alpha}_3$ 共面。不失一般性，若 $k_3\neq0$，则有$\boldsymbol{\alpha}_3=\left(-\frac{k_1}{k_3}\right)\boldsymbol{\alpha}_1+\left(-\frac{k_2}{k_3}\right)\boldsymbol{\alpha}_2$。

(3) 由定义知，向量组$\boldsymbol{\alpha}_1,\boldsymbol{\alpha}_2,\cdots,\boldsymbol{\alpha}_n$ 线性无关的充分必要条件是：**只有当** $k_1,k_2,\cdots,k_n$ **全为零时，才有等式** $k_1\boldsymbol{\alpha}_1+k_2\boldsymbol{\alpha}_2+\cdots+k_n\boldsymbol{\alpha}_n=\boldsymbol{0}$ 成立。例如，对于$\boldsymbol{\alpha}_1=\begin{pmatrix}1\\0\end{pmatrix}$，$\boldsymbol{\alpha}_2=\begin{pmatrix}2\\0\end{pmatrix}$，当 $k_1=$

$k_2=0$ 时,有 $k_1\boldsymbol{\alpha}_1+k_2\boldsymbol{\alpha}_2=\mathbf{0}$ 成立,但不能由此推出向量$\boldsymbol{\alpha}_1,\boldsymbol{\alpha}_2$ 线性无关。事实上,取 $k_1=2$,$k_2=-1$ 时,$k_1\boldsymbol{\alpha}_1+k_2\boldsymbol{\alpha}_2=\mathbf{0}$ 也成立,所以$\boldsymbol{\alpha}_1,\boldsymbol{\alpha}_2$ 线性相关。

下面的定理刻画了向量组的线性相关性。

定理 4.3 一个 m 维向量组$\boldsymbol{\alpha}_1,\boldsymbol{\alpha}_2,\cdots,\boldsymbol{\alpha}_n(n\geqslant 2)$线性相关的充分必要条件是:向量组中至少有一个向量可由其余 $n-1$ 个向量线性表示。

Theorem 4.3 An m dimensional vector set $\boldsymbol{\alpha}_1,\boldsymbol{\alpha}_2,\cdots,\boldsymbol{\alpha}_n(n\geqslant 2)$ is linearly dependent if and only if there exists at least a vector in the vector set can be linearly represented by the other $n-1$ vectors.

证 **必要性** 设向量组$\boldsymbol{\alpha}_1,\boldsymbol{\alpha}_2,\cdots,\boldsymbol{\alpha}_n$ 线性相关,即存在 n 个不全为零的数 $k_1,k_2,\cdots,k_n$,使得

$$k_1\boldsymbol{\alpha}_1+k_2\boldsymbol{\alpha}_2+\cdots+k_n\boldsymbol{\alpha}_n=\mathbf{0}。$$

因为 $k_1,k_2,\cdots,k_n$ 中至少有一个不为零,不妨设 $k_n\neq 0$,于是

$$\boldsymbol{\alpha}_n=\left(-\frac{k_1}{k_n}\right)\boldsymbol{\alpha}_1+\left(-\frac{k_2}{k_n}\right)\boldsymbol{\alpha}_2+\cdots+\left(-\frac{k_{n-1}}{k_n}\right)\boldsymbol{\alpha}_{n-1},$$

即$\boldsymbol{\alpha}_n$ 能由其余 $n-1$ 个向量线性表示。

充分性 设向量组中有一个向量能由其余 $n-1$ 个向量线性表示,不妨设为$\boldsymbol{\alpha}_n$,即存在数 $\lambda_1,\lambda_2,\cdots,\lambda_{n-1}$,使得

$$\boldsymbol{\alpha}_n=\lambda_1\boldsymbol{\alpha}_1+\lambda_2\boldsymbol{\alpha}_2+\cdots+\lambda_{n-1}\boldsymbol{\alpha}_{n-1},$$

即

$$\lambda_1\boldsymbol{\alpha}_1+\lambda_2\boldsymbol{\alpha}_2+\cdots+\lambda_{n-1}\boldsymbol{\alpha}_{n-1}+(-1)\boldsymbol{\alpha}_n=\mathbf{0}。$$

因为 $\lambda_1,\lambda_2,\cdots,\lambda_{n-1},-1$ 必不全为零,所以向量组$\boldsymbol{\alpha}_1,\boldsymbol{\alpha}_2,\cdots,\boldsymbol{\alpha}_n$ 线性相关。 证毕

定理 4.4 设 m 维的向量组$\boldsymbol{\alpha}_1,\boldsymbol{\alpha}_2,\cdots,\boldsymbol{\alpha}_n$ 线性无关,而向量组$\boldsymbol{\alpha}_1,\boldsymbol{\alpha}_2,\cdots,\boldsymbol{\alpha}_n,\boldsymbol{\beta}$ 线性相关,则$\boldsymbol{\beta}$能由$\boldsymbol{\alpha}_1,\boldsymbol{\alpha}_2,\cdots,\boldsymbol{\alpha}_n$ 线性表示,且表示式是唯一的。

Theorem 4.4 Suppose that the m dimensional vector set $\boldsymbol{\alpha}_1,\boldsymbol{\alpha}_2,\cdots,\boldsymbol{\alpha}_n$ is linearly independent, but the vector set $\boldsymbol{\alpha}_1,\boldsymbol{\alpha}_2,\cdots,\boldsymbol{\alpha}_n,\boldsymbol{\beta}$ is linearly dependent, then $\boldsymbol{\beta}$ can be linearly represented by $\boldsymbol{\alpha}_1,\boldsymbol{\alpha}_2,\cdots,\boldsymbol{\alpha}_n$ and the expression is unique.

证 因为向量组$\boldsymbol{\alpha}_1,\boldsymbol{\alpha}_2,\cdots,\boldsymbol{\alpha}_n,\boldsymbol{\beta}$线性相关,所以存在 $n+1$ 个不全为零的数 $k_1,k_2,\cdots,k_n,k$,使得

$$k_1\boldsymbol{\alpha}_1+k_2\boldsymbol{\alpha}_2+\cdots+k_n\boldsymbol{\alpha}_n+k\boldsymbol{\beta}=\mathbf{0}。$$

如果 $k=0$,则 $k_1,k_2,\cdots,k_n$ 不全为零,且有

$$k_1\boldsymbol{\alpha}_1+k_2\boldsymbol{\alpha}_2+\cdots+k_n\boldsymbol{\alpha}_n=\mathbf{0}。$$

于是向量组$\boldsymbol{\alpha}_1,\boldsymbol{\alpha}_2,\cdots,\boldsymbol{\alpha}_n$ 线性相关,这与已知条件矛盾。因此 $k\neq 0$,从而

$$\boldsymbol{\beta}=-\frac{k_1}{k}\boldsymbol{\alpha}_1-\frac{k_2}{k}\boldsymbol{\alpha}_2-\cdots-\frac{k_n}{k}\boldsymbol{\alpha}_n。$$

再证表示式是唯一的。设$\boldsymbol{\beta}$有两个表示式

$$\boldsymbol{\beta}=\lambda_1\boldsymbol{\alpha}_1+\lambda_2\boldsymbol{\alpha}_2+\cdots+\lambda_n\boldsymbol{\alpha}_n \quad 及 \quad \boldsymbol{\beta}=\mu_1\boldsymbol{\alpha}_1+\mu_2\boldsymbol{\alpha}_2+\cdots+\mu_n\boldsymbol{\alpha}_n。$$

两式相减得

$$(\lambda_1-\mu_1)\boldsymbol{\alpha}_1+(\lambda_2-\mu_2)\boldsymbol{\alpha}_2+\cdots+(\lambda_n-\mu_n)\boldsymbol{\alpha}_n=\mathbf{0}。$$

因为向量组$\boldsymbol{\alpha}_1,\boldsymbol{\alpha}_2,\cdots,\boldsymbol{\alpha}_n$ 线性无关，所以，$\lambda_i-\mu_i=0$，因此

$$\lambda_i=\mu_i,\quad i=1,2,\cdots,n。$$

证毕

根据定义 4.7，容易证明如下定理成立。

定理 4.5 下列 3 个命题是等价的：

Theorem 4.5 The following three propositions are equivalent:

(1) m 维的列向量组

(1) The vectors of dimension m in the column vector set

$$\boldsymbol{\alpha}_1=\begin{pmatrix}a_{11}\\a_{21}\\\vdots\\a_{m1}\end{pmatrix},\quad \boldsymbol{\alpha}_2=\begin{pmatrix}a_{12}\\a_{22}\\\vdots\\a_{m2}\end{pmatrix},\quad \cdots,\quad \boldsymbol{\alpha}_n=\begin{pmatrix}a_{1n}\\a_{2n}\\\vdots\\a_{mn}\end{pmatrix}$$

线性相关；

are linearly dependent;

(2) 存在不全零的数 $x_1,x_2,\cdots,x_n$ 使得

(2) There exist numbers $x_1,x_2,\cdots,x_n$ that are not completely zeros such that

$$x_1\boldsymbol{\alpha}_1+x_2\boldsymbol{\alpha}_2+\cdots+x_n\boldsymbol{\alpha}_n=\mathbf{0};\tag{4.12}$$

(3) 线性方程组

(3) The following linear system

$$\begin{cases}a_{11}x_1+a_{12}x_2+\cdots+a_{1n}x_n=0,\\a_{21}x_1+a_{22}x_2+\cdots+a_{2n}x_n=0,\\\qquad\vdots\\a_{m1}x_1+a_{m2}x_2+\cdots+a_{mn}x_n=0\end{cases}\tag{4.13}$$

有非零解。

has nonzero solutions.

类似地，列向量组$\boldsymbol{\alpha}_1,\boldsymbol{\alpha}_2,\cdots,\boldsymbol{\alpha}_n$ 线性无关的等价命题如下：

(1) 列向量组$\boldsymbol{\alpha}_1,\boldsymbol{\alpha}_2,\cdots,\boldsymbol{\alpha}_n$ 线性无关；

(2) 当且仅当数 $x_1,x_2,\cdots,x_n$ 全为零时，才有如下等式成立，即

$$x_1\boldsymbol{\alpha}_1+x_2\boldsymbol{\alpha}_2+\cdots+x_n\boldsymbol{\alpha}_n=\mathbf{0};$$

(3) 线性方程组(4.13)只有零解。

对于一个给定的向量组，向量组中的向量要么线性相关，要么线性无关，只可能存在其中一种关系。由本节定义 4.6 和定理 4.5 不难验证以下结论：

(1) 只有一个向量$\boldsymbol{\alpha}$ 构成的向量组，若$\boldsymbol{\alpha}\neq\mathbf{0}$，则线性无关；若$\boldsymbol{\alpha}=\mathbf{0}$，则线性相关。

(2) 由两个向量$\boldsymbol{\alpha},\boldsymbol{\beta}$ 构成的向量组，向量组线性相关的充要条件是：它们的对应分量成比例。

(3) 含有零向量的向量组必线性相关。

(4) **向量组和其部分组的关系如下：**

设$\boldsymbol{\alpha}_1,\boldsymbol{\alpha}_2,\cdots,\boldsymbol{\alpha}_r$ 是向量组$\boldsymbol{\alpha}_1,\boldsymbol{\alpha}_2,\cdots,\boldsymbol{\alpha}_n(r<n)$的部分向量组，则有

$$\text{部分向量组线性相关}\ \underset{\nLeftarrow}{\overset{\Rightarrow}{}}\ \text{整体向量组线性相关；}$$

$$\text{整体向量组线性无关}\ \underset{\nLeftarrow}{\overset{\Rightarrow}{}}\ \text{部分向量组线性无关。}$$

(5) **延伸向量组**和**缩短向量组**的关系：

对于 m 维向量组$\boldsymbol{\alpha}_1=\begin{pmatrix}a_{11}\\a_{21}\\\vdots\\a_{m1}\end{pmatrix},\boldsymbol{\alpha}_2=\begin{pmatrix}a_{12}\\a_{22}\\\vdots\\a_{m2}\end{pmatrix},\cdots,\boldsymbol{\alpha}_n=\begin{pmatrix}a_{1n}\\a_{2n}\\\vdots\\a_{mn}\end{pmatrix}$，称向量组$\hat{\boldsymbol{\alpha}}_1=\begin{pmatrix}a_{11}\\a_{21}\\\vdots\\a_{r1}\end{pmatrix},\hat{\boldsymbol{\alpha}}_2=\begin{pmatrix}a_{12}\\a_{22}\\\vdots\\a_{r2}\end{pmatrix},\cdots,$

$\hat{\boldsymbol{\alpha}}_n=\begin{pmatrix}a_{1n}\\a_{2n}\\\vdots\\a_{rn}\end{pmatrix}$ $(2\leqslant r<m)$为向量组$\boldsymbol{\alpha}_1,\boldsymbol{\alpha}_2,\cdots,\boldsymbol{\alpha}_n$ 的**缩短向量组(shortened vector set)**；称向量组

$\boldsymbol{\alpha}_1,\boldsymbol{\alpha}_2,\cdots,\boldsymbol{\alpha}_n$ 为向量组$\hat{\boldsymbol{\alpha}}_1,\hat{\boldsymbol{\alpha}}_2,\cdots,\hat{\boldsymbol{\alpha}}_n$ 的**延伸向量组(extended vector set)**。

不难验证，

$$\text{延伸向量组线性相关}\underset{\not\Leftarrow}{\Rightarrow}\text{缩短向量组线性相关；}$$

$$\text{缩短向量组线性无关}\underset{\not\Leftarrow}{\Rightarrow}\text{延伸向量组线性无关。}$$

下面给出判别向量组的线性相(无)关的方法。

设$\boldsymbol{\alpha}_1,\boldsymbol{\alpha}_2,\cdots,\boldsymbol{\alpha}_n$ 为 n 个 m 维列向量，由这些向量组成矩阵

$$\boldsymbol{A}_{m\times n}=(\boldsymbol{\alpha}_1,\boldsymbol{\alpha}_2,\cdots,\boldsymbol{\alpha}_n)。$$

齐次线性方程组(4.13)的矩阵形式和向量组的线性组合形式(4.12)有如下的对应关系：

列向量组中向量的维数 m	列向量组中向量的个数 n
$\Updownarrow$	$\Updownarrow$
对应的系数矩阵的行数 m	对应的系数矩阵的列数 n
$\Updownarrow$	$\Updownarrow$
对应的线性方程组中方程的个数 m	对应的线性方程组中未知数的个数 n

根据线性方程组的解的 3 种情况(对应向量组的 3 种情况)和本节定理 4.5 得到如下 3 种判别方法：

(1) $m>n$。用初等行变换将 $\boldsymbol{A}_{m\times n}$化为行阶梯形，就可以知道对应的线性方程组(4.13)有非零解的充分必要条件是：$\mathrm{R}(\boldsymbol{A}_{m\times n})<n$(此时向量组线性相关)；线性方程组只有零解的充分必要条件是：$\mathrm{R}(\boldsymbol{A}_{m\times n})=n$(此时向量组线性无关)。

(2) $m<n$。因为 $\mathrm{R}(\boldsymbol{A}_{m\times n})\leqslant m<n$，此时对应的线性方程组(4.13)一定有非零解，因此向量组一定线性相关。这表明，若向量组中向量的个数大于向量的维数，则该向量组一定线性相关。

例如，由 5 个 4 维列向量构成向量组一定线性相关。进一步地，**$n+1$ 个 n 维向量一定线性相关**。

(3) $m=n$。由克莱姆法则，有：

若行列式$|(\boldsymbol{\alpha}_1,\boldsymbol{\alpha}_2,\cdots,\boldsymbol{\alpha}_n)|=0$，则对应的线性方程组(4.13)有非零解，因此向量组一定是线性相关的；

若行列式$|(\boldsymbol{\alpha}_1,\boldsymbol{\alpha}_2,\cdots,\boldsymbol{\alpha}_n)|\neq 0$,则对应的线性方程组(4.13)只有零解,因此向量组一定是线性无关的。

例 4.5 讨论n维单位向量组$\boldsymbol{e}_1,\boldsymbol{e}_2,\cdots,\boldsymbol{e}_n$的线性相关性。

分析 根据定理4.5将向量组的线性相关性转化为线性方程组解的情况。

解 设有n个数$k_1,k_2,\cdots,k_n$,使得

$$k_1\boldsymbol{e}_1+k_2\boldsymbol{e}_2+\cdots+k_n\boldsymbol{e}_n=\boldsymbol{0},$$

所以有

$$\begin{pmatrix}k_1\\k_2\\\vdots\\k_n\end{pmatrix}=\begin{pmatrix}0\\0\\\vdots\\0\end{pmatrix},$$

即$k_1=k_2=\cdots=k_n=0$。所以向量组$\boldsymbol{e}_1,\boldsymbol{e}_3,\cdots,\boldsymbol{e}_n$线性无关。

例 4.6 判断下面向量组的线性相关性:

(1) $\boldsymbol{\alpha}_1=\begin{pmatrix}2\\1\\-1\end{pmatrix},\boldsymbol{\alpha}_2=\begin{pmatrix}2\\-1\\2\end{pmatrix},\boldsymbol{\alpha}_3=\begin{pmatrix}3\\0\\1\end{pmatrix}$;(2) $\boldsymbol{\alpha}_1=\begin{pmatrix}1\\4\\1\end{pmatrix},\boldsymbol{\alpha}_2=\begin{pmatrix}2\\1\\-5\end{pmatrix},\boldsymbol{\alpha}_3=\begin{pmatrix}3\\5\\-4\end{pmatrix}$。

分析 可以用两种方法判断,一种是根据定理4.5将向量组的线性相关性转化为线性方程组解的情况;另一种是直接用判别方法(1),(2)或(3)。

解 (1) **法一** 设有数k_1,k_2,k_3,使得

$$k_1\boldsymbol{\alpha}_1+k_2\boldsymbol{\alpha}_2+k_3\boldsymbol{\alpha}_3=\boldsymbol{0},$$

即

$$k_1\begin{pmatrix}2\\1\\-1\end{pmatrix}+k_2\begin{pmatrix}2\\-1\\2\end{pmatrix}+k_3\begin{pmatrix}3\\0\\1\end{pmatrix}=\begin{pmatrix}0\\0\\0\end{pmatrix}。$$

于是有

$$\begin{pmatrix}2k_1+2k_2+3k_3\\k_1-k_2\\-k_1+2k_2+k_3\end{pmatrix}=\begin{pmatrix}0\\0\\0\end{pmatrix}。$$

由向量相等的定义,得

$$\begin{cases}2k_1+2k_2+3k_3=0,\\k_1-k_2=0,\\-k_1+2k_2+k_3=0。\end{cases}$$

不难验证,该线性方程组的系数行列式为

$$\begin{vmatrix}2&2&3\\1&-1&0\\-1&2&1\end{vmatrix}=-1\neq 0。$$

由克莱姆法则可知,此线性方程组只有零解,从而向量组$\boldsymbol{\alpha}_1,\boldsymbol{\alpha}_2,\boldsymbol{\alpha}_3$线性无关。

法二 因为

$$\begin{vmatrix} 2 & 2 & 3 \\ 1 & -1 & 0 \\ -1 & 2 & 1 \end{vmatrix} = -1 \neq 0,$$

直接用判别方法(3),所以向量组$\boldsymbol{\alpha}_1,\boldsymbol{\alpha}_2,\boldsymbol{\alpha}_3$ 线性无关。

(2) 因为

$$\begin{vmatrix} 1 & 2 & 3 \\ 4 & 1 & 5 \\ 1 & -5 & -4 \end{vmatrix} = 0,$$

由判别方法(3)知,量组$\boldsymbol{\alpha}_1,\boldsymbol{\alpha}_2,\boldsymbol{\alpha}_3$ 线性相关。

例 4.7 确定 k 值,使向量组

$$\boldsymbol{\alpha}_1 = \begin{pmatrix} 1 \\ 2 \\ -1 \\ 2 \end{pmatrix}, \quad \boldsymbol{\alpha}_2 = \begin{pmatrix} 2 \\ -1 \\ 3 \\ 4 \end{pmatrix}, \quad \boldsymbol{\alpha}_3 = \begin{pmatrix} 3 \\ 1 \\ 2 \\ k \end{pmatrix}, \quad \boldsymbol{\alpha}_4 = \begin{pmatrix} 1 \\ 2 \\ -2 \\ 2 \end{pmatrix}$$

线性相关。

分析 易见,向量组是由 4 个 4 维向量组成的,可直接用判别方法(3)求出参数值。

解 要使$\boldsymbol{\alpha}_1,\boldsymbol{\alpha}_2,\boldsymbol{\alpha}_3,\boldsymbol{\alpha}_4$ 线性相关,只要行列式满足

$$\begin{vmatrix} 1 & 2 & 3 & 1 \\ 2 & -1 & 1 & 2 \\ -1 & 3 & 2 & -2 \\ 2 & 4 & k & 2 \end{vmatrix} = 0。$$

利用行列式的性质 5 不难求得,若

$$\begin{vmatrix} 1 & 2 & 3 & 1 \\ 2 & -1 & 1 & 2 \\ -1 & 3 & 2 & -2 \\ 2 & 4 & k & 2 \end{vmatrix} \xlongequal{r_2-2r_1,\ r_3+r_1,\ r_4-2r_1} \begin{vmatrix} 1 & 2 & 3 & 1 \\ 0 & -5 & -5 & 0 \\ 0 & 5 & 5 & -1 \\ 0 & 0 & k-6 & 0 \end{vmatrix} = 0,$$

必有 $k=6$。

例 4.8 判断如下的向量组的线性相关性:

$$\boldsymbol{\alpha}_1 = \begin{pmatrix} 3 \\ 2 \\ 0 \\ 1 \end{pmatrix}, \quad \boldsymbol{\alpha}_2 = \begin{pmatrix} 1 \\ -1 \\ 5 \\ -3 \end{pmatrix}, \quad \boldsymbol{\alpha}_3 = \begin{pmatrix} -2 \\ -3 \\ 5 \\ -4 \end{pmatrix}。$$

分析 易见,向量组是由 3 个 4 维向量组成的,不能直接用判别方法(3)。根据定理 4.5 将向量组的线性相关性转化为线性方程组解的情况。

解 依题意,设有数 k_1,k_2,k_3,使得

$$k_1\boldsymbol{\alpha}_1 + k_2\boldsymbol{\alpha}_2 + k_3\boldsymbol{\alpha}_3 = \boldsymbol{0},$$

即

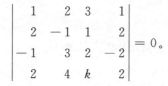

$$k_1\begin{pmatrix}3\\2\\0\\1\end{pmatrix}+k_2\begin{pmatrix}1\\-1\\5\\-3\end{pmatrix}+k_3\begin{pmatrix}-2\\-3\\5\\-4\end{pmatrix}=\begin{pmatrix}0\\0\\0\\0\end{pmatrix}。$$

将齐次线性方程组的系数矩阵 $\boldsymbol{A}$ 约化为行阶梯形矩阵,即

$$\boldsymbol{A}=\begin{pmatrix}3&1&-2\\2&-1&-3\\0&5&5\\1&-3&-4\end{pmatrix}\rightarrow\begin{pmatrix}1&-3&-4\\0&1&1\\0&0&0\\0&0&0\end{pmatrix}。$$

由定理 3.9 知,因为 $\mathrm{R}(\boldsymbol{A})=2<3$,所以齐次线性方程组有非零解。由定理 4.5 可知,向量组 $\boldsymbol{\alpha}_1,\boldsymbol{\alpha}_2,\boldsymbol{\alpha}_3$ 线性相关。

例 4.9 已知 $\boldsymbol{\alpha}_1=\begin{pmatrix}1\\4\\0\\2\end{pmatrix},\boldsymbol{\alpha}_2=\begin{pmatrix}2\\7\\1\\3\end{pmatrix},\boldsymbol{\alpha}_3=\begin{pmatrix}0\\1\\-1\\a\end{pmatrix},\boldsymbol{\beta}=\begin{pmatrix}3\\10\\b\\4\end{pmatrix}$,解答下列问题:

(1) a,b 取何值时,$\boldsymbol{\beta}$ 不能由 $\boldsymbol{\alpha}_1,\boldsymbol{\alpha}_2,\boldsymbol{\alpha}_3$ 线性表示?

(2) a,b 取何值时,$\boldsymbol{\beta}$ 可由 $\boldsymbol{\alpha}_1,\boldsymbol{\alpha}_2,\boldsymbol{\alpha}_3$ 线性表示?并写出其表达式。

分析 向量 $\boldsymbol{\beta}$ 能否用向量组 $\boldsymbol{\alpha}_1,\boldsymbol{\alpha}_2,\boldsymbol{\alpha}_3$ 线性表示可以转化为求非齐次线性方程组是否有解的问题。

解 依题意,设有数 x_1,x_2,x_3,使得

$$\boldsymbol{\beta}=x_1\boldsymbol{\alpha}_1+x_2\boldsymbol{\alpha}_2+x_3\boldsymbol{\alpha}_3,$$

对应的线性方程组的形式为

$$\begin{cases}x_1+2x_2=3,\\4x_1+7x_2+x_3=10,\\x_2-x_3=b,\\2x_1+3x_2+ax_3=4。\end{cases}$$

将此线性方程组的增广矩阵约化为行阶梯形矩阵,可得

$$\overline{\boldsymbol{A}}=\begin{pmatrix}1&2&0&3\\4&7&1&10\\0&1&-1&b\\2&3&a&4\end{pmatrix}\rightarrow\begin{pmatrix}1&2&0&3\\0&-1&1&-2\\0&1&-1&b\\0&-1&a&-2\end{pmatrix}\rightarrow\begin{pmatrix}1&2&0&3\\0&-1&1&-2\\0&0&a-1&0\\0&0&0&b-2\end{pmatrix}。$$

于是:

(1) 当 $b\neq2$ 时,$\mathrm{R}(\overline{\boldsymbol{A}})\neq\mathrm{R}(\boldsymbol{A})$,所以线性方程组无解,即 $\boldsymbol{\beta}$ 不能由 $\boldsymbol{\alpha}_1,\boldsymbol{\alpha}_2,\boldsymbol{\alpha}_3$ 线性表示。

(2) 当 $b=2,a\neq1$ 时,线性方程组有唯一解,即

$$x_1=-1,\quad x_2=2,\quad x_3=0。$$

所以 $\boldsymbol{\beta}$ 可唯一表示为

$$\boldsymbol{\beta}=-\boldsymbol{\alpha}_1+2\boldsymbol{\alpha}_2。$$

当 $b=2,a=1$ 时,线性方程组有无穷多解,即

$$\begin{cases} x_1 = -1 - 2x_3, \\ x_2 = 2 + x_3。\end{cases}$$

令 $x_3 = k$ 为任意常数，此时$\boldsymbol{\beta}$可以由$\boldsymbol{\alpha}_1,\boldsymbol{\alpha}_2,\boldsymbol{\alpha}_3$ 线性表示为

$$\boldsymbol{\beta} = -(2k+1)\boldsymbol{\alpha}_1 + (k+2)\boldsymbol{\alpha}_2 + k\boldsymbol{\alpha}_3,$$

其中 k 为任意常数。

例 4.10 设向量组$\boldsymbol{\alpha}_1,\boldsymbol{\alpha}_2,\boldsymbol{\alpha}_3$ 线性相关，向量组$\boldsymbol{\alpha}_2,\boldsymbol{\alpha}_3,\boldsymbol{\alpha}_4$ 线性无关。证明：

(1) 向量$\boldsymbol{\alpha}_1$ 能由向量组$\boldsymbol{\alpha}_2,\boldsymbol{\alpha}_3$ 线性表示；

(2) 向量$\boldsymbol{\alpha}_4$ 不能由向量组$\boldsymbol{\alpha}_1,\boldsymbol{\alpha}_2,\boldsymbol{\alpha}_3$ 线性表示。

分析 根据向量组和其部分组的关系及定理 4.4 证明。

证 (1) 因为向量组$\boldsymbol{\alpha}_2,\boldsymbol{\alpha}_3,\boldsymbol{\alpha}_4$ 线性无关，故部分组$\boldsymbol{\alpha}_2,\boldsymbol{\alpha}_3$ 线性无关，而向量组$\boldsymbol{\alpha}_1,\boldsymbol{\alpha}_2,\boldsymbol{\alpha}_3$ 线性相关，根据定理 4.4，向量$\boldsymbol{\alpha}_1$ 能由向量组$\boldsymbol{\alpha}_2,\boldsymbol{\alpha}_3$ 线性表示。

(2) 反证法。假设$\boldsymbol{\alpha}_4$ 能由$\boldsymbol{\alpha}_1,\boldsymbol{\alpha}_2,\boldsymbol{\alpha}_3$ 线性表示。由(1)知，$\boldsymbol{\alpha}_1$ 能由$\boldsymbol{\alpha}_2,\boldsymbol{\alpha}_3$ 线性表示，因此$\boldsymbol{\alpha}_4$ 能由$\boldsymbol{\alpha}_2,\boldsymbol{\alpha}_3$ 表示，这与$\boldsymbol{\alpha}_2,\boldsymbol{\alpha}_3,\boldsymbol{\alpha}_4$ 线性无关矛盾。 证毕

定义 4.5 给出了两个向量组之间存在线性表示的关系。但是这两个向量组自身是什么样一种状态未有提及，是线性相关还是线性无关？

例如，设向量组$\boldsymbol{\beta}_1,\boldsymbol{\beta}_2,\boldsymbol{\beta}_3$ 由向量组$\boldsymbol{\alpha}_1,\boldsymbol{\alpha}_2$ 线性表示为

$$\begin{cases} \boldsymbol{\beta}_1 = \boldsymbol{\alpha}_1 + 2\boldsymbol{\alpha}_2, \\ \boldsymbol{\beta}_2 = 3\boldsymbol{\alpha}_1 + \boldsymbol{\alpha}_2, \\ \boldsymbol{\beta}_3 = \boldsymbol{\alpha}_1 + \boldsymbol{\alpha}_2。\end{cases}$$

显然有 $2\boldsymbol{\beta}_1 + \boldsymbol{\beta}_2 - 5\boldsymbol{\beta}_3 = \mathbf{0}$，即向量组$\boldsymbol{\beta}_1,\boldsymbol{\beta}_2,\boldsymbol{\beta}_3$ 线性相关。然而，向量组$\boldsymbol{\alpha}_1,\boldsymbol{\alpha}_2$ 是否线性相关与向量组$\boldsymbol{\beta}_1,\boldsymbol{\beta}_2,\boldsymbol{\beta}_3$ 找不到任何关系。这是为什么呢？一般地，有下面的定理。

定理 4.6 给定两个向量组(Ⅰ)：$\boldsymbol{\alpha}_1,\boldsymbol{\alpha}_2,\cdots,\boldsymbol{\alpha}_s$ 和向量组(Ⅱ)：$\boldsymbol{\beta}_1,\boldsymbol{\beta}_2,\cdots,\boldsymbol{\beta}_r$，若向量组(Ⅱ)能由向量组(Ⅰ)线性表示，且有 $s<r$，则向量组(Ⅱ)一定线性相关。

Theorem 4.6 Given two vector sets (Ⅰ): $\boldsymbol{\alpha}_1,\boldsymbol{\alpha}_2,\cdots,\boldsymbol{\alpha}_s$ and (Ⅱ): $\boldsymbol{\beta}_1,\boldsymbol{\beta}_2,\cdots,\boldsymbol{\beta}_r$, if the vector set (Ⅱ) can be linearly represented by the vector set (Ⅰ), moreover, $s<r$, then the vector set (Ⅱ) must be linearly dependent.

分析 根据定义 4.6 建立两个向量组的矩阵关系，然后根据线性相关的定义，将矩阵关系转化为齐次线性方程组的非零解的存在性问题。

证 由已知，向量组(Ⅱ)能由向量组(Ⅰ)线性表示，根据式(4.10)，有

$$(\boldsymbol{\beta}_1,\boldsymbol{\beta}_2,\cdots,\boldsymbol{\beta}_r) = (\boldsymbol{\alpha}_1,\boldsymbol{\alpha}_2,\cdots,\boldsymbol{\alpha}_s)\begin{pmatrix} a_{11} & a_{12} & \cdots & a_{1r} \\ a_{21} & a_{22} & \cdots & a_{2r} \\ \vdots & \vdots & & \vdots \\ a_{s1} & a_{s2} & \cdots & a_{sr} \end{pmatrix}$$

$$= (\boldsymbol{\alpha}_1,\boldsymbol{\alpha}_2,\cdots,\boldsymbol{\alpha}_s)\boldsymbol{A}_{s\times r}。$$

若要证明$\boldsymbol{\beta}_1,\boldsymbol{\beta}_2,\cdots,\boldsymbol{\beta}_r$ 线性相关，即证明存在数 $x_1,x_2,\cdots,x_r$，使得

$$x_1\boldsymbol{\beta}_1 + x_2\boldsymbol{\beta}_2 + \cdots + x_r\boldsymbol{\beta}_r = \mathbf{0},$$

即

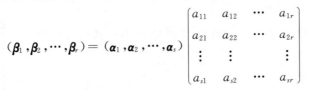

$$\mathbf{0}=x_1\boldsymbol{\beta}_1+x_2\boldsymbol{\beta}_2+\cdots+x_r\boldsymbol{\beta}_r=(\boldsymbol{\beta}_1,\boldsymbol{\beta}_2,\cdots,\boldsymbol{\beta}_r)\begin{pmatrix}x_1\\x_2\\\vdots\\x_r\end{pmatrix}$$

$$=(\boldsymbol{\alpha}_1,\boldsymbol{\alpha}_2,\cdots,\boldsymbol{\alpha}_s)\begin{pmatrix}a_{11}&a_{12}&\cdots&a_{1r}\\a_{21}&a_{22}&\cdots&a_{2r}\\\vdots&\vdots&&\vdots\\a_{s1}&a_{s2}&\cdots&a_{sr}\end{pmatrix}\begin{pmatrix}x_1\\x_2\\\vdots\\x_r\end{pmatrix}$$

$$=(\boldsymbol{\alpha}_1,\boldsymbol{\alpha}_2,\cdots,\boldsymbol{\alpha}_s)\mathbf{A}_{s\times r}\boldsymbol{x}。$$

若 $s<r$，根据定理 4.5 可知，齐次线性方程组 $\mathbf{A}_{s\times r}\boldsymbol{x}=\mathbf{0}$ 必有非零解。由上式可知，存在不全零数 $x_1,x_2,\cdots,x_r$ 使

$$x_1\boldsymbol{\beta}_1+x_2\boldsymbol{\beta}_2+\cdots+x_r\boldsymbol{\beta}_r=\mathbf{0}。$$

因此，向量组 $\boldsymbol{\beta}_1,\boldsymbol{\beta}_2,\cdots,\boldsymbol{\beta}_r$ 线性相关。 证毕

定理 4.6 说明：两个给定的向量组，若元素个数多的向量组能用个数少的线性表示，则个数多的向量组一定线性相关。或表述为：**以少表多，多者线性相关**。

推论 1 若向量组 $\boldsymbol{\beta}_1,\boldsymbol{\beta}_2,\cdots,\boldsymbol{\beta}_r$ 能由向量组 $\boldsymbol{\alpha}_1,\boldsymbol{\alpha}_2,\cdots,\boldsymbol{\alpha}_s$ 线性表示，且向量组 $\boldsymbol{\beta}_1,\boldsymbol{\beta}_2,\cdots,\boldsymbol{\beta}_r$ 线性无关，则 $s\geqslant r$。

Corollary 1 If the vector set $\boldsymbol{\beta}_1,\boldsymbol{\beta}_2,\cdots,\boldsymbol{\beta}_r$ can be linearly represented by the vector set $\boldsymbol{\alpha}_1,\boldsymbol{\alpha}_2,\cdots,\boldsymbol{\alpha}_s$, moreover, the vector set $\boldsymbol{\beta}_1,\boldsymbol{\beta}_2,\cdots,\boldsymbol{\beta}_r$ is linearly independent, then we have $s\geqslant r$.

根据定理 4.6，利用反证法即可证明推论 1。

推论 2 若向量组 $\boldsymbol{\alpha}_1,\boldsymbol{\alpha}_2,\cdots,\boldsymbol{\alpha}_s$ 和向量组 $\boldsymbol{\beta}_1,\boldsymbol{\beta}_2,\cdots,\boldsymbol{\beta}_r$ 等价（即可以相互线性表示），且都是线性无关的，则 $s=r$。换句话说，若两个线性无关的向量组是等价的，则它们所含向量的个数一定相同。

Corollary 2 If the two vector sets $\boldsymbol{\alpha}_1,\boldsymbol{\alpha}_2,\cdots,\boldsymbol{\alpha}_s$ and $\boldsymbol{\beta}_1,\boldsymbol{\beta}_2,\cdots,\boldsymbol{\beta}_r$ are equivalent (i.e., they can be linearly represented by each other), moreover, they are all linearly independent, then we have $s=r$. In other words, if two linearly independent vector sets are equivalent, they must have the same number of elements.

根据向量组的等价定义（定义 4.7），再结合推论 1，即可证得推论 2。

例 4.11 设向量组 $\boldsymbol{\alpha}_1,\boldsymbol{\alpha}_2,\boldsymbol{\alpha}_3$ 线性无关，$\boldsymbol{\beta}_1=\boldsymbol{\alpha}_1+\boldsymbol{\alpha}_2,\boldsymbol{\beta}_2=\boldsymbol{\alpha}_2+\boldsymbol{\alpha}_3,\boldsymbol{\beta}_3=\boldsymbol{\alpha}_3+\boldsymbol{\alpha}_1$。证明：向量组 $\boldsymbol{\beta}_1,\boldsymbol{\beta}_2,\boldsymbol{\beta}_3$ 也线性无关。

分析 根据定理 4.5 将向量组的线性相关性转化为线性方程组解的情况。

证 设有数 k_1,k_2,k_3，使

$$k_1\boldsymbol{\beta}_1+k_2\boldsymbol{\beta}_2+k_3\boldsymbol{\beta}_3=\mathbf{0},$$

即

$$k_1(\boldsymbol{\alpha}_1+\boldsymbol{\alpha}_2)+k_2(\boldsymbol{\alpha}_2+\boldsymbol{\alpha}_3)+k_3(\boldsymbol{\alpha}_3+\boldsymbol{\alpha}_1)=\mathbf{0},$$

于是有

$$(k_1+k_3)\boldsymbol{\alpha}_1+(k_1+k_2)\boldsymbol{\alpha}_2+(k_2+k_3)\boldsymbol{\alpha}_3=\mathbf{0}。$$

由于向量组$\boldsymbol{\alpha}_1,\boldsymbol{\alpha}_2,\boldsymbol{\alpha}_3$线性无关,得线性方程组

$$\begin{cases} k_1 \quad\quad + k_3 = 0, \\ k_1 + k_2 \quad\quad = 0, \\ \quad\quad k_2 + k_3 = 0。 \end{cases}$$

又由于

$$\begin{vmatrix} 1 & 0 & 1 \\ 1 & 1 & 0 \\ 0 & 1 & 1 \end{vmatrix} = 2 \neq 0,$$

所以此线性方程组只有零解,即$k_1 = k_2 = k_3 = 0$,从而向量组$\boldsymbol{\beta}_1,\boldsymbol{\beta}_2,\boldsymbol{\beta}_3$线性无关。 证毕

习题 4.2

思考题

1. 向量组的线性相关性与线性方程组的解有什么关系?

2. 判断下列说法是否正确,并说明理由:

(1) 若向量组$\boldsymbol{\alpha}_1,\boldsymbol{\alpha}_2,\boldsymbol{\alpha}_3$中任意两个向量都线性无关,则向量组$\boldsymbol{\alpha}_1,\boldsymbol{\alpha}_2,\boldsymbol{\alpha}_3$一定线性无关;

(2) 含有零向量的向量组一定线性相关;

(3) 若向量组$\boldsymbol{\alpha}_1,\boldsymbol{\alpha}_2,\cdots,\boldsymbol{\alpha}_n$线性无关,向量$\boldsymbol{\alpha}_{n+1}$不能由向量组$\boldsymbol{\alpha}_1,\boldsymbol{\alpha}_2,\cdots,\boldsymbol{\alpha}_n$线性表示,则向量组$\boldsymbol{\alpha}_1,\boldsymbol{\alpha}_2,\cdots,\boldsymbol{\alpha}_n,\boldsymbol{\alpha}_{n+1}$线性无关。

A类题

1. 判别向量组

$$\boldsymbol{\alpha}_1 = \begin{pmatrix} 1 \\ -2 \\ 3 \end{pmatrix}, \quad \boldsymbol{\alpha}_2 = \begin{pmatrix} 0 \\ 2 \\ -5 \end{pmatrix}, \quad \boldsymbol{\alpha}_3 = \begin{pmatrix} -1 \\ 0 \\ 2 \end{pmatrix}$$

的线性相关性。

2. 当x为何值时,下列向量组$\boldsymbol{\alpha}_1,\boldsymbol{\alpha}_2,\boldsymbol{\alpha}_3$线性无关:

(1) $\boldsymbol{\alpha}_1 = \begin{pmatrix} 2 \\ 1 \\ 3 \end{pmatrix}, \boldsymbol{\alpha}_2 = \begin{pmatrix} x \\ 3 \\ 2 \end{pmatrix}, \boldsymbol{\alpha}_3 = \begin{pmatrix} 3 \\ 2 \\ -1 \end{pmatrix}$; (2) $\boldsymbol{\alpha}_1 = \begin{pmatrix} 1 \\ -2 \\ 4 \end{pmatrix}, \boldsymbol{\alpha}_2 = \begin{pmatrix} 0 \\ 1 \\ 2 \end{pmatrix}, \boldsymbol{\alpha}_3 = \begin{pmatrix} -2 \\ 3 \\ x \end{pmatrix}$。

3. 已知如下两个向量组

(1) $\boldsymbol{\alpha}_1 = \begin{pmatrix} 1 \\ 3 \\ 4 \\ -2 \end{pmatrix}, \boldsymbol{\alpha}_2 = \begin{pmatrix} 2 \\ 1 \\ 3 \\ x \end{pmatrix}, \boldsymbol{\alpha}_3 = \begin{pmatrix} 3 \\ 1 \\ 4 \\ 0 \end{pmatrix}$; (2) $\boldsymbol{\alpha}_1 = \begin{pmatrix} 1 \\ 1 \\ 2 \\ 1 \end{pmatrix}, \boldsymbol{\alpha}_2 = \begin{pmatrix} 1 \\ 0 \\ 0 \\ 2 \end{pmatrix}, \boldsymbol{\alpha}_3 = \begin{pmatrix} -1 \\ -4 \\ -8 \\ x \end{pmatrix}$,

当x为何值时,向量组$\boldsymbol{\alpha}_1,\boldsymbol{\alpha}_2,\boldsymbol{\alpha}_3$线性无关?

4. 已知向量组$\boldsymbol{\alpha}_1,\boldsymbol{\alpha}_2,\boldsymbol{\alpha}_3$线性无关,且$\boldsymbol{\beta}_1 = \boldsymbol{\alpha}_1, \boldsymbol{\beta}_2 = \boldsymbol{\alpha}_1 - \boldsymbol{\alpha}_2, \boldsymbol{\beta}_3 = \boldsymbol{\alpha}_1 - \boldsymbol{\alpha}_2 - \boldsymbol{\alpha}_3$. 证明:向量组

$\boldsymbol{\beta}_1,\boldsymbol{\beta}_2,\boldsymbol{\beta}_3$ 线性无关。

5. 设$\boldsymbol{\beta}_1=3\boldsymbol{\alpha}_1+2\boldsymbol{\alpha}_2,\boldsymbol{\beta}_2=\boldsymbol{\alpha}_2-\boldsymbol{\alpha}_3,\boldsymbol{\beta}_3=4\boldsymbol{\alpha}_3-5\boldsymbol{\alpha}_1$,且向量组$\boldsymbol{\alpha}_1,\boldsymbol{\alpha}_2,\boldsymbol{\alpha}_3$ 线性无关。证明：向量组$\boldsymbol{\beta}_1,\boldsymbol{\beta}_2,\boldsymbol{\beta}_3$ 也线性无关。

6. 已知向量组$\boldsymbol{\beta}_1,\boldsymbol{\beta}_2,\boldsymbol{\beta}_3,\boldsymbol{\beta}_4$ 可由向量组$\boldsymbol{\alpha}_1,\boldsymbol{\alpha}_2,\boldsymbol{\alpha}_3$ 线性表示,且

$$\begin{cases}\boldsymbol{\beta}_1=\boldsymbol{\alpha}_1-\boldsymbol{\alpha}_2-\boldsymbol{\alpha}_3,\\ \boldsymbol{\beta}_2=\boldsymbol{\alpha}_1-2\boldsymbol{\alpha}_2-3\boldsymbol{\alpha}_3,\\ \boldsymbol{\beta}_3=\boldsymbol{\alpha}_1+2\boldsymbol{\alpha}_2+3\boldsymbol{\alpha}_3,\\ \boldsymbol{\beta}_4=\boldsymbol{\alpha}_1-4\boldsymbol{\alpha}_2-9\boldsymbol{\alpha}_3。\end{cases}$$

证明：向量组$\boldsymbol{\beta}_1,\boldsymbol{\beta}_2,\boldsymbol{\beta}_3,\boldsymbol{\beta}_4$ 线性相关。

7. 判断下列说法的正确性,并说明理由：

(1) 若向量组$\boldsymbol{\alpha}_1,\boldsymbol{\alpha}_2,\cdots,\boldsymbol{\alpha}_n$ 线性相关,则$\boldsymbol{\alpha}_1$ 可由$\boldsymbol{\alpha}_2,\cdots,\boldsymbol{\alpha}_n$ 线性表示；

(2) 设向量组$\boldsymbol{\alpha}_1,\boldsymbol{\alpha}_2,\cdots,\boldsymbol{\alpha}_n$ 线性相关,向量组$\boldsymbol{\beta}_1,\boldsymbol{\beta}_2,\cdots,\boldsymbol{\beta}_n$ 亦线性相关,则$\boldsymbol{\alpha}_1+\boldsymbol{\beta}_1,\boldsymbol{\alpha}_2+\boldsymbol{\beta}_2,\cdots,\boldsymbol{\alpha}_n+\boldsymbol{\beta}_n$ 线性相关。

8. 讨论下面向量组的线性相关性：

$$\boldsymbol{\alpha}_1=\begin{pmatrix}1\\0\\1\\1\end{pmatrix},\quad \boldsymbol{\alpha}_2=\begin{pmatrix}2\\1\\2\\1\end{pmatrix},\quad \boldsymbol{\alpha}_3=\begin{pmatrix}3\\b+4\\3\\1\end{pmatrix},\quad \boldsymbol{\alpha}_4=\begin{pmatrix}4\\5\\a-2\\-1\end{pmatrix}。$$

9. 设

$$\boldsymbol{A}=\begin{pmatrix}1&2&-2\\2&1&2\\3&0&4\end{pmatrix},\quad \boldsymbol{\alpha}=\begin{pmatrix}t\\1\\1\end{pmatrix},$$

若$\boldsymbol{A\alpha}$ 和$\boldsymbol{\alpha}$ 线性相关,求 t 的值。

10. 设向量组$\boldsymbol{\alpha}_1,\boldsymbol{\alpha}_2,\boldsymbol{\alpha}_3$ 满足 $k_1\boldsymbol{\alpha}_1+k_2\boldsymbol{\alpha}_2+k_3\boldsymbol{\alpha}_3=\boldsymbol{0}$,其中 $k_1k_3\neq0$,证明：向量组$\boldsymbol{\alpha}_1,\boldsymbol{\alpha}_2$ 与$\boldsymbol{\alpha}_2,\boldsymbol{\alpha}_3$ 等价。

B类题

1. 设$\boldsymbol{\beta}_1=\boldsymbol{\alpha}_1+\boldsymbol{\alpha}_2,\boldsymbol{\beta}_2=\boldsymbol{\alpha}_2+\boldsymbol{\alpha}_3,\boldsymbol{\beta}_3=\boldsymbol{\alpha}_3+\boldsymbol{\alpha}_4,\boldsymbol{\beta}_4=\boldsymbol{\alpha}_4+\boldsymbol{\alpha}_1$。讨论向量组$\boldsymbol{\beta}_1,\boldsymbol{\beta}_2,\boldsymbol{\beta}_3,\boldsymbol{\beta}_4$ 的线性相关性。

2. 设$\boldsymbol{\beta}_1=\boldsymbol{\alpha}_1,\boldsymbol{\beta}_2=\boldsymbol{\alpha}_1+\boldsymbol{\alpha}_2,\cdots,\boldsymbol{\beta}_r=\boldsymbol{\alpha}_1+\boldsymbol{\alpha}_2+\cdots+\boldsymbol{\alpha}_r$,且向量组$\boldsymbol{\alpha}_1,\boldsymbol{\alpha}_2,\cdots,\boldsymbol{\alpha}_r$ 线性无关,证明：向量组$\boldsymbol{\beta}_1,\boldsymbol{\beta}_2,\cdots,\boldsymbol{\beta}_r$ 也线性无关。

3. 设 n 维向量组$\boldsymbol{\alpha}_1,\boldsymbol{\alpha}_2,\cdots,\boldsymbol{\alpha}_n$ 线性无关。令

$$\begin{aligned}\boldsymbol{\beta}_1&=a_{11}\boldsymbol{\alpha}_1+a_{12}\boldsymbol{\alpha}_2+\cdots+a_{1n}\boldsymbol{\alpha}_n,\\ \boldsymbol{\beta}_2&=a_{21}\boldsymbol{\alpha}_1+a_{22}\boldsymbol{\alpha}_2+\cdots+a_{2n}\boldsymbol{\alpha}_n,\\ &\vdots\\ \boldsymbol{\beta}_n&=a_{n1}\boldsymbol{\alpha}_1+a_{n2}\boldsymbol{\alpha}_2+\cdots+a_{nn}\boldsymbol{\alpha}_n。\end{aligned}$$

证明：$\boldsymbol{\beta}_1,\boldsymbol{\beta}_2,\cdots,\boldsymbol{\beta}_n$ 线性无关的充分必要条件是

$$\begin{vmatrix} a_{11} & a_{12} & \cdots & a_{1n} \\ a_{21} & a_{22} & \cdots & a_{2n} \\ \vdots & \vdots & & \vdots \\ a_{n1} & a_{n2} & \cdots & a_{nn} \end{vmatrix} \neq 0。$$

4. 证明：若向量组$\boldsymbol{\beta}_1,\boldsymbol{\beta}_2,\cdots,\boldsymbol{\beta}_r$能由向量组$\boldsymbol{\alpha}_1,\boldsymbol{\alpha}_2,\cdots,\boldsymbol{\alpha}_s$线性表示，且向量组$\boldsymbol{\beta}_1,\boldsymbol{\beta}_2,\cdots,\boldsymbol{\beta}_r$线性无关，则$s\geqslant r$。

5. 证明：若两个线性无关的向量组是等价的，则它们所含向量的个数一定相同。

4.3 向量组的极大无关组与向量组的秩 | *Maximal independent subsets and ranks of vector sets*

在3.2节中，我们引入了矩阵的秩的定义，进而可以判断线性方程组的解的各种情况。类似地，借鉴于矩阵和向量组的对应关系，本节首先引入向量组的极大无关组的定义，然后给出向量组的秩的定义，并给出一些算例；最后简单介绍向量空间的相关内容。

4.3.1 向量组的极大无关组 | *Maximal independent subsets of vector sets*

定义 4.8 设有向量组T(可以由有限多个向量组成，也可以由无限多个向量组成)。若

(1) T的一个部分向量组$\boldsymbol{\alpha}_1,\boldsymbol{\alpha}_2,\cdots,\boldsymbol{\alpha}_r$线性无关；

(2) 在T的其余向量中任取一个向量$\boldsymbol{\beta}$(如果有的话)，由$r+1$个向量$\boldsymbol{\alpha}_1,\boldsymbol{\alpha}_2,\cdots,\boldsymbol{\alpha}_r,\boldsymbol{\beta}$组成的部分向量组都线性相关，

则称部分组$\boldsymbol{\alpha}_1,\boldsymbol{\alpha}_2,\cdots,\boldsymbol{\alpha}_r$是$T$的一个极大线性无关向量组，简称**极大无关组**。

Definition 4.8 Suppose that T is a vector set which may be consisted of finite vectors or infinitely many vectors. If

(1) a vector subset $\boldsymbol{\alpha}_1,\boldsymbol{\alpha}_2,\cdots,\boldsymbol{\alpha}_r$ of T is linear independent;

(2) for any vector $\boldsymbol{\beta}$ in the rest vectors of T (if there exists), the vector subset consisted of $r+1$ vectors $\boldsymbol{\alpha}_1,\boldsymbol{\alpha}_2,\cdots,\boldsymbol{\alpha}_r,\boldsymbol{\beta}$ is linearly dependent,

then the subset $\boldsymbol{\alpha}_1,\boldsymbol{\alpha}_2,\cdots,\boldsymbol{\alpha}_r$ is called a **maximal linearly independent vector subset** of T, for short, a **maximal independent subset.**

例如，给定向量组$\boldsymbol{\alpha}_1=\begin{pmatrix}1\\2\\3\end{pmatrix},\boldsymbol{\alpha}_2=\begin{pmatrix}3\\2\\1\end{pmatrix},\boldsymbol{\alpha}_3=\begin{pmatrix}4\\4\\4\end{pmatrix}$，因为$\boldsymbol{\alpha}_1,\boldsymbol{\alpha}_2$线性无关，而$\boldsymbol{\alpha}_1,\boldsymbol{\alpha}_2,\boldsymbol{\alpha}_3$线性相关，则$\boldsymbol{\alpha}_1,\boldsymbol{\alpha}_2$就是向量组$\boldsymbol{\alpha}_1,\boldsymbol{\alpha}_2,\boldsymbol{\alpha}_3$的一个极大无关组。事实上，求一个向量组的极大无关向量组就是要找到这个向量组中最多个线性无关的向量所组成的向量组。

特别地，若向量组$\boldsymbol{\alpha}_1,\boldsymbol{\alpha}_2,\cdots,\boldsymbol{\alpha}_n$是线性无关的，则它的极大线性无关组是它本身。

由定理4.4知，定义4.8中的条件(2)亦可叙述为：T中任一向量可由$\boldsymbol{\alpha}_1,\boldsymbol{\alpha}_2,\cdots,\boldsymbol{\alpha}_r$线性表示。又因为部分向量组$\boldsymbol{\alpha}_1,\boldsymbol{\alpha}_2,\cdots,\boldsymbol{\alpha}_r$又可以由整体向量组$T$线性表示，因此不难验证如下

性质成立。

性质 1 一个向量组与它的任一极大无关组等价。

Property 1 A vector set is equivalent to any one maximal independent vector subset in this vector set.

性质 2 一个向量组的任意两个极大无关组等价。

Property 2 Any two maximal independent vector subsets in a vector set are equivalent.

性质 3 一个向量组的所有极大无关组所含向量的个数都相同。

Property 3 All the maximal independent vector subsets in a vector set have the same number of vectors.

例 4.12 求向量组$\boldsymbol{\alpha}_1=\begin{pmatrix}1\\2\\1\\1\end{pmatrix},\boldsymbol{\alpha}_2=\begin{pmatrix}2\\3\\2\\1\end{pmatrix},\boldsymbol{\alpha}_3=\begin{pmatrix}2\\0\\1\\-1\end{pmatrix},\boldsymbol{\alpha}_4=\begin{pmatrix}2\\7\\3\\4\end{pmatrix}$的极大无关组。

分析 根据向量组极大无关组的定义。

解 设有数 x_1,x_2,x_3,x_4,使得

$$x_1\boldsymbol{\alpha}_1+x_2\boldsymbol{\alpha}_2+x_3\boldsymbol{\alpha}_3+x_4\boldsymbol{\alpha}_4=\boldsymbol{0},$$

对应的齐次线性方程组的形式为

$$\begin{cases}x_1+2x_2+2x_3+2x_4=0,\\2x_1+3x_2\qquad+7x_4=0,\\x_1+2x_2+x_3+3x_4=0,\\x_1+x_2-x_3+4x_4=0。\end{cases}$$

不难求得,此线性方程组的系数矩阵的行列式为零,即

$$|\boldsymbol{A}|=\begin{vmatrix}1&2&2&2\\2&3&0&7\\1&2&1&3\\1&1&-1&4\end{vmatrix}\xlongequal{r_2-2r_1,r_3-r_1,r_4-r_1}\begin{vmatrix}1&2&2&2\\0&-1&-4&3\\0&0&-1&1\\0&-1&-3&2\end{vmatrix}$$

$$\xlongequal{r_4-r_2}\begin{vmatrix}1&2&2&2\\0&-1&-4&3\\0&0&-1&1\\0&0&1&-1\end{vmatrix}=0。$$

于是,向量组$\boldsymbol{\alpha}_1,\boldsymbol{\alpha}_2,\boldsymbol{\alpha}_3,\boldsymbol{\alpha}_4$ 线性相关。

因为$\boldsymbol{\alpha}_1\neq\boldsymbol{0}$,故部分组$\boldsymbol{\alpha}_1$ 线性无关。又$\boldsymbol{\alpha}_1$ 和$\boldsymbol{\alpha}_2$ 对应的分量不成比例,所以部分组$\boldsymbol{\alpha}_1,\boldsymbol{\alpha}_2$ 线性无关。对应于等式 $x_1\boldsymbol{\alpha}_1+x_2\boldsymbol{\alpha}_2+x_3\boldsymbol{\alpha}_3=\boldsymbol{0}$ 的齐次线性方程组为

$$\begin{cases}x_1+2x_2+2x_3=0,\\2x_1+3x_2\qquad=0,\\x_1+2x_2+x_3=0,\\x_1+x_2-x_3=0。\end{cases}$$

利用初等行变换将此线性方程组的系数矩阵约化为行阶梯形矩阵,有

$$\begin{pmatrix}1&2&2\\2&3&0\\1&2&1\\1&1&-1\end{pmatrix}\to\begin{pmatrix}1&2&2\\0&-1&-4\\0&0&-1\\0&-1&-3\end{pmatrix}\to\begin{pmatrix}1&2&2\\0&-1&-4\\0&0&-1\\0&0&1\end{pmatrix}\to\begin{pmatrix}1&2&2\\0&1&4\\0&0&1\\0&0&0\end{pmatrix}。$$

易见，此线性方程组只有零解，故$\boldsymbol{\alpha}_1,\boldsymbol{\alpha}_2,\boldsymbol{\alpha}_3$ 线性无关，因此$\boldsymbol{\alpha}_1,\boldsymbol{\alpha}_2,\boldsymbol{\alpha}_3$ 是向量组$\boldsymbol{\alpha}_1,\boldsymbol{\alpha}_2,\boldsymbol{\alpha}_3,\boldsymbol{\alpha}_4$ 的一个极大无关组。事实上，可以验证向量组$\boldsymbol{\alpha}_2,\boldsymbol{\alpha}_3,\boldsymbol{\alpha}_4$ 或$\boldsymbol{\alpha}_1,\boldsymbol{\alpha}_3,\boldsymbol{\alpha}_4$ 或$\boldsymbol{\alpha}_1,\boldsymbol{\alpha}_2,\boldsymbol{\alpha}_4$ 也是$\boldsymbol{\alpha}_1,\boldsymbol{\alpha}_2,\boldsymbol{\alpha}_3,\boldsymbol{\alpha}_4$ 的一个极大无关组。

评注 从例 4.12 可以看到，通过逐步添加线性无关向量的方法求极大无关组较为麻烦。下一小节将给出一个较为简便的方法，见例 4.14。

定义 4.9 向量组 T 的极大无关组所含向量个数称为 T 的**秩**，记作 $R(T)$。

Definition 4.9 The number of vectors contained in a maximal independent vector subset in the vector set T is called the **rank** of T, written as $R(T)$.

规定只含零向量的向量组的秩等于零。

根据定理 4.6 的推论 1，并结合定义 4.8 和定义 4.9，不难证得向量组的秩与其自身的关系有如下性质。

性质 1 对于两个给定的向量组(Ⅰ)和向量组(Ⅱ)，如果向量组(Ⅰ)可以由向量组(Ⅱ)线性表示，则(Ⅰ)的秩不大于(Ⅱ)的秩，即 R(Ⅰ)≤R(Ⅱ)。

Property 1 For two given vector sets (Ⅰ) and (Ⅱ), if (Ⅰ) can be linearly represented by (Ⅱ), then the rank of (Ⅰ) is not greater than the rank of (Ⅱ), i. e., R(Ⅰ)≤R(Ⅱ).

性质 2 等价的向量组有相等的秩。

Property 2 Arbitrary equivalent vector sets have the same rank.

对于任意一个向量组$\boldsymbol{\alpha}_1,\boldsymbol{\alpha}_2,\cdots,\boldsymbol{\alpha}_m$，由定义 4.9 知，$R(\boldsymbol{\alpha}_1,\boldsymbol{\alpha}_2,\cdots,\boldsymbol{\alpha}_m)\leqslant m$，于是有下面的结论。

定理 4.7 向量组$\boldsymbol{\alpha}_1,\boldsymbol{\alpha}_2,\cdots,\boldsymbol{\alpha}_m$ 线性无关(线性相关)的充分必要条件是：

Theorem 4.7 The vector set $\boldsymbol{\alpha}_1,\boldsymbol{\alpha}_2,\cdots,\boldsymbol{\alpha}_m$ is linearly independent (linearly dependent) if and only if

$$R(\boldsymbol{\alpha}_1,\boldsymbol{\alpha}_2,\cdots,\boldsymbol{\alpha}_m)=m(<m)。$$

这就是说，可以通过求一个向量组的秩来判定该向量组的线性相关性。

4.3.2 向量组的秩与矩阵的秩之间的关系 *Relations between ranks of vector sets and matrices*

由于矩阵和向量组之间可以根据需要进行相互转换，下面讨论向量组的秩与矩阵的秩之间的关系。

设有 n 个 m 维列向量组$\boldsymbol{\alpha}_1,\boldsymbol{\alpha}_2,\cdots,\boldsymbol{\alpha}_n$，则对应的 $m\times n$ 矩阵为

$$\boldsymbol{A}=(\boldsymbol{\alpha}_1,\boldsymbol{\alpha}_2,\cdots,\boldsymbol{\alpha}_n);$$

反过来，若将一个 $m\times n$ 矩阵 $\boldsymbol{A}$ 的每一列作为一个向量，则可以得到 n 个 m 维列向量组$\boldsymbol{\alpha}_1,\boldsymbol{\alpha}_2,\cdots,\boldsymbol{\alpha}_n$。因此，矩阵与向量组存在着一一对应关系。下面的定理表明，对于向量组的线性相关性及秩的问题，可以通过矩阵的初等变换来完成。

定理 4.8 对矩阵实施的初等行变换不改变矩阵的列向量组的线性相关性，也不改变其线性组合关系。**即初等变换是同关系变换。**

Theorem 4.8 Elementary row operations performing on a matrix do not change the linear dependence of the column vector set of the matrix, and do not change their relation of linear combination. That is to say, **elementary operations are operations of invariance relations.**

证 设矩阵 $\boldsymbol{A}$ 经 l 次初等行变换化为矩阵 $\boldsymbol{B}$，即

$$\boldsymbol{A}=(\boldsymbol{\alpha}_1,\boldsymbol{\alpha}_2,\cdots,\boldsymbol{\alpha}_n)\xrightarrow{\text{初等行变换}}\boldsymbol{B}=(\boldsymbol{\beta}_1,\boldsymbol{\beta}_2,\cdots,\boldsymbol{\beta}_n),$$

则存在初等矩阵 $\boldsymbol{P}_1,\boldsymbol{P}_2,\cdots,\boldsymbol{P}_l$，使得

$$\boldsymbol{P}_1\boldsymbol{P}_2\cdots\boldsymbol{P}_l\boldsymbol{A}=\boldsymbol{B}。$$

令 $\boldsymbol{P}=\boldsymbol{P}_1\boldsymbol{P}_2\cdots\boldsymbol{P}_l$，则 $\boldsymbol{P}$ 可逆，并且 $\boldsymbol{PA}=\boldsymbol{B}$，因此有 $\boldsymbol{P\alpha}_i=\boldsymbol{\beta}_i, i=1,2,\cdots,n$。

(1) 若存在数 $k_1,k_2,\cdots,k_n$，使

$$k_1\boldsymbol{\alpha}_1+k_2\boldsymbol{\alpha}_2+\cdots+k_n\boldsymbol{\alpha}_n=\boldsymbol{0}。$$

上式两边左乘 $\boldsymbol{P}$，得

$$k_1\boldsymbol{P\alpha}_1+k_2\boldsymbol{P\alpha}_2+\cdots+k_n\boldsymbol{P\alpha}_n=k_1\boldsymbol{\beta}_1+k_2\boldsymbol{\beta}_2+\cdots+k_n\boldsymbol{\beta}_n=\boldsymbol{0}。$$

因为 $\boldsymbol{P}$ 可逆，所以线性方程组 $k_1\boldsymbol{\alpha}_1+k_2\boldsymbol{\alpha}_2+\cdots+k_n\boldsymbol{\alpha}_n=\boldsymbol{0}$ 与 $k_1\boldsymbol{\beta}_1+k_2\boldsymbol{\beta}_2+\cdots+k_n\boldsymbol{\beta}_n=\boldsymbol{0}$ 同解。因此，向量组 $\boldsymbol{\alpha}_1,\boldsymbol{\alpha}_2,\cdots,\boldsymbol{\alpha}_n$ 与向量组 $\boldsymbol{\beta}_1,\boldsymbol{\beta}_2,\cdots,\boldsymbol{\beta}_n$ 同时线性相关(或无关)，也就是说，对 $\boldsymbol{A}$ 实施的初等行变换不改变 $\boldsymbol{A}$ 的列向量组的线性相关性。

(2) 若 $\boldsymbol{A}$ 的列向量 $\boldsymbol{\alpha}_1,\boldsymbol{\alpha}_2,\cdots,\boldsymbol{\alpha}_n$ 之间存在某种线性组合关系，不妨设 $\boldsymbol{\alpha}_n$ 能由 $\boldsymbol{\alpha}_1,\boldsymbol{\alpha}_2,\cdots,\boldsymbol{\alpha}_{n-1}$ 线性表示，即存在一组数 $\lambda_1,\lambda_1,\cdots,\lambda_{n-1}$ 使

$$\boldsymbol{\alpha}_n=\lambda_1\boldsymbol{\alpha}_1+\lambda_2\boldsymbol{\alpha}_2+\cdots+\lambda_{n-1}\boldsymbol{\alpha}_{n-1}。$$

进而有

$$\lambda_1\boldsymbol{\alpha}_1+\lambda_2\boldsymbol{\alpha}_2+\cdots+\lambda_{n-1}\boldsymbol{\alpha}_{n-1}+(-1)\boldsymbol{\alpha}_n=\boldsymbol{0},$$

即

$$(\boldsymbol{\alpha}_1,\boldsymbol{\alpha}_2,\cdots,\boldsymbol{\alpha}_{n-1},\boldsymbol{\alpha}_n)\begin{pmatrix}\lambda_1\\ \lambda_2\\ \vdots\\ \lambda_{n-1}\\ -1\end{pmatrix}=\boldsymbol{0}。$$

上式两端左乘以 $\boldsymbol{P}$，得

$$\boldsymbol{P}(\boldsymbol{\alpha}_1,\boldsymbol{\alpha}_2,\cdots,\boldsymbol{\alpha}_{n-1},\boldsymbol{\alpha}_n)\begin{pmatrix}\lambda_1\\ \lambda_2\\ \vdots\\ \lambda_{n-1}\\ -1\end{pmatrix}=\boldsymbol{0},\quad \text{即}(\boldsymbol{\beta}_1,\boldsymbol{\beta}_2,\cdots,\boldsymbol{\beta}_{n-1},\boldsymbol{\beta}_n)\begin{pmatrix}\lambda_1\\ \lambda_2\\ \vdots\\ \lambda_{n-1}\\ -1\end{pmatrix}=\boldsymbol{0}。$$

所以有

$$\lambda_1\boldsymbol{\beta}_1+\cdots+\lambda_{n-1}\boldsymbol{\beta}_{n-1}-\boldsymbol{\beta}_n=\boldsymbol{0},\quad \text{即}\boldsymbol{\beta}_n=\lambda_1\boldsymbol{\beta}_1+\lambda_2\boldsymbol{\beta}_2+\cdots+\lambda_{n-1}\boldsymbol{\beta}_{n-1},$$

从而 $\boldsymbol{B}$ 的列向量间也具有与 $\boldsymbol{A}$ 同样的线性组合关系。 证毕

例 4.13 讨论如下的向量组的线性相关性及线性组合关系：

$$\boldsymbol{\alpha}_1=\begin{pmatrix}1\\0\\1\\0\end{pmatrix},\quad \boldsymbol{\alpha}_2=\begin{pmatrix}-2\\1\\3\\-7\end{pmatrix},\quad \boldsymbol{\alpha}_3=\begin{pmatrix}3\\-1\\0\\3\end{pmatrix},\quad \boldsymbol{\alpha}_4=\begin{pmatrix}-4\\1\\-3\\1\end{pmatrix}。$$

分析 根据定理 4.8，利用初等行变换将矩阵$(\boldsymbol{\alpha}_1,\boldsymbol{\alpha}_2,\boldsymbol{\alpha}_3,\boldsymbol{\alpha}_4)$化为行最简形。

解 令$\boldsymbol{\alpha}_1,\boldsymbol{\alpha}_2,\boldsymbol{\alpha}_3,\boldsymbol{\alpha}_4$为矩阵 $\boldsymbol{A}$ 的列向量。经初等行变换将 $\boldsymbol{A}$ 化为行最简形，即

$$\boldsymbol{A}=\begin{pmatrix}1&-2&3&-4\\0&1&-1&1\\1&3&0&-3\\0&-7&3&1\end{pmatrix}\xrightarrow{r_3-r_1}\begin{pmatrix}1&-2&3&-4\\0&1&-1&1\\0&5&-3&1\\0&-7&3&1\end{pmatrix}$$

$$\xrightarrow[r_4+7r_2]{r_3-5r_2}\begin{pmatrix}1&-2&3&-4\\0&1&-1&1\\0&0&2&-4\\0&0&-4&8\end{pmatrix}\xrightarrow[\frac{1}{2}r_3]{r_4+2r_3}\begin{pmatrix}1&-2&3&-4\\0&1&-1&1\\0&0&1&-2\\0&0&0&0\end{pmatrix}$$

$$\xrightarrow[r_1-3r_3]{r_2+r_3}\begin{pmatrix}1&-2&0&2\\0&1&0&-1\\0&0&1&-2\\0&0&0&0\end{pmatrix}\xrightarrow{r_1+2r_2}\begin{pmatrix}1&0&0&0\\0&1&0&-1\\0&0&1&-2\\0&0&0&0\end{pmatrix}$$

$$=(\boldsymbol{\beta}_1,\boldsymbol{\beta}_2,\boldsymbol{\beta}_3,\boldsymbol{\beta}_4)=\boldsymbol{B}。$$

作为 $\boldsymbol{A}$ 的行最简形，$\boldsymbol{B}$ 的列向量之间的线性关系为

$$\boldsymbol{\beta}_4=0\,\boldsymbol{\beta}_1-\boldsymbol{\beta}_2-2\,\boldsymbol{\beta}_3。$$

所以 $\boldsymbol{B}$ 的列向量组线性相关。由定理 4.8 知，$\boldsymbol{A}$ 的列向量组$\boldsymbol{\alpha}_1,\boldsymbol{\alpha}_2,\boldsymbol{\alpha}_3,\boldsymbol{\alpha}_4$也线性相关，且$\boldsymbol{\alpha}_4=0\,\boldsymbol{\alpha}_1-\boldsymbol{\alpha}_2-2\,\boldsymbol{\alpha}_3$。

评注 (1) 在求列向量组的秩时，可以先将其转化为对应的矩阵，然后利用初等行变换将其约化为行阶梯形矩阵，进而根据定理 4.8 求得向量组的秩。

(2) 在求列向量组的线性组合关系时，事实上是利用了非齐次线性方程组的同解思想，就是将列向量组构成的矩阵作为非齐次线性方程组的增广矩阵，然后对增广矩阵实施初等行变换，将其约化为行最简形；最后根据最简形的特征确定组合形式。如例 4.13 中，矩阵 $\boldsymbol{A}$ 可以理解为一个非齐次线性方程组的增广矩阵，矩阵 $\boldsymbol{B}$ 是对 $\boldsymbol{A}$ 实施一系列的初等行变换约化成的行最简形，最后一列即为非齐次线性方程组的解。相对复杂的算例还可参见例 4.14。

定理 4.9 矩阵 $\boldsymbol{A}$ 的秩等于 $\boldsymbol{A}$ 的列向量组的秩。

Theorem 4.9 The rank of a matrix $\boldsymbol{A}$ is equal to the rank of the column vector set of $\boldsymbol{A}$.

分析 将矩阵 $\boldsymbol{A}$ 进行初等行变换，将其约化为行最简形，从而可得矩阵的秩；由于它的列构成的列向量组彼此之间未进行运算，根据向量组的秩的定义，找到一个极大无关组即可。

证 设 $\mathrm{R}(\boldsymbol{A})=r$，对 $\boldsymbol{A}$ 实施初等行变换化为行最简形

$$A=\begin{pmatrix} a_{11} & a_{12} & \cdots & a_{1n} \\ a_{21} & a_{22} & \cdots & a_{2n} \\ \vdots & \vdots & \cdots & \vdots \\ a_{m1} & a_{m2} & \cdots & a_{mn} \end{pmatrix}=(\boldsymbol{\alpha}_1,\boldsymbol{\alpha}_2,\cdots,\boldsymbol{\alpha}_n)$$

$$\longrightarrow B=\begin{pmatrix} 1 & 0 & \cdots & 0 & c_{1,r+1} & \cdots & c_{1n} \\ 0 & 1 & \cdots & 0 & c_{2,r+1} & \cdots & c_{2n} \\ \vdots & \vdots & & \vdots & \vdots & & \vdots \\ 0 & 0 & \cdots & 1 & c_{r,r+1} & \cdots & c_{rn} \\ 0 & 0 & \cdots & 0 & 0 & \cdots & 0 \\ \vdots & \vdots & & \vdots & \vdots & & \vdots \\ 0 & 0 & \cdots & 0 & 0 & \cdots & 0 \end{pmatrix}=(\boldsymbol{\varepsilon}_1,\boldsymbol{\varepsilon}_2,\cdots,\boldsymbol{\varepsilon}_r,\boldsymbol{\beta}_{r+1},\cdots,\boldsymbol{\beta}_n),$$

则 $R(A)=R(B)=r$。由于 B 中的前 r 个列向量 $\boldsymbol{\varepsilon}_1,\boldsymbol{\varepsilon}_2,\cdots,\boldsymbol{\varepsilon}_r$ 线性无关，而 $\boldsymbol{\beta}_{r+1},\cdots,\boldsymbol{\beta}_n$ 中的每个向量至多只有前 r 维分量非零，所以 $\boldsymbol{\beta}_i(i=r+1,\cdots,n)$ 是 $\boldsymbol{\varepsilon}_1,\boldsymbol{\varepsilon}_2,\cdots,\boldsymbol{\varepsilon}_r$ 的线性组合。故 $\boldsymbol{\varepsilon}_1,\boldsymbol{\varepsilon}_2,\cdots,\boldsymbol{\varepsilon}_r$ 为 B 的列向量组的极大无关组，则

$$R(\boldsymbol{\varepsilon}_1,\boldsymbol{\varepsilon}_2,\cdots,\boldsymbol{\varepsilon}_r,\boldsymbol{\beta}_{r+1},\cdots,\boldsymbol{\beta}_n)=r。$$

由定理 4.8 知，A 的列向量组的秩与 B 的列向量组的秩相等，即

$$R(\boldsymbol{\alpha}_1,\boldsymbol{\alpha}_2,\cdots,\boldsymbol{\alpha}_n)=R(A)=r。$$

故矩阵 A 的秩等于 A 的列向量组的秩。 证毕

由于 $R(A)=R(A^T)$，将上述证明用在 A^T 上，可得 A 的秩等于 A 的行向量组的秩。因此

矩阵 A 的秩＝矩阵 A 列向量组的秩＝矩阵 A 行向量组的秩。

推论 设 A 为 $m\times n$ 矩阵，$R(A)=r$，则有

(1) 当 $r=m$ 时，A 的行向量组线性无关；当 $r<m$ 时，A 的行向量组线性相关；

(2) 当 $r=n$ 时，A 的列向量组线性无关；当 $r<n$ 时，A 的列向量组线性相关。

Corollary Let A be an $m\times n$ matrix, and $R(A)=r$, then

(1) as $r=m$, the row vector set of A is linearly independent, while as $r<m$, the row vector set of A is linearly dependent;

(2) as $r=n$, the column vector set of A is linearly independent, while as $r<n$, the column vector set of A is linearly dependent.

综合以上分析，可以利用对矩阵的初等变换确定一个向量组的线性相关性及线性组合关系。具体做法如下：

以 $\boldsymbol{\alpha}_1,\boldsymbol{\alpha}_2,\cdots,\boldsymbol{\alpha}_n$ 作为矩阵 A 的列向量，对 A 进行初等行变换化为行阶梯形，即

$$A=(\boldsymbol{\alpha}_1,\boldsymbol{\alpha}_2,\cdots,\boldsymbol{\alpha}_n)\longrightarrow \text{行阶梯形矩阵}$$

根据阶梯形矩阵可得：

(1) 求出 A 的列向量组 $\boldsymbol{\alpha}_1,\boldsymbol{\alpha}_2,\cdots,\boldsymbol{\alpha}_n$ 的秩；

(2) 确定向量组的线性相关性；

(3) 找出向量组的极大无关组。

(4) 若列向量组线性相关，可对 A 的阶梯形继续作初等行变换化为行最简形，确定其余

向量用极大无关组线性表示的表示式。

例 4.14 设有向量组

$$\boldsymbol{\alpha}_1=\begin{pmatrix}1\\3\\2\\0\end{pmatrix},\quad \boldsymbol{\alpha}_2=\begin{pmatrix}7\\0\\14\\3\end{pmatrix},\quad \boldsymbol{\alpha}_3=\begin{pmatrix}2\\-1\\0\\1\end{pmatrix},\quad \boldsymbol{\alpha}_4=\begin{pmatrix}5\\1\\6\\2\end{pmatrix},\quad \boldsymbol{\alpha}_5=\begin{pmatrix}2\\-1\\4\\1\end{pmatrix},$$

(1) 求向量组的秩；

(2) 求此向量组的一个极大无关组，并把其余向量分别用该极大无关组线性表示。

分析 求解步骤类似于例 4.13。

解 以$\boldsymbol{\alpha}_1,\boldsymbol{\alpha}_2,\boldsymbol{\alpha}_3,\boldsymbol{\alpha}_4,\boldsymbol{\alpha}_5$ 为列构成一个矩阵，然后对其实施初等行变换，具体过程如下：

$$\boldsymbol{A}=\begin{pmatrix}1&7&2&5&2\\3&0&-1&1&-1\\2&14&0&6&4\\0&3&1&2&1\end{pmatrix}\to\begin{pmatrix}1&7&2&5&2\\0&-21&-7&-14&-7\\0&0&-4&-4&0\\0&3&1&2&1\end{pmatrix}$$

$$\to\begin{pmatrix}1&7&2&5&2\\0&3&1&2&1\\0&0&1&1&0\\0&0&0&0&0\end{pmatrix}。$$

(1) 显然 $\boldsymbol{A}$ 的秩为 3，即向量组$\boldsymbol{\alpha}_1,\boldsymbol{\alpha}_2,\boldsymbol{\alpha}_3,\boldsymbol{\alpha}_4,\boldsymbol{\alpha}_5$ 的秩为 3。

(2) 为了选取极大无关组，注意到，向量组的秩为 3，在每一阶梯中选取一个对应向量，如选取$\boldsymbol{\alpha}_1,\boldsymbol{\alpha}_2,\boldsymbol{\alpha}_3$ 即为向量组$\boldsymbol{\alpha}_1,\boldsymbol{\alpha}_2,\boldsymbol{\alpha}_3,\boldsymbol{\alpha}_4,\boldsymbol{\alpha}_5$ 的极大线性无关组。

进一步地，将 $\boldsymbol{A}$ 化为行最简形，过程如下：

$$\boldsymbol{A}\to\begin{pmatrix}1&7&2&5&2\\0&3&1&2&1\\0&0&1&1&0\\0&0&0&0&0\end{pmatrix}\to\begin{pmatrix}1&7&0&3&2\\0&3&0&1&1\\0&0&1&1&0\\0&0&0&0&0\end{pmatrix}\to\begin{pmatrix}1&0&0&\frac{2}{3}&-\frac{1}{3}\\0&1&0&\frac{1}{3}&\frac{1}{3}\\0&0&1&1&0\\0&0&0&0&0\end{pmatrix}。$$

可见

$$\boldsymbol{\alpha}_4=\frac{2}{3}\boldsymbol{\alpha}_1+\frac{1}{3}\boldsymbol{\alpha}_2+1\,\boldsymbol{\alpha}_3,\quad \boldsymbol{\alpha}_5=-\frac{1}{3}\boldsymbol{\alpha}_1+\frac{1}{3}\boldsymbol{\alpha}_2+0\,\boldsymbol{\alpha}_3。$$

评注 (1) 为了同时求得向量组的秩、极大无关组及把其余向量用极大无关组线性表示，需限定只能实施初等行变换。进一步地，当把阶梯形约化为行最简形时，还可直接得到其余向量由极大无关组的线性表示式。若仅仅为了求秩，则既可实施初等行变换，又可实施初等列变换。

(2) 由于向量组有 5 个向量，根据行阶梯形矩阵，向量组的极大无关组不唯一，如$\boldsymbol{\alpha}_1,\boldsymbol{\alpha}_2,\boldsymbol{\alpha}_4$ 和$\boldsymbol{\alpha}_1,\boldsymbol{\alpha}_4,\boldsymbol{\alpha}_5$ 也是向量组的极大无关组。

(3) 注意到，在将 $\boldsymbol{A}$ 约化为行阶梯形矩阵的过程中，第 2、5 列是属于同一阶梯的，不能

认为第 3、4、5 列属于同一阶梯，即

$$A\to\cdots\to\begin{pmatrix}1&7&2&5&2\\0&3&1&2&1\\0&0&1&1&0\\0&0&0&0&0\end{pmatrix}。$$

否则会得出$\boldsymbol{\alpha}_1,\boldsymbol{\alpha}_2,\boldsymbol{\alpha}_5$ 也为极大线性无关组的**错误结论**。事实上，$\boldsymbol{\alpha}_1,\boldsymbol{\alpha}_2,\boldsymbol{\alpha}_5$ 线性相关。这里的关键是阶梯线上的分量不能为零，为了避免类似的错误，也可考虑交换两列（仅限于交换列），交换第 3 列和第 5 列（注意此时向量$\boldsymbol{\alpha}_3,\boldsymbol{\alpha}_5$ 交换了位置），有

$$A\to\cdots\to\begin{pmatrix}1&7&2&5&2\\0&3&1&2&1\\0&0&0&1&1\\0&0&0&0&0\end{pmatrix}$$

再在每一阶梯中选取一个向量构成极大无关组，就不会出现错误。

（4）当选取$\boldsymbol{\alpha}_1,\boldsymbol{\alpha}_2,\boldsymbol{\alpha}_3$ 作为一个极大无关组时，便得到$\boldsymbol{\alpha}_4,\boldsymbol{\alpha}_5$ 可用$\boldsymbol{\alpha}_1,\boldsymbol{\alpha}_2,\boldsymbol{\alpha}_3$ 线性表示的关系式，其依据是：初等行变换不改变列向量之间的线性关系。当选取其他向量组作为极大无关组时，读者可以尝试给出它们的表示形式。

例 4.15 已知向量组为

$$\boldsymbol{\alpha}_1=\begin{pmatrix}1\\1\\1\end{pmatrix},\quad \boldsymbol{\alpha}_2=\begin{pmatrix}1\\2\\4\end{pmatrix},\quad \boldsymbol{\alpha}_3=\begin{pmatrix}1\\3\\t\end{pmatrix},$$

（1）t 为何值时，向量组$\boldsymbol{\alpha}_1,\boldsymbol{\alpha}_2,\boldsymbol{\alpha}_3$ 线性相关？

（2）若向量组$\boldsymbol{\alpha}_1,\boldsymbol{\alpha}_2,\boldsymbol{\alpha}_3$ 线性相关，求该向量组的一个极大无关组，并将其余向量用极大无关组线性表示。

分析 经初等行变换将矩阵$(\boldsymbol{\alpha}_1,\boldsymbol{\alpha}_2,\boldsymbol{\alpha}_3)$化为行最简形。

解 以$\boldsymbol{\alpha}_1,\boldsymbol{\alpha}_2,\boldsymbol{\alpha}_3$ 为列向量得矩阵 $\boldsymbol{A}$，并对 $\boldsymbol{A}$ 施以行初等行变换得

$$\boldsymbol{A}=\begin{pmatrix}1&1&1\\1&2&3\\1&4&t\end{pmatrix}\xrightarrow[r_3-r_1]{r_2-r_1}\begin{pmatrix}1&1&1\\0&1&2\\0&3&t-1\end{pmatrix}\xrightarrow{r_3-3r_2}\begin{pmatrix}1&1&1\\0&1&2\\0&0&t-7\end{pmatrix}。$$

（1）易知，当 $t=7$ 时，$\mathrm{R}(\boldsymbol{A})=2<3$，所以$\boldsymbol{\alpha}_1,\boldsymbol{\alpha}_2,\boldsymbol{\alpha}_3$ 线性相关。

（2）当 $t=7$ 时，继续对 $\boldsymbol{A}$ 施以初等行变换

$$\boldsymbol{A}\to\begin{pmatrix}1&1&1\\0&1&2\\0&0&0\end{pmatrix}\to\begin{pmatrix}1&0&-1\\0&1&2\\0&0&0\end{pmatrix}=\boldsymbol{B}。$$

矩阵 $\boldsymbol{B}$ 的列向量间的线性关系为

$$\begin{pmatrix}-1\\2\\0\end{pmatrix}=-\begin{pmatrix}1\\0\\0\end{pmatrix}+2\begin{pmatrix}0\\1\\0\end{pmatrix},$$

由定理 4.8 知，$\boldsymbol{\alpha}_3=-\boldsymbol{\alpha}_1+2\boldsymbol{\alpha}_2$，而且$\boldsymbol{\alpha}_1,\boldsymbol{\alpha}_2$ 为该向量组的一个极大无关组。

例 4.16 设两个向量组$\boldsymbol{\alpha}_1,\boldsymbol{\alpha}_2,\cdots,\boldsymbol{\alpha}_r$与$\boldsymbol{\beta}_1,\boldsymbol{\beta}_2,\cdots,\boldsymbol{\beta}_r$满足如下关系：

$$\boldsymbol{\beta}_1=\boldsymbol{\alpha}_2+\boldsymbol{\alpha}_3+\cdots+\boldsymbol{\alpha}_r,$$
$$\boldsymbol{\beta}_2=\boldsymbol{\alpha}_1+\boldsymbol{\alpha}_3+\cdots+\boldsymbol{\alpha}_r,$$
$$\vdots$$
$$\boldsymbol{\beta}_r=\boldsymbol{\alpha}_1+\boldsymbol{\alpha}_2+\cdots+\boldsymbol{\alpha}_{r-1}。$$

证明：向量组$\boldsymbol{\beta}_1,\boldsymbol{\beta}_2,\cdots,\boldsymbol{\beta}_r$与$\boldsymbol{\alpha}_1,\boldsymbol{\alpha}_2,\cdots,\boldsymbol{\alpha}_r$具有相同的秩。

分析 等价的向量组有相同的秩，即只要证明两向量组可以相互线性表示即可。

证 由题设知，$\boldsymbol{\beta}_1,\boldsymbol{\beta}_2,\cdots,\boldsymbol{\beta}_r$可由$\boldsymbol{\alpha}_1,\boldsymbol{\alpha}_2,\cdots,\boldsymbol{\alpha}_r$线性表出。现在将这些等式相加，可得

$$\frac{1}{r-1}(\boldsymbol{\beta}_1+\boldsymbol{\beta}_2+\cdots+\boldsymbol{\beta}_r)=\boldsymbol{\alpha}_1+\boldsymbol{\alpha}_2+\cdots+\boldsymbol{\alpha}_r=\boldsymbol{\alpha}_i+\boldsymbol{\beta}_i,\quad i=1,2,\cdots,r。$$

于是

$$\boldsymbol{\alpha}_i=\frac{1}{r-1}\boldsymbol{\beta}_1+\frac{1}{r-1}\boldsymbol{\beta}_2+\cdots+\left(\frac{1}{r-1}-1\right)\boldsymbol{\beta}_i+\cdots+\frac{1}{r-1}\boldsymbol{\beta}_r,\quad i=1,2,\cdots,r,$$

即$\boldsymbol{\alpha}_1,\boldsymbol{\alpha}_2,\cdots,\boldsymbol{\alpha}_r$也可由$\boldsymbol{\beta}_1,\boldsymbol{\beta}_2,\cdots,\boldsymbol{\beta}_r$线性表出，从而向量组$\boldsymbol{\beta}_1,\boldsymbol{\beta}_2,\cdots,\boldsymbol{\beta}_r$与$\boldsymbol{\alpha}_1,\boldsymbol{\alpha}_2,\cdots,\boldsymbol{\alpha}_r$等价，所以$\boldsymbol{\beta}_1,\boldsymbol{\beta}_2,\cdots,\boldsymbol{\beta}_r$与$\boldsymbol{\alpha}_1,\boldsymbol{\alpha}_2,\cdots,\boldsymbol{\alpha}_r$具有相同的秩。 证毕

例 4.17 证明：矩阵$\boldsymbol{A}_{m\times n}$与$\boldsymbol{B}_{n\times s}$乘积的秩不大于$\boldsymbol{A}_{m\times n}$的秩和$\boldsymbol{B}_{n\times s}$的秩，即

$$\mathrm{R}(\boldsymbol{AB})\leqslant\min\{\mathrm{R}(\boldsymbol{A}),\mathrm{R}(\boldsymbol{B})\}。$$

分析 将矩阵转化为向量组，然后利用定义 4.9 的性质 1 的证明。

证 设

$$\boldsymbol{A}=(a_{ij})_{m\times n}=(\boldsymbol{\alpha}_1,\boldsymbol{\alpha}_2,\cdots,\boldsymbol{\alpha}_n),\quad \boldsymbol{B}=(b_{ij})_{n\times s},$$
$$\boldsymbol{AB}=\boldsymbol{C}=(c_{ij})_{m\times s}=(\boldsymbol{\gamma}_1,\boldsymbol{\gamma}_2,\cdots,\boldsymbol{\gamma}_s),$$

即

$$(\boldsymbol{\gamma}_1,\boldsymbol{\gamma}_2,\cdots,\boldsymbol{\gamma}_s)=(\boldsymbol{\alpha}_1,\boldsymbol{\alpha}_2,\cdots,\boldsymbol{\alpha}_n)\begin{pmatrix}b_{11}&\cdots&b_{1j}&\cdots&b_{1s}\\b_{21}&\cdots&b_{2j}&\cdots&b_{2s}\\\vdots&&\vdots&&\vdots\\b_{n1}&\cdots&b_{nj}&\cdots&b_{ns}\end{pmatrix},$$

因此，有

$$\boldsymbol{\gamma}_j=b_{1j}\boldsymbol{\alpha}_1+b_{2j}\boldsymbol{\alpha}_2+\cdots+b_{nj}\boldsymbol{\alpha}_n,\quad j=1,2,\cdots,s,$$

即$\boldsymbol{AB}$的列向量组$\boldsymbol{\gamma}_1,\boldsymbol{\gamma}_2,\cdots,\boldsymbol{\gamma}_s$可由$\boldsymbol{A}$的列向量组$\boldsymbol{\alpha}_1,\boldsymbol{\alpha}_2,\cdots,\boldsymbol{\alpha}_n$线性表示。由定义 4.9 的性质 1 可知

$$\mathrm{R}(\boldsymbol{AB})\leqslant\mathrm{R}(\boldsymbol{A})。$$

同理，$\boldsymbol{AB}$的行向量组可由$\boldsymbol{B}$的行向量组线性表示，即$\mathrm{R}(\boldsymbol{AB})\leqslant\mathrm{R}(\boldsymbol{B})$。因此，

$$\mathrm{R}(\boldsymbol{AB})\leqslant\min\{\mathrm{R}(\boldsymbol{A}),\mathrm{R}(\boldsymbol{B})\}。$$ 证毕

*4.3.3 向量空间

定义 4.10 设V是一个非空的n维向量集合，P是一个数域。如果V中的向量对于线性运算封闭（即对任意$\boldsymbol{\alpha},\boldsymbol{\beta}\in V$，都有$\boldsymbol{\alpha}+\boldsymbol{\beta},k\boldsymbol{\alpha}\in V$，其中$k\in P$），则称$V$是数域$P$上

* Vector spaces

Definition 4.10 Let V be a nonempty set of n dimensional vectors and P be a number field. If the linear operations of vectors in V are closed (namely, for any $\boldsymbol{\alpha}$,

的向量空间。

$\boldsymbol{\beta} \in V$, we have $\boldsymbol{\alpha} + \boldsymbol{\beta}, k\boldsymbol{\alpha} \in V$, where $k \in P$), then V is called a vector space over the number field P.

根据定义 4.10,n 维实向量全体构成实数域$\mathbb{R}$ 上的向量空间,记为$\mathbb{R}^n$。如不做特殊说明,本书所涉及的向量空间均指的是$\mathbb{R}^n$。

例 4.18 在解析几何里,平面(或空间)中从坐标原点引出的一切向量的集合对于向量的加法和数乘运算来说是封闭的,因此它们分别构成了实数域上的二维(或三维)向量空间。

易知,三维几何空间$\mathbb{R}^3$ 中的向量组

$$\boldsymbol{\varepsilon}_1 = \begin{pmatrix} 1 \\ 0 \\ 0 \end{pmatrix}, \quad \boldsymbol{\varepsilon}_2 = \begin{pmatrix} 0 \\ 1 \\ 0 \end{pmatrix}, \quad \boldsymbol{\varepsilon}_3 = \begin{pmatrix} 0 \\ 0 \\ 1 \end{pmatrix}$$

是线性无关的,并且对于任一个向量$\boldsymbol{\alpha} = \begin{pmatrix} a_1 \\ a_2 \\ a_3 \end{pmatrix}$,有

$$\boldsymbol{\alpha} = a_1\boldsymbol{\varepsilon}_1 + a_2\boldsymbol{\varepsilon}_2 + a_3\boldsymbol{\varepsilon}_3$$

向量组$\boldsymbol{\varepsilon}_1,\boldsymbol{\varepsilon}_2,\boldsymbol{\varepsilon}_3$ 称为$\mathbb{R}^3$ 的基底,而 a_1,a_2,a_3 称为向量$\boldsymbol{\alpha}$ 在基底$\boldsymbol{\varepsilon}_1,\boldsymbol{\varepsilon}_2,\boldsymbol{\varepsilon}_3$ 下的坐标。一般地,我们有如下的定义。

定义 4.11 向量空间$\mathbb{R}^n$ 中的一个极大无关组$\boldsymbol{\varepsilon}_1,\boldsymbol{\varepsilon}_2,\cdots,\boldsymbol{\varepsilon}_n$ 称为$\mathbb{R}^n$ 的一个基底,n 称为向量空间$\mathbb{R}^n$ 的维数。

Definition 4.11 The maximal independent subset in the vector space $\mathbb{R}^n$, given by $\boldsymbol{\varepsilon}_1,\boldsymbol{\varepsilon}_2,\cdots,\boldsymbol{\varepsilon}_n$, is called a basis of $\mathbb{R}^n$, and n is called the dimension of the vector space $\mathbb{R}^n$.

关于定义 4.11 的几点说明。

(1) $\mathbb{R}^n$ 的基底不唯一。

(2) $\mathbb{R}^n$ 中的任一向量$\boldsymbol{\alpha}$ 均可由基底$\boldsymbol{\varepsilon}_1,\boldsymbol{\varepsilon}_2,\cdots,\boldsymbol{\varepsilon}_n$ 线性表示,即

$$\boldsymbol{\alpha} = x_1\boldsymbol{\varepsilon}_1 + x_2\boldsymbol{\varepsilon}_2 + \cdots + x_n\boldsymbol{\varepsilon}_n,$$

其中 $x_1,x_2,\cdots,x_n$ 称为向量$\boldsymbol{\alpha}$ 在基底$\boldsymbol{\varepsilon}_1,\boldsymbol{\varepsilon}_2,\cdots,\boldsymbol{\varepsilon}_n$ 下的**坐标(coordinate)**。

(3) 同一向量在同一组基底下的坐标是唯一的。

事实上,设$\boldsymbol{\varepsilon}_1,\boldsymbol{\varepsilon}_2,\cdots,\boldsymbol{\varepsilon}_n$ 是$\mathbb{R}^n$ 的一个基底,$\boldsymbol{\alpha}$ 是$\mathbb{R}^n$ 中的一个向量,且满足

$$\boldsymbol{\alpha} = x_1\boldsymbol{\varepsilon}_1 + x_2\boldsymbol{\varepsilon}_2 + \cdots + x_n\boldsymbol{\varepsilon}_n = y_1\boldsymbol{\varepsilon}_1 + y_2\boldsymbol{\varepsilon}_2 + \cdots + y_n\boldsymbol{\varepsilon}_n,$$

则

$$(x_1 - y_1)\boldsymbol{\varepsilon}_1 + (x_2 - y_2)\boldsymbol{\varepsilon}_2 + \cdots + (x_n - y_n)\boldsymbol{\varepsilon}_n = \mathbf{0}。$$

不难得出 $x_1=y_1,x_2=y_2,\cdots,x_n=y_n$。

例 4.19 求$\mathbb{R}^3$ 中向量$\boldsymbol{\alpha} = \begin{pmatrix} 1 \\ 0 \\ 6 \end{pmatrix}$在基底$\boldsymbol{\varepsilon}_1 = \begin{pmatrix} 1 \\ 0 \\ 2 \end{pmatrix}$,$\boldsymbol{\varepsilon}_2 = \begin{pmatrix} 0 \\ 1 \\ -1 \end{pmatrix}$,$\boldsymbol{\varepsilon}_3 = \begin{pmatrix} 1 \\ 1 \\ 3 \end{pmatrix}$下的坐标。

分析 将所求问题转化为线性方程组的解的问题。

解 令 $\boldsymbol{A}=(\boldsymbol{\varepsilon}_1,\boldsymbol{\varepsilon}_2,\boldsymbol{\varepsilon}_3)$。问题可以转化为求解线性方程组 $\boldsymbol{Ax}=\boldsymbol{\alpha}$。对此线性方程组的增广矩阵实施初等行变换,得到行最简形

$$\bar{\boldsymbol{A}}=\begin{pmatrix}1&0&1&1\\0&1&1&0\\2&-1&3&6\end{pmatrix}\xrightarrow{r_3-2r_1}\begin{pmatrix}1&0&1&1\\0&1&1&0\\0&-1&1&4\end{pmatrix}\xrightarrow{r_3+r_2}\begin{pmatrix}1&0&1&1\\0&1&1&0\\0&0&2&4\end{pmatrix}$$

$$\xrightarrow{\frac{1}{2}r_3}\begin{pmatrix}1&0&1&1\\0&1&1&0\\0&0&1&2\end{pmatrix}\xrightarrow{r_1-r_3,r_2-r_3}\begin{pmatrix}1&0&0&-1\\0&1&0&-2\\0&0&1&2\end{pmatrix}。$$

所以，向量$\boldsymbol{\alpha}$ 在基底$\boldsymbol{\varepsilon}_1,\boldsymbol{\varepsilon}_2,\boldsymbol{\varepsilon}_3$ 下的坐标的向量形式为

$$\begin{pmatrix}x_1\\x_2\\x_3\end{pmatrix}=\begin{pmatrix}-1\\-2\\2\end{pmatrix}。$$

对于同一向量在不同基底下的坐标，它们之间存在某种内在的联系。

设 $x_1,x_2,\cdots,x_n$ 和 $y_1,y_2,\cdots,y_n$ 分别是向量$\boldsymbol{\alpha}$ 在基底$\boldsymbol{\alpha}_1,\boldsymbol{\alpha}_2,\cdots,\boldsymbol{\alpha}_n$ 和基底$\boldsymbol{\beta}_1,\boldsymbol{\beta}_2,\cdots,\boldsymbol{\beta}_n$ 下的坐标，首先将$\boldsymbol{\alpha}_1,\boldsymbol{\alpha}_2,\cdots,\boldsymbol{\alpha}_n$ 用$\boldsymbol{\beta}_1,\boldsymbol{\beta}_2,\cdots,\boldsymbol{\beta}_n$ 线性表示

$$\begin{cases}\boldsymbol{\alpha}_1=a_{11}\boldsymbol{\beta}_1+a_{21}\boldsymbol{\beta}_2+\cdots+a_{n1}\boldsymbol{\beta}_n,\\\boldsymbol{\alpha}_2=a_{12}\boldsymbol{\beta}_1+a_{22}\boldsymbol{\beta}_2+\cdots+a_{n2}\boldsymbol{\beta}_n,\\\quad\vdots\\\boldsymbol{\alpha}_n=a_{1n}\boldsymbol{\beta}_1+a_{2n}\boldsymbol{\beta}_2+\cdots+a_{nn}\boldsymbol{\beta}_n,\end{cases}$$

即

$$(\boldsymbol{\alpha}_1,\boldsymbol{\alpha}_2,\cdots,\boldsymbol{\alpha}_n)=(\boldsymbol{\beta}_1,\boldsymbol{\beta}_2,\cdots,\boldsymbol{\beta}_n)\begin{pmatrix}a_{11}&a_{12}&\cdots&a_{1n}\\a_{21}&a_{22}&\cdots&a_{2n}\\\vdots&\vdots&&\vdots\\a_{n1}&a_{n2}&\cdots&a_{nn}\end{pmatrix}。\tag{4.14}$$

令

$$\boldsymbol{P}=\begin{pmatrix}a_{11}&a_{12}&\cdots&a_{1n}\\a_{21}&a_{22}&\cdots&a_{2n}\\\vdots&\vdots&&\vdots\\a_{n1}&a_{n2}&\cdots&a_{nn}\end{pmatrix},\tag{4.15}$$

矩阵 $\boldsymbol{P}$ 称为由基底$\boldsymbol{\beta}_1,\boldsymbol{\beta}_2,\cdots,\boldsymbol{\beta}_n$ 到基底$\boldsymbol{\alpha}_1,\boldsymbol{\alpha}_2,\cdots,\boldsymbol{\alpha}_n$ 的**过渡矩阵**(**transition matrix**)。显然，$|\boldsymbol{P}|\neq 0$。由于

$$\boldsymbol{\alpha}=x_1\boldsymbol{\alpha}_1+x_2\boldsymbol{\alpha}_2+\cdots+x_n\boldsymbol{\alpha}_n=y_1\boldsymbol{\beta}_1+y_2\boldsymbol{\beta}_2+\cdots+y_n\boldsymbol{\beta}_n,$$

将其写成如下的矩阵形式，即

$$\boldsymbol{\alpha}=(\boldsymbol{\alpha}_1,\boldsymbol{\alpha}_2,\cdots,\boldsymbol{\alpha}_n)\begin{pmatrix}x_1\\x_2\\\vdots\\x_n\end{pmatrix}=(\boldsymbol{\beta}_1,\boldsymbol{\beta}_2,\cdots,\boldsymbol{\beta}_n)\begin{pmatrix}y_1\\y_2\\\vdots\\y_n\end{pmatrix}。$$

由以上两式得

$$\boldsymbol{\alpha}=(\boldsymbol{\alpha}_1,\boldsymbol{\alpha}_2,\cdots,\boldsymbol{\alpha}_n)\begin{pmatrix}x_1\\x_2\\\vdots\\x_n\end{pmatrix}=(\boldsymbol{\beta}_1,\boldsymbol{\beta}_2,\cdots,\boldsymbol{\beta}_n)\boldsymbol{P}\begin{pmatrix}x_1\\x_2\\\vdots\\x_n\end{pmatrix}=(\boldsymbol{\beta}_1,\boldsymbol{\beta}_2,\cdots,\boldsymbol{\beta}_n)\begin{pmatrix}y_1\\y_2\\\vdots\\y_n\end{pmatrix}。$$

因为一个向量在同一基底下的坐标是唯一的，所以

$$\boldsymbol{P}\begin{pmatrix}x_1\\x_2\\\vdots\\x_n\end{pmatrix}=\begin{pmatrix}y_1\\y_2\\\vdots\\y_n\end{pmatrix},\quad \text{或}\quad \begin{pmatrix}x_1\\x_2\\\vdots\\x_n\end{pmatrix}=\boldsymbol{P}^{-1}\begin{pmatrix}y_1\\y_2\\\vdots\\y_n\end{pmatrix}。\tag{4.16}$$

此式即为向量$\boldsymbol{\alpha}$在不同基底下的坐标之间的关系。

例 4.20 已知$\mathbb{R}^3$中两个向量组为

$$\boldsymbol{\alpha}_1=\begin{pmatrix}1\\0\\1\end{pmatrix},\boldsymbol{\alpha}_2=\begin{pmatrix}0\\1\\-1\end{pmatrix},\boldsymbol{\alpha}_3=\begin{pmatrix}1\\2\\0\end{pmatrix}\quad \text{和}\quad \boldsymbol{\beta}_1=\begin{pmatrix}1\\1\\1\end{pmatrix},\boldsymbol{\beta}_2=\begin{pmatrix}0\\1\\1\end{pmatrix},\boldsymbol{\beta}_3=\begin{pmatrix}0\\0\\1\end{pmatrix}。$$

(1) 求从基底$\boldsymbol{\beta}_1,\boldsymbol{\beta}_2,\boldsymbol{\beta}_3$到基底$\boldsymbol{\alpha}_1,\boldsymbol{\alpha}_2,\boldsymbol{\alpha}_3$的过渡矩阵$\boldsymbol{P}$；

(2) 设向量$\boldsymbol{\alpha}$在基底$\boldsymbol{\beta}_1,\boldsymbol{\beta}_2,\boldsymbol{\beta}_3$下的坐标向量为$\boldsymbol{y}=\begin{pmatrix}1\\-2\\-1\end{pmatrix}$，求向量$\boldsymbol{\alpha}$在基底$\boldsymbol{\alpha}_1,\boldsymbol{\alpha}_2,\boldsymbol{\alpha}_3$下的坐标向量$\boldsymbol{x}=\begin{pmatrix}x_1\\x_2\\x_3\end{pmatrix}$。

分析 (1) 根据过渡矩阵的定义(式(4.14)和式(4.15))求解；(2)根据式(4.16)求解。

解 (1) 令$\boldsymbol{B}=(\boldsymbol{\alpha}_1,\boldsymbol{\alpha}_2,\boldsymbol{\alpha}_3)$，$\boldsymbol{A}=(\boldsymbol{\beta}_1,\boldsymbol{\beta}_2,\boldsymbol{\beta}_3)$，则

$$(\boldsymbol{\alpha}_1,\boldsymbol{\alpha}_2,\boldsymbol{\alpha}_3)=(\boldsymbol{\beta}_1,\boldsymbol{\beta}_2,\boldsymbol{\beta}_3)\boldsymbol{P},$$

即$\boldsymbol{B}=\boldsymbol{AP}$，所以$\boldsymbol{P}=\boldsymbol{A}^{-1}\boldsymbol{B}$。

根据初等行变换求矩阵方程的解法，有

$$(\boldsymbol{A},\boldsymbol{B})=\begin{pmatrix}1&0&0&1&0&1\\1&1&0&0&1&2\\1&1&1&1&-1&0\end{pmatrix}\longrightarrow\begin{pmatrix}1&0&0&1&0&1\\0&1&0&-1&1&1\\0&0&1&1&-2&-2\end{pmatrix},$$

故

$$\boldsymbol{P}=\begin{pmatrix}1&0&1\\-1&1&1\\1&-2&-2\end{pmatrix}。$$

(2) 由式(4.16)，根据初等行变换求矩阵方程的解法，有

$$(\boldsymbol{P},\boldsymbol{y})=\begin{pmatrix}1&0&1&1\\-1&1&1&-2\\1&-2&-2&-1\end{pmatrix}\longrightarrow\begin{pmatrix}1&0&0&5\\0&1&0&7\\0&0&1&-4\end{pmatrix},$$

于是

$$\begin{pmatrix}x_1\\x_2\\x_3\end{pmatrix}=\boldsymbol{P}^{-1}\begin{pmatrix}1\\-2\\-1\end{pmatrix}=\begin{pmatrix}5\\7\\-4\end{pmatrix}。$$

习 题 4.3

思考题

1. 向量组的极大无关组与向量组有何关系？极大无关组是否唯一，是如何求出来的？

2. 向量组的秩与矩阵的秩有何关系？如何利用矩阵的初等变换求向量组的秩、极大无关组？如何利用极大无关组将向量组中的其余向量线性表示？

3. 若向量组(Ⅰ)能由向量组(Ⅱ)线性表示，则向量组(Ⅱ)能由向量组(Ⅰ)线性表示。这个说法是否正确，说明理由。

A类题

1. 求下列向量组的秩，并分别求其一个极大无关组：

(1) $\boldsymbol{\alpha}_1=\begin{pmatrix}1\\1\\0\end{pmatrix},\boldsymbol{\alpha}_2=\begin{pmatrix}0\\2\\0\end{pmatrix},\boldsymbol{\alpha}_3=\begin{pmatrix}0\\1\\3\end{pmatrix}$；　(2) $\boldsymbol{\alpha}_1=\begin{pmatrix}2\\1\\5\end{pmatrix},\boldsymbol{\alpha}_2=\begin{pmatrix}1\\1\\3\end{pmatrix},\boldsymbol{\alpha}_3=\begin{pmatrix}2\\0\\4\end{pmatrix}$；

(3) $\boldsymbol{\alpha}_1=\begin{pmatrix}1\\2\\-1\\4\end{pmatrix},\boldsymbol{\alpha}_2=\begin{pmatrix}0\\100\\10\\4\end{pmatrix},\boldsymbol{\alpha}_3=\begin{pmatrix}-2\\-4\\2\\-8\end{pmatrix}$；

(4) $\boldsymbol{\alpha}_1=\begin{pmatrix}1\\2\\1\\0\end{pmatrix},\boldsymbol{\alpha}_2=\begin{pmatrix}4\\1\\0\\2\end{pmatrix},\boldsymbol{\alpha}_3=\begin{pmatrix}1\\-1\\-3\\-6\end{pmatrix},\boldsymbol{\alpha}_4=\begin{pmatrix}0\\-3\\-1\\3\end{pmatrix}$。

2. 讨论下列向量组的线性相关性：

(1) $\boldsymbol{\alpha}_1=\begin{pmatrix}1\\2\\0\end{pmatrix},\boldsymbol{\alpha}_2=\begin{pmatrix}0\\2\\3\end{pmatrix},\boldsymbol{\alpha}_3=\begin{pmatrix}1\\0\\3\end{pmatrix},\boldsymbol{\alpha}_4=\begin{pmatrix}1\\1\\1\end{pmatrix}$；

(2) $\boldsymbol{\alpha}_1=\begin{pmatrix}1\\0\\2\\1\end{pmatrix},\boldsymbol{\alpha}_2=\begin{pmatrix}1\\2\\0\\1\end{pmatrix},\boldsymbol{\alpha}_3=\begin{pmatrix}2\\1\\3\\0\end{pmatrix},\boldsymbol{\alpha}_4=\begin{pmatrix}2\\5\\-1\\4\end{pmatrix}$；

(3) $\boldsymbol{\alpha}_1=\begin{pmatrix}1\\2\\4\\-1\end{pmatrix},\boldsymbol{\alpha}_2=\begin{pmatrix}2\\-1\\3\\3\end{pmatrix},\boldsymbol{\alpha}_3=\begin{pmatrix}3\\-2\\4\\5\end{pmatrix},\boldsymbol{\alpha}_4=\begin{pmatrix}1\\3\\5\\-2\end{pmatrix}$；

(4) $\boldsymbol{\alpha}_1=\begin{pmatrix}2\\1\\4\\-3\end{pmatrix},\boldsymbol{\alpha}_2=\begin{pmatrix}3\\1\\5\\-4\end{pmatrix},\boldsymbol{\alpha}_3=\begin{pmatrix}-1\\-1\\-3\\2\end{pmatrix},\boldsymbol{\alpha}_4=\begin{pmatrix}2\\2\\6\\-4\end{pmatrix},\boldsymbol{\alpha}_5=\begin{pmatrix}1\\-1\\-1\\0\end{pmatrix}$。

若线性相关，分别求出它们的一个极大无关组，并将其余向量用该极大无关组线性表示。

3. 已知向量组（Ⅰ）和向量组（Ⅱ）分别为

$$(\text{Ⅰ}):\boldsymbol{\alpha}_1=\begin{pmatrix}0\\1\\1\end{pmatrix},\boldsymbol{\alpha}_2=\begin{pmatrix}1\\2\\1\end{pmatrix},\boldsymbol{\alpha}_3=\begin{pmatrix}1\\0\\-1\end{pmatrix}\text{和}(\text{Ⅱ}):\boldsymbol{\beta}_1=\begin{pmatrix}1\\1\\0\end{pmatrix},\boldsymbol{\beta}_2=\begin{pmatrix}1\\1\\1\end{pmatrix},\boldsymbol{\beta}_3=\begin{pmatrix}2\\a\\b\end{pmatrix}。$$

若它们有相同的秩，且$\boldsymbol{\beta}_3$可由$\boldsymbol{\alpha}_1,\boldsymbol{\alpha}_2,\boldsymbol{\alpha}_3$线性表示，求$a,b$的值。

4. 已知向量组（Ⅰ）和向量组（Ⅱ）分别为

$$(\text{Ⅰ}):\boldsymbol{\alpha}_1=\begin{pmatrix}1\\2\\-3\\1\end{pmatrix},\boldsymbol{\alpha}_2=\begin{pmatrix}3\\0\\1\\1\end{pmatrix},\boldsymbol{\alpha}_3=\begin{pmatrix}9\\6\\-7\\5\end{pmatrix}\text{和}(\text{Ⅱ}):\boldsymbol{\beta}_1=\begin{pmatrix}0\\1\\-1\\1\end{pmatrix},\boldsymbol{\beta}_2=\begin{pmatrix}a\\2\\1\\5\end{pmatrix},\boldsymbol{\beta}_3=\begin{pmatrix}b\\1\\0\\2\end{pmatrix}。$$

若它们有相同的秩，且$\boldsymbol{\beta}_2$可由$\boldsymbol{\alpha}_1,\boldsymbol{\alpha}_2,\boldsymbol{\alpha}_3$线性表示，求$a,b$的值。

5. 设向量组$\boldsymbol{\alpha}_1=\begin{pmatrix}1\\1\\1\\3\end{pmatrix},\boldsymbol{\alpha}_2=\begin{pmatrix}-1\\-3\\5\\1\end{pmatrix},\boldsymbol{\alpha}_3=\begin{pmatrix}3\\2\\-1\\p+2\end{pmatrix},\boldsymbol{\alpha}_4=\begin{pmatrix}-2\\-6\\10\\p\end{pmatrix}$。解答下列问题：

(1) p为何值时，该向量组线性无关？并将向量$\boldsymbol{\alpha}=(4,1,6,10)^{\mathrm{T}}$用$\boldsymbol{\alpha}_1,\boldsymbol{\alpha}_2,\boldsymbol{\alpha}_3,\boldsymbol{\alpha}_4$线性表示；

(2) p为何值时，该向量组线性相关？并在此时求出它的秩和一个极大线性无关组。

6. 证明：对于两个给定的向量组（Ⅰ）和向量组（Ⅱ），如果（Ⅰ）可以由（Ⅱ）线性表示，则（Ⅰ）的秩不大于（Ⅱ）的秩，即R（Ⅰ）≤R（Ⅱ）。

7. 若向量组$\boldsymbol{\alpha}_1,\boldsymbol{\alpha}_2,\cdots,\boldsymbol{\alpha}_m$的部分组$\boldsymbol{\alpha}_1,\boldsymbol{\alpha}_2,\cdots,\boldsymbol{\alpha}_r(r<m)$线性无关，则$\boldsymbol{\alpha}_1,\boldsymbol{\alpha}_2,\cdots,\boldsymbol{\alpha}_r$为向量组$\boldsymbol{\alpha}_1,\boldsymbol{\alpha}_2,\cdots,\boldsymbol{\alpha}_m$的一个极大无关组。这种说法是否成立，说明理由。

8. 已知n维单位向量组$\boldsymbol{e}_1,\boldsymbol{e}_2,\cdots,\boldsymbol{e}_n$可由$n$维向量组$\boldsymbol{\alpha}_1,\boldsymbol{\alpha}_2,\cdots,\boldsymbol{\alpha}_n$线性表示，证明：向量组$\boldsymbol{\alpha}_1,\boldsymbol{\alpha}_2,\cdots,\boldsymbol{\alpha}_n$线性无关。

B类题

1. 已知向量组（Ⅰ）：$\boldsymbol{\alpha}_1,\boldsymbol{\alpha}_2,\boldsymbol{\alpha}_3$；（Ⅱ）：$\boldsymbol{\alpha}_1,\boldsymbol{\alpha}_2,\boldsymbol{\alpha}_3,\boldsymbol{\alpha}_4$；（Ⅲ）：$\boldsymbol{\alpha}_1,\boldsymbol{\alpha}_2,\boldsymbol{\alpha}_3,\boldsymbol{\alpha}_5$。如果各向量组的秩分别为R（Ⅰ）=R（Ⅱ）=3，R（Ⅲ）=4，证明：向量组$\boldsymbol{\alpha}_1,\boldsymbol{\alpha}_2,\boldsymbol{\alpha}_3,\boldsymbol{\alpha}_5-\boldsymbol{\alpha}_4$的秩为4。

2. 若向量组$(1,0,0)^{\mathrm{T}},(1,1,0)^{\mathrm{T}},(1,1,1)^{\mathrm{T}}$可由向量组$\boldsymbol{\alpha}_1,\boldsymbol{\alpha}_2,\boldsymbol{\alpha}_3$线性表出，也可由向量组$\boldsymbol{\beta}_1,\boldsymbol{\beta}_2,\boldsymbol{\beta}_3,\boldsymbol{\beta}_4$线性表出，则向量组$\boldsymbol{\alpha}_1,\boldsymbol{\alpha}_2,\boldsymbol{\alpha}_3$与$\boldsymbol{\beta}_1,\boldsymbol{\beta}_2,\boldsymbol{\beta}_3,\boldsymbol{\beta}_4$等价。

3. 在三维向量空间$\mathbb{R}^3$中，求向量$\boldsymbol{\beta}=\begin{pmatrix}1\\1\\0\end{pmatrix}$在基底$\boldsymbol{\alpha}_1=\begin{pmatrix}1\\1\\1\end{pmatrix},\boldsymbol{\alpha}_2=\begin{pmatrix}1\\0\\1\end{pmatrix},\boldsymbol{\alpha}_3=\begin{pmatrix}1\\0\\0\end{pmatrix}$下的坐标。

4. 已知4维向量空间$\mathbb{R}^4$中的两组基底，即

$$(\text{Ⅰ}):\boldsymbol{\alpha}_1=\begin{pmatrix}1\\2\\0\\0\end{pmatrix},\boldsymbol{\alpha}_2=\begin{pmatrix}1\\3\\0\\0\end{pmatrix},\boldsymbol{\alpha}_3=\begin{pmatrix}0\\0\\2\\1\end{pmatrix},\boldsymbol{\alpha}_4=\begin{pmatrix}0\\0\\5\\3\end{pmatrix};$$

$$(\text{Ⅱ}):\boldsymbol{\beta}_1=\begin{pmatrix}1\\0\\0\\0\end{pmatrix},\boldsymbol{\beta}_2=\begin{pmatrix}1\\1\\0\\0\end{pmatrix},\boldsymbol{\beta}_3=\begin{pmatrix}2\\0\\1\\2\end{pmatrix},\boldsymbol{\beta}_4=\begin{pmatrix}1\\0\\2\\3\end{pmatrix}。$$

(1) 求从基底$\boldsymbol{\alpha}_1,\boldsymbol{\alpha}_2,\boldsymbol{\alpha}_3,\boldsymbol{\alpha}_4$到基底$\boldsymbol{\beta}_1,\boldsymbol{\beta}_2,\boldsymbol{\beta}_3,\boldsymbol{\beta}_4$的过渡矩阵；

(2) 从基底$\boldsymbol{\beta}_1,\boldsymbol{\beta}_2,\boldsymbol{\beta}_3,\boldsymbol{\beta}_4$到基底$\boldsymbol{\alpha}_1,\boldsymbol{\alpha}_2,\boldsymbol{\alpha}_3,\boldsymbol{\alpha}_4$的过渡矩阵。

4.4 线性方程组的解的结构 | *Solution structures of linear systems of equations*

在第3章中，我们曾利用矩阵的初等变换和秩讨论了线性方程组$\boldsymbol{Ax}=\boldsymbol{b}$($\boldsymbol{Ax}=\boldsymbol{0}$)的解的存在条件，并且通过取自由未知量的方法，在线性方程组有无穷多解时，给出了它们的解的表达式。本节将利用向量组的线性相关性理论对线性方程组的解作进一步探讨，特别是当线性方程组有无穷多解时，讨论它们的解的结构。

4.4.1 齐次线性方程组的解的结构 | *Solution structures of homogeneous linear systems*

对于n元齐次线性方程组

$$\boldsymbol{Ax}=\boldsymbol{0}, \tag{4.17}$$

其中$\boldsymbol{A}=(a_{ij})_{m\times n}$是对应的系数矩阵，$\boldsymbol{x}$是待求的$n$维向量，具体形式为

$$\boldsymbol{A}=\begin{pmatrix}a_{11}&a_{12}&\cdots&a_{1n}\\a_{21}&a_{22}&\cdots&a_{2n}\\\vdots&\vdots&&\vdots\\a_{m1}&a_{m2}&\cdots&a_{mn}\end{pmatrix},\quad \boldsymbol{x}=\begin{pmatrix}x_1\\x_2\\\vdots\\x_n\end{pmatrix},\quad \boldsymbol{0}=\begin{pmatrix}0\\0\\\vdots\\0\end{pmatrix}。$$

线性方程组(4.17)的全部解向量构成的集合称为**解集**(**solution set**)，记作S，即$S=\{\boldsymbol{x}|\boldsymbol{Ax}=\boldsymbol{0}\}$。显然，$\boldsymbol{x}=\boldsymbol{0}$是$\boldsymbol{Ax}=\boldsymbol{0}$的解，称之为齐次线性方程组(4.17)的**零解**(**zero solution**)。

由定理3.9知，若$\mathrm{R}(\boldsymbol{A})=r<n$，则线性方程组$\boldsymbol{Ax}=\boldsymbol{0}$有无穷多非零解。现在的问题是：如何给出这些解的统一表示形式？

由4.3节中极大无关组的性质1知，若能求出这个解向量组的一个极大无关组，就可以得到所有解，也就是**通解**(**general solution**)。为此，下面先研究线性方程组$\boldsymbol{Ax}=\boldsymbol{0}$的解的结构。

关于齐次线性方程组(4.17)的解，容易验证如下性质成立。

性质1 若向量$\boldsymbol{\xi}_1,\boldsymbol{\xi}_2$是齐次线性方程组(4.17)的解，则$\boldsymbol{\xi}_1+\boldsymbol{\xi}_2$也是该线性方程组的解。

Property 1 If the vectors $\boldsymbol{\xi}_1,\boldsymbol{\xi}_2$ are solutions of System (4.17), so is $\boldsymbol{\xi}_1+\boldsymbol{\xi}_2$.

性质2 对于任意实数k，若向量$\boldsymbol{\xi}$是齐次线性方程组(4.17)的解，则$k\boldsymbol{\xi}$也为该线性方程组的解。

Property 2 For any real number k, if the vector $\boldsymbol{\xi}$ is a solution of System (4.17), so is $k\boldsymbol{\xi}$.

由性质1和性质2可知，若$\boldsymbol{\xi}_1,\boldsymbol{\xi}_2,\cdots,\boldsymbol{\xi}_t$为齐次线性方程组(4.17)的解，则线性组合

$$x = k_1 \boldsymbol{\xi}_1 + k_2 \boldsymbol{\xi}_2 + \cdots + k_t \boldsymbol{\xi}_t$$

也是该线性方程组的解。又若向量组$\boldsymbol{\xi}_1, \boldsymbol{\xi}_2, \cdots, \boldsymbol{\xi}_t$ 为齐次线性方程组(4.17)解向量组 S 的极大线性无关组，则称之为此线性方程组的**基础解系**(**system of fundamental solutions**)，对应的通解为

$$S = \{k_1 \boldsymbol{\xi}_1 + k_2 \boldsymbol{\xi}_2 + \cdots + k_t \boldsymbol{\xi}_t \mid k_1, k_2, \cdots, k_t \in \mathbb{R}\}。\tag{4.18}$$

下面给出求齐次线性方程组(4.17)的一个基础解系的方法。

设 n 元齐次线性方程组$\boldsymbol{Ax}=\boldsymbol{0}$ 的系数矩阵的秩为 $\mathrm{R}(\boldsymbol{A})=r<n$。对 $\boldsymbol{A}$ 实施初等行变换，最终可将其化为如下的行最简形

$$\boldsymbol{A} = \begin{pmatrix} a_{11} & a_{12} & \cdots & a_{1n} \\ a_{21} & a_{22} & \cdots & a_{2n} \\ \vdots & \vdots & & \vdots \\ a_{m1} & a_{m2} & \cdots & a_{mn} \end{pmatrix} \to \begin{pmatrix} 1 & 0 & \cdots & 0 & b_{1,r+1} & \cdots & b_{1n} \\ 0 & 1 & \cdots & 0 & b_{2,r+1} & \cdots & b_{2n} \\ \vdots & \vdots & & \vdots & \vdots & & \vdots \\ 0 & 0 & \cdots & 1 & b_{r,r+1} & \cdots & b_{rn} \\ 0 & 0 & \cdots & 0 & 0 & \cdots & 0 \\ \vdots & \vdots & & \vdots & \vdots & & \vdots \\ 0 & 0 & \cdots & 0 & 0 & \cdots & 0 \end{pmatrix}。$$

与 $\boldsymbol{Ax}=\boldsymbol{0}$ 同解的线性方程组为

$$\begin{cases} x_1 \quad\quad\quad + b_{1,r+1}x_{r+1} + \cdots + b_{1n}x_n = 0, \\ \quad x_2 \quad\quad + b_{2,r+1}x_{r+1} + \cdots + b_{2n}x_n = 0, \\ \quad\quad \vdots \\ \quad\quad x_r + b_{r,r+1}x_{r+1} + \cdots + b_{rn}x_n = 0, \end{cases}$$

即

$$\begin{cases} x_1 = -b_{1,r+1}x_{r+1} - \cdots - b_{1n}x_n, \\ x_2 = -b_{2,r+1}x_{r+1} - \cdots - b_{2n}x_n, \\ \quad \vdots \\ x_r = -b_{r,r+1}x_{r+1} - \cdots - b_{rn}x_n。 \end{cases}\tag{4.19}$$

显然，齐次线性方程组(4.17)与线性方程组(4.19)同解。

在线性方程组(4.19)中，$x_1, x_2, \cdots, x_r$ 由自由未知量 $x_{r+1}, \cdots, x_n$ 线性表示，给定 $x_{r+1}, \cdots, x_n$ 一组值，便可唯一确定主变量 $x_1, x_2, \cdots, x_r$ 的值，从而得到齐次线性方程组(4.17)的一个解。

令自由未知量为 $x_{r+1}=k_1, \cdots, x_n=k_{n-r}$，其中 $k_1, k_2, \cdots, k_{n-r}$ 为任意实数，则与线性方程组(4.19)同解的线性方程组为

$$\begin{cases} x_1 = -b_{1,r+1}k_1 - \cdots - b_{1n}k_{n-r}, \\ \quad \vdots \\ x_r = -b_{r,r+1}k_1 - \cdots - b_{rn}k_{n-r}, \\ x_{r+1} = k_1, \\ \quad \vdots \\ x_n = k_{n-r}。 \end{cases}$$

于是，齐次线性方程组(4.17)的解的向量表示形式为

$$\boldsymbol{x}=\begin{pmatrix}x_1\\x_2\\\vdots\\x_r\\x_{r+1}\\x_{r+2}\\\vdots\\x_n\end{pmatrix}=k_1\begin{pmatrix}-b_{1,r+1}\\-b_{2,r+1}\\\vdots\\-b_{r,r+1}\\1\\0\\\vdots\\0\end{pmatrix}+k_2\begin{pmatrix}-b_{1,r+2}\\-b_{2,r+2}\\\vdots\\-b_{r,r+2}\\0\\1\\\vdots\\0\end{pmatrix}+\cdots+k_{n-r}\begin{pmatrix}-b_{1n}\\-b_{2n}\\\vdots\\-b_{rn}\\0\\0\\\vdots\\1\end{pmatrix}。\tag{4.20}$$

因此，式(4.20)为齐次线性方程组(4.17)的解。令

$$\boldsymbol{\xi}_1=\begin{pmatrix}-b_{1,r+1}\\-b_{2,r+1}\\\vdots\\-b_{r,r+1}\\1\\0\\\vdots\\0\end{pmatrix},\boldsymbol{\xi}_2=\begin{pmatrix}-b_{1,r+2}\\-b_{2,r+2}\\\vdots\\-b_{r,r+2}\\0\\1\\\vdots\\0\end{pmatrix},\cdots,\boldsymbol{\xi}_{n-r}=\begin{pmatrix}-b_{1n}\\-b_{2n}\\\vdots\\-b_{rn}\\0\\0\\\vdots\\1\end{pmatrix},$$

则

$$\boldsymbol{x}=k_1\boldsymbol{\xi}_1+k_2\boldsymbol{\xi}_2+\cdots+k_{n-r}\boldsymbol{\xi}_{n-r},\tag{4.21}$$

其中 $k_1,k_2,\cdots,k_{n-r}$ 为任意实数。

一般地，用下面方法求 $\boldsymbol{\xi}_1,\boldsymbol{\xi}_2,\cdots,\boldsymbol{\xi}_{n-r}$ 更方便。在线性方程组(4.19)中，令自由未知量 $x_{r+1},x_{r+2},\cdots,x_n$ 构成的向量分别为如下的 $n-r$ 个向量

$$\begin{pmatrix}x_{r+1}\\x_{r+2}\\\vdots\\x_n\end{pmatrix}=\begin{pmatrix}1\\0\\\vdots\\0\end{pmatrix},\begin{pmatrix}0\\1\\\vdots\\0\end{pmatrix},\cdots,\begin{pmatrix}0\\0\\\vdots\\1\end{pmatrix},$$

则由线性方程组(4.19)可得

$$\begin{pmatrix}x_1\\x_2\\\vdots\\x_r\end{pmatrix}=\begin{pmatrix}-b_{1,r+1}\\-b_{2,r+1}\\\vdots\\-b_{r,r+1}\end{pmatrix},\begin{pmatrix}-b_{1,r+2}\\-b_{2,r+2}\\\vdots\\-b_{r,r+2}\end{pmatrix},\cdots,\begin{pmatrix}-b_{1n}\\-b_{2n}\\\vdots\\-b_{rn}\end{pmatrix},$$

合起来便得到

$$\boldsymbol{\xi}_1=\begin{pmatrix}-b_{1,r+1}\\-b_{2,r+1}\\\vdots\\-b_{r,r+1}\\1\\0\\\vdots\\0\end{pmatrix},\boldsymbol{\xi}_2=\begin{pmatrix}-b_{1,r+2}\\-b_{2,r+2}\\\vdots\\-b_{r,r+2}\\0\\1\\\vdots\\0\end{pmatrix},\cdots,\boldsymbol{\xi}_{n-r}=\begin{pmatrix}-b_{1n}\\-b_{2n}\\\vdots\\-b_{rn}\\0\\0\\\vdots\\1\end{pmatrix}。$$

显然,向量$\boldsymbol{\xi}_1,\boldsymbol{\xi}_2,\cdots,\boldsymbol{\xi}_{n-r}$是齐次线性方程组(4.17)的解,而且容易验证解向量组$\boldsymbol{\xi}_1,\boldsymbol{\xi}_2,\cdots,\boldsymbol{\xi}_{n-r}$线性无关;由式(4.21)知,齐次线性方程组(4.17)的任一解向量均可由$\boldsymbol{\xi}_1,\boldsymbol{\xi}_2,\cdots,\boldsymbol{\xi}_{n-r}$线性表示。所以,向量组$\boldsymbol{\xi}_1,\boldsymbol{\xi}_2,\cdots,\boldsymbol{\xi}_{n-r}$为齐次线性方程组(4.17)的解向量组$S$的一个极大无关组,即基础解系。因此齐次线性方程组的通解为

$$S=\{k_1\boldsymbol{\xi}_1+k_2\boldsymbol{\xi}_2+\cdots+k_{n-r}\boldsymbol{\xi}_{n-r}\mid k_1,k_2,\cdots,k_{n-r}\in\mathbb{R}\}。\tag{4.22}$$

综上所述,对于n元齐次线性方程组$\boldsymbol{Ax}=\boldsymbol{0}$,若$\mathrm{R}(\boldsymbol{A})=n$,则此线性方程组只有零解;若$\mathrm{R}(\boldsymbol{A})=r<n$,则此线性方程组有无穷多非零解,其基础解系含有$n-r$个向量,记作$\boldsymbol{\xi}_1,\boldsymbol{\xi}_2,\cdots,\boldsymbol{\xi}_{n-r}$,通解形式由式(4.22)给出。

下面通过例题来演示如何求齐次线性方程组的基础解系和通解。

例 4.21 求齐次线性方程组的一个基础解系和通解:

$$\begin{cases}x_1-x_2+2x_3-x_4=0,\\2x_1+3x_2-x_3+3x_4=0,\\3x_1+2x_2+x_3+2x_4=0。\end{cases}$$

分析 经初等行变换将此线性方程组系数矩阵化为行最简形,然后根据矩阵的秩找到基础解系,进而求出此线性方程组的通解。

解 对系数矩阵实施初等行变换,将其化为行最简形,具体过程如下:

$$\boldsymbol{A}=\begin{pmatrix}1&-1&2&-1\\2&3&-1&3\\3&2&1&2\end{pmatrix}\xrightarrow[r_3-3r_1]{r_2-2r_1}\begin{pmatrix}1&-1&2&-1\\0&5&-5&5\\0&5&-5&5\end{pmatrix}$$

$$\xrightarrow[r_2/5]{r_3-r_2}\begin{pmatrix}1&-1&2&-1\\0&1&-1&1\\0&0&0&0\end{pmatrix}\xrightarrow{r_1+r_2}\begin{pmatrix}1&0&1&0\\0&1&-1&1\\0&0&0&0\end{pmatrix}。$$

同解线性方程组为

$$\begin{cases}x_1+x_3=0,\\x_2-x_3+x_4=0,\end{cases}$$

即

$$\begin{cases}x_1=-x_3,\\x_2=x_3-x_4。\end{cases}$$

令x_3,x_4为自由未知量,分别取

$$\begin{pmatrix}x_3\\x_4\end{pmatrix}=\begin{pmatrix}1\\0\end{pmatrix},\begin{pmatrix}0\\1\end{pmatrix},$$

则

$$\begin{pmatrix}x_1\\x_2\end{pmatrix}=\begin{pmatrix}-1\\1\end{pmatrix},\begin{pmatrix}0\\-1\end{pmatrix},$$

得到齐次线性方程组的基础解系为

$$\boldsymbol{\xi}_1=\begin{pmatrix}-1\\1\\1\\0\end{pmatrix},\quad\boldsymbol{\xi}_2=\begin{pmatrix}0\\-1\\0\\1\end{pmatrix}。$$

于是原线性方程组通解为

$$\boldsymbol{x}=\begin{pmatrix}x_1\\x_2\\x_3\\x_4\end{pmatrix}=k_1\begin{pmatrix}-1\\1\\1\\0\end{pmatrix}+k_2\begin{pmatrix}0\\-1\\0\\1\end{pmatrix}\quad(k_1,k_2\text{ 为任意实数})。$$

例 4.22 给定齐次线性方程组

$$\begin{cases}ax_1+x_2+x_3=0,\\x_1+bx_2+x_3=0,\\x_1+2bx_2+x_3=0。\end{cases}$$

试确定 a 和 b 的值,使此线性方程组有非零解,并求其通解。

分析 解题步骤与例 4.21 类似。

解 对齐次线性方程组的系数矩阵实施初等行变换,可得

$$\boldsymbol{A}=\begin{pmatrix}a&1&1\\1&b&1\\1&2b&1\end{pmatrix}\to\begin{pmatrix}1&b&1\\a&1&1\\1&2b&1\end{pmatrix}\to\begin{pmatrix}1&b&1\\0&1-ab&1-a\\0&b&0\end{pmatrix}=\boldsymbol{A}_1。$$

易见,当 $b=0$ 时,此线性方程组有无穷多解,即

$$\begin{cases}x_1=-x_3,\\x_2=(a-1)x_3,\end{cases}\quad x_3\text{ 是自由未知量。}$$

令自由未知量 $x_3=1$,得此线性方程组的通解为

$$\boldsymbol{x}=\begin{pmatrix}x_1\\x_2\\x_3\end{pmatrix}=k\begin{pmatrix}-1\\a-1\\1\end{pmatrix}\quad(k\text{ 为任意实数})。$$

如果 $b\neq0$,继续对 $\boldsymbol{A}_1$ 实施初等行变换,可得

$$\boldsymbol{A}_1\to\begin{pmatrix}1&b&1\\0&b&0\\0&1-ab&1-a\end{pmatrix}\to\begin{pmatrix}1&0&1\\0&1&0\\0&0&1-a\end{pmatrix}。$$

由阶梯形矩阵可知,当 $a=1$ 时,齐次线性方程组有无穷多解,即

$$\begin{cases}x_1=-x_3,\\x_2=0,\end{cases}\quad x_3\text{ 是自由未知量。}$$

令自由未知量 $x_3=1$,得此线性方程组的通解为

$$\boldsymbol{x}=\begin{pmatrix}x_1\\x_2\\x_3\end{pmatrix}=k\begin{pmatrix}-1\\0\\1\end{pmatrix}\quad(k\text{ 为任意实数})。$$

4.4.2 非齐次线性方程组解的结构 *Solution structures of non-homogeneous linear systems of equations*

对于 n 元非齐次线性方程组

$$\boldsymbol{Ax}=\boldsymbol{b},\tag{4.23}$$

其中 $\boldsymbol{A}$ 为 $m\times n$ 矩阵，$\boldsymbol{b}\neq\boldsymbol{0}$。

对应的齐次线性方程组为 $\boldsymbol{Ax}=0$，称其为 $\boldsymbol{Ax}=\boldsymbol{b}$ 的导出组（**derived system**）。

关于非齐次线性方程组(4.23)的解，具有下列性质。

性质1 若向量 $\boldsymbol{\eta}_1,\boldsymbol{\eta}_2$ 都是线性方程组 $\boldsymbol{Ax}=\boldsymbol{b}$ 的解，则 $\boldsymbol{\eta}_1-\boldsymbol{\eta}_2$ 是 $\boldsymbol{Ax}=\boldsymbol{0}$ 的解。

Property 1 If the vectors $\boldsymbol{\eta}_1$ and $\boldsymbol{\eta}_2$ are solutions of the system $\boldsymbol{Ax}=\boldsymbol{b}$, then $\boldsymbol{\eta}_1-\boldsymbol{\eta}_2$ is solution of $\boldsymbol{Ax}=\boldsymbol{0}$.

证 由已知可得 $\boldsymbol{A\eta}_1=\boldsymbol{b},\boldsymbol{A\eta}_2=\boldsymbol{b}$，所以 $\boldsymbol{A}(\boldsymbol{\eta}_1-\boldsymbol{\eta}_2)=\boldsymbol{A\eta}_1-\boldsymbol{A\eta}_2=\boldsymbol{0}$，即 $\boldsymbol{\eta}_1-\boldsymbol{\eta}_2$ 为 $\boldsymbol{Ax}=\boldsymbol{0}$ 的解。 证毕

性质2 若 $\boldsymbol{\eta}$ 是线性方程组 $\boldsymbol{Ax}=\boldsymbol{b}$ 的解，$\boldsymbol{\xi}$ 是 $\boldsymbol{Ax}=\boldsymbol{0}$ 的解，则 $\boldsymbol{\eta}+\boldsymbol{\xi}$ 是 $\boldsymbol{Ax}=\boldsymbol{b}$ 的解。

Property 2 If $\boldsymbol{\eta}$ is a solution of the system $\boldsymbol{Ax}=\boldsymbol{b}$ and if $\boldsymbol{\xi}$ is a solution of $\boldsymbol{Ax}=\boldsymbol{0}$, then $\boldsymbol{\eta}+\boldsymbol{\xi}$ is a solution of $\boldsymbol{Ax}=\boldsymbol{b}$.

证 由已知条件可得，$\boldsymbol{A\eta}=\boldsymbol{b},\boldsymbol{A\xi}=\boldsymbol{0}$，故

$$\boldsymbol{A}(\boldsymbol{\eta}+\boldsymbol{\xi})=\boldsymbol{A\eta}+\boldsymbol{A\xi}=\boldsymbol{b}+\boldsymbol{0}=\boldsymbol{b}。$$

从而 $\boldsymbol{\eta}+\boldsymbol{\xi}$ 是线性方程组(4.23)的解。 证毕

根据以上性质，给出非齐次线性方程组解的结构。

定理4.10 设非齐次线性方程组 $\boldsymbol{Ax}=\boldsymbol{b}$ 有解，$\boldsymbol{\eta}^*$ 是它的一个（特）解，$\boldsymbol{\xi}$ 为其导出组 $\boldsymbol{Ax}=\boldsymbol{0}$ 的通解，则 $\boldsymbol{Ax}=\boldsymbol{b}$ 的通解为

Theorem 4.10 Suppose that the nonhomogeneous linear system $\boldsymbol{Ax}=\boldsymbol{b}$ has solutions, and that $\boldsymbol{\eta}^*$ is its (particular) solution, and that $\boldsymbol{\xi}$ is a general solution of the derived system $\boldsymbol{Ax}=\boldsymbol{0}$, then the general solution of $\boldsymbol{Ax}=\boldsymbol{b}$ is given by

$$\boldsymbol{x}=\boldsymbol{\eta}^*+\boldsymbol{\xi}。$$

证 令 $\boldsymbol{x}^*$ 是 $\boldsymbol{Ax}=\boldsymbol{b}$ 的任意一个解。由非齐次线性方程组的性质1知，$\boldsymbol{\xi}=\boldsymbol{x}^*-\boldsymbol{\eta}^*$ 是 $\boldsymbol{Ax}=\boldsymbol{0}$ 的解。因而 $\boldsymbol{x}^*=\boldsymbol{\eta}^*+\boldsymbol{\xi}$ 是 $\boldsymbol{Ax}=\boldsymbol{b}$ 的任意一个解。进一步地，由于 $\boldsymbol{\xi}$ 为 $\boldsymbol{Ax}=\boldsymbol{0}$ 通解，则 $\boldsymbol{x}^*=\boldsymbol{\eta}^*+\boldsymbol{\xi}$ 为 $\boldsymbol{Ax}=\boldsymbol{b}$ 的通解。 证毕

设 $\mathrm{R}(\boldsymbol{A})=r$，向量组 $\boldsymbol{\xi}_1,\boldsymbol{\xi}_2,\cdots,\boldsymbol{\xi}_{n-r}$ 为 $\boldsymbol{Ax}=\boldsymbol{0}$ 的基础解系，则 $\boldsymbol{Ax}=\boldsymbol{b}$ 的通解为

$$\boldsymbol{x}=\{\boldsymbol{\eta}^*+k_1\boldsymbol{\xi}_1+k_2\boldsymbol{\xi}_2+\cdots+k_{n-r}\boldsymbol{\xi}_{n-r}\mid k_1,k_2,\cdots,k_{n-r}\in\mathbb{R}\}。$$

例4.23 求下列非齐次线性方程组的基础解系和通解：

$$(1)\begin{cases}3x_1+2x_2+x_3=4,\\x_1+x_2+x_3=1,\\x_2+2x_3=-1;\end{cases}\qquad(2)\begin{cases}x_1-x_2-x_3+x_4=0,\\x_1-x_2+x_3-3x_4=2,\\x_1-x_2-2x_3+3x_4=-1。\end{cases}$$

分析 根据定理4.10求解。首先是利用初等行变换将线性方程组的增广矩阵化为行最简形；然后根据阶梯形状找到对应的齐次线性方程组的基础解系，再找到非齐次方程组的一个特解，进而求出线性方程组的通解。

解 (1) 对线性方程组的增广矩阵施以初等行变换，将其化成行最简形，具体过程如下：

$$\overline{\boldsymbol{A}}=\begin{pmatrix}3&2&1&4\\1&1&1&1\\0&1&2&-1\end{pmatrix}\xrightarrow{r_1\leftrightarrow r_2}\begin{pmatrix}1&1&1&1\\3&2&1&4\\0&1&2&-1\end{pmatrix}\xrightarrow{r_2-3r_1}\begin{pmatrix}1&1&1&1\\0&-1&-2&1\\0&1&2&-1\end{pmatrix}$$

$$\xrightarrow[(-1)r_2]{r_3+r_2}\begin{pmatrix}1&1&1&1\\0&1&2&-1\\0&0&0&0\end{pmatrix}\xrightarrow{r_1-r_2}\begin{pmatrix}1&0&-1&2\\0&1&2&-1\\0&0&0&0\end{pmatrix}。$$

易见，$R(\boldsymbol{A})=R(\overline{\boldsymbol{A}})=2<3$，此线性方程组有无穷多解。同解线性方程组为

$$\begin{cases}x_1 \qquad -x_3=2,\\ \qquad x_2+2x_3=-1。\end{cases}$$

对应的导出组为

$$\begin{cases}x_1 \qquad -x_3=0,\\ \qquad x_2+2x_3=0。\end{cases}$$

令 x_3 为自由未知量，取 $x_3=1$，并代入导出组，进而得到导出组的基础解系为

$$\boldsymbol{\xi}=\begin{pmatrix}1\\-2\\1\end{pmatrix}。$$

取 $x_3=0$，得到非齐次线性方程组的一个特解

$$\boldsymbol{\eta}^*=\begin{pmatrix}2\\-1\\0\end{pmatrix}。$$

于是线性方程组的通解为

$$\boldsymbol{x}=\begin{pmatrix}x_1\\x_2\\x_3\end{pmatrix}=\begin{pmatrix}2\\-1\\0\end{pmatrix}+k\begin{pmatrix}1\\-2\\1\end{pmatrix}\quad(k\text{ 为任意实数})。$$

(2) 对增广矩阵施以初等行变换，将其化成行最简形，具体过程如下：

$$\overline{\boldsymbol{A}}=\begin{pmatrix}1&-1&-1&1&0\\1&-1&1&-3&2\\1&-1&-2&3&-1\end{pmatrix}\xrightarrow[r_3-r_1]{r_2-r_1}\begin{pmatrix}1&-1&-1&1&0\\0&0&2&-4&2\\0&0&-1&2&-1\end{pmatrix}$$

$$\xrightarrow[r_3+r_2]{r_2/2}\begin{pmatrix}1&-1&-1&1&0\\0&0&1&-2&1\\0&0&0&0&0\end{pmatrix}\xrightarrow{r_1+r_2}\begin{pmatrix}1&-1&0&-1&1\\0&0&1&-2&1\\0&0&0&0&0\end{pmatrix}。$$

易见，$R(\boldsymbol{A})=R(\overline{\boldsymbol{A}})=2<4$，线性方程组有无穷多解。同解线性方程组为

$$\begin{cases}x_1-x_2-x_4=1,\\ \qquad x_3-2x_4=1。\end{cases}$$

对应的导出组为

$$\begin{cases}x_1-x_2-x_4=0,\\ \qquad x_3-2x_4=0。\end{cases}$$

令 x_2,x_4 为自由未知量，分别令 $\begin{pmatrix}x_2\\x_4\end{pmatrix}=\begin{pmatrix}1\\0\end{pmatrix},\begin{pmatrix}0\\1\end{pmatrix}$，然后将其代入导出组，则有 $\begin{pmatrix}x_1\\x_3\end{pmatrix}=\begin{pmatrix}1\\0\end{pmatrix},\begin{pmatrix}1\\2\end{pmatrix}$，进而得到导出组的基础解系为

$$\boldsymbol{\xi}_1=\begin{pmatrix}1\\1\\0\\0\end{pmatrix},\quad \boldsymbol{\xi}_2=\begin{pmatrix}1\\0\\2\\1\end{pmatrix}。$$

取$\begin{pmatrix}x_2\\x_4\end{pmatrix}=\begin{pmatrix}0\\0\end{pmatrix}$，得到非齐次线性方程组的一个特解

$$\boldsymbol{\eta}^*=\begin{pmatrix}1\\0\\1\\0\end{pmatrix}。$$

于是原线性方程组的通解为

$$\boldsymbol{x}=\begin{pmatrix}x_1\\x_2\\x_3\\x_4\end{pmatrix}=\begin{pmatrix}1\\0\\1\\0\end{pmatrix}+k_1\begin{pmatrix}1\\1\\0\\0\end{pmatrix}+k_2\begin{pmatrix}1\\0\\2\\1\end{pmatrix}\quad (k_1,k_2\text{ 为任意实数})。$$

例 4.24 对于给定的含有参数 k_1,k_2 的非齐次线性方程组

$$\begin{cases}x_1+x_1+2x_3+3x_4=1,\\ x_1+3x_1+6x_3+x_4=3,\\ 3x_1-x_1-k_1x_3+15x_4=3,\\ x_1-5x_1-10x_3+12x_4=k_2,\end{cases}$$

当 k_1,k_2 取何值时，此线性方程组(1)有唯一解？(2)无解？(3)有无穷多解？在此线性方程组有无穷多组解的情况下，求出通解。

分析 利用初等行变换将线性方程组的增广矩阵约化为行最简形，然后根据矩阵秩的情况，利用定理3.9和定理4.10的结论讨论线性方程组的解的情况。

解 对增广矩阵 $\overline{\boldsymbol{A}}$ 作初等行变换，有

$$\overline{\boldsymbol{A}}=\begin{pmatrix}1&1&2&3&1\\1&3&6&1&3\\3&-1&-k_1&15&3\\1&-5&-10&12&k_2\end{pmatrix}\xrightarrow[r_4-r_1]{\substack{r_2-r_1\\r_3-3r_1}}\begin{pmatrix}1&1&2&3&1\\0&2&4&-2&2\\0&-4&-k_1-6&6&0\\0&-6&-12&9&k_2-1\end{pmatrix}$$

$$\xrightarrow[r_2/2]{\substack{r_3+2r_2\\r_4+3r_2}}\begin{pmatrix}1&1&2&3&1\\0&1&2&-1&1\\0&0&-k_1+2&2&4\\0&0&0&3&k_2+5\end{pmatrix}。$$

(1) 当 $k_1\neq 2$ 时，$\mathrm{R}(\boldsymbol{A})=\mathrm{R}(\overline{\boldsymbol{A}})=4$，线性方程组有唯一解。

(2) 当 $k_1=2$ 时，有

$$\overline{\boldsymbol{A}}\rightarrow\begin{pmatrix}1&1&2&3&1\\0&1&2&-1&1\\0&0&0&2&4\\0&0&0&3&k_2+5\end{pmatrix}\rightarrow\begin{pmatrix}1&1&2&3&1\\0&1&2&-1&1\\0&0&0&1&2\\0&0&0&0&k_2-1\end{pmatrix}。$$

若 $k_2 \neq 1$，则 $R(\boldsymbol{A})=3<R(\bar{\boldsymbol{A}})=4$，线性方程组无解。

若 $k_2=1$，则 $R(\boldsymbol{A})=R(\bar{\boldsymbol{A}})=3<4$，线性方程组有无穷多解，且

$$\bar{\boldsymbol{A}} \to \begin{pmatrix} 1 & 1 & 2 & 3 & 1 \\ 0 & 1 & 2 & -1 & 1 \\ 0 & 0 & 0 & 1 & 2 \\ 0 & 0 & 0 & 0 & 0 \end{pmatrix} \to \begin{pmatrix} 1 & 0 & 0 & 0 & -8 \\ 0 & 1 & 2 & 0 & 3 \\ 0 & 0 & 0 & 1 & 2 \\ 0 & 0 & 0 & 0 & 0 \end{pmatrix},$$

其同解线性方程组为

$$\begin{cases} x_1 = -8, \\ x_2 + 2x_3 = 3, \\ x_4 = 2。 \end{cases}$$

进而求得原线性方程组的通解为

$$\boldsymbol{x} = \begin{pmatrix} x_1 \\ x_2 \\ x_3 \\ x_4 \end{pmatrix} = \begin{pmatrix} -8 \\ 3 \\ 0 \\ 2 \end{pmatrix} + k \begin{pmatrix} 0 \\ -2 \\ 1 \\ 0 \end{pmatrix} \quad (k \text{ 为任意常数})。$$

例 4.25 对于一个 4 元非齐次线性方程组，设其系数矩阵的秩为 3，已知 $\boldsymbol{\eta}_1, \boldsymbol{\eta}_2, \boldsymbol{\eta}_3$ 是它的 3 个解向量，且

$$\boldsymbol{\eta}_1 = \begin{pmatrix} 2 \\ 1 \\ 3 \\ 1 \end{pmatrix}, \quad \boldsymbol{\eta}_2 + \boldsymbol{\eta}_3 = \begin{pmatrix} 2 \\ -2 \\ 0 \\ 4 \end{pmatrix}。$$

求该线性方程组的通解。

分析 利用非齐次线性方程组的性质 1 和性质 2 求解。注意到，由于线性方程组系数矩阵的秩为 3，故该线性方程组的导出组的基础解系只含一个向量。

解 设线性方程组为 $\boldsymbol{Ax}=\boldsymbol{b}$。由于 $\boldsymbol{\eta}_1, \boldsymbol{\eta}_2, \boldsymbol{\eta}_3$ 是它的 3 个解向量，则有

$$\boldsymbol{A\eta}_1 = \boldsymbol{b}, \quad \boldsymbol{A\eta}_2 = \boldsymbol{b}, \quad \boldsymbol{A\eta}_3 = \boldsymbol{b}。$$

不难验证下式成立

$$\boldsymbol{A}\left[\frac{1}{2}(\boldsymbol{\eta}_2 + \boldsymbol{\eta}_3)\right] = \frac{1}{2}\boldsymbol{A\eta}_2 + \frac{1}{2}\boldsymbol{A\eta}_3 = \boldsymbol{b}。$$

故 $\frac{1}{2}(\boldsymbol{\eta}_2+\boldsymbol{\eta}_3)$ 也是 $\boldsymbol{Ax}=\boldsymbol{b}$ 的解。

由非齐次线性方程组的性质 1 知

$$\boldsymbol{\eta}_1 - \frac{1}{2}(\boldsymbol{\eta}_2 + \boldsymbol{\eta}_3) = \begin{pmatrix} 2 \\ 1 \\ 3 \\ 1 \end{pmatrix} - \frac{1}{2}\begin{pmatrix} 2 \\ -2 \\ 0 \\ 4 \end{pmatrix} = \begin{pmatrix} 1 \\ 2 \\ 3 \\ -1 \end{pmatrix}$$

为对应的导出组 $\boldsymbol{Ax}=\boldsymbol{0}$ 的非零解。因为 $R(\boldsymbol{A})=3$，所以 $\boldsymbol{Ax}=\boldsymbol{0}$ 的基础解系只含一个向量，故 $\boldsymbol{\eta}_1-\frac{1}{2}(\boldsymbol{\eta}_2+\boldsymbol{\eta}_3)$ 是 $\boldsymbol{Ax}=\boldsymbol{0}$ 的基础解系。由非齐次线性方程组解的结构得 $\boldsymbol{Ax}=\boldsymbol{b}$ 的通解为

$$x = \boldsymbol{\eta}_1 + k\left[\boldsymbol{\eta}_1 - \frac{1}{2}(\boldsymbol{\eta}_2 + \boldsymbol{\eta}_3)\right] = \begin{pmatrix} 2 \\ 1 \\ 3 \\ 1 \end{pmatrix} + k\begin{pmatrix} 1 \\ 2 \\ 3 \\ -1 \end{pmatrix} \quad (k\text{ 为任意实数})。$$

例 4.26 设 $\boldsymbol{A}$ 为一个 $m\times n$ 矩阵，证明：$\mathrm{R}(\boldsymbol{A}^{\mathrm{T}}\boldsymbol{A})=\mathrm{R}(\boldsymbol{A})$。

分析 若同型矩阵对应的齐次线性方程组的基础解系的向量个数相同，则其矩阵的秩相等。

证 设 $\boldsymbol{x}$ 为 n 维列向量，若 $\boldsymbol{x}$ 满足 $\boldsymbol{Ax}=\mathbf{0}$，则有 $\boldsymbol{A}^{\mathrm{T}}(\boldsymbol{Ax})=\mathbf{0}$，即 $(\boldsymbol{A}^{\mathrm{T}}\boldsymbol{A})\boldsymbol{x}=\mathbf{0}$。

若 $\boldsymbol{x}$ 满足 $(\boldsymbol{A}^{\mathrm{T}}\boldsymbol{A})\boldsymbol{x}=\mathbf{0}$，则有 $\boldsymbol{x}^{\mathrm{T}}(\boldsymbol{A}^{\mathrm{T}}\boldsymbol{A})\boldsymbol{x}=\mathbf{0}$，即 $(\boldsymbol{Ax})^{\mathrm{T}}(\boldsymbol{Ax})=\mathbf{0}$，从而 $\boldsymbol{Ax}=\mathbf{0}$。

综上，可知线性方程组 $\boldsymbol{Ax}=\mathbf{0}$ 与 $(\boldsymbol{A}^{\mathrm{T}}\boldsymbol{A})\boldsymbol{x}=\mathbf{0}$ 同解，所以 $n-\mathrm{R}(\boldsymbol{A}^{\mathrm{T}}\boldsymbol{A})=n-\mathrm{R}(\boldsymbol{A})$，即

$$\mathrm{R}(\boldsymbol{A}^{\mathrm{T}}\boldsymbol{A}) = \mathrm{R}(\boldsymbol{A})。$$

证毕

例 4.27 设 $\boldsymbol{A},\boldsymbol{B}$ 均为 n 阶矩阵，$\boldsymbol{AB}=\mathbf{0}$，证明：$\mathrm{R}(\boldsymbol{A})+\mathrm{R}(\boldsymbol{B})\leqslant n$。

分析 利用齐次线性方程组的解向量组的秩讨论。

证 由 $\boldsymbol{AB}=\mathbf{0}$ 可知，$\boldsymbol{B}$ 的每一列都是齐次线性方程组 $\boldsymbol{Ax}=\mathbf{0}$ 的解。不难得到如下两个结论：

(1) 矩阵 $\boldsymbol{B}$ 的列向量组是齐次线性方程组 $\boldsymbol{Ax}=\mathbf{0}$ 的所有解向量组的部分解向量组；

(2) 齐次线性方程组 $\boldsymbol{Ax}=\mathbf{0}$ 所有解向量组的秩，即基础解系所含向量的个数为 $n-\mathrm{R}(\boldsymbol{A})$。

因此，必有 $\mathrm{R}(\boldsymbol{B})\leqslant n-\mathrm{R}(\boldsymbol{A})$，即 $\mathrm{R}(\boldsymbol{A})+\mathrm{R}(\boldsymbol{B})\leqslant n$。

证毕

习题 4.4

思考题

1. 判断下列说法是否正确，说明理由：

(1) $\boldsymbol{Ax}=\mathbf{0}$ 的基础解系唯一；

(2) $\boldsymbol{Ax}=\mathbf{0}$ 的自由未知量的选择唯一；

(3) $\boldsymbol{Ax}=\mathbf{0}$ 的自由未知量的个数等于 $\mathrm{R}(\boldsymbol{A})$。

2. 若 n 维向量组 $\boldsymbol{\alpha}_1,\boldsymbol{\alpha}_2,\cdots,\boldsymbol{\alpha}_s(3\leqslant s\leqslant n)$ 线性相关，下列哪种说法是正确的，并说明理由：

(1) 存在不全为零的数 $k_1,k_2,\cdots,k_s$，使得 $k_1\boldsymbol{\alpha}_1+k_2\boldsymbol{\alpha}_2+\cdots+k_s\boldsymbol{\alpha}_s\neq\mathbf{0}$；

(2) $\boldsymbol{\alpha}_1,\boldsymbol{\alpha}_2,\cdots,\boldsymbol{\alpha}_s$ 中任意两个向量都线性相关；

(3) $\boldsymbol{\alpha}_1,\boldsymbol{\alpha}_2,\cdots,\boldsymbol{\alpha}_s$ 中存在一个向量，它能用其余的向量线性表示；

(4) $\boldsymbol{\alpha}_1,\boldsymbol{\alpha}_2,\cdots,\boldsymbol{\alpha}_s$ 中任意一个向量都能用其余的向量线性表示。

A类题

1. 求下列齐次线性方程组的基础解系和通解：

(1) $x_1+2x_2+3x_3+4x_4+5x_5=0$；

(2) $\begin{cases} x_1+x_2-x_3-x_4=0, \\ 2x_1-5x_2+3x_3+2x_4=0, \\ 7x_1-7x_2+3x_3+x_4=0; \end{cases}$

(3) $\begin{cases} x_1+2x_2+2x_3+x_4=0, \\ 2x_1+x_2-2x_3-2x_4=0, \\ x_1-x_2-4x_3-3x_4=0; \end{cases}$

(4) $\begin{cases} x_1-x_2+2x_3-2x_4=0, \\ 2x_1+x_2+3x_3-x_4=0, \\ 4x_1-x_2+7x_3-5x_4=0, \\ 5x_1-2x_2+9x_3-7x_4=0。 \end{cases}$

2. 求解下列非齐次线性方程组的通解：

(1) $x_1+2x_2+3x_3=1$；

(2) $\begin{cases} x_1+x_2-x_3+2x_4=3, \\ 2x_1+x_2-3x_4=1, \\ -2x_1-2x_3+10x_4=4; \end{cases}$

(3) $\begin{cases} x_1+2x_2-2x_3+x_4=0, \\ x_1+x_2-3x_3-2x_4=4, \\ 3x_1-x_2-2x_3+2x_4=-1; \end{cases}$

(4) $\begin{cases} x_1+2x_2-x_3-2x_4=2, \\ 2x_1+3x_2+x_3-x_4=0, \\ 4x_1+7x_2-x_3-5x_4=4, \\ 3x_1+5x_2-3x_4=2。 \end{cases}$

3. λ 取何值时，使得线性方程组

$$\begin{cases} -2x_1+x_2+x_3=-2, \\ x_1-2x_2+x_3=\lambda, \\ x_1+x_2-2x_3=\lambda^2 \end{cases}$$

有解？求出它的通解。

4. 给定如下的线性方程组

(1) $\begin{cases} ax_1+x_2+x_3=4, \\ x_1+bx_2+x_3=3, \\ x_1+3bx_2+x_3=9; \end{cases}$

(2) $\begin{cases} x_1+2x_2=3, \\ 4x_1+7x_2+x_3=10, \\ x_2-x_3=b, \\ 2x_1+3x_2+ax_3=4。 \end{cases}$

当 a,b 取何值时，线性方程组(1)有唯一解？(2)无解？(3)有无穷多解？在线性方程组有解的情况下，求出唯一解或通解。

5. 设 $\boldsymbol{A}=\begin{pmatrix} 1 & 1 & 2 \\ 2 & 2 & 4 \\ 3 & 3 & 6 \end{pmatrix}$，求一个秩为 2 的三阶矩阵 $\boldsymbol{B}$，使得 $\boldsymbol{AB}=\boldsymbol{0}$。

6. 设

$$\boldsymbol{\eta}_1=\begin{pmatrix} 6 \\ -1 \\ 1 \end{pmatrix}, \quad \boldsymbol{\eta}_2=\begin{pmatrix} -7 \\ 4 \\ 2 \end{pmatrix}$$

是线性方程组

$$\begin{cases} a_1x_1+a_2x_2+a_3x_3=a_4, \\ x_1+3x_2-2x_3=1, \\ 2x_1+5x_2+x_3=8 \end{cases}$$

的两个解。求其通解。

7. 求一个齐次线性方程组，使它的基础解系由下列向量组成

$$\boldsymbol{\eta}_1=\begin{pmatrix} 1 \\ 2 \\ 3 \\ 4 \end{pmatrix}, \quad \boldsymbol{\eta}_2=\begin{pmatrix} 4 \\ 3 \\ 2 \\ 1 \end{pmatrix}。$$

8. 对于一个 4 元非齐次线性方程组，设其系数矩阵的秩为 3，已知 $\boldsymbol{\eta}_1,\boldsymbol{\eta}_2,\boldsymbol{\eta}_3$ 是它的 3 个解向量，且

$$\boldsymbol{\eta}_1=\begin{pmatrix}3\\-4\\1\\2\end{pmatrix},\quad \boldsymbol{\eta}_2+\boldsymbol{\eta}_3=\begin{pmatrix}4\\6\\8\\0\end{pmatrix}。$$

求该线性方程组的通解。

B 类题

1. 设有 4 阶方阵 $\boldsymbol{A}=(\boldsymbol{\alpha}_1,\boldsymbol{\alpha}_2,\boldsymbol{\alpha}_3,\boldsymbol{\alpha}_4)$，其中 $\boldsymbol{\alpha}_2,\boldsymbol{\alpha}_3,\boldsymbol{\alpha}_4$ 线性无关，$\boldsymbol{\alpha}_1=2\boldsymbol{\alpha}_2-\boldsymbol{\alpha}_3$。如果 $\boldsymbol{\beta}=\boldsymbol{\alpha}_1+\boldsymbol{\alpha}_2+\boldsymbol{\alpha}_3+\boldsymbol{\alpha}_4$，求线性方程组 $\boldsymbol{Ax}=\boldsymbol{\beta}$ 的通解。

2. 对于一个 4 元非齐次线性方程组，设对应的系数矩阵的秩为 3，$\boldsymbol{\eta}_1,\boldsymbol{\eta}_2,\boldsymbol{\eta}_3$ 是其 3 个解向量，并且满足

$$\boldsymbol{\eta}_1+\boldsymbol{\eta}_2=\begin{pmatrix}1\\1\\0\\2\end{pmatrix},\quad \boldsymbol{\eta}_2+\boldsymbol{\eta}_3=\begin{pmatrix}1\\0\\1\\3\end{pmatrix}。$$

求该线性方程组的通解。

3. 问 λ 取何值时，线性方程组

$$\begin{cases}2x_1+\lambda x_2-x_3=1,\\ \lambda x_1-x_2+x_3=2,\\ 4x_1+5x_2-5x_3=-1\end{cases}$$

(1)有唯一解？(2)有无穷多个解，并求通解？(3)无解？

4. 设 $\boldsymbol{\eta}_1,\boldsymbol{\eta}_2,\cdots,\boldsymbol{\eta}_s$ 是非齐次线性方程组 $\boldsymbol{Ax}=\boldsymbol{b}$ 的 s 个解，$k_1,k_2,\cdots,k_s$ 为任意实数，且满足 $k_1+k_2+\cdots+k_s=1$，证明：$x=k_1\boldsymbol{\eta}_1+k_2\boldsymbol{\eta}_2+\cdots+k_s\boldsymbol{\eta}_s$ 也是 $\boldsymbol{Ax}=\boldsymbol{b}$ 的解。

5. 设 $\boldsymbol{\eta}^*$ 是非齐次线性方程组 $\boldsymbol{Ax}=\boldsymbol{b}$ 的一个解，向量组 $\boldsymbol{\xi}_1,\boldsymbol{\xi}_2,\cdots,\boldsymbol{\xi}_{n-r}$ 是其导出组 $\boldsymbol{Ax}=\boldsymbol{0}$ 的一个基础解系。证明：

(1) 解向量组 $\boldsymbol{\eta}^*,\boldsymbol{\xi}_1,\boldsymbol{\xi}_2,\cdots,\boldsymbol{\xi}_{n-r}$ 线性无关；

(2) 解向量组 $\boldsymbol{\eta}^*,\boldsymbol{\eta}^*+\boldsymbol{\xi}_1,\boldsymbol{\eta}^*+\boldsymbol{\xi}_2,\cdots,\boldsymbol{\eta}^*+\boldsymbol{\xi}_{n-r}$ 线性无关。

6. 设 $\boldsymbol{A}$ 是 n 阶矩阵($n\geqslant 2$)，$\boldsymbol{A}^*$ 是 $\boldsymbol{A}$ 的伴随矩阵，证明：

$$\mathrm{R}(\boldsymbol{A}^*)=\begin{cases}n, & \mathrm{R}(\boldsymbol{A})=n,\\ 1, & \mathrm{R}(\boldsymbol{A})=n-1,\\ 0, & \mathrm{R}(\boldsymbol{A})<n-1。\end{cases}$$

复习题 4

1. 填空题

(1) 若 $\boldsymbol{\beta}=(0,k,k^2)^{\mathrm{T}}$ 能由 $\boldsymbol{\alpha}_1=(1+k,1,1)^{\mathrm{T}},\boldsymbol{\alpha}_2=(1,1+k,1)^{\mathrm{T}},\boldsymbol{\alpha}_3=(1,1,1+k)^{\mathrm{T}}$ 唯一线性表示，则 $k=$________。

(2) 设$\boldsymbol{\alpha}_1=(1,1,1)^{\mathrm{T}}$，$\boldsymbol{\alpha}_2=(a,0,b)^{\mathrm{T}}$，$\boldsymbol{\alpha}_3=(1,3,2)^{\mathrm{T}}$，若$\boldsymbol{\alpha}_1,\boldsymbol{\alpha}_2,\boldsymbol{\alpha}_3$线性相关，则$a,b$满足关系式________。

(3) 若向量组$\boldsymbol{\alpha}_1,\boldsymbol{\alpha}_2,\boldsymbol{\alpha}_3$线性无关，则$\boldsymbol{\alpha}_1+\boldsymbol{\alpha}_2,\boldsymbol{\alpha}_2+\boldsymbol{\alpha}_3,\boldsymbol{\alpha}_3+\boldsymbol{\alpha}_1$线性________关；若向量组$\boldsymbol{\alpha}_1,\boldsymbol{\alpha}_2,\boldsymbol{\alpha}_3$线性相关，则$\boldsymbol{\alpha}_1+\boldsymbol{\alpha}_2,\boldsymbol{\alpha}_2+\boldsymbol{\alpha}_3,\boldsymbol{\alpha}_3+\boldsymbol{\alpha}_1$线性________关。

(4) 齐次线性方程组$\begin{cases}\lambda x_1+x_2+x_3=0,\\ x_1+\lambda x_2+x_3=0,\\ x_1+x_2+x_3=0\end{cases}$有非零解的充要条件是________。

(5) 设齐次线性方程组为$x_1+2x_2+\cdots+nx_n=0$，则它的基础解系中所含向量的个数为________。

2. 选择题

(1) n维向量组$\boldsymbol{\alpha}_1,\boldsymbol{\alpha}_2,\cdots,\boldsymbol{\alpha}_s(3\leqslant s\leqslant n)$线性无关的充分必要条件是(　　)。

A. 存在不全为零的数$k_1,k_2,\cdots,k_s$，使$k_1\boldsymbol{\alpha}_1+k_2\boldsymbol{\alpha}_2+\cdots+k_s\boldsymbol{\alpha}_s\neq\mathbf{0}$

B. $\boldsymbol{\alpha}_1,\boldsymbol{\alpha}_2,\cdots,\boldsymbol{\alpha}_s$中任意两个向量都线性无关

C. $\boldsymbol{\alpha}_1,\boldsymbol{\alpha}_2,\cdots,\boldsymbol{\alpha}_s$中存在一个向量，它不能用其余的向量线性表示

D. $\boldsymbol{\alpha}_1,\boldsymbol{\alpha}_2,\cdots,\boldsymbol{\alpha}_s$中任意一个向量都不能用其余的向量线性表示

(2) 若向量组$\boldsymbol{\alpha}_1,\boldsymbol{\alpha}_2,\cdots,\boldsymbol{\alpha}_s$的秩为$r(2<r<s)$，则(　　)。

A. 向量组中任意两个向量都线性无关

B. 向量组中任意r个向量线性无关

C. 向量组中任意小于r个向量的部分组线性无关

D. 向量组中任意$r+1$个向量必定线性相关

(3) 设$\mathbf{A}$是n阶方阵，且$\mathrm{R}(\mathbf{A})=r<n$，则在$\mathbf{A}$的$n$个行向量中(　　)。

A. 必有r个行向量线性无关

B. 任意r个行向量线性无关

C. 任意r个行向量都构成极大无关向量组

D. 任意一个行向量都可以由其余$r-1$个行向量线性表示

(4) 以$\mathbf{A}$为系数矩阵的齐次线性方程组有非零解的充要条件是(　　)。

A. 系数矩阵$\mathbf{A}$的任意两个列向量线性相关

B. 系数矩阵$\mathbf{A}$的任意两个列向量线性无关

C. 必有一列向量是其余列向量的线性组合

D. 任一列向量都是其余列向量的线性组合

(5) 若n元非齐次线性方程组的增广矩阵$\overline{\mathbf{A}}$的秩小于n，则该线性方程组(　　)。

A. 有无穷多解　　　　B. 有唯一解

C. 无解　　　　D. 解的情况不能确定

3. 设有向量组

$$\boldsymbol{\alpha}_1=\begin{pmatrix}1\\0\\2\\1\end{pmatrix},\quad \boldsymbol{\alpha}_2=\begin{pmatrix}1\\2\\0\\1\end{pmatrix},\quad \boldsymbol{\alpha}_3=\begin{pmatrix}2\\1\\3\\0\end{pmatrix},\quad \boldsymbol{\alpha}_4=\begin{pmatrix}2\\5\\-1\\4\end{pmatrix}。$$

分别判断向量组$\boldsymbol{\alpha}_1,\boldsymbol{\alpha}_2,\boldsymbol{\alpha}_3$及向量组$\boldsymbol{\alpha}_1,\boldsymbol{\alpha}_2,\boldsymbol{\alpha}_3,\boldsymbol{\alpha}_4$的线性相关性。

4. 设有向量组

$$\boldsymbol{\alpha}_1=\begin{pmatrix}1\\-1\\0\\0\end{pmatrix},\quad \boldsymbol{\alpha}_2=\begin{pmatrix}-1\\2\\1\\-1\end{pmatrix},\quad \boldsymbol{\alpha}_3=\begin{pmatrix}0\\1\\1\\-1\end{pmatrix},\quad \boldsymbol{\alpha}_4=\begin{pmatrix}-1\\3\\2\\1\end{pmatrix},\quad \boldsymbol{\alpha}_5=\begin{pmatrix}-2\\6\\4\\1\end{pmatrix}。$$

分别求向量组$\boldsymbol{\alpha}_1,\boldsymbol{\alpha}_2,\boldsymbol{\alpha}_3,\boldsymbol{\alpha}_4$ 和$\boldsymbol{\alpha}_1,\boldsymbol{\alpha}_2,\boldsymbol{\alpha}_3,\boldsymbol{\alpha}_4,\boldsymbol{\alpha}_5$ 的秩及其极大无关组。

5. 已知向量组$\boldsymbol{\alpha}_1,\boldsymbol{\alpha}_2,\boldsymbol{\alpha}_3$ 线性无关,设

$$\begin{cases}\boldsymbol{\beta}_1=(m-1)\boldsymbol{\alpha}_1+3\boldsymbol{\alpha}_2+\boldsymbol{\alpha}_3,\\ \boldsymbol{\beta}_2=\boldsymbol{\alpha}_1+(m+1)\boldsymbol{\alpha}_2+\boldsymbol{\alpha}_3,\\ \boldsymbol{\beta}_3=-\boldsymbol{\alpha}_1-(m+1)\boldsymbol{\alpha}_2+(m-1)\boldsymbol{\alpha}_3。\end{cases}$$

当 m 为何值时,向量组$\boldsymbol{\beta}_1,\boldsymbol{\beta}_2,\boldsymbol{\beta}_3$ 线性无关? 线性相关?

6. 设向量组$\boldsymbol{\alpha}_1,\boldsymbol{\alpha}_2,\cdots,\boldsymbol{\alpha}_m$ 的秩为 r ($r>1$),且

$$\begin{cases}\boldsymbol{\beta}_1=\boldsymbol{\alpha}_2+\cdots+\boldsymbol{\alpha}_m,\\ \boldsymbol{\beta}_2=\boldsymbol{\alpha}_1+\boldsymbol{\alpha}_3+\cdots+\boldsymbol{\alpha}_m,\\ \qquad\vdots\\ \boldsymbol{\beta}_m=\boldsymbol{\alpha}_1+\boldsymbol{\alpha}_2+\cdots+\boldsymbol{\alpha}_{m-1}。\end{cases}$$

证明:向量组$\boldsymbol{\beta}_1,\boldsymbol{\beta}_2,\cdots,\boldsymbol{\beta}_m$ 的秩也为 r。

7. 求解线性方程组

$$\begin{cases}x_1-x_2+2x_3-3x_4+x_5=2,\\ 2x_1-2x_2+7x_3-10x_4+5x_5=5,\\ 3x_1-3x_2+3x_3-5x_4=5。\end{cases}$$

8. 设线性方程组为

$$\begin{cases}x_1+2x_3+2x_4=6,\\ 2x_1+x_2+3x_3+ax_4=0,\\ 3x_1+ax_3+6x_4=18,\\ 4x_1-x_2+9x_3+13x_4=b。\end{cases}$$

当 a 与 b 各取何值时,此线性方程组无解? 有唯一解? 有无穷多解? 有无穷多解时,求其通解。

9. 设非齐次线性方程组为

$$\begin{cases}x_1+a_1x_2+a_1^2x_3=a_1^3,\\ x_1+a_2x_2+a_2^2x_3=a_2^3,\\ x_1+a_3x_2+a_3^2x_3=a_3^3,\\ x_1+a_4x_2+a_4^2x_3=a_4^3。\end{cases}$$

(1) 证明:若 a_1,a_2,a_3,a_4 互不相等,则此线性方程组无解;

(2) 设 $a_1=a_3=k,a_2=a_4=-k(k\neq0)$,且已知$\boldsymbol{\beta}_1,\boldsymbol{\beta}_2$ 是该线性方程组的两个解,其中

$$\boldsymbol{\beta}_1=\begin{pmatrix}-1\\1\\1\end{pmatrix},\quad \boldsymbol{\beta}_2=\begin{pmatrix}1\\1\\-1\end{pmatrix}。$$

写出此线性方程组的通解。

10. 已知三元非齐次线性方程组 $\boldsymbol{Ax}=\boldsymbol{b}$，$\mathrm{R}(\boldsymbol{A})=1$，且此线性方程组的 3 个解向量 $\boldsymbol{\eta}_1$，$\boldsymbol{\eta}_2$ 和 $\boldsymbol{\eta}_3$ 满足

$$\boldsymbol{\eta}_1+\boldsymbol{\eta}_2=\begin{pmatrix}1\\2\\3\end{pmatrix},\quad \boldsymbol{\eta}_2+\boldsymbol{\eta}_3=\begin{pmatrix}1\\-1\\1\end{pmatrix},\quad \boldsymbol{\eta}_3+\boldsymbol{\eta}_1=\begin{pmatrix}1\\0\\-1\end{pmatrix}。$$

求 $\boldsymbol{Ax}=\boldsymbol{b}$ 的通解。

11. 已知两个非齐次线性方程组

$$\begin{cases}x_1+ax_2+x_3+x_4=1,\\2x_1+x_2+bx_3+x_4=4,\\2x_1+2x_2+3x_3+cx_4=1\end{cases}\quad 和\quad \begin{cases}x_1+x_2+x_3+x_4=1,\\-x_2+2x_3-x_4=2,\\x_3+x_4=-1\end{cases}$$

同解，确定 a,b,c 的值。

12. 设 $\boldsymbol{A}$ 为 n 阶矩阵，且 $\boldsymbol{A}^2=\boldsymbol{A}$，证明：$\mathrm{R}(\boldsymbol{A})+\mathrm{R}(\boldsymbol{E}-\boldsymbol{A})=n$。

13. 设 $\boldsymbol{\eta}_0,\boldsymbol{\eta}_1,\boldsymbol{\eta}_2,\cdots,\boldsymbol{\eta}_{n-r}$ 为 n 元非齐次线性方程组的 $n-r+1$ 个线性无关的解向量，系数矩阵 $\boldsymbol{A}$ 的秩为 r，证明：$\boldsymbol{\eta}_1-\boldsymbol{\eta}_0,\boldsymbol{\eta}_2-\boldsymbol{\eta}_0,\cdots,\boldsymbol{\eta}_{n-r}-\boldsymbol{\eta}_0$ 是导出组 $\boldsymbol{Ax}=\boldsymbol{0}$ 的一组基础解系。

14. 设 n 元非齐次线性方程组的系数矩阵的秩为 r，$\boldsymbol{\eta}_1,\boldsymbol{\eta}_2,\cdots,\boldsymbol{\eta}_{n-r+1}$ 是它的 $n-r+1$ 个线性无关的解，试证它的任一解 $\boldsymbol{\eta}$ 可表示为

$$\boldsymbol{\eta}=k_1\boldsymbol{\eta}_1+k_2\boldsymbol{\eta}_2+\cdots+k_{n-r+1}\boldsymbol{\eta}_{n-r+1}\quad (k_1+k_2+\cdots+k_{n-r+1}=1)。$$

第 5 章

方阵的特征值、相似与对角化

Eigenvalues, Similarity and Diagonalization of Square Matrices

在前面几章中，我们利用矩阵及其相关理论解决了线性代数中的一系列问题，特别是线性方程组的求解问题。本章将讨论一类关于方阵的重要理论，即方阵的特征值理论。该理论是解决一些关键科学问题时必不可少的工具，如数学领域的方阵对角化问题、微分方程组的约化问题、动力系统中的平衡点问题，工程技术领域中的振动问题、稳定性问题、最优控制问题，等等，这些问题都需要归结为求解矩阵的特征值问题。本章首先引入方阵的特征值与特征向量的定义、性质及计算方法；然后给出相似矩阵的定义、性质以及方阵相似于对角矩阵的判定方法；通过引入向量的内积，给出如何将线性无关的向量组进行标准正交化的方法；最后给出将实对称矩阵对角化的方法。

5.1 方阵的特征值与特征向量 *Eigenvalues and eigenvectors of square matrices*

引例 著名的斐波那契数列有如下递推公式：

$$F_1=1,\quad F_2=1,\quad F_{n+2}=F_{n+1}+F_n。$$

若记

$$\boldsymbol{\alpha}_1=\begin{pmatrix}F_2\\F_1\end{pmatrix}=\begin{pmatrix}1\\1\end{pmatrix},\quad \boldsymbol{\alpha}_k=\begin{pmatrix}F_{k+1}\\F_k\end{pmatrix},\quad \boldsymbol{A}=\begin{pmatrix}1&1\\1&0\end{pmatrix},$$

则上述递推公式可化为如下形式：

$$\boldsymbol{\alpha}_n=\boldsymbol{A}\boldsymbol{\alpha}_{n-1}=\boldsymbol{A}^2\boldsymbol{\alpha}_{n-2}=\cdots=\boldsymbol{A}^{n-1}\boldsymbol{\alpha}_1。$$

于是，求通项公式 F_n 便可转化为求 $\boldsymbol{A}^{n-1}$。但是如果直接计算 $\boldsymbol{A}^n$，会很麻烦，且找不到相关规律。是否有简单的方法计算 $\boldsymbol{A}^n$ 呢？回答是肯定的。若存在可逆矩阵 $\boldsymbol{P}$ 使得 $\boldsymbol{A}=\boldsymbol{P}^{-1}\boldsymbol{B}\boldsymbol{P}$，由矩阵的乘法可知，有

$$\boldsymbol{A}^n=(\boldsymbol{P}^{-1}\boldsymbol{B}\boldsymbol{P})(\boldsymbol{P}^{-1}\boldsymbol{B}\boldsymbol{P})\cdots(\boldsymbol{P}^{-1}\boldsymbol{B}\boldsymbol{P})=\boldsymbol{P}^{-1}\boldsymbol{B}^n\boldsymbol{P}。$$

特别地，如果 $\boldsymbol{B}$ 为对角矩阵，那么 $\boldsymbol{A}^n$ 就容易得到了。

事实上，在许多实际应用中都需要求方阵 $\boldsymbol{A}$ 的幂。于是有下面两个问题：

(1) 是否对任意的方阵 $\boldsymbol{A}$，都存在对角矩阵 $\boldsymbol{B}$，使得 $\boldsymbol{A}=\boldsymbol{P}^{-1}\boldsymbol{B}\boldsymbol{P}$？

(2) 若这样的矩阵 $\boldsymbol{B}$ 和 $\boldsymbol{P}$ 存在,如何求?

为此,本节先引入方阵的特征值与特征向量的定义,然后在下一节解决上述两个问题。

5.1.1 特征值与特征向量的定义及计算方法

Definitions and calculation methods of eigenvalues and eigenvectors

定义 5.1 设 $\boldsymbol{A}$ 是数域 P 上的 n 阶方阵。如果在 P 中存在数 λ 和非零列向量 $\boldsymbol{\alpha}$,使得 $\boldsymbol{A\alpha}=\lambda\boldsymbol{\alpha}$ 成立,则称 λ 为 $\boldsymbol{A}$ 的**特征值**,$\boldsymbol{\alpha}$ 称为 $\boldsymbol{A}$ 的属于 λ 的**特征向量**。

Definition 5.1 Let $\boldsymbol{A}$ be a square matrix of order n over a number field P. If there exist a number λ and a nonzero column vector $\boldsymbol{\alpha}$ over P such that $\boldsymbol{A\alpha}=\lambda\boldsymbol{\alpha}$, then λ is called an **eigenvalue** of $\boldsymbol{A}$ and $\boldsymbol{\alpha}$ is called an **eigenvector** of $\boldsymbol{A}$ associated with λ.

关于定义 5.1 的几点说明。

(1) 定义中提及的数域 P,需要满足两个条件,即:(i) P 是必须包含 0 和 1 的数集;(ii) P 中的数与数之间在进行和、差、积、商(0 不作除数)的运算后,得到的结果仍在 P 内。例如,复数集、实数集、有理数集都是数域。如不特别说明,本章所指的数域是实数域。

(2) 特征向量必须是非零的列向量,并且不是独立出现的,它总是相对于某一特征值而言的。

(3) 一个特征向量 $\boldsymbol{\alpha}$ 不能属于不同的特征值。这是因为,若矩阵 $\boldsymbol{A}$ 还有其他的特征值 $\mu(\mu\neq\lambda)$ 对应于特征向量 $\boldsymbol{\alpha}$,则应有 $\boldsymbol{A\alpha}=\mu\boldsymbol{\alpha}$。由定义 5.1 知,$\boldsymbol{A\alpha}=\lambda\boldsymbol{\alpha}$。所以,$\lambda\boldsymbol{\alpha}=\mu\boldsymbol{\alpha}$,即 $(\lambda-\mu)\boldsymbol{\alpha}=\boldsymbol{0}$。由 $\boldsymbol{\alpha}\neq\boldsymbol{0}$ 可得,$\lambda=\mu$,与假设矛盾。因此,一个特征向量不能属于不同的特征值。

(4) 一个特征值对应的特征向量不是唯一的。这是因为,若 $\boldsymbol{\alpha}$ 是矩阵 $\boldsymbol{A}$ 的属于特征值 λ 的特征向量,则对任意非零数 k,有 $\boldsymbol{A}(k\boldsymbol{\alpha})=k\boldsymbol{A\alpha}=k(\lambda\boldsymbol{\alpha})=\lambda(k\boldsymbol{\alpha})$,即 $k\boldsymbol{\alpha}$ 也是 $\boldsymbol{A}$ 的属于 λ 的特征向量。

(5) 对于属于同一特征值的特征向量,它们的任意非零线性组合仍是属于这个特征值的特征向量。这是因为,若 $\boldsymbol{A\alpha}=\lambda\boldsymbol{\alpha}$,$\boldsymbol{A\beta}=\lambda\boldsymbol{\beta}$,则有

$$\boldsymbol{A}(k\boldsymbol{\alpha}+l\boldsymbol{\beta})=k\boldsymbol{A\alpha}+l\boldsymbol{A\beta}=\lambda(k\boldsymbol{\alpha}+l\boldsymbol{\beta})。$$

下面列举几个简单的例子来理解方阵的特征值和特征向量。

例 5.1 对于矩阵

$$\boldsymbol{A}=\begin{pmatrix}2 & -1 & 2\\ 5 & -3 & 3\\ 1 & -2 & -2\end{pmatrix},$$

因为

$$\begin{pmatrix}2 & -1 & 2\\ 5 & -3 & 3\\ 1 & -2 & -2\end{pmatrix}\begin{pmatrix}1\\ 1\\ -1\end{pmatrix}=(-1)\begin{pmatrix}1\\ 1\\ -1\end{pmatrix},$$

由定义 5.1 知,-1 是矩阵 $\boldsymbol{A}$ 的特征值,向量 $\begin{pmatrix}1\\ 1\\ -1\end{pmatrix}$ 是 $\boldsymbol{A}$ 的属于特征值 -1 的特征向量。此

外，对任意非零数 k，$k\begin{pmatrix}1\\1\\-1\end{pmatrix}$ 也是 $\boldsymbol{A}$ 的属于特征值 -1 的特征向量。

例 5.2 对于给定的对角矩阵

$$\boldsymbol{A}=\begin{pmatrix}a_{11}&0&\cdots&0\\0&a_{22}&\cdots&0\\\vdots&\vdots&\ddots&\vdots\\0&0&\cdots&a_{nn}\end{pmatrix},$$

容易验证，$\boldsymbol{A\varepsilon}_i=a_{ii}\boldsymbol{\varepsilon}_i(i=1,2,\cdots,n)$，其中 $\boldsymbol{\varepsilon}_i=(0,\cdots,0,\underset{\text{第}i\text{个分量}}{1},0,\cdots,0)^{\mathrm{T}}$。因此，由定义 5.1 知，对角矩阵的特征值为其主对角线元素。

对于数域 P 上一般形式的方阵 $\boldsymbol{A}$，有两个问题亟待解决：(1)方阵 $\boldsymbol{A}$ 是否一定有特征值？(2)当方阵 $\boldsymbol{A}$ 有特征值时，如何求出它的全部特征值及对应的全部特征向量？下面就来讨论这两个问题。

由定义 5.1 不难发现，对于数域 P 上的 n 阶方阵 $\boldsymbol{A}$，如果 λ 是 $\boldsymbol{A}$ 的特征值，$\boldsymbol{\alpha}$ 是 $\boldsymbol{A}$ 的属于 λ 的特征向量，则有

$$\boldsymbol{A\alpha}=\lambda\boldsymbol{\alpha}\quad(\boldsymbol{\alpha}\neq\boldsymbol{0}),\tag{5.1}$$

即

$$(\lambda\boldsymbol{E}-\boldsymbol{A})\boldsymbol{\alpha}=\boldsymbol{0}。\tag{5.2}$$

这说明 $\boldsymbol{\alpha}$ 是齐次线性方程组 $(\lambda\boldsymbol{E}-\boldsymbol{A})\boldsymbol{x}=\boldsymbol{0}$ 的非零解，从而有 $|\lambda\boldsymbol{E}-\boldsymbol{A}|=0$，即 λ 是方程 $|\lambda\boldsymbol{E}-\boldsymbol{A}|=0$ 的根；反之，若 λ 是 $|\lambda\boldsymbol{E}-\boldsymbol{A}|=\boldsymbol{0}$ 的根，则 $(\lambda\boldsymbol{E}-\boldsymbol{A})\boldsymbol{x}=\boldsymbol{0}$ 有非零解 $\boldsymbol{\alpha}$，即 $(\lambda\boldsymbol{E}-\boldsymbol{A})\boldsymbol{\alpha}=\boldsymbol{0}$。

于是，按照上述过程求出的数 λ 和向量 $\boldsymbol{\alpha}$ 一定满足 $\boldsymbol{A\alpha}=\lambda\boldsymbol{\alpha}$。

为了讨论方便，引入如下定义。

定义 5.2 设 $\boldsymbol{A}$ 是数域 P 上的 n 阶方阵，λ 是一个变量。矩阵 $\lambda\boldsymbol{E}-\boldsymbol{A}$ 的行列式是关于 λ 的一个 n 次多项式，即

Definition 5.2 Let $\boldsymbol{A}$ be a square matrix of order n over a number field P and let λ be a variable. The determinant of the matrix $\lambda\boldsymbol{E}-\boldsymbol{A}$ is a polynomial of degree n with respect to λ, given by

$$|\lambda\boldsymbol{E}-\boldsymbol{A}|=\begin{vmatrix}\lambda-a_{11}&-a_{12}&\cdots&-a_{1n}\\-a_{21}&\lambda-a_{22}&\cdots&-a_{2n}\\\vdots&\vdots&&\vdots\\-a_{n1}&-a_{n2}&\cdots&\lambda-a_{nn}\end{vmatrix},\tag{5.3}$$

称之为 $\boldsymbol{A}$ 的**特征多项式**，记作 $f(\lambda)=|\lambda\boldsymbol{E}-\boldsymbol{A}|$，以 λ 为未知数的 n 次方程

it is called the **characteristic polynomial** of $\boldsymbol{A}$, written as $f(\lambda)=|\lambda\boldsymbol{E}-\boldsymbol{A}|$. The equation of degree n with respect to the unknown λ, given by

$$f(\lambda)=|\lambda\boldsymbol{E}-\boldsymbol{A}|=0\tag{5.4}$$

称为 $\boldsymbol{A}$ 的**特征方程**。

is called the **characteristic equation** of $\boldsymbol{A}$.

由定义 5.1 和定义 5.2 可得如下定理。

定理 5.1 设 $\boldsymbol{A}$ 是数域 P 上的 n 阶矩阵，

Theorem 5.1 Let $\boldsymbol{A}$ be a square matrix

数 λ 是 $\boldsymbol{A}$ 的特征值。向量 $\boldsymbol{\alpha}$ 是 $\boldsymbol{A}$ 的属于 λ 的特征向量的充要条件是：λ 是特征方程(5.4)在 P 中的根，且 $\boldsymbol{\alpha}$ 是齐次线性方程组

$$(\lambda\boldsymbol{E}-\boldsymbol{A})\boldsymbol{x}=\boldsymbol{0} \qquad (5.5)$$

的非零解。

of order n over a number field P and the number λ be an eigenvalue of $\boldsymbol{A}$. The vector $\boldsymbol{\alpha}$ is an eigenvector of $\boldsymbol{A}$ associated with λ if and only if λ is a root of the characteristic equation $|\lambda\boldsymbol{E}-\boldsymbol{A}|=0$ in P, and $\boldsymbol{\alpha}$ is a nonzero solution of the homogeneous linear system(5.5).

注意到，方程 $|\lambda\boldsymbol{E}-\boldsymbol{A}|=0$ 与 $|\boldsymbol{A}-\lambda\boldsymbol{E}|=0$ 有相同的根，而且 $(\lambda\boldsymbol{E}-\boldsymbol{A})\boldsymbol{x}=\boldsymbol{0}$ 与 $(\boldsymbol{A}-\lambda\boldsymbol{E})\boldsymbol{x}=\boldsymbol{0}$ 有相同的解，所以有时候也用方程 $|\boldsymbol{A}-\lambda\boldsymbol{E}|=0$ 求 $\boldsymbol{A}$ 的特征值，然后通过 $(\boldsymbol{A}-\lambda\boldsymbol{E})\boldsymbol{x}=\boldsymbol{0}$ 求对应的特征向量。

根据定理 5.1，计算 n 阶矩阵 $\boldsymbol{A}$ 的特征值、特征向量的具体步骤如下：

第一步 给出特征多项式 $|\lambda\boldsymbol{E}-\boldsymbol{A}|$。

第二步 求出特征方程 $|\lambda\boldsymbol{E}-\boldsymbol{A}|=0$ 的全部根，这些根就是 $\boldsymbol{A}$ 的全部特征值。

第三步 对于 $\boldsymbol{A}$ 的每一个特征值 λ_i，若 $\mathrm{R}(\lambda_i\boldsymbol{E}-\boldsymbol{A})=r<n$，求线性方程组 $(\lambda_i\boldsymbol{E}-\boldsymbol{A})\boldsymbol{x}=\boldsymbol{0}$ 的一个基础解系

$$\boldsymbol{\alpha}_{i_1},\boldsymbol{\alpha}_{i_2},\cdots,\boldsymbol{\alpha}_{i_{n-r}},$$

则对应于 λ_i 的全部特征向量为

$$k_1\boldsymbol{\alpha}_{i_1}+k_2\boldsymbol{\alpha}_{i_2}+\cdots+k_{i_{n-r}}\boldsymbol{\alpha}_{i_{n-r}},$$

其中 $k_1,k_2,\cdots,k_{n-r}$ 为不全为零的数。

例 5.3 求下列矩阵的特征值与特征向量：

(1) $\boldsymbol{A}=\begin{pmatrix}3 & -1\\ -1 & 3\end{pmatrix}$； (2) $\boldsymbol{A}=\begin{pmatrix}2 & -1 & 0\\ 0 & -3 & 0\\ 4 & 0 & 1\end{pmatrix}$。

分析 按上述计算特征值与特征向量的步骤计算。

解 (1) 矩阵 $\boldsymbol{A}$ 的特征方程为

$$|\lambda\boldsymbol{E}-\boldsymbol{A}|=\begin{vmatrix}\lambda-3 & 1\\ 1 & \lambda-3\end{vmatrix}=(\lambda-4)(\lambda-2)=0,$$

所以 $\lambda_1=4$ 和 $\lambda_2=2$ 是 $\boldsymbol{A}$ 的 2 个不同的特征值。

将 $\lambda_1=4$ 代入线性方程组 $(\lambda\boldsymbol{E}-\boldsymbol{A})\boldsymbol{x}=\boldsymbol{0}$，由于

$$4\boldsymbol{E}-\boldsymbol{A}=\begin{pmatrix}1 & 1\\ 1 & 1\end{pmatrix}\to\begin{pmatrix}1 & 1\\ 0 & 0\end{pmatrix},$$

易见，此线性方程组的基础解系为 $\boldsymbol{\alpha}_1=\begin{pmatrix}1\\ -1\end{pmatrix}$，$\boldsymbol{A}$ 的属于 $\lambda_1=4$ 的全部特征向量为

$$k_1\boldsymbol{\alpha}_1 \quad (k_1 \text{ 是任意的非零数})。$$

将 $\lambda_2=2$ 代入线性方程组 $(\lambda\boldsymbol{E}-\boldsymbol{A})\boldsymbol{x}=\boldsymbol{0}$，由于

$$2\boldsymbol{E}-\boldsymbol{A}=\begin{pmatrix}-1 & 1\\ 1 & -1\end{pmatrix}\to\begin{pmatrix}1 & -1\\ 0 & 0\end{pmatrix},$$

易见，此线性方程组的基础解系为 $\boldsymbol{\alpha}_2=\begin{pmatrix}1\\ 1\end{pmatrix}$，$\boldsymbol{A}$ 的属于 $\lambda_2=2$ 的全部特征向量为

$$k_2\boldsymbol{\alpha}_2 \quad (k_2 \text{ 是任意的非零数})。$$

(2) 矩阵 $\boldsymbol{A}$ 的特征方程为

$$|\lambda\boldsymbol{E}-\boldsymbol{A}|=\begin{vmatrix}\lambda-2 & 1 & 0\\ 0 & \lambda+3 & 0\\ -4 & 0 & \lambda-1\end{vmatrix}=(\lambda-1)\begin{vmatrix}\lambda-2 & 1\\ 0 & \lambda+3\end{vmatrix}$$
$$=(\lambda-1)(\lambda-2)(\lambda+3)=0,$$

所以 $\lambda_1=1$，$\lambda_2=2$ 和 $\lambda_3=-3$ 是 $\boldsymbol{A}$ 的三个不同的特征值。

将 $\lambda_1=1$ 代入线性方程组 $(\lambda\boldsymbol{E}-\boldsymbol{A})\boldsymbol{x}=\boldsymbol{0}$，由于

$$\boldsymbol{E}-\boldsymbol{A}=\begin{pmatrix}-1 & 1 & 0\\ 0 & 4 & 0\\ -4 & 0 & 0\end{pmatrix}\to\begin{pmatrix}1 & 0 & 0\\ 0 & 1 & 0\\ 0 & 0 & 0\end{pmatrix},$$

易见，此线性方程组的基础解系为 $\boldsymbol{\alpha}_1=\begin{pmatrix}0\\0\\1\end{pmatrix}$，$\boldsymbol{A}$ 的属于 $\lambda_1=1$ 的全部特征向量为

$$k_1\boldsymbol{\alpha}_1 \quad (k_1 \text{ 是任意的非零数})。$$

将 $\lambda_2=2$ 代入线性方程组 $(\lambda\boldsymbol{E}-\boldsymbol{A})\boldsymbol{x}=\boldsymbol{0}$，由于

$$2\boldsymbol{E}-\boldsymbol{A}=\begin{pmatrix}0 & 1 & 0\\ 0 & 5 & 0\\ -4 & 0 & 1\end{pmatrix}\to\begin{pmatrix}1 & 0 & -1/4\\ 0 & 1 & 0\\ 0 & 0 & 0\end{pmatrix},$$

易见，此线性方程组的基础解系为 $\boldsymbol{\alpha}_2=\begin{pmatrix}1\\0\\4\end{pmatrix}$，$\boldsymbol{A}$ 的属于 $\lambda_2=2$ 的全部特征向量为

$$k_2\boldsymbol{\alpha}_2 \quad (k_2 \text{ 是任意的非零数})。$$

将 $\lambda_3=-3$ 代入线性方程组 $(\lambda\boldsymbol{E}-\boldsymbol{A})\boldsymbol{x}=\boldsymbol{0}$，由于

$$-3\boldsymbol{E}-\boldsymbol{A}=\begin{pmatrix}-5 & 1 & 0\\ 0 & 0 & 0\\ -4 & 0 & -4\end{pmatrix}\to\begin{pmatrix}1 & 0 & 1\\ 0 & 1 & 5\\ 0 & 0 & 0\end{pmatrix},$$

易见，此线性方程组的基础解系为 $\boldsymbol{\alpha}_3=\begin{pmatrix}-1\\-5\\1\end{pmatrix}$，$\boldsymbol{A}$ 的属于 $\lambda_3=-3$ 的全部特征向量为

$$k_3\boldsymbol{\alpha}_3 \quad (k_3 \text{ 是任意的非零数})。$$

例 5.4 求下列矩阵的特征值与特征向量：

(1) $\boldsymbol{A}=\begin{pmatrix}1 & -1 & 0\\ 4 & -3 & 0\\ 1 & 0 & 3\end{pmatrix}$；　　(2) $\boldsymbol{A}=\begin{pmatrix}1 & -1 & 1\\ 1 & 3 & -1\\ 1 & 1 & 1\end{pmatrix}$。

分析 按上述计算特征值与特征向量的步骤计算。

(1) $\boldsymbol{A}$ 的特征方程为

$$|\lambda\boldsymbol{E}-\boldsymbol{A}|=\begin{vmatrix}\lambda-1 & 1 & 0\\ -4 & \lambda+3 & 0\\ -1 & 0 & \lambda-3\end{vmatrix}=(\lambda-3)(\lambda+1)^2=0,$$

所以 $\lambda_1=3,\lambda_2=\lambda_3=-1$ 是 $\boldsymbol{A}$ 的特征值。

将 $\lambda_1=3$ 代入线性方程组 $(\lambda\boldsymbol{E}-\boldsymbol{A})\boldsymbol{x}=\boldsymbol{0}$，由于

$$3\boldsymbol{E}-\boldsymbol{A}=\begin{pmatrix}2&1&0\\-4&6&0\\-1&0&0\end{pmatrix}\to\begin{pmatrix}1&0&0\\0&1&0\\0&0&0\end{pmatrix},$$

易见，此线性方程组的基础解系为 $\boldsymbol{\alpha}_1=\begin{pmatrix}0\\0\\1\end{pmatrix}$，$\boldsymbol{A}$ 的属于 $\lambda_1=3$ 的全部特征向量为

$$k_1\boldsymbol{\alpha}_1\quad(k_1\text{ 是任意的非零数})。$$

将 $\lambda_2=\lambda_3=-1$ 代入线性方程组 $(\lambda\boldsymbol{E}-\boldsymbol{A})\boldsymbol{x}=\boldsymbol{0}$，由于

$$-\boldsymbol{E}-\boldsymbol{A}=\begin{pmatrix}-2&1&0\\-4&2&0\\-1&0&-4\end{pmatrix}\to\begin{pmatrix}1&0&4\\0&1&8\\0&0&0\end{pmatrix},$$

得此线性方程组的基础解系为 $\boldsymbol{\alpha}_2=\begin{pmatrix}4\\8\\-1\end{pmatrix}$，$\boldsymbol{A}$ 的属于 $\lambda_2=\lambda_3=-1$ 的全部特征向量为

$$k_2\boldsymbol{\alpha}_2\quad(k_2\text{ 是任意的非零数})。$$

(2) $\boldsymbol{A}$ 的特征方程为

$$|\lambda\boldsymbol{E}-\boldsymbol{A}|=\begin{vmatrix}\lambda-1&1&-1\\-1&\lambda-3&1\\-1&-1&\lambda-1\end{vmatrix}=\begin{vmatrix}\lambda-1&1&-1\\-1&\lambda-3&1\\0&2-\lambda&\lambda-2\end{vmatrix}$$

$$=(\lambda-2)\begin{vmatrix}\lambda-1&1&-1\\-1&\lambda-3&1\\0&-1&1\end{vmatrix}=(\lambda-2)\begin{vmatrix}\lambda-1&0&-1\\-1&\lambda-2&1\\0&0&1\end{vmatrix}$$

$$=(\lambda-1)(\lambda-2)^2=0,$$

所以 $\lambda_1=1,\lambda_2=\lambda_3=2$ 是 $\boldsymbol{A}$ 的特征值。

将 $\lambda_1=1$ 代入线性方程组 $(\lambda\boldsymbol{E}-\boldsymbol{A})\boldsymbol{x}=\boldsymbol{0}$，由于

$$\boldsymbol{E}-\boldsymbol{A}=\begin{pmatrix}0&1&-1\\-1&-2&1\\-1&-1&0\end{pmatrix}\to\begin{pmatrix}1&0&1\\0&1&-1\\0&0&0\end{pmatrix},$$

易见，此线性方程组的基础解系为 $\boldsymbol{\alpha}_1=\begin{pmatrix}-1\\1\\1\end{pmatrix}$，$\boldsymbol{A}$ 的属于 $\lambda_1=1$ 的全部特征向量为

$$k_1\boldsymbol{\alpha}_1\quad(k_1\text{ 是任意的非零数})。$$

将 $\lambda_2=\lambda_3=2$ 代入线性方程组 $(\lambda\boldsymbol{E}-\boldsymbol{A})\boldsymbol{x}=\boldsymbol{0}$，由于

$$2\boldsymbol{E}-\boldsymbol{A}=\begin{pmatrix}1&1&-1\\-1&-1&1\\-1&-1&1\end{pmatrix}\to\begin{pmatrix}1&1&-1\\0&0&0\\0&0&0\end{pmatrix},$$

易见,此线性方程组的基础解系为$\boldsymbol{\alpha}_2=\begin{pmatrix}-1\\1\\0\end{pmatrix}$及$\boldsymbol{\alpha}_3=\begin{pmatrix}1\\0\\1\end{pmatrix}$,$\boldsymbol{A}$ 的属于$\lambda_2=\lambda_3=2$ 的全部特征向量为

$$k_2\boldsymbol{\alpha}_2+k_3\boldsymbol{\alpha}_3 \quad (k_2,k_3\text{ 不全为零})。$$

评注 (1) 由例5.3可见,当方阵的特征值是单实根时,每个特征值只对应一个线性无关的特征向量。

(2) 由例5.4可见,当方阵的特征值是二重实根时,特征值所对应的线性无关的特征向量有所不同。在第一个例子中,$\lambda_2=\lambda_3=-1$ 有一个线性无关的特征向量;在第二个例子中,$\lambda_2=\lambda_3=2$ 有两个线性无关的特征向量。具体原因可参见定理5.6。

(3) 不是所有的实矩阵都有实特征值。例如,矩阵$\begin{pmatrix}0&1\\-1&0\end{pmatrix}$在实数域内没有特征值,在复数域内的特征值为$\lambda_1=\mathrm{i},\lambda_2=-\mathrm{i}$。本书中只在实数域内讨论方阵有特征值的情形。

5.1.2 特征值与特征向量的基本性质 | *Basic properties of eigenvalues and eigenvectors*

根据实系数多项式的因式分解定理(每个次数大于1的实系数多项式在实数范围内总能唯一地分解为一次因式和二次因式的乘积),若方阵 $\boldsymbol{A}$ 恰有 n 个实特征值$\lambda_1,\lambda_2,\cdots,\lambda_n$,则特征多项式(5.3)一定可以分解为如下形式

$$|\lambda\boldsymbol{E}-\boldsymbol{A}|=\begin{vmatrix}\lambda-a_{11}&-a_{12}&\cdots&-a_{1n}\\-a_{21}&\lambda-a_{22}&\cdots&-a_{2n}\\\vdots&\vdots&&\vdots\\-a_{n1}&-a_{n2}&\cdots&\lambda-a_{nn}\end{vmatrix}$$

$$=(\lambda-\lambda_1)(\lambda-\lambda_2)\cdots(\lambda-\lambda_n)。\qquad (5.6)$$

由式(5.6),可以证得如下定理。

定理5.2 设 $\boldsymbol{A}$ 为 n 阶方阵,数$\lambda_1,\lambda_2,\cdots,\lambda_n$ 是 $\boldsymbol{A}$ 的 n 个特征值,则有

Theorem 5.2 Assume that $\boldsymbol{A}$ is a square matrix of order n and that the numbers $\lambda_1,\lambda_2,\cdots,\lambda_n$ are n eigenvalues of $\boldsymbol{A}$, we have

(1) $\lambda_1+\lambda_2+\cdots+\lambda_n=a_{11}+a_{22}+\cdots+a_{nn}=\mathrm{tr}(\boldsymbol{A})$; (5.7)

(2) $\lambda_1\lambda_2\cdots\lambda_n=|\boldsymbol{A}|$。 (5.8)

式(5.7)中,$\mathrm{tr}(\boldsymbol{A})$称为矩阵 $\boldsymbol{A}$ 的**迹**(**trace**)。由式(5.8)不难证得如下的等价关系。

推论 $\boldsymbol{A}$ 可逆$\Leftrightarrow\lambda_1\lambda_2\cdots\lambda_n=|\boldsymbol{A}|\neq0\Leftrightarrow$特征值$\lambda_1,\lambda_2,\cdots,\lambda_n$ 都不为零。

Corollary $\boldsymbol{A}$ is invertible $\Leftrightarrow\lambda_1\lambda_2\cdots\lambda_n=|\boldsymbol{A}|\neq0\Leftrightarrow$All the eigenvalues $\lambda_1,\lambda_2,\cdots,\lambda_n$ are not equal to zero.

由定义5.1和定义5.2及定理5.1和定理5.2,不难证得方阵的特征值和特征向量具有如下性质。

性质1 方阵 $\boldsymbol{A}$ 与它的转置矩阵 $\boldsymbol{A}^{\mathrm{T}}$ 有相同的特征值。

Property 1 The square matrix $\boldsymbol{A}$ and its transpose matrix $\boldsymbol{A}^{\mathrm{T}}$ have the same eigenvalucs.

证 根据行列式的性质1,有

$$|\lambda E - A| = |(\lambda E - A)^{T}| = |\lambda E - A^{T}|。$$

这说明矩阵 A 与 A^{T} 有相同的特征多项式,因而有相同的特征值. 证毕

性质2 若数 λ 是方阵 A 的一个特征值,则数 $k\lambda$ 是 kA 的特征值。

Property 2 If the number λ is an eigenvalue of the saqure matrix A, then $k\lambda$ is an eigenvalue of kA.

性质3 令数 λ 是方阵 A 的一个特征值。当 A 可逆时,$\frac{1}{\lambda}$是 A^{-1}的特征值。

Property 3 Let the number λ be an eigenvalue of the saqure matrix A. If A is invertible, then $\frac{1}{\lambda}$ is an eigenvalue of A^{-1}.

证 由已知条件可得 $A\alpha = \lambda\alpha$ 。由式(5.8)知,若矩阵 A 可逆,则特征值 λ 不为零,于是

$$A^{-1}\alpha = \frac{1}{\lambda}\alpha。$$

证毕

性质4 若数 λ 是方阵 A 的特征值,则对任意的正整数 k,λ^k 是 A^k 的特征值。

Property4 If the number λ is an eigenvalue of the square matrix A, then for any positive integer k, λ^k is an eigenvalue of A^k.

证 由已知条件可得,$A\alpha = \lambda\alpha$ 。易证,

$$A^2\alpha = A(A\alpha) = \lambda A\alpha = \lambda^2\alpha。$$

由定义5.1可知,数 λ^2 是 A^2 的特征值。以此类推,有

$$A^k\alpha = A^{k-1}(A\alpha) = \lambda A^{k-1}\alpha = \lambda A^{k-2}(A\alpha) = \lambda^2 A^{k-2}\alpha = \cdots = \lambda^k\alpha。$$

于是,数 λ^k 是 A^k 的特征值。 证毕

性质5 设有 m 次多项式 $P_m(x) = a_0 + a_1x + \cdots + a_mx^m$。若数 λ 是方阵 A 的特征值,则 $P_m(\lambda)$是 $P_m(A)$的特征值。

Property 5 Let $P_m(x) = a_0 + a_1x + \cdots + a_mx^m$ be a polynomial of degree m. If the number λ is an eigenvalue of the square matrix A, then $P_m(\lambda)$ is an eigenvalue of $P_m(A)$.

证 由已知可得,$P_m(A) = a_0E + a_1A + \cdots + a_mA^m$。若数 λ 是方阵 A 的特征值,则有 $A\alpha = \lambda\alpha$ 。由性质4知,对任意的正整数 k,λ^k 是 A^k 的特征值,即 $A^k\alpha = \lambda^k\alpha$ 。于是

$$P_m(A)\alpha = (a_0E + a_1A + \cdots + a_mA^m)\alpha = P_m(\lambda)\alpha,$$

即 $P_m(\lambda)$是 $P_m(A)$的特征值。 证毕

性质6 若数 λ 是可逆方阵 A 的特征值,则$\frac{|A|}{\lambda}$是 A 的伴随矩阵 A^* 的特征值。

Property 6 If the number λ is an eigenvalue of the invertible square matrix A, then $\frac{|A|}{\lambda}$ is an eigenvalue of the adjoint matrix A^* associated with A.

证 由矩阵与其伴随矩阵的关系(2.9)可知,$A^*A = |A|E$。若数 λ 是可逆方阵 A 的特征值,则有 $A\alpha = \lambda\alpha$ 。在等式 $A^*A = |A|E$ 两边同时右乘 α,可得

$$A^*A\alpha = A^*\lambda\alpha = \lambda A^*\alpha = |A|\alpha,$$

进一步地,有

$$A^*\alpha = \frac{|A|}{\lambda}\alpha。$$

由此可见，$\frac{|\boldsymbol{A}|}{\lambda}$是$\boldsymbol{A}$的伴随矩阵$\boldsymbol{A}^*$的特征值。 证毕

例 5.5 设$\boldsymbol{A}$为n阶方阵，$(\boldsymbol{A}+\boldsymbol{E})^m=\boldsymbol{0}$，$m$为正整数，证明：$\boldsymbol{A}$可逆。

分析 由定理 5.2 的推论可知，若能利用已知条件验证$\boldsymbol{A}$的特征值均不为零，即可证明$\boldsymbol{A}$可逆。

证 设λ为$\boldsymbol{A}$的任意特征值，$\boldsymbol{\alpha}$为对应的特征向量。由单位矩阵的特性可知，$\boldsymbol{E}\boldsymbol{\alpha}=1\boldsymbol{\alpha}$，进而有

$$(\boldsymbol{A}+\boldsymbol{E})\boldsymbol{\alpha}=(\lambda+1)\boldsymbol{\alpha},$$

即$\lambda+1$是矩阵$\boldsymbol{A}+\boldsymbol{E}$的特征值。由性质 4 可知，$(\lambda+1)^m$是矩阵$(\boldsymbol{A}+\boldsymbol{E})^m$的特征值，即

$$(\boldsymbol{A}+\boldsymbol{E})^m\boldsymbol{\alpha}=(\lambda+1)^m\boldsymbol{\alpha}。$$

由于$(\boldsymbol{A}+\boldsymbol{E})^m=\boldsymbol{0}$，且$\boldsymbol{\alpha}\neq\boldsymbol{0}$，所以有$(\lambda+1)^m=0$，得$\lambda=-1$。故$-1$是$\boldsymbol{A}$的唯一的特征值。由式(5.8)知，$|\boldsymbol{A}|=(-1)^n\neq0$，即$\boldsymbol{A}$可逆。 证毕

例 5.6 设$\boldsymbol{A}$为三阶方阵，其特征值为$1,-1,2$。求$|\boldsymbol{A}^*+3\boldsymbol{A}-2\boldsymbol{E}|$。

分析 由定理 5.2 的结论知，$|\boldsymbol{A}|=\lambda_1\lambda_2\lambda_3=-2$，矩阵$\boldsymbol{A}$可逆。根据$\boldsymbol{A}\boldsymbol{A}^*=|\boldsymbol{A}|\boldsymbol{E}$，计算$|\boldsymbol{A}^*+3\boldsymbol{A}-2\boldsymbol{E}|$等价于计算

$$\begin{aligned}\frac{1}{|\boldsymbol{A}|}|\boldsymbol{A}||\boldsymbol{A}^*+3\boldsymbol{A}-2\boldsymbol{E}|&=\frac{1}{|\boldsymbol{A}|}|\boldsymbol{A}\boldsymbol{A}^*+3\boldsymbol{A}^2-2\boldsymbol{A}|\\&=-\frac{1}{2}|-2\boldsymbol{E}+3\boldsymbol{A}^2-2\boldsymbol{A}|。\end{aligned}$$

根据性质 5 可求出$f(\boldsymbol{A})=3\boldsymbol{A}^2-2\boldsymbol{A}-2\boldsymbol{E}$的所有特征值，然后再计算$|3\boldsymbol{A}^2-2\boldsymbol{A}-2\boldsymbol{E}|$。

解 由定理 5.2 的结论知，$|\boldsymbol{A}|=\lambda_1\lambda_2\lambda_3=-2$，所以矩阵$\boldsymbol{A}$可逆。令

$$f(\boldsymbol{A})=3\boldsymbol{A}^2-2\boldsymbol{A}-2\boldsymbol{E}。$$

由性质 5 可知，$f(\boldsymbol{A})$的特征值为

$$f(2)=6,\quad f(1)=-1,\quad f(-1)=3。$$

于是

$$|\boldsymbol{A}^*+3\boldsymbol{A}-2\boldsymbol{E}|=-\frac{1}{2}|3\boldsymbol{A}^2-2\boldsymbol{A}-2\boldsymbol{E}|=-\frac{1}{2}\times(-1)\times6\times3=9。$$

定理 5.3 设$\boldsymbol{A}$为n阶方阵。若$\boldsymbol{\alpha}_1,\boldsymbol{\alpha}_2,\cdots,\boldsymbol{\alpha}_m$是$\boldsymbol{A}$的属于互不相同的特征值$\lambda_1,\lambda_2,\cdots,\lambda_m$的特征向量，则$\boldsymbol{\alpha}_1,\boldsymbol{\alpha}_2,\cdots,\boldsymbol{\alpha}_m$线性无关。

Theorem 5.3 Let $\boldsymbol{A}$ be a square matrix of order n. If $\boldsymbol{\alpha}_1,\boldsymbol{\alpha}_2,\cdots,\boldsymbol{\alpha}_m$ are eigenvectors of $\boldsymbol{A}$ associated with distinct eigenvalues $\lambda_1,\lambda_2,\cdots,\lambda_m$, then $\boldsymbol{\alpha}_1,\boldsymbol{\alpha}_2,\cdots,\boldsymbol{\alpha}_m$ are linearly independent.

证 法一 设存在数$x_1,x_2,\cdots,x_m$，使

$$x_1\boldsymbol{\alpha}_1+x_2\boldsymbol{\alpha}_2+\cdots+x_m\boldsymbol{\alpha}_m=\boldsymbol{0}。\tag{5.9}$$

在式(5.9)的两边左乘矩阵$\boldsymbol{A}$，可得

$$\boldsymbol{A}(x_1\boldsymbol{\alpha}_1+x_2\boldsymbol{\alpha}_2+\cdots+x_m\boldsymbol{\alpha}_m)=\boldsymbol{0},$$

由已知可得

$$\lambda_1x_1\boldsymbol{\alpha}_1+\lambda_2x_2\boldsymbol{\alpha}_2+\cdots+\lambda_mx_m\boldsymbol{\alpha}_m=\boldsymbol{0}。$$

用$\boldsymbol{A}$连续左乘式(5.9)，有

$$\lambda_1^kx_1\boldsymbol{\alpha}_1+\lambda_2^kx_2\boldsymbol{\alpha}_2+\cdots+\lambda_m^kx_m\boldsymbol{\alpha}_m=\boldsymbol{0},\quad k=1,2,\cdots,m-1。$$

将(5.9)式及上述各式合写成矩阵形式,得

$$(x_1\boldsymbol{\alpha}_1, x_2\boldsymbol{\alpha}_2, \cdots, x_m\boldsymbol{\alpha}_m)\begin{pmatrix} 1 & \lambda_1 & \cdots & \lambda_1^{m-1} \\ 1 & \lambda_2 & \cdots & \lambda_2^{m-1} \\ \vdots & \vdots & & \vdots \\ 1 & \lambda_m & \cdots & \lambda_m^{m-1} \end{pmatrix} = (\mathbf{0}, \mathbf{0}, \cdots, \mathbf{0})。$$

在上式等号左边,易见第二个矩阵的行列式是范德蒙德行列式的转置,当 $\lambda_i \neq \lambda_j (i \neq j)$ 时,该矩阵可逆。于是必有

$$(x_1\boldsymbol{\alpha}_1, x_2\boldsymbol{\alpha}_2, \cdots, x_m\boldsymbol{\alpha}_m) = (\mathbf{0}, \mathbf{0}, \cdots, \mathbf{0}),$$

即 $x_i\boldsymbol{\alpha}_i = \mathbf{0}$。由于 $\boldsymbol{\alpha}_i \neq \mathbf{0}$,故 $x_i = 0 (i = 1, 2, \cdots, m)$,所以向量组 $\boldsymbol{\alpha}_1, \boldsymbol{\alpha}_2, \cdots, \boldsymbol{\alpha}_m$ 线性无关。

法二 反证法

假设向量组 $\boldsymbol{\alpha}_1, \boldsymbol{\alpha}_2, \cdots, \boldsymbol{\alpha}_m$ 线性相关,不妨设其极大无关组为 $\boldsymbol{\alpha}_1, \boldsymbol{\alpha}_2, \cdots, \boldsymbol{\alpha}_r (1 \leqslant r \leqslant m-1)$。下面证明向量组 $\boldsymbol{\alpha}_1, \boldsymbol{\alpha}_2, \cdots, \boldsymbol{\alpha}_r, \boldsymbol{\alpha}_{r+1}$ 线性无关,从而与 $\boldsymbol{\alpha}_1, \boldsymbol{\alpha}_2, \cdots, \boldsymbol{\alpha}_r$ 为极大无关组矛盾。假设 $\boldsymbol{\alpha}_1, \boldsymbol{\alpha}_2, \cdots, \boldsymbol{\alpha}_r, \boldsymbol{\alpha}_{r+1}$ 线性相关,那么存在不全为零的数 $k_1, k_2, \cdots, k_r, k_{r+1}$,使得

$$k_1\boldsymbol{\alpha}_1 + k_2\boldsymbol{\alpha}_2 + \cdots + k_r\boldsymbol{\alpha}_r + k_{r+1}\boldsymbol{\alpha}_{r+1} = \mathbf{0}。\tag{5.10}$$

在式(5.10)的两边左乘 $\boldsymbol{A}$,可得

$$k_1\lambda_1\boldsymbol{\alpha}_1 + k_2\lambda_2\boldsymbol{\alpha}_2 + \cdots + k_r\lambda_r\boldsymbol{\alpha}_r + k_{r+1}\lambda_{r+1}\boldsymbol{\alpha}_{r+1} = \mathbf{0};\tag{5.11}$$

式(5.10)两边同乘以 λ_{r+1} 得

$$k_1\lambda_{r+1}\boldsymbol{\alpha}_1 + k_2\lambda_{r+1}\boldsymbol{\alpha}_2 + \cdots + k_r\lambda_{r+1}\boldsymbol{\alpha}_r + k_{r+1}\lambda_{r+1}\boldsymbol{\alpha}_{r+1} = \mathbf{0}。\tag{5.12}$$

式(5.12)减去式(5.11),得

$$k_1(\lambda_{r+1} - \lambda_1)\boldsymbol{\alpha}_1 + \cdots + k_r(\lambda_{r+1} - \lambda_r)\boldsymbol{\alpha}_r = \mathbf{0}。$$

由于向量组 $\boldsymbol{\alpha}_1, \boldsymbol{\alpha}_2, \cdots, \boldsymbol{\alpha}_r$ 线性无关,且 $\lambda_i \neq \lambda_j (i \neq j)$,所以必有 $k_1 = \cdots = k_r = 0$。由式(5.10)知,$k_{r+1}\boldsymbol{\alpha}_{r+1} = \mathbf{0}$,但 $\boldsymbol{\alpha}_{r+1} \neq \mathbf{0}$,从而 $k_{r+1} = 0$。因此,向量组 $\boldsymbol{\alpha}_1, \boldsymbol{\alpha}_2, \cdots, \boldsymbol{\alpha}_r, \boldsymbol{\alpha}_{r+1}$ 线性无关。从而与向量组 $\boldsymbol{\alpha}_1, \boldsymbol{\alpha}_2, \cdots, \boldsymbol{\alpha}_r$ 为极大无关组矛盾。 证毕

例 5.7 设数 λ_1, λ_2 是 $\boldsymbol{A}$ 的两个不同的特征值,对应的特征向量分别为 $\boldsymbol{\alpha}_1, \boldsymbol{\alpha}_2$。证明:$\boldsymbol{\alpha}_1 + \boldsymbol{\alpha}_2$ 不是 $\boldsymbol{A}$ 的特征向量。

分析 利用反证法,即假设 $\boldsymbol{\alpha}_1 + \boldsymbol{\alpha}_2$ 是 $\boldsymbol{A}$ 的特征向量,从而推出与已知条件矛盾的结论。

证明 按题设,有 $\boldsymbol{A}\boldsymbol{\alpha}_1 = \lambda_1\boldsymbol{\alpha}_1, \boldsymbol{A}\boldsymbol{\alpha}_2 = \lambda_2\boldsymbol{\alpha}_2$。故 $\boldsymbol{A}(\boldsymbol{\alpha}_1 + \boldsymbol{\alpha}_2) = \lambda_1\boldsymbol{\alpha}_1 + \lambda_2\boldsymbol{\alpha}_2$。若 $\boldsymbol{\alpha}_1 + \boldsymbol{\alpha}_2$ 是 $\boldsymbol{A}$ 的特征向量,则存在数 λ,使

$$\boldsymbol{A}(\boldsymbol{\alpha}_1 + \boldsymbol{\alpha}_2) = \lambda(\boldsymbol{\alpha}_1 + \boldsymbol{\alpha}_2)。$$

于是 $\lambda(\boldsymbol{\alpha}_1 + \boldsymbol{\alpha}_2) = \lambda_1\boldsymbol{\alpha}_1 + \lambda_2\boldsymbol{\alpha}_2$,即

$$(\lambda_1 - \lambda)\boldsymbol{\alpha}_1 + (\lambda_2 - \lambda)\boldsymbol{\alpha}_2 = \mathbf{0}。$$

由定理 5.3 知,$\boldsymbol{\alpha}_1, \boldsymbol{\alpha}_2$ 线性无关,故有

$$\lambda_1 - \lambda = \lambda_2 - \lambda = 0,$$

即 $\lambda_1 = \lambda_2$,与已知条件 $\lambda_1 \neq \lambda_2$ 矛盾。因此 $\boldsymbol{\alpha}_1 + \boldsymbol{\alpha}_2$ 不是 $\boldsymbol{A}$ 的特征向量。 证毕

事实上,定理 5.3 可以推广为如下定理。

定理 5.4 令 $\boldsymbol{A}$ 是 n 阶方阵。若 $\lambda_1, \lambda_2, \cdots, \lambda_m$ 是 $\boldsymbol{A}$ 的不同的特征值,且 $\boldsymbol{\alpha}_{i1}, \boldsymbol{\alpha}_{i2}, \cdots, \boldsymbol{\alpha}_{is_i}$ 是

Theorem 5.4 Let $\boldsymbol{A}$ be a square matrix of order n. If $\lambda_1, \lambda_2, \cdots, \lambda_m$ are distinct

A 的属于 λ_i 的线性无关的特征向量，则分别对应于 $\lambda_1,\lambda_2,\cdots,\lambda_m$ 的特征向量组

eigenvalues of **A** and if $\boldsymbol{\alpha}_{i1},\boldsymbol{\alpha}_{i2},\cdots,\boldsymbol{\alpha}_{is_i}$ are linearly independent eigenvectors of **A** associated with λ_i, then the eigenvector set consisted of the following eigenvectors, given by

$$\boldsymbol{\alpha}_{11},\boldsymbol{\alpha}_{12},\cdots,\boldsymbol{\alpha}_{1s_1},\boldsymbol{\alpha}_{21},\boldsymbol{\alpha}_{22},\cdots,\boldsymbol{\alpha}_{2s_2},\cdots,\boldsymbol{\alpha}_{m1},\boldsymbol{\alpha}_{m2},\cdots,\boldsymbol{\alpha}_{ms_m}$$

也是线性无关的。

which are associated with $\lambda_1,\lambda_2,\cdots,\lambda_m$, respectively, is also linearly independent.

证明略。

关于定理5.4的几点说明。

(1) 对于一般的向量组，即使各个部分组都线性无关，合并起来不一定线性无关，定理5.4反映的是特征向量所独有的性质。

(2) 矩阵的属于某一特征值的特征向量均可由属于该特征值的所有线性无关的特征向量线性表示，因此在求矩阵的特征向量时，只需针对每一个特征值，求出其对应的线性无关的特征向量即可，换句话说，将该特征值代入特征方程组(5.5)，然后求出齐次线性方程组的基础解系即可。

习题 5.1

思考题

1. 矩阵 **A** 的两个不同特征值能否对应同一个特征向量？

2. 若用初等变换将矩阵 **A** 约化为 **B**，则矩阵 **A** 和 **B** 的特征值是否相同？

3. 若数 λ,μ 分别为矩阵 **A** 和 **B** 的特征值，数 $\lambda+\mu$ 是否为矩阵 $\boldsymbol{A}+\boldsymbol{B}$ 的特征值？

4. 若向量 $\boldsymbol{\alpha}_1$ 和 $\boldsymbol{\alpha}_2$ 都是 **A** 的特征值 μ 对应的特征向量，对任意实数 k_1 和 k_2，向量 $k_1\boldsymbol{\alpha}_1+k_2\boldsymbol{\alpha}_2$ 是否为 μ 对应的特征向量？

A类题

1. 求下列矩阵的特征值和特征向量：

(1) $\begin{pmatrix}3&1\\5&-1\end{pmatrix}$； (2) $\begin{pmatrix}3&0&0\\-3&2&0\\2&0&-3\end{pmatrix}$； (3) $\begin{pmatrix}2&-1&2\\5&-3&3\\-1&0&-2\end{pmatrix}$；

(4) $\begin{pmatrix}1&2&3\\2&1&3\\3&3&6\end{pmatrix}$； (5) $\begin{pmatrix}3&-2&-4\\-2&6&-2\\-4&-2&3\end{pmatrix}$； (6) $\begin{pmatrix}-1&1&0\\-4&3&0\\1&0&2\end{pmatrix}$；

(7) $\begin{pmatrix}4&6&0\\-3&-5&0\\-3&-6&1\end{pmatrix}$； (8) $\begin{pmatrix}0&0&0&1\\0&0&1&0\\0&1&0&0\\1&0&0&0\end{pmatrix}$。

2. 已知1是矩阵$\boldsymbol{A}$的一个特征值，其中$\boldsymbol{A}=\begin{pmatrix}1&1&1\\1&3&a\\1&a&1\end{pmatrix}$，求$a$的值。

3. 若数λ是方阵$\boldsymbol{A}$的一个特征值，证明：数$k\lambda$是$k\boldsymbol{A}$的特征值。

4. 证明：上三角形矩阵的特征值是其主对角线上的元素；下三角形矩阵的特征值是其主对角线上的元素。

5. 已知矩阵$\boldsymbol{A}$只有两个线性无关的特征向量，其中$\boldsymbol{A}=\begin{pmatrix}2&0&3\\3&3&a\\0&0&3\end{pmatrix}$，求$a$的值。

6. 已知$\boldsymbol{A}=\begin{pmatrix}3&2&2\\2&3&2\\2&2&3\end{pmatrix}$，求$\boldsymbol{A}$的伴随矩阵$\boldsymbol{A}^*$的特征值。

7. 已知三阶方阵$\boldsymbol{A}=\begin{pmatrix}a&1&b\\1&2&4\\-1&1&-1\end{pmatrix}$的迹为3，行列式的值为$-24$，求$a,b$的值。

8. 设$\boldsymbol{A}$为n阶方阵。若$\boldsymbol{A}$满足条件$\boldsymbol{A}^2=\boldsymbol{A}$，证明：

(1) $\boldsymbol{A}$的特征值只可能是0或1；(2) $\boldsymbol{A}-3\boldsymbol{E}$可逆。

9. 设$\boldsymbol{A}$为n阶方阵，且$|\boldsymbol{A}-\boldsymbol{A}^2|=0$，证明：0与1至少有一个是$\boldsymbol{A}$的特征值。

10. 设$\boldsymbol{A}$和$\boldsymbol{B}$都是n阶方阵，$2n$阶分块对角阵$\boldsymbol{C}=\begin{pmatrix}\boldsymbol{A}&\boldsymbol{0}\\\boldsymbol{0}&\boldsymbol{B}\end{pmatrix}$的特征值与$\boldsymbol{A}$和$\boldsymbol{B}$的特征值有什么关系？

B类题

1. 设n阶方阵$\boldsymbol{A}$满足$\boldsymbol{A}^2-3\boldsymbol{A}+2\boldsymbol{E}=\boldsymbol{0}$，求$\boldsymbol{A}$的特征值。

2. 设三阶奇异矩阵$\boldsymbol{A}$的特征值分别为1和2，$\boldsymbol{B}=\boldsymbol{A}^2-2\boldsymbol{A}+3\boldsymbol{E}$。求$|\boldsymbol{B}|$。

3. 设$\boldsymbol{A}$和$\boldsymbol{B}$是n阶方阵，$\boldsymbol{B}$的特征多项式为$f(\lambda)$。证明：$f(\boldsymbol{A})$可逆的充要条件是$\boldsymbol{B}$的任一特征值都不是$\boldsymbol{A}$的特征值。

4. 设$\boldsymbol{A}$为n阶方阵。若存在正整数m，使得$\boldsymbol{A}^m=\boldsymbol{0}$，则称$\boldsymbol{A}$为幂零矩阵。证明：幂零矩阵的特征值全为零。

5. 证明：一非零向量$\boldsymbol{x}$不可能是矩阵$\boldsymbol{A}$的属于不同特征值的特征向量。

6. 设$\boldsymbol{A}$为n阶方阵。若$\boldsymbol{A}$的任一行中n个元素之和皆为a，证明：a是$\boldsymbol{A}$的特征值，并且n维向量$\boldsymbol{\alpha}=(1,1,\cdots,1)^{\mathrm{T}}$是$\boldsymbol{A}$的属于特征值$a$的特征向量。

7. 设$\boldsymbol{A}$为n阶方阵。证明：存在正数T，当$t>T$时，$\boldsymbol{A}+t\boldsymbol{E}$可逆。

5.2 方阵的相似矩阵及对角化 *Similar matrices and diagonalization of square matrices*

定义 5.3 设$\boldsymbol{A}$与$\boldsymbol{B}$是n阶方阵。如果存在可逆矩阵$\boldsymbol{P}$，使$\boldsymbol{B}=\boldsymbol{P}^{-1}\boldsymbol{A}\boldsymbol{P}$，则称$\boldsymbol{A}$与$\boldsymbol{B}$

Definition 5.3 Let $\boldsymbol{A}$ and $\boldsymbol{B}$ be square matrices of order n. If there exists an

相似。

invertible matrix P such that $B=P^{-1}AP$, then A is said to be **similar** to B.

根据相似矩阵的定义，容易验证如下两个常用运算表达式成立：

(1) $P^{-1}ABP=(P^{-1}AP)(P^{-1}BP)$；

(2) $P^{-1}(kA+lB)P=kP^{-1}AP+lP^{-1}BP$，其中 k,l 为任意实数。

事实上，方阵的相似关系是同阶矩阵之间的一种等价关系，即方阵的相似关系具有反身性、对称性和传递性。此外，相似矩阵还有下列简单性质。

性质 1 若 A 与 B 相似，则 A 与 B 的行列式相等，即 $|A|=|B|$。

Property 1 If A is similar to B, then the determinants of A and B are equal, i. e., $|A|=|B|$.

事实上，根据定义 5.3，有

$$|B|=|P^{-1}||A||P|=|A||P^{-1}||P|=|A||E|=|A|。$$

性质 2 若 A 与 B 相似，则 A 与 B 有相同的特征多项式，从而 A 与 B 有相同的特征值。

Property 2 If A is similar to B, then A and B have the same eigenpolynomial, that is to say, A and B have the same eigenvalues.

证 根据定义 5.2 和定义 5.3，利用矩阵的乘法，不难得到

$$|\lambda E-B|=|\lambda E-P^{-1}AP|=|P^{-1}(\lambda E-A)P|=|\lambda E-A|,$$

所以 A 与 B 有相同的特征值。 证毕

性质 3 若 A 与 B 相似，则 A 与 B 有相同的迹，即 $\operatorname{tr}(A)=\operatorname{tr}(B)$。

Property 3 If A is similar to B, then A and B have the same trace, i. e., $\operatorname{tr}(A)=\operatorname{tr}(B)$.

性质 4 若 A 与对角矩阵相似，则对角矩阵的主对角线上的元素是 A 的特征值，也就是说，若 A 与 $\operatorname{diag}(\lambda_1,\lambda_2,\cdots,\lambda_n)$ 相似，则 $\lambda_1,\lambda_2,\cdots,\lambda_n$ 是 A 的特征值。

Property 4 If A is similar to a diagonal matrix, then the components on the diagonal of the diagonal matrix are the eigenvalues of A, in other words, if A is similar to $\operatorname{diag}(\lambda_1,\lambda_2,\cdots,\lambda_n)$, then $\lambda_1,\lambda_2,\cdots,\lambda_n$ are the eigenvalues of A.

性质 3 和性质 4 由性质 2 即可证得。

需要特别注意的是，有相同特征多项式的两个矩阵不一定相似。例如

$$A=\begin{pmatrix}1&0\\0&1\end{pmatrix} \quad 和 \quad B=\begin{pmatrix}1&0\\1&1\end{pmatrix}。$$

现在的问题是，给定的方阵 A 什么条件下与一个对角矩阵相似？若 A 相似于对角矩阵，则称 A 为**可对角化矩阵**(**diagonalizable matrix**)。

定理 5.5 令 A 为 n 阶方阵。A 与对角矩阵 $D=\operatorname{diag}(\lambda_1,\lambda_2,\cdots,\lambda_n)$ 相似的充分必要条件是：A 有 n 个线性无关的特征向量。

Theorem 5.5 Let A be a square matrix of order n. A is similar to a diagonal matrix $D=\operatorname{diag}(\lambda_1,\lambda_2,\cdots,\lambda_n)$ if and only if A has n linearly independent eigenvectors.

证 必要性 若 $A\sim\operatorname{diag}(\lambda_1,\lambda_2,\cdots,\lambda_n)$，则存在可逆矩阵 P，使得

$$P^{-1}AP=\operatorname{diag}(\lambda_1,\lambda_2,\cdots,\lambda_n)。$$

将 P 按列分块，即 $P=(\alpha_1,\alpha_2,\cdots,\alpha_n)$，于是有

$$\boldsymbol{A}(\boldsymbol{\alpha}_1,\boldsymbol{\alpha}_2,\cdots,\boldsymbol{\alpha}_n)=(\boldsymbol{\alpha}_1,\boldsymbol{\alpha}_2,\cdots,\boldsymbol{\alpha}_n)\begin{pmatrix}\lambda_1 & & & \\ & \lambda_2 & & \\ & & \ddots & \\ & & & \lambda_n\end{pmatrix}。$$

由分块矩阵的乘法可得

$$(\boldsymbol{A\alpha}_1,\boldsymbol{A\alpha}_2,\cdots,\boldsymbol{A\alpha}_n)=(\lambda_1\boldsymbol{\alpha}_1,\lambda_2\boldsymbol{\alpha}_2,\cdots,\lambda_n\boldsymbol{\alpha}_n),$$

所以

$$\boldsymbol{A\alpha}_i=\lambda_i\boldsymbol{\alpha}_i,\quad i=1,2,\cdots,n。$$

故$\boldsymbol{\alpha}_1,\boldsymbol{\alpha}_2,\cdots,\boldsymbol{\alpha}_n$ 分别是 $\boldsymbol{A}$ 的属于特征值 $\lambda_1,\lambda_2,\cdots,\lambda_n$ 的特征向量。因为矩阵 $\boldsymbol{P}$ 是可逆的，所以列向量组$\boldsymbol{\alpha}_1,\boldsymbol{\alpha}_2,\cdots,\boldsymbol{\alpha}_n$ 线性无关，即 $\boldsymbol{A}$ 有 n 个线性无关的特征向量。

充分性 设$\boldsymbol{\alpha}_1,\boldsymbol{\alpha}_2,\cdots,\boldsymbol{\alpha}_n$ 分别是 $\boldsymbol{A}$ 的属于特征值 $\lambda_1,\lambda_2,\cdots,\lambda_n$ 的特征向量，即 $\boldsymbol{A\alpha}_i=\lambda_i\boldsymbol{\alpha}_i(i=1,2,\cdots,n)$。因为$\boldsymbol{\alpha}_1,\boldsymbol{\alpha}_2,\cdots,\boldsymbol{\alpha}_n$ 线性无关，所以矩阵 $\boldsymbol{P}=(\boldsymbol{\alpha}_1,\boldsymbol{\alpha}_2,\cdots,\boldsymbol{\alpha}_n)$是可逆的。进而得到

$$\begin{aligned}\boldsymbol{AP}&=\boldsymbol{A}(\boldsymbol{\alpha}_1,\boldsymbol{\alpha}_2,\cdots,\boldsymbol{\alpha}_n)=(\boldsymbol{A\alpha}_1,\boldsymbol{A\alpha}_2,\cdots,\boldsymbol{A\alpha}_n)=(\lambda_1\boldsymbol{\alpha}_1,\lambda_2\boldsymbol{\alpha}_2,\cdots,\lambda_n\boldsymbol{\alpha}_n)\\&=(\boldsymbol{\alpha}_1,\boldsymbol{\alpha}_2,\cdots,\boldsymbol{\alpha}_n)\begin{pmatrix}\lambda_1 & & & \\ & \lambda_2 & & \\ & & \ddots & \\ & & & \lambda_n\end{pmatrix}=\boldsymbol{P}\begin{pmatrix}\lambda_1 & & & \\ & \lambda_2 & & \\ & & \ddots & \\ & & & \lambda_n\end{pmatrix}。\end{aligned}$$

因此

$$\boldsymbol{P}^{-1}\boldsymbol{AP}=\mathrm{diag}(\lambda_1,\lambda_2,\cdots,\lambda_n),$$

即矩阵 $\boldsymbol{A}$ 与对角矩阵 $\boldsymbol{D}=\mathrm{diag}(\lambda_1,\lambda_2,\cdots,\lambda_n)$相似。 证毕

注意到，属于不同特征值的特征向量是线性无关的，所以 n 阶方阵 $\boldsymbol{A}$ 如果没有重特征值，即 $\boldsymbol{A}$ 的特征值都是单的，那么 $\boldsymbol{A}$ 一定有 n 个线性无关的特征向量，因此它一定相似于对角矩阵。

推论 令 $\boldsymbol{A}$ 为 n 阶方阵。若 $\boldsymbol{A}$ 有 n 个不同的特征值，则它一定相似于对角矩阵。

Corollary Let $\boldsymbol{A}$ be a square matrix of order n。If $\boldsymbol{A}$ has n distinct eigenvalues, then it must be similar to a diagonal matrix.

评注 此推论中的条件是方阵可对角化的充分条件而不是必要条件。

定理 5.6 令 $\boldsymbol{A}$ 为 n 阶方阵。$\boldsymbol{A}$ 与对角矩阵相似的充分必要条件是：对每一个 n_i 重特征值 λ_i，都有 $\mathrm{R}(\lambda_i\boldsymbol{E}-\boldsymbol{A})=n-n_i$，即线性方程组$(\lambda_i\boldsymbol{E}-\boldsymbol{A})\boldsymbol{x}=\boldsymbol{0}$ 的基础解系所含向量的个数等于特征值 λ_i 的重数。

Theorem 5.6 Let $\boldsymbol{A}$ be a square matrix of order n. $\boldsymbol{A}$ is similar to a diagonal matrix if and only if $\mathrm{R}(\lambda_i\boldsymbol{E}-\boldsymbol{A})=n-n_i$ for any eigenvalue λ_i of multiplicity n_i, that is, the number of the vectors contained in the system of fundamental solutions of $(\lambda_i\boldsymbol{E}-\boldsymbol{A})\boldsymbol{x}=\boldsymbol{0}$ is equal to the multiplicity of the eigenvalue λ_i.

定理 5.6 的证明可参考定理 5.4 和定理 5.5。

关于定理 5.6 的几点说明。

(1) 如果 λ_i 是矩阵 $\boldsymbol{A}$ 的 n_i 重特征值，则称 n_i 是特征值 λ_i 的**代数重数**；对应于 λ_i 的线性方程组$(\lambda_i\boldsymbol{E}-\boldsymbol{A})\boldsymbol{x}=\boldsymbol{0}$ 的基础解系所含向量的个数称为 λ_i 的

几何重数。因此定理5.6也可以叙述为：方阵$\boldsymbol{A}$可对角化的充分必要条件是：$\boldsymbol{A}$的每个特征值的代数重数等于对应的几何重数。

(2) 在例5.4(1)中，矩阵$\boldsymbol{A}=\begin{pmatrix}1&-1&0\\4&-3&0\\1&0&3\end{pmatrix}$的特征值为$\lambda_1=3,\lambda_2=\lambda_3=-1$。显然，$-1$是$\boldsymbol{A}$的2重特征值。因为$\mathrm{R}(-\boldsymbol{E}-\boldsymbol{A})=2$，$n-\mathrm{R}(-\boldsymbol{E}-\boldsymbol{A})=3-2=1$，即线性方程组$(-\boldsymbol{E}-\boldsymbol{A})\boldsymbol{x}=\boldsymbol{0}$的基础解系仅含一个向量。易见，特征值$-1$的代数重数为2，而几何重数为1，不满足定理5.6的条件，所以矩阵$\boldsymbol{A}$不能对角化。

(3) 在例5.4(2)中，矩阵$\boldsymbol{A}=\begin{pmatrix}1&-1&1\\1&3&-1\\1&1&1\end{pmatrix}$的特征值为$\lambda_1=1,\lambda_2=\lambda_3=2$。显然，2是$\boldsymbol{A}$的2重特征值。因为$\mathrm{R}(2\boldsymbol{E}-\boldsymbol{A})=1$，$n-\mathrm{R}(2\boldsymbol{E}-\boldsymbol{A})=3-1=2$，即线性方程组$(2\boldsymbol{E}-\boldsymbol{A})\boldsymbol{x}=\boldsymbol{0}$的基础解系含两个向量。易见，特征值2的代数重数为2，几何重数也为2，满足定理5.6的条件，所以$\boldsymbol{A}$可对角化。

下面介绍如何将方阵$\boldsymbol{A}$对角化的方法。

第一步 求出$\boldsymbol{A}$的所有的特征值$\lambda_1,\lambda_2,\cdots,\lambda_s(s\leqslant n)$；

第二步 求出特征值$\lambda_i(i=1,2,\cdots,s)$对应的线性方程组$(\lambda_i\boldsymbol{E}-\boldsymbol{A})\boldsymbol{x}=\boldsymbol{0}$的基础解系，即特征值$\lambda_1,\lambda_2,\cdots,\lambda_s$所对应的线性无关的特征向量。设它们依次为

$$\boldsymbol{\alpha}_1,\boldsymbol{\alpha}_2,\cdots,\boldsymbol{\alpha}_{t_1},\quad \boldsymbol{\beta}_1,\boldsymbol{\beta}_2,\cdots,\boldsymbol{\beta}_{t_2},\quad \cdots,\quad \boldsymbol{\gamma}_1,\boldsymbol{\gamma}_2,\cdots,\boldsymbol{\gamma}_{t_s},$$

其中$t_1+t_2+\cdots+t_s\leqslant n$。若$t_1+t_2+\cdots+t_s=n$，由定理5.6知，矩阵$\boldsymbol{A}$可对角化；若$t_1+t_2+\cdots+t_s<n$，则$\boldsymbol{A}$不能对角化。

第三步 若矩阵$\boldsymbol{A}$可对角化，令

$$\boldsymbol{P}=(\boldsymbol{\alpha}_1,\boldsymbol{\alpha}_2,\cdots,\boldsymbol{\alpha}_{t_1},\boldsymbol{\beta}_1,\boldsymbol{\beta}_2,\cdots,\boldsymbol{\beta}_{t_2},\cdots,\boldsymbol{\gamma}_1,\boldsymbol{\gamma}_2,\cdots,\boldsymbol{\gamma}_{t_s}),$$

则

$$\boldsymbol{P}^{-1}\boldsymbol{A}\boldsymbol{P}=\boldsymbol{\Lambda},$$

其中$\boldsymbol{\Lambda}$是对角矩阵，且$\boldsymbol{\Lambda}$的主对角线上的元素为$\boldsymbol{A}$的特征值，它们依次对应于线性无关的特征向量$\boldsymbol{\alpha}_1,\boldsymbol{\alpha}_2,\cdots,\boldsymbol{\alpha}_{t_1},\boldsymbol{\beta}_1,\boldsymbol{\beta}_2,\cdots,\boldsymbol{\beta}_{t_2},\cdots,\boldsymbol{\gamma}_1,\boldsymbol{\gamma}_2,\cdots,\boldsymbol{\gamma}_{t_s}$。

例5.8 对于如下给定的矩阵：

(1) $\boldsymbol{A}=\begin{pmatrix}0&2&-2\\2&4&4\\-2&4&-3\end{pmatrix}$； (2) $\boldsymbol{A}=\begin{pmatrix}-3&1&2\\2&-2&4\\3&3&2\end{pmatrix}$，

判断矩阵$\boldsymbol{A}$是否可对角化？若可对角化，试求出可逆矩阵$\boldsymbol{P}$，使得$\boldsymbol{P}^{-1}\boldsymbol{A}\boldsymbol{P}$为对角矩阵。

分析 先求出矩阵$\boldsymbol{A}$的特征值和对应的特征向量；然后根据定理5.6判断$\boldsymbol{A}$是否可对角化；若可对角化，矩阵$\boldsymbol{P}$的列取为对应的特征向量即可。

解 (1) 矩阵$\boldsymbol{A}$的特征方程为

$$|\lambda\boldsymbol{E}-\boldsymbol{A}|=\begin{vmatrix}\lambda&-2&2\\-2&\lambda-4&-4\\2&-4&\lambda+3\end{vmatrix}=(\lambda-1)(\lambda-6)(\lambda+6)=0。$$

易见，$\boldsymbol{A}$ 的特征值为 $\lambda_1=1,\lambda_2=6,\lambda_3=-6$。

对于 $\lambda_1=1$，解如下的线性方程组

$$(\lambda_1\boldsymbol{E}-\boldsymbol{A})\boldsymbol{x}=(\boldsymbol{E}-\boldsymbol{A})\boldsymbol{x}=\begin{pmatrix}1&-2&2\\-2&-3&-4\\2&-4&4\end{pmatrix}\begin{pmatrix}x_1\\x_2\\x_3\end{pmatrix}=\begin{pmatrix}0\\0\\0\end{pmatrix}。$$

不难求得

$$\begin{pmatrix}1&-2&2\\-2&-3&-4\\2&-4&4\end{pmatrix}\rightarrow\begin{pmatrix}1&-2&2\\0&-7&0\\0&0&0\end{pmatrix}\rightarrow\begin{pmatrix}1&0&2\\0&1&0\\0&0&0\end{pmatrix}。$$

于是，此线性方程组的基础解系为

$$\boldsymbol{\alpha}_1=\begin{pmatrix}-2\\0\\1\end{pmatrix}。$$

对于 $\lambda_2=6$，解如下的线性方程组

$$(\lambda_2\boldsymbol{E}-\boldsymbol{A})\boldsymbol{x}=(6\boldsymbol{E}-\boldsymbol{A})\boldsymbol{x}=\begin{pmatrix}6&-2&2\\-2&2&-4\\2&-4&9\end{pmatrix}\begin{pmatrix}x_1\\x_2\\x_3\end{pmatrix}=\begin{pmatrix}0\\0\\0\end{pmatrix}。$$

不难求得

$$\begin{pmatrix}6&-2&2\\-2&2&-4\\2&-4&9\end{pmatrix}\rightarrow\begin{pmatrix}1&-1&2\\0&4&-10\\0&0&0\end{pmatrix}\rightarrow\begin{pmatrix}1&0&-1/2\\0&1&-5/2\\0&0&0\end{pmatrix}。$$

于是，此线性方程组的基础解系为

$$\boldsymbol{\alpha}_2=\begin{pmatrix}1\\5\\2\end{pmatrix}。$$

对于 $\lambda_3=-6$，解如下的线性方程组

$$(\lambda_3\boldsymbol{E}-\boldsymbol{A})\boldsymbol{x}=(-6\boldsymbol{E}-\boldsymbol{A})\boldsymbol{x}=\begin{pmatrix}-6&-2&2\\-2&-10&-4\\2&-4&-3\end{pmatrix}\begin{pmatrix}x_1\\x_2\\x_3\end{pmatrix}=\begin{pmatrix}0\\0\\0\end{pmatrix}。$$

不难求得

$$\begin{pmatrix}-6&-2&2\\-2&-10&-4\\2&-4&-3\end{pmatrix}\rightarrow\begin{pmatrix}1&5&2\\0&-14&-7\\0&0&0\end{pmatrix}\rightarrow\begin{pmatrix}1&0&-1/2\\0&1&1/2\\0&0&0\end{pmatrix}。$$

于是，此线性方程组的基础解系为

$$\boldsymbol{\alpha}_3=\begin{pmatrix}1\\-1\\2\end{pmatrix}。$$

因此，三阶矩阵 $\boldsymbol{A}$ 有 3 个线性无关的特征向量 $\boldsymbol{\alpha}_1,\boldsymbol{\alpha}_2,\boldsymbol{\alpha}_3$，故 $\boldsymbol{A}$ 可对角化。令

$$P=(\boldsymbol{\alpha}_1,\boldsymbol{\alpha}_2,\boldsymbol{\alpha}_3)=\begin{pmatrix}-2&1&1\\0&5&-1\\1&2&2\end{pmatrix},$$

则有

$$P^{-1}AP=\begin{pmatrix}1&0&0\\0&6&0\\0&0&-6\end{pmatrix}。$$

(2) 矩阵 A 的特征方程为

$$|\lambda E-A|=\begin{vmatrix}\lambda+3&-1&-2\\-2&\lambda+2&-4\\-3&-3&\lambda-2\end{vmatrix}=(\lambda+4)^2(\lambda-5)=0。$$

易见,A 的特征值为 $\lambda_1=5,\lambda_2=\lambda_3=-4$。

对于 $\lambda_1=5$,解如下的线性方程组

$$(\lambda_1E-A)x=(5E-A)x=\begin{pmatrix}8&-1&-2\\-2&7&-4\\-3&-3&3\end{pmatrix}\begin{pmatrix}x_1\\x_2\\x_3\end{pmatrix}=\begin{pmatrix}0\\0\\0\end{pmatrix}。$$

不难求得

$$\begin{pmatrix}8&-1&-2\\-2&7&-4\\-3&-3&3\end{pmatrix}\to\begin{pmatrix}1&1&-1\\8&-1&-2\\0&0&0\end{pmatrix}\to\begin{pmatrix}1&1&-1\\0&1&-2/3\\0&0&0\end{pmatrix}\to\begin{pmatrix}1&0&-1/3\\0&1&-2/3\\0&0&0\end{pmatrix}。$$

于是,此线性方程组的基础解系为

$$\boldsymbol{\alpha}_1=\begin{pmatrix}1\\2\\3\end{pmatrix}。$$

对于 $\lambda_2=\lambda_3=-4$,解如下的线性方程组

$$(\lambda_2E-A)x=(-4E-A)x=\begin{pmatrix}-1&-1&-2\\-2&-2&-4\\-3&-3&-6\end{pmatrix}\begin{pmatrix}x_1\\x_2\\x_3\end{pmatrix}=\begin{pmatrix}0\\0\\0\end{pmatrix}。$$

不难求得

$$\begin{pmatrix}-1&-1&-2\\-2&-2&-4\\-3&-3&-6\end{pmatrix}\to\begin{pmatrix}1&1&2\\0&0&0\\0&0&0\end{pmatrix}。$$

于是,此线性方程组的基础解系为

$$\boldsymbol{\alpha}_2=\begin{pmatrix}-1\\1\\0\end{pmatrix},\quad \boldsymbol{\alpha}_3=\begin{pmatrix}-2\\0\\1\end{pmatrix}。$$

因此,三阶矩阵 A 有 3 个线性无关的特征向量 $\boldsymbol{\alpha}_1,\boldsymbol{\alpha}_2,\boldsymbol{\alpha}_3$,故 A 可对角化。令

$$P=(\boldsymbol{\alpha}_1,\boldsymbol{\alpha}_2,\boldsymbol{\alpha}_3)=\begin{pmatrix}1&-1&-2\\2&1&0\\3&0&1\end{pmatrix},$$

则有

$$P^{-1}AP=\begin{pmatrix}5&0&0\\0&-4&0\\0&0&-4\end{pmatrix}。$$

例 5.9 已知

$$A=\begin{pmatrix}3&-1&0\\-1&3&0\\1&0&3\end{pmatrix},$$

求 A^n。

分析 若矩阵 A 与对角矩阵相似，即 $A=P\Lambda P^{-1}$，则有

$$A^n=(P\Lambda P^{-1})(P\Lambda P^{-1})\cdots(P\Lambda P^{-1})=P\Lambda^n P^{-1}。$$

因此，若要计算 A^n，可以先将其对角化，然后再进行相应的计算。

解 由于

$$|\lambda E-A|=\begin{vmatrix}\lambda-3&1&0\\1&\lambda-3&0\\-1&0&\lambda-3\end{vmatrix}=(\lambda-2)(\lambda-3)(\lambda-4)=0,$$

所以 A 的特征值为 $\lambda_1=2,\lambda_2=3,\lambda_3=4$。

对于 $\lambda_1=2$，由 $(2E-A)x=0$ 解得对应的特征向量为

$$\alpha_1=\begin{pmatrix}-1\\-1\\1\end{pmatrix}。$$

对于 $\lambda_2=3$，由 $(3E-A)x=0$ 解得对应的特征向量为

$$\alpha_2=\begin{pmatrix}0\\0\\1\end{pmatrix}。$$

对于 $\lambda_3=4$，由 $(4E-A)x=0$ 解得对应的特征向量为

$$\alpha_3=\begin{pmatrix}1\\-1\\1\end{pmatrix}。$$

令

$$P=(\alpha_1,\alpha_2,\alpha_3)=\begin{pmatrix}-1&0&1\\-1&0&-1\\1&1&1\end{pmatrix},\quad 则\ P^{-1}=-\frac{1}{2}\begin{pmatrix}1&1&0\\0&-2&-2\\-1&1&0\end{pmatrix}。$$

根据定理 5.5 的推论可知

$$P^{-1}AP=\Lambda=\begin{pmatrix}2&0&0\\0&3&0\\0&0&4\end{pmatrix}。$$

于是 $A=P\Lambda P^{-1}$，进而

$$A^n = P\Lambda^n P^{-1} = -\frac{1}{2}\begin{pmatrix} -1 & 0 & 1 \\ -1 & 0 & -1 \\ 1 & 1 & 1 \end{pmatrix}\begin{pmatrix} 2 & 0 & 0 \\ 0 & 3 & 0 \\ 0 & 0 & 4 \end{pmatrix}^n\begin{pmatrix} 1 & 1 & 0 \\ 0 & -2 & -2 \\ -1 & 1 & 0 \end{pmatrix}$$

$$= \frac{1}{2}\begin{pmatrix} 2^n + 4^n & 2^n - 4^n & 0 \\ 2^n - 4^n & 2^n + 4^n & 0 \\ -2^n + 4^n & 2 \times 3^n - 2^n - 4^n & 2 \times 3^n \end{pmatrix}。$$

例 5.10 已知 $\boldsymbol{A}$ 与 $\boldsymbol{B}$ 相似，其中

$$\boldsymbol{A} = \begin{pmatrix} 2 & 0 & 0 \\ 0 & a & 2 \\ 0 & 2 & 3 \end{pmatrix}, \quad \boldsymbol{B} = \begin{pmatrix} 2 & 0 & 0 \\ 0 & 1 & 0 \\ 0 & 0 & b \end{pmatrix}。$$

求 a,b 的值及矩阵 $\boldsymbol{P}$，使得 $\boldsymbol{P}^{-1}\boldsymbol{AP}=\boldsymbol{B}$。

分析 由相似矩阵有相同的迹和行列式，可得到关于 a,b 的两个方程，从而求出 a,b 的值；因为 $\boldsymbol{B}$ 为对角矩阵，所以 $\boldsymbol{P}$ 由 $\boldsymbol{A}$ 的特征向量构成。

解 因为 $\boldsymbol{A}$ 与 $\boldsymbol{B}$ 相似，由相似矩阵的性质 1 和性质 3，有 $\mathrm{tr}(\boldsymbol{A})=\mathrm{tr}(\boldsymbol{B})$ 和 $|\boldsymbol{A}|=|\boldsymbol{B}|$。于是

$$\begin{cases} 2 + a + 3 = 2 + 1 + b, \\ 2(3a - 4) = 2b。 \end{cases}$$

解之得，$a=3,b=5$。

易见，$\boldsymbol{A}$ 的三个特征值为 $\lambda_1=2,\lambda_2=1,\lambda_3=5$，解得对应的特征向量分别为

$$\boldsymbol{\alpha}_1 = \begin{pmatrix} 1 \\ 0 \\ 0 \end{pmatrix}, \quad \boldsymbol{\alpha}_2 = \begin{pmatrix} 0 \\ -1 \\ 1 \end{pmatrix}, \quad \boldsymbol{\alpha}_3 = \begin{pmatrix} 0 \\ 1 \\ 1 \end{pmatrix}。$$

令

$$\boldsymbol{P} = (\boldsymbol{\alpha}_1, \boldsymbol{\alpha}_2, \boldsymbol{\alpha}_3) = \begin{pmatrix} 1 & 0 & 0 \\ 0 & -1 & 1 \\ 0 & 1 & 1 \end{pmatrix},$$

则必有 $\boldsymbol{P}^{-1}\boldsymbol{AP}=\boldsymbol{B}$。

习题 5.2

思考题

1. 设 $\boldsymbol{A}$ 为 n 阶方阵。如果存在可逆阵 $\boldsymbol{P}$，使得 $\boldsymbol{P}^{-1}\boldsymbol{AP}=\mathrm{diag}(\lambda_1,\lambda_2,\cdots,\lambda_n)$，那么矩阵 $\boldsymbol{P}$ 是唯一的。这种说法是否正确，并说明理由。

2. 举例说明特征值完全相同的两个矩阵不一定相似。

3. 方阵 $\boldsymbol{A}$ 的秩等于其非零特征值的个数，这个说法是否正确？若不正确，需要加上什么条件？

A类题

1. 判断下列矩阵是否可对角化：

(1) $\begin{pmatrix} 2 & -1 & 2 \\ 5 & -3 & 3 \\ -1 & 0 & -2 \end{pmatrix}$；　　(2) $\begin{pmatrix} 1 & 2 & 3 \\ 2 & 1 & 3 \\ 3 & 3 & 6 \end{pmatrix}$；

(3) $\begin{pmatrix} 3 & -2 & -4 \\ -2 & 6 & -2 \\ -4 & -2 & 3 \end{pmatrix}$；　　(4) $\begin{pmatrix} 0 & 0 & 0 & 1 \\ 0 & 0 & 1 & 0 \\ 0 & 1 & 0 & 0 \\ 1 & 0 & 0 & 0 \end{pmatrix}$。

2. 已知

$$\boldsymbol{A}=\begin{pmatrix} 3 & 1 & 1 \\ 1 & 2 & 0 \\ 1 & 0 & 2 \end{pmatrix},$$

解答下列问题：

(1) 求 $\boldsymbol{A}$ 的特征值与特征向量；

(2) 判断 $\boldsymbol{A}$ 能否对角化。若能对角化，则求出可逆矩阵 $\boldsymbol{P}$，将 $\boldsymbol{A}$ 对角化。

3. 令 $\boldsymbol{A}$ 为三阶方阵。已知 $\boldsymbol{A}$ 的特征值分别为 $1,-1,2$，且 $\boldsymbol{B}=\boldsymbol{A}^3-5\boldsymbol{A}^2$。解答下列问题：

(1) 求 $\boldsymbol{B}$ 的特征值及与其相似的对角阵；

(2) 求行列式 $|\boldsymbol{B}|$ 和 $|\boldsymbol{A}-5\boldsymbol{E}|$。

4. 已知

$$\boldsymbol{A}=\begin{pmatrix} -2 & 0 & 0 \\ 2 & a & 2 \\ 3 & 1 & 1 \end{pmatrix},\quad \boldsymbol{B}=\begin{pmatrix} -1 & 0 & 0 \\ 0 & 2 & 0 \\ 0 & 0 & b \end{pmatrix}。$$

若 $\boldsymbol{A}$ 与 $\boldsymbol{B}$ 相似，求 a,b 的值及矩阵 $\boldsymbol{P}$，使得 $\boldsymbol{P}^{-1}\boldsymbol{A}\boldsymbol{P}=\boldsymbol{B}$。

5. 求 $\boldsymbol{A}^{100}$。其中

(1) $\boldsymbol{A}=\begin{pmatrix} 1 & 1 & -1 \\ 0 & 0 & 1 \\ 0 & -2 & 3 \end{pmatrix}$；　　(2) $\boldsymbol{A}=\begin{pmatrix} 2 & 1 & 1 \\ 1 & 2 & 1 \\ 1 & 1 & 2 \end{pmatrix}$。

6. 设三阶方阵 $\boldsymbol{A}$ 的特征值分别为 $2,2,-1$，对应的特征向量依次为

$$\boldsymbol{\alpha}_1=\begin{pmatrix} 1 \\ 4 \\ 0 \end{pmatrix},\quad \boldsymbol{\alpha}_2=\begin{pmatrix} 0 \\ -1 \\ 1 \end{pmatrix},\quad \boldsymbol{\alpha}_3=\begin{pmatrix} 1 \\ 0 \\ 1 \end{pmatrix}。$$

求 $\boldsymbol{A}$。

7. 证明：若方阵 $\boldsymbol{A}$ 与 $\boldsymbol{B}$ 相似，则 $\boldsymbol{A}^{\mathrm{T}}$ 与 $\boldsymbol{B}^{\mathrm{T}}$ 相似。

8. 设 $\boldsymbol{A}$ 与 $\boldsymbol{B}$ 均为 n 阶矩阵，且 $\boldsymbol{A}$ 可逆。证明：$\boldsymbol{AB}$ 与 $\boldsymbol{BA}$ 相似。

9. 若存在可逆矩阵 $\boldsymbol{P}$ 使得 $\boldsymbol{P}^{-1}\boldsymbol{A}\boldsymbol{P}=\boldsymbol{C}$，$\boldsymbol{P}^{-1}\boldsymbol{B}\boldsymbol{P}=\boldsymbol{D}$，证明：

(1) 矩阵 $\boldsymbol{A}+\boldsymbol{B}$ 与 $\boldsymbol{C}+\boldsymbol{D}$ 相似；

(2) 矩阵 $\boldsymbol{AB}$ 与 $\boldsymbol{CD}$ 相似。

10. 设 n 阶方阵 $\boldsymbol{A}$、$\boldsymbol{B}$ 满足 $\boldsymbol{A}^2=\boldsymbol{E}$，且 $\boldsymbol{A}$ 与 $\boldsymbol{B}$ 相似。证明：$\boldsymbol{B}^2=\boldsymbol{E}$。

B类题

1. 设矩阵 $\boldsymbol{A}$ 有 3 个线性无关的特征向量，且 $\lambda=2$ 是 $\boldsymbol{A}$ 的 2 重特征值，其中

$$\boldsymbol{A}=\begin{pmatrix}1 & -1 & 1\\ x & 4 & y\\ -3 & -3 & 5\end{pmatrix}。$$

求可逆矩阵 $\boldsymbol{P}$，使 $\boldsymbol{P}^{-1}\boldsymbol{AP}$ 成为对角矩阵。

2. 若 $\boldsymbol{A}_1$ 与 $\boldsymbol{B}_1$ 相似，$\boldsymbol{A}_2$ 与 $\boldsymbol{B}_2$ 相似，证明：分块对角矩阵 $\begin{pmatrix}\boldsymbol{A}_1 & \boldsymbol{0}\\ \boldsymbol{0} & \boldsymbol{A}_2\end{pmatrix}$ 与 $\begin{pmatrix}\boldsymbol{B}_1 & \boldsymbol{0}\\ \boldsymbol{0} & \boldsymbol{B}_2\end{pmatrix}$ 相似。

3. 设三阶方阵 $\boldsymbol{A}$ 与三维列向量 $\boldsymbol{\alpha}$ 满足 $\boldsymbol{\alpha}$，$\boldsymbol{A\alpha}$，$\boldsymbol{A}^2\boldsymbol{\alpha}$ 线性无关，且 $\boldsymbol{A}^3\boldsymbol{\alpha}=3\boldsymbol{A\alpha}-2\boldsymbol{A}^2\boldsymbol{\alpha}$，求三阶可逆矩阵 $\boldsymbol{P}$ 及对角矩阵 $\boldsymbol{\Lambda}$，使得 $\boldsymbol{P}^{-1}\boldsymbol{AP}=\boldsymbol{\Lambda}$。

5.3 向量的内积 | *Inner product of vectors*

在空间解析几何中，三维向量的内积可以用于描述向量的度量性质，如长度、夹角等。由内积的定义 $\boldsymbol{x}\cdot\boldsymbol{y}=|\boldsymbol{x}||\boldsymbol{y}|\cos\theta$ 可得

$$|\boldsymbol{x}|=\sqrt{\boldsymbol{x}\cdot\boldsymbol{x}},\quad \cos\theta=\frac{\boldsymbol{x}\cdot\boldsymbol{y}}{|\boldsymbol{x}||\boldsymbol{y}|}。$$

内积的分量表示形式为

$$(x_1,x_2,x_3)\cdot(y_1,y_2,y_3)=x_1y_1+x_2y_2+x_3y_3。$$

上述三维向量的内积概念可以推广到 n 维向量。于是有下面的定义。

定义 5.4 给定两个 n 维实向量 | **Definition 5.4** For the two given n dimensional real vectors

$$\boldsymbol{x}=\begin{pmatrix}x_1\\ x_2\\ \vdots\\ x_n\end{pmatrix},\quad \boldsymbol{y}=\begin{pmatrix}y_1\\ y_2\\ \vdots\\ y_n\end{pmatrix},$$

表示式 | the expression

$$\langle\boldsymbol{x},\boldsymbol{y}\rangle=x_1y_1+x_2y_2+\cdots+x_ny_n \tag{5.13}$$

称为 $\boldsymbol{x}$ 与 $\boldsymbol{y}$ 的内积。 | is called the **inner product** of $\boldsymbol{x}$ and $\boldsymbol{y}$.

内积是向量的一种运算，用矩阵形式可表为 $\langle\boldsymbol{x},\boldsymbol{y}\rangle=\boldsymbol{x}^{\mathrm{T}}\boldsymbol{y}$。

例 5.11 计算 $\langle\boldsymbol{x},\boldsymbol{y}\rangle$，其中

(1) $\boldsymbol{x}=\begin{pmatrix}1\\ 2\\ -1\end{pmatrix}$，$\boldsymbol{y}=\begin{pmatrix}2\\ 0\\ 3\end{pmatrix}$；　(2) $\boldsymbol{x}=\begin{pmatrix}-2\\ 1\\ 0\\ 3\end{pmatrix}$，$\boldsymbol{y}=\begin{pmatrix}3\\ -6\\ 8\\ 4\end{pmatrix}$。

分析 按内积的定义 5.4 计算即可。

解 由式(5.13)可得：

(1) $\langle \boldsymbol{x},\boldsymbol{y}\rangle=1\times2+2\times0+(-1)\times3=-1$；

(2) $\langle \boldsymbol{x},\boldsymbol{y}\rangle=(-2)\times3+1\times(-6)+0\times8+3\times4=0$。

令 $\boldsymbol{x},\boldsymbol{y},\boldsymbol{z}$ 为 n 维实向量，λ 为实数，从内积的定义可立刻推得如下等式成立：

(1) $\langle \boldsymbol{x},\boldsymbol{y}\rangle=\langle \boldsymbol{y},\boldsymbol{x}\rangle$；

(2) $\langle \lambda\boldsymbol{x},\boldsymbol{y}\rangle=\lambda\langle \boldsymbol{x},\boldsymbol{y}\rangle$；

(3) $\langle \boldsymbol{x}+\boldsymbol{y},\boldsymbol{z}\rangle=\langle \boldsymbol{x},\boldsymbol{z}\rangle+\langle \boldsymbol{y},\boldsymbol{z}\rangle$。

与三维向量空间一样，可用内积的运算定义 n 维向量的长度和夹角。

定义 5.5 数

Definition 5.5 The number

$$\|\boldsymbol{x}\|=\sqrt{\langle \boldsymbol{x},\boldsymbol{x}\rangle}=\sqrt{x_1^2+x_2^2+\cdots+x_n^2} \tag{5.14}$$

称为向量 $\boldsymbol{x}$ 的**长度**(或**范数**)。当 $\|\boldsymbol{x}\|=1$ 时，称 $\boldsymbol{x}$ 为**单位向量**。

is called the **length** (or **norm**) of $\boldsymbol{x}$. The vector $\boldsymbol{x}$ satisfying $\|\boldsymbol{x}\|=1$ is called an **identity vector.**

由式(5.14)可推得以下基本性质。

性质 1 非负性 当 $\boldsymbol{x}\neq\boldsymbol{0}$ 时，$\|\boldsymbol{x}\|>0$。$\|\boldsymbol{x}\|=0$ 的充分必要条件为 $\boldsymbol{x}=\boldsymbol{0}$。

Property 1 Nonnegativity If $\boldsymbol{x}\neq\boldsymbol{0}$, then $\|\boldsymbol{x}\|>0$. $\|\boldsymbol{x}\|=0$ if and only if $\boldsymbol{x}=\boldsymbol{0}$.

性质 2 正齐次性

Property 2 Positive homogeneity

$$\|\lambda\boldsymbol{x}\|=|\lambda|\,\|\boldsymbol{x}\|,$$

其中 λ 为实数。

where λ is a real number.

性质 3 三角不等式

Property 3 Trigonometric inequality

$$\|\boldsymbol{x}+\boldsymbol{y}\|\leqslant\|\boldsymbol{x}\|+\|\boldsymbol{y}\|。$$

性质 4 柯西-施瓦茨不等式

Property 4 Cauchy-Schwartz inequality

$$\langle \boldsymbol{x},\boldsymbol{y}\rangle\leqslant\|\boldsymbol{x}\|\|\boldsymbol{y}\|。$$

由柯西-施瓦茨不等式可得

$$\left|\frac{\langle \boldsymbol{x},\boldsymbol{y}\rangle}{\|\boldsymbol{x}\|\|\boldsymbol{y}\|}\right|\leqslant1(\|\boldsymbol{x}\|\|\boldsymbol{y}\|\neq0)。$$

定义 5.6 若 $\|\boldsymbol{x}\|\neq0$，$\|\boldsymbol{y}\|\neq0$，表示式

Definition 5.6 If $\|\boldsymbol{x}\|\neq0$ and $\|\boldsymbol{y}\|\neq0$, the expression

$$\theta=\arccos\frac{\langle \boldsymbol{x},\boldsymbol{y}\rangle}{\|\boldsymbol{x}\|\|\boldsymbol{y}\|}$$

称为向量 $\boldsymbol{x}$ 与 $\boldsymbol{y}$ 的**夹角**。若 $\langle \boldsymbol{x},\boldsymbol{y}\rangle=0$，则称 $\boldsymbol{x}$ 与 $\boldsymbol{y}$ **正交**。

is called the included **angle** of the vectors $\boldsymbol{x}$ and $\boldsymbol{y}$. If $\langle \boldsymbol{x},\boldsymbol{y}\rangle=0$, it is called that the vectors $\boldsymbol{x}$ and $\boldsymbol{y}$ are **orthogonal.**

显然，n 维零向量与任意 n 维向量正交。

定义 5.7 对于给定的非零向量组 $\boldsymbol{\alpha}_1,\boldsymbol{\alpha}_2,\cdots,\boldsymbol{\alpha}_r$，若向量组中任意两个向量都正交，则称该向量组为**正交向量组**。

Definition 5.7 For the given nonzero vector set $\boldsymbol{\alpha}_1,\boldsymbol{\alpha}_2,\cdots,\boldsymbol{\alpha}_r$, if any two vectors in the vector set are orthogonal, the vector set is called an **orthogonal vector set.**

定理 5.7 若 n 维非零向量组 $\boldsymbol{\alpha}_1,\boldsymbol{\alpha}_2,\cdots,\boldsymbol{\alpha}_r$ 为正交向量组，则它一定是线性无关向量组。

Theorem 5.7 If the n dimensional nonzero vector set $\boldsymbol{\alpha}_1, \boldsymbol{\alpha}_2, \cdots, \boldsymbol{\alpha}_r$ is an orthogonal vector set, then it must be a linearly independent set.

证 设有 $\lambda_1,\lambda_2,\cdots,\lambda_r$ 使

$$\lambda_1\boldsymbol{\alpha}_1+\lambda_2\boldsymbol{\alpha}_2+\cdots+\lambda_r\boldsymbol{\alpha}_r=\mathbf{0}。$$

分别用 $\boldsymbol{\alpha}_k(k=1,2,\cdots,r)$ 与上式两端作内积运算，得

$$\lambda_1\langle\boldsymbol{\alpha}_1,\boldsymbol{\alpha}_k\rangle+\lambda_2\langle\boldsymbol{\alpha}_2,\boldsymbol{\alpha}_k\rangle+\cdots+\lambda_k\langle\boldsymbol{\alpha}_k,\boldsymbol{\alpha}_k\rangle+\cdots+\lambda_r\langle\boldsymbol{\alpha}_r,\boldsymbol{\alpha}_k\rangle=\langle\mathbf{0},\boldsymbol{\alpha}_k\rangle。$$

因为向量组 $\boldsymbol{\alpha}_1,\boldsymbol{\alpha}_2,\cdots,\boldsymbol{\alpha}_r$ 中的向量两两正交，所以当 $i\neq k$ 时，有 $\langle\boldsymbol{\alpha}_i,\boldsymbol{\alpha}_k\rangle=0$。于是上式约化为

$$\lambda_k\langle\boldsymbol{\alpha}_k,\boldsymbol{\alpha}_k\rangle=0,\quad k=1,2,\cdots,r。$$

由于 $\boldsymbol{\alpha}_k\neq\mathbf{0}$，故 $\langle\boldsymbol{\alpha}_k,\boldsymbol{\alpha}_k\rangle=\|\boldsymbol{\alpha}_k\|^2\neq0$，从而必有 $\lambda_k=0(k=1,2,\cdots,r)$。因此，向量组 $\boldsymbol{\alpha}_1,\boldsymbol{\alpha}_2,\cdots,\boldsymbol{\alpha}_r$ 线性无关。 证毕

例 5.12 已知 $\boldsymbol{\alpha}_1=\begin{pmatrix}1\\-1\\1\end{pmatrix},\boldsymbol{\alpha}_2=\begin{pmatrix}-2\\0\\2\end{pmatrix}$ 正交，求一个非零向量 $\boldsymbol{\alpha}_3$，使 $\boldsymbol{\alpha}_1,\boldsymbol{\alpha}_2,\boldsymbol{\alpha}_3$ 两两正交。

分析 由向量的正交关系建立齐次线性方程组，然后求解此线性方程组即可。

解 令 $\boldsymbol{\alpha}_3=(x_1,x_2,x_3)^{\mathrm{T}}$。依题意，有如下的齐次线性方程组

$$\begin{pmatrix}1&-1&1\\-2&0&2\end{pmatrix}\begin{pmatrix}x_1\\x_2\\x_3\end{pmatrix}=\begin{pmatrix}0\\0\end{pmatrix}。$$

不难求得此线性方程组的基础解系为 $\begin{pmatrix}1\\2\\1\end{pmatrix}$。取 $\boldsymbol{\alpha}_3=\begin{pmatrix}1\\2\\1\end{pmatrix}$，则 $\boldsymbol{\alpha}_3$ 即为所求。

下面介绍将一个线性无关的向量组 $\boldsymbol{\alpha}_1,\boldsymbol{\alpha}_2,\cdots,\boldsymbol{\alpha}_r$ 转换为正交向量组的方法，即**格拉姆—施密特正交化方法**，其具体步骤如下。

令

$$\boldsymbol{\beta}_1=\boldsymbol{\alpha}_1,$$

$$\boldsymbol{\beta}_2=\boldsymbol{\alpha}_2-\frac{\langle\boldsymbol{\beta}_1,\boldsymbol{\alpha}_2\rangle}{\langle\boldsymbol{\beta}_1,\boldsymbol{\beta}_1\rangle}\boldsymbol{\beta}_1,$$

$$\vdots$$

$$\boldsymbol{\beta}_r=\boldsymbol{\alpha}_r-\frac{\langle\boldsymbol{\beta}_1,\boldsymbol{\alpha}_r\rangle}{\langle\boldsymbol{\beta}_1,\boldsymbol{\beta}_1\rangle}\boldsymbol{\beta}_1-\frac{\langle\boldsymbol{\beta}_2,\boldsymbol{\alpha}_r\rangle}{\langle\boldsymbol{\beta}_2,\boldsymbol{\beta}_2\rangle}\boldsymbol{\beta}_2-\cdots-\frac{\langle\boldsymbol{\beta}_{r-1},\boldsymbol{\alpha}_r\rangle}{\langle\boldsymbol{\beta}_{r-1},\boldsymbol{\beta}_{r-1}\rangle}\boldsymbol{\beta}_{r-1}。$$

容易验证，向量组 $\boldsymbol{\beta}_1,\boldsymbol{\beta}_2,\cdots,\boldsymbol{\beta}_r$ 中的向量两两正交。

进一步地，还可以将向量组 $\boldsymbol{\beta}_1,\boldsymbol{\beta}_2,\cdots,\boldsymbol{\beta}_r$ 单位化，即

$$\boldsymbol{\eta}_1=\frac{\boldsymbol{\beta}_1}{\|\boldsymbol{\beta}_1\|},\quad\boldsymbol{\eta}_2=\frac{\boldsymbol{\beta}_2}{\|\boldsymbol{\beta}_2\|},\quad\cdots,\quad\boldsymbol{\eta}_r=\frac{\boldsymbol{\beta}_r}{\|\boldsymbol{\beta}_r\|}。$$

称向量组 $\boldsymbol{\eta}_1,\boldsymbol{\eta}_2,\cdots,\boldsymbol{\eta}_r$ 为**标准正交向量组(orthonormal vector set)**。

例 5.13 设有向量组

$$\boldsymbol{\alpha}_1=\begin{pmatrix}1\\0\\1\end{pmatrix},\quad \boldsymbol{\alpha}_2=\begin{pmatrix}1\\-1\\1\end{pmatrix},\quad \boldsymbol{\alpha}_3=\begin{pmatrix}1\\1\\-1\end{pmatrix},$$

将其化为标准正交向量组。

分析 利用格拉姆-施密特正交化方法计算。

解 对向量组$\boldsymbol{\alpha}_1,\boldsymbol{\alpha}_2,\boldsymbol{\alpha}_3$进行如下运算，即

$$\boldsymbol{\beta}_1=\boldsymbol{\alpha}_1=\begin{pmatrix}1\\0\\1\end{pmatrix},$$

$$\boldsymbol{\beta}_2=\boldsymbol{\alpha}_2-\frac{\langle\boldsymbol{\beta}_1,\boldsymbol{\alpha}_2\rangle}{\langle\boldsymbol{\beta}_1,\boldsymbol{\beta}_1\rangle}\boldsymbol{\beta}_1=\begin{pmatrix}1\\-1\\1\end{pmatrix}-\begin{pmatrix}1\\0\\1\end{pmatrix}=\begin{pmatrix}0\\-1\\0\end{pmatrix},$$

$$\boldsymbol{\beta}_3=\boldsymbol{\alpha}_3-\frac{\langle\boldsymbol{\beta}_1,\boldsymbol{\alpha}_3\rangle}{\langle\boldsymbol{\beta}_1,\boldsymbol{\beta}_1\rangle}\boldsymbol{\beta}_1-\frac{\langle\boldsymbol{\beta}_2,\boldsymbol{\alpha}_3\rangle}{\langle\boldsymbol{\beta}_2,\boldsymbol{\beta}_2\rangle}\boldsymbol{\beta}_2=\begin{pmatrix}1\\1\\-1\end{pmatrix}+\begin{pmatrix}0\\-1\\0\end{pmatrix}=\begin{pmatrix}1\\0\\-1\end{pmatrix}。$$

再将$\boldsymbol{\beta}_1,\boldsymbol{\beta}_2,,\boldsymbol{\beta}_3$单位化，得到标准正交向量组

$$\boldsymbol{\eta}_1=\frac{\boldsymbol{\beta}_1}{\|\boldsymbol{\beta}_1\|}=\begin{pmatrix}\frac{1}{\sqrt{2}}\\0\\\frac{1}{\sqrt{2}}\end{pmatrix},\quad \boldsymbol{\eta}_2=\frac{\boldsymbol{\beta}_2}{\|\boldsymbol{\beta}_2\|}=\begin{pmatrix}0\\-1\\0\end{pmatrix},\quad \boldsymbol{\eta}_3=\frac{\boldsymbol{\beta}_3}{\|\boldsymbol{\beta}_3\|}=\begin{pmatrix}\frac{1}{\sqrt{2}}\\0\\-\frac{1}{\sqrt{2}}\end{pmatrix}。$$

定义 5.8 如果方阵$\boldsymbol{A}$满足$\boldsymbol{A}^{\mathrm{T}}\boldsymbol{A}=\boldsymbol{E}$(即$\boldsymbol{A}^{-1}=\boldsymbol{A}^{\mathrm{T}}$)，则称$\boldsymbol{A}$为**正交矩阵**。

Definition 5.8 If a square matrix $\boldsymbol{A}$ satisfies $\boldsymbol{A}^{\mathrm{T}}\boldsymbol{A}=\boldsymbol{E}$ (that is, $\boldsymbol{A}^{-1}=\boldsymbol{A}^{\mathrm{T}}$), then $\boldsymbol{A}$ is called an **orthogonal matrix.**

关于定义 5.8 的几点说明。

(1) 因为$\boldsymbol{A}^{\mathrm{T}}\boldsymbol{A}=\boldsymbol{E}=\boldsymbol{A}\boldsymbol{A}^{\mathrm{T}}$，所以正交矩阵$\boldsymbol{A}$对列向量组成立的结论对行向量组也成立。

(2) 因为$\boldsymbol{A}^{\mathrm{T}}\boldsymbol{A}=\boldsymbol{E}$，两边取行列式得到$|\boldsymbol{A}^{\mathrm{T}}||\boldsymbol{A}|=|\boldsymbol{E}|$，即$|\boldsymbol{A}|^2=1$。这表明，若$\boldsymbol{A}$为正交矩阵，则$|\boldsymbol{A}|=\pm1$。

(3) 若$\boldsymbol{A}$为正交矩阵，则$\boldsymbol{A}$的列向量组是正交的单位向量组。这是因为，若矩阵$\boldsymbol{A}$用列向量表示，即$\boldsymbol{A}=(\boldsymbol{\alpha}_1,\boldsymbol{\alpha}_2,\cdots,\boldsymbol{\alpha}_n)$，则由等式$\boldsymbol{A}^{\mathrm{T}}\boldsymbol{A}=\boldsymbol{E}$可得

$$\begin{pmatrix}\boldsymbol{\alpha}_1^{\mathrm{T}}\\\boldsymbol{\alpha}_2^{\mathrm{T}}\\\vdots\\\boldsymbol{\alpha}_n^{\mathrm{T}}\end{pmatrix}(\boldsymbol{\alpha}_1,\boldsymbol{\alpha}_2,\cdots,\boldsymbol{\alpha}_n)=\boldsymbol{E},$$

亦即$(\boldsymbol{\alpha}_i^{\mathrm{T}}\boldsymbol{\alpha}_j)=(\delta_{ij})$。由此得到$n^2$个关系式

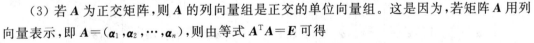

$$\boldsymbol{\alpha}_i^{\mathrm{T}}\boldsymbol{\alpha}_j=\delta_{ij}=\begin{cases}1, & i=j,\\ 0, & i\neq j,\end{cases}\quad i,j=1,2,\cdots,n。$$

习 题 5.3

思考题

1. 若方阵$\boldsymbol{A}$的行向量组是正交向量组，则$\boldsymbol{A}$是否为可逆矩阵？是否为正交矩阵？

2. 若$\boldsymbol{A},\boldsymbol{B}$分别为$m$阶和$n$阶正交矩阵，则$\begin{pmatrix}\boldsymbol{A} & \boldsymbol{0}\\ \boldsymbol{0} & \boldsymbol{B}\end{pmatrix}$是否为正交矩阵？

A类题

1. 已知

$$\boldsymbol{\alpha}=\begin{pmatrix}1\\0\\2\\1\end{pmatrix},\quad \boldsymbol{\beta}=\begin{pmatrix}2\\1\\2\\3\end{pmatrix}。$$

解答下列问题：

(1) 求$\langle\boldsymbol{\alpha},\boldsymbol{\beta}\rangle$；(2) 求$\|\boldsymbol{\alpha}\|,\|\boldsymbol{\beta}\|$；(3) 求$\boldsymbol{\alpha}$与$\boldsymbol{\beta}$的夹角；(4) 求$\langle\boldsymbol{\alpha}+\boldsymbol{\beta},\boldsymbol{\alpha}-2\boldsymbol{\beta}\rangle$。

2. 已知向量$\boldsymbol{\alpha}_1=\begin{pmatrix}1\\1\\1\end{pmatrix},\boldsymbol{\alpha}_2=\begin{pmatrix}1\\-2\\1\end{pmatrix}$，求一个非零向量$\boldsymbol{\alpha}_3$，使$\boldsymbol{\alpha}_1,\boldsymbol{\alpha}_2,\boldsymbol{\alpha}_3$两两正交。

3. 已知$\boldsymbol{\alpha}_1=\begin{pmatrix}1\\0\\-1\\1\end{pmatrix},\boldsymbol{\alpha}_2=\begin{pmatrix}1\\-1\\0\\1\end{pmatrix},\boldsymbol{\alpha}_3=\begin{pmatrix}-1\\1\\1\\0\end{pmatrix}$，向量$\boldsymbol{\beta}$与$\boldsymbol{\alpha}_1,\boldsymbol{\alpha}_2,\boldsymbol{\alpha}_3$均正交，求向量$\boldsymbol{\beta}$。

4. 设$\boldsymbol{\alpha}_1=\begin{pmatrix}1\\1\\1\end{pmatrix}$，求非零向量$\boldsymbol{\alpha}_2,\boldsymbol{\alpha}_3$，使得$\boldsymbol{\alpha}_1,\boldsymbol{\alpha}_2,\boldsymbol{\alpha}_3$为正交向量组。

5. 将下列向量组化为标准正交向量组：

(1) $\boldsymbol{\alpha}_1=\begin{pmatrix}-1\\1\\1\end{pmatrix},\boldsymbol{\alpha}_2=\begin{pmatrix}1\\-1\\1\end{pmatrix},\boldsymbol{\alpha}_3=\begin{pmatrix}1\\1\\-1\end{pmatrix}$；(2) $\boldsymbol{\alpha}_1=\begin{pmatrix}1\\-1\\0\end{pmatrix},\boldsymbol{\alpha}_2=\begin{pmatrix}1\\0\\1\end{pmatrix},\boldsymbol{\alpha}_3=\begin{pmatrix}1\\-1\\1\end{pmatrix}$。

(3) $\boldsymbol{\alpha}_1=\begin{pmatrix}1\\0\\-1\\1\end{pmatrix},\boldsymbol{\alpha}_2=\begin{pmatrix}1\\-1\\0\\1\end{pmatrix},\boldsymbol{\alpha}_3=\begin{pmatrix}-1\\1\\1\\0\end{pmatrix}$。

6. 判别下列矩阵是否为正交矩阵：

(1) $\begin{pmatrix} 1 & -1/2 & 1/3 \\ -1/2 & 1 & 1/2 \\ 1/3 & 1/2 & -1 \end{pmatrix}$；　　(2) $\begin{pmatrix} 1/9 & -8/9 & -4/9 \\ -8/9 & 1/9 & -4/9 \\ -4/9 & -4/9 & 7/9 \end{pmatrix}$。

7. 求 a,b,c 的值，使得下面矩阵为正交矩阵：

(1) $\begin{pmatrix} a & b \\ c & 2b \end{pmatrix}$；　　(2) $\begin{pmatrix} 0 & 1 & 0 \\ a & 0 & c \\ b & 0 & \frac{1}{2} \end{pmatrix}$。

8. 设 $\boldsymbol{A}$ 为正交矩阵。证明：矩阵 $-\boldsymbol{A},\boldsymbol{A}^{\mathrm{T}},\boldsymbol{A}^2,\boldsymbol{A}^{-1},\boldsymbol{A}^*$ 均为正交矩阵。

9. 设 $\boldsymbol{A}_1,\boldsymbol{A}_2,\cdots,\boldsymbol{A}_m$ 都是 n 阶正交矩阵。证明：矩阵 $\boldsymbol{A}_1\boldsymbol{A}_2\cdots\boldsymbol{A}_m$ 也是正交矩阵。

10. 设 $\boldsymbol{A}$ 是实对称矩阵，$\boldsymbol{P}$ 是正交矩阵。证明：矩阵 $\boldsymbol{B}=\boldsymbol{P}^{-1}\boldsymbol{A}\boldsymbol{P}$ 也是实对称矩阵。

B类题

1. 设列向量 $\boldsymbol{\alpha}$ 满足 $\boldsymbol{\alpha}^{\mathrm{T}}\boldsymbol{\alpha}=1$。令 $\boldsymbol{H}=\boldsymbol{E}-2\boldsymbol{\alpha}\boldsymbol{\alpha}^{\mathrm{T}}$，证明：

(1) $\boldsymbol{H}^{\mathrm{T}}=\boldsymbol{H}$；(2) $\boldsymbol{H}$ 为正交矩阵；(3) $|\boldsymbol{H}|=-1$。

2. 设 $\boldsymbol{A}$ 为实对称矩阵，且满足 $\boldsymbol{A}^2+4\boldsymbol{A}+3\boldsymbol{E}=\boldsymbol{0}$。证明：矩阵 $\boldsymbol{A}+2\boldsymbol{E}$ 为正交矩阵。

3. 设 $\boldsymbol{A}$ 为 n 阶方阵，且有 n 个两两正交的特征向量。证明：矩阵 $\boldsymbol{A}$ 为对称矩阵。

4. 设 $\boldsymbol{A}$ 为正交矩阵，且 $|\boldsymbol{A}|=-1$。证明：-1 是矩阵 $\boldsymbol{A}$ 的一个特征值。

5. 证明：正交矩阵 $\boldsymbol{A}$ 的实特征值只能为 1 或 -1。

5.4 实对称矩阵的对角化　Diagonalization of real symmetric matrices

由 5.2 节中的讨论可知，并不是实数域 $\mathbb{R}$ 上的所有方阵都可以对角化。本节讨论一类可以对角化的矩阵，即实对称矩阵。

实对称矩阵不仅可对角化，而且还可要求可逆矩阵 $\boldsymbol{P}$ 是正交矩阵，即对于任意的实对称矩阵 $\boldsymbol{A}$，一定存在同阶正交矩阵 $\boldsymbol{P}$，使得 $\boldsymbol{P}^{-1}\boldsymbol{A}\boldsymbol{P}=\boldsymbol{P}^{\mathrm{T}}\boldsymbol{A}\boldsymbol{P}$ 成为对角矩阵。由于矩阵的对角化问题与特征值和特征向量密切相关，因此，首先来讨论实对称矩阵特征值与特征向量的一些特殊性质。

定义 5.9 设 $\boldsymbol{A}=(a_{ij})_{m\times n}$ 为复矩阵，$\overline{\boldsymbol{A}}=(\overline{a}_{ij})_{m\times n}$ 称为 $\boldsymbol{A}$ 的共轭矩阵。

Definition 5.9 Let $\boldsymbol{A}=(a_{ij})_{m\times n}$ be a complex matrix, $\overline{\boldsymbol{A}}=(\overline{a}_{ij})_{m\times n}$ is said to be the **conjugate matrix** of $\boldsymbol{A}$.

显然，若 $\boldsymbol{A}$ 是实矩阵，则有 $\overline{\boldsymbol{A}}=\boldsymbol{A}$。

定理 5.8 设 $\boldsymbol{A}$ 是 n 阶实对称矩阵，则 $\boldsymbol{A}$ 的特征值是实数。

Theorem 5.8 Let $\boldsymbol{A}$ be a real symmetric matrix of order n. The eigenvalues of $\boldsymbol{A}$ are real numbers.

证 令 λ 是 $\boldsymbol{A}$ 的任意特征值，$\boldsymbol{\alpha}$ 是 $\boldsymbol{A}$ 的属于 λ 的特征向量，则有

$$\boldsymbol{A}\boldsymbol{\alpha}=\lambda\boldsymbol{\alpha}。\tag{5.15}$$

在式(5.15)的两边进行转置并共轭的运算，得

$$\bar{\boldsymbol{\alpha}}^{\mathrm{T}}\boldsymbol{A}=\bar{\lambda}\bar{\boldsymbol{\alpha}}^{\mathrm{T}}。\tag{5.16}$$

在式(5.16)两边右乘以$\boldsymbol{\alpha}$得

$$\bar{\boldsymbol{\alpha}}^{\mathrm{T}}\boldsymbol{A}\boldsymbol{\alpha}=\bar{\lambda}\bar{\boldsymbol{\alpha}}^{\mathrm{T}}\boldsymbol{\alpha}。\tag{5.17}$$

式(5.15)两边左乘以$\bar{\boldsymbol{\alpha}}^{\mathrm{T}}$得

$$\bar{\boldsymbol{\alpha}}^{\mathrm{T}}\boldsymbol{A}\boldsymbol{\alpha}=\bar{\boldsymbol{\alpha}}^{\mathrm{T}}\lambda\boldsymbol{\alpha}=\lambda\bar{\boldsymbol{\alpha}}^{\mathrm{T}}\boldsymbol{\alpha}。\tag{5.18}$$

由式(5.17)和式(5.18)可知，$(\lambda-\bar{\lambda})\bar{\boldsymbol{\alpha}}^{\mathrm{T}}\boldsymbol{\alpha}=\boldsymbol{0}$。而$\bar{\boldsymbol{\alpha}}^{\mathrm{T}}\boldsymbol{\alpha}\neq\boldsymbol{0}$，所以$\lambda=\bar{\lambda}$，从而$\lambda$是实数。

证毕

定理 5.9 实对称矩阵$\boldsymbol{A}$的属于不同特征值的特征向量彼此正交。

Theorem 5.9 The eigenvectors of a real symmetric matrix $\boldsymbol{A}$ associated with distinct eigenvalues are orthogonal to each other.

分析 利用向量内积的定义、性质及定义 5.1 证明。

证 令λ_1,λ_2是$\boldsymbol{A}$的不同特征值，$\boldsymbol{\alpha}_1,\boldsymbol{\alpha}_2$是对应的特征向量。容易计算如下等式成立

$$\begin{aligned}\lambda_1\langle\boldsymbol{\alpha}_1,\boldsymbol{\alpha}_2\rangle&=\langle\lambda_1\boldsymbol{\alpha}_1,\boldsymbol{\alpha}_2\rangle=\langle\boldsymbol{A}\boldsymbol{\alpha}_1,\boldsymbol{\alpha}_2\rangle=(\boldsymbol{A}\boldsymbol{\alpha}_1)^{\mathrm{T}}\boldsymbol{\alpha}_2\\&=\boldsymbol{\alpha}_1^{\mathrm{T}}\boldsymbol{A}\boldsymbol{\alpha}_2=\boldsymbol{\alpha}_1^{\mathrm{T}}\lambda_2\boldsymbol{\alpha}_2=\lambda_2\langle\boldsymbol{\alpha}_1,\boldsymbol{\alpha}_2\rangle。\end{aligned}$$

于是，$(\lambda_1-\lambda_2)\langle\boldsymbol{\alpha}_1,\boldsymbol{\alpha}_2\rangle=0$。由于$\lambda_1\neq\lambda_2$，因此有$\langle\boldsymbol{\alpha}_1,\boldsymbol{\alpha}_2\rangle=0$。

证毕

定理 5.10 设$\boldsymbol{A}$为实对称矩阵。必存在正交矩阵$\boldsymbol{P}$，使得

Theorem 5.10 Suppose that $\boldsymbol{A}$ is a real symmetric matrix. There must exist an orthogonal matrix $\boldsymbol{P}$ such that

$$\boldsymbol{P}^{-1}\boldsymbol{A}\boldsymbol{P}=\boldsymbol{P}^{\mathrm{T}}\boldsymbol{A}\boldsymbol{P}=\boldsymbol{\Lambda}=\begin{pmatrix}\lambda_1&&&\\&\lambda_2&&\\&&\ddots&\\&&&\lambda_n\end{pmatrix},$$

其中$\lambda_1,\lambda_2,\cdots,\lambda_n$是$\boldsymbol{A}$的特征值。

where $\lambda_1,\lambda_2,\cdots,\lambda_n$ are eigenvalues of $\boldsymbol{A}$.

由于$\boldsymbol{P}$是正交矩阵，所以$\boldsymbol{P}$的列向量组是标准正交向量组。如前所述，$\boldsymbol{P}$的列向量组是由$\boldsymbol{A}$的n个线性无关的特征向量组成，因此对$\boldsymbol{P}$的列向量组有 3 个要求，即

(1) 每个列向量必须是某个特征值对应的特征向量；

(2) 任意两个列向量正交；

(3) 每个列向量是单位向量。

于是，求正交矩阵$\boldsymbol{P}$使得$\boldsymbol{P}^{-1}\boldsymbol{A}\boldsymbol{P}$为对角矩阵的具体步骤如下：

第一步 求出矩阵$\boldsymbol{A}$的所有的特征值$\lambda_1,\lambda_2,\cdots,\lambda_n$(可能有重根)。

第二步 求出矩阵$\boldsymbol{A}$的每个特征值λ_i对应的一组线性无关的特征向量，即求出线性方程组$(\lambda_i\boldsymbol{E}-\boldsymbol{A})\boldsymbol{x}=\boldsymbol{0}$的一个基础解系，并将此组基础解系标准正交化。注意，将此组基础解系标准正交化以后得到的向量，它还是特征值λ_i的一组线性无关的特征向量。

第三步 将所有特征值$\lambda_1,\lambda_2,\cdots,\lambda_n$对应的$n$个标准正交的特征向量作为列向量所得的$n$阶方阵，即为所求的正交矩阵$\boldsymbol{P}$。以相应的特征值作为主对角线元素得到对角矩阵$\boldsymbol{\Lambda}$，于是矩阵$\boldsymbol{A}$，$\boldsymbol{P}$和$\boldsymbol{\Lambda}$的关系为

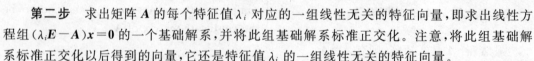

$$P^{-1}AP = P^{T}AP = \Lambda = \begin{pmatrix} \lambda_1 & & & \\ & \lambda_2 & & \\ & & \ddots & \\ & & & \lambda_n \end{pmatrix}。$$

例 5.14 对下列矩阵，求正交矩阵 P，使 $P^{-1}AP$ 为对角矩阵，其中

(1) $A=\begin{pmatrix} 1 & 0 & 1 \\ 0 & 1 & 1 \\ 1 & 1 & 2 \end{pmatrix}$； (2) $A=\begin{pmatrix} 1 & -2 & -2 & -2 \\ -2 & 1 & -2 & -2 \\ -2 & -2 & 1 & -2 \\ -2 & -2 & -2 & 1 \end{pmatrix}$。

分析 按照求正交矩阵 P 使得 $P^{-1}AP$ 为对角矩阵的具体步骤计算。

解 (1) **第一步** 先求 A 的特征值。不难求得

$$|\lambda E - A| = \begin{vmatrix} \lambda-1 & 0 & -1 \\ 0 & \lambda-1 & -1 \\ -1 & -1 & \lambda-2 \end{vmatrix} = \lambda(\lambda-1)(\lambda-3) = 0。$$

故 A 的特征值为 $\lambda_1=0$，$\lambda_2=1$，$\lambda_3=3$。

第二步 求对应的特征向量。对于 $\lambda_1=0$，求解 $(0E-A)x=\mathbf{0}$。由于

$$0E - A = \begin{pmatrix} -1 & 0 & -1 \\ 0 & -1 & -1 \\ -1 & -1 & -2 \end{pmatrix} \rightarrow \begin{pmatrix} 1 & 0 & 1 \\ 0 & 1 & 1 \\ 0 & 0 & 0 \end{pmatrix},$$

求得一基础解系为

$$\alpha_1 = \begin{pmatrix} -1 \\ -1 \\ 1 \end{pmatrix},$$

将其单位化，得

$$\eta_1 = \frac{\alpha_1}{\|\alpha_1\|} = \frac{1}{\sqrt{3}}\begin{pmatrix} -1 \\ -1 \\ 1 \end{pmatrix}。$$

对于 $\lambda_2=1$，求解 $(E-A)x=\mathbf{0}$，由于

$$E - A = \begin{pmatrix} 0 & 0 & -1 \\ 0 & 0 & -1 \\ -1 & -1 & -1 \end{pmatrix} \rightarrow \begin{pmatrix} 1 & 1 & 0 \\ 0 & 0 & 1 \\ 0 & 0 & 0 \end{pmatrix},$$

求得它的一基础解系为

$$\alpha_2 = \begin{pmatrix} -1 \\ 1 \\ 0 \end{pmatrix},$$

将其单位化，得

$$\eta_2 = \frac{\alpha_2}{\|\alpha_2\|} = \frac{1}{\sqrt{2}}\begin{pmatrix} -1 \\ 1 \\ 0 \end{pmatrix}。$$

对于 $\lambda_3=3$，求解 $(3\boldsymbol{E}-\boldsymbol{A})\boldsymbol{x}=\boldsymbol{0}$，由于

$$3\boldsymbol{E}-\boldsymbol{A}=\begin{pmatrix}2&0&-1\\0&2&-1\\-1&-1&1\end{pmatrix}\to\begin{pmatrix}1&0&-1/2\\0&1&-1/2\\0&0&0\end{pmatrix},$$

求得它的一基础解系为

$$\boldsymbol{\alpha}_3=\begin{pmatrix}1\\1\\2\end{pmatrix},$$

将其单位化，得

$$\boldsymbol{\eta}_3=\frac{\boldsymbol{\alpha}_3}{\|\boldsymbol{\alpha}_3\|}=\frac{1}{\sqrt{6}}\begin{pmatrix}1\\1\\2\end{pmatrix}。$$

第三步　求正交矩阵 $\boldsymbol{P}$。以标准正交向量组 $\boldsymbol{\eta}_1,\boldsymbol{\eta}_2,\boldsymbol{\eta}_3$ 为列向量的矩阵即为所求的正交矩阵 $\boldsymbol{P}$，即

$$\boldsymbol{P}=(\boldsymbol{\eta}_1,\boldsymbol{\eta}_2,\boldsymbol{\eta}_3)=\begin{pmatrix}-\frac{1}{\sqrt{3}}&-\frac{1}{\sqrt{2}}&\frac{1}{\sqrt{6}}\\-\frac{1}{\sqrt{3}}&\frac{1}{\sqrt{2}}&\frac{1}{\sqrt{6}}\\\frac{1}{\sqrt{3}}&0&\frac{2}{\sqrt{6}}\end{pmatrix}。$$

从而有

$$\boldsymbol{P}^{-1}\boldsymbol{A}\boldsymbol{P}=\begin{pmatrix}0&0&0\\0&1&0\\0&0&3\end{pmatrix}。$$

(2) **第一步**　不难求得

$$|\lambda\boldsymbol{E}-\boldsymbol{A}|=\begin{vmatrix}\lambda-1&2&2&2\\2&\lambda-1&2&2\\2&2&\lambda-1&2\\2&2&2&\lambda-1\end{vmatrix}=\begin{vmatrix}\lambda+5&2&2&2\\\lambda+5&\lambda-1&2&2\\\lambda+5&2&\lambda-1&2\\\lambda+5&2&2&\lambda-1\end{vmatrix}$$

$$=(\lambda+5)\begin{vmatrix}1&2&2&2\\1&\lambda-1&2&2\\1&2&\lambda-1&2\\1&2&2&\lambda-1\end{vmatrix}=(\lambda+5)\begin{vmatrix}1&2&2&2\\0&\lambda-3&0&0\\0&0&\lambda-3&0\\0&0&0&\lambda-3\end{vmatrix}$$

$$=(\lambda+5)(\lambda-3)^3=0。$$

故矩阵 $\boldsymbol{A}$ 的特征值为 $\lambda_1=\lambda_2=\lambda_3=3$(3 重)，$\lambda_4=-5$。

第二步　先求属于 $\lambda_1=\lambda_2=\lambda_3=3$ 的特征向量。将 $\lambda_1=3$ 代入 $(\lambda\boldsymbol{E}-\boldsymbol{A})\boldsymbol{x}=\boldsymbol{0}$，并对系数矩阵进行简化，可得

$$3\boldsymbol{E}-\boldsymbol{A}=\begin{pmatrix}2&2&2&2\\2&2&2&2\\2&2&2&2\\2&2&2&2\end{pmatrix}\to\begin{pmatrix}1&1&1&1\\0&0&0&0\\0&0&0&0\\0&0&0&0\end{pmatrix}。$$

求得的基础解系为

$$\boldsymbol{\alpha}_1=\begin{pmatrix}-1\\1\\0\\0\end{pmatrix},\quad \boldsymbol{\alpha}_2=\begin{pmatrix}-1\\0\\1\\0\end{pmatrix},\quad \boldsymbol{\alpha}_3=\begin{pmatrix}-1\\0\\0\\1\end{pmatrix}。$$

利用施密特正交化方法，将向量组$\boldsymbol{\alpha}_1,\boldsymbol{\alpha}_2,\boldsymbol{\alpha}_3$ 正交化，然后再将其单位化，得到

$$\boldsymbol{\eta}_1=\frac{1}{\sqrt{2}}\begin{pmatrix}-1\\1\\0\\0\end{pmatrix},\quad \boldsymbol{\eta}_2=\frac{1}{\sqrt{6}}\begin{pmatrix}-1\\-1\\2\\0\end{pmatrix},\quad \boldsymbol{\eta}_3=\frac{1}{2\sqrt{3}}\begin{pmatrix}-1\\-1\\-1\\3\end{pmatrix}。$$

再求属于 $\lambda_4=-5$ 的特征向量。将 $\lambda_4=-5$ 代入$(\lambda\boldsymbol{E}-\boldsymbol{A})\boldsymbol{x}=\boldsymbol{0}$，不难求得

$$-5\boldsymbol{E}-\boldsymbol{A}=\begin{pmatrix}-6&2&2&2\\2&-6&2&2\\2&2&-6&2\\2&2&2&-6\end{pmatrix}\to\begin{pmatrix}1&1&1&-3\\1&-3&1&1\\1&1&-3&1\\-3&1&1&1\end{pmatrix}\to\begin{pmatrix}1&0&0&-1\\0&1&0&-1\\0&0&1&-1\\0&0&0&0\end{pmatrix}。$$

求得基础解系

$$\boldsymbol{\alpha}_4=\begin{pmatrix}1\\1\\1\\1\end{pmatrix},$$

将它单位化，得

$$\boldsymbol{\eta}_4=\frac{1}{2}\begin{pmatrix}1\\1\\1\\1\end{pmatrix}。$$

第三步 以标准正交向量组$\boldsymbol{\eta}_1,\boldsymbol{\eta}_2,\boldsymbol{\eta}_3,\boldsymbol{\eta}_4$ 为列向量的矩阵，即为所求的正交矩阵 $\boldsymbol{P}$，即

$$\boldsymbol{P}=(\boldsymbol{\eta}_1,\boldsymbol{\eta}_2,\boldsymbol{\eta}_3,\boldsymbol{\eta}_4)=\begin{pmatrix}-\frac{1}{\sqrt{2}}&-\frac{1}{\sqrt{6}}&-\frac{1}{2\sqrt{3}}&\frac{1}{2}\\\frac{1}{\sqrt{2}}&-\frac{1}{\sqrt{6}}&-\frac{1}{2\sqrt{3}}&\frac{1}{2}\\0&\frac{2}{\sqrt{6}}&-\frac{1}{2\sqrt{3}}&\frac{1}{2}\\0&0&\frac{\sqrt{3}}{2}&\frac{1}{2}\end{pmatrix}。$$

从而有

$$\boldsymbol{P}^{-1}\boldsymbol{A}\boldsymbol{P}=\begin{pmatrix}3&&&\\&3&&\\&&3&\\&&&-5\end{pmatrix}。$$

习题 5.4

思考题

1. 实对称矩阵 $\boldsymbol{A}$ 的非零特征值的个数是否为 $\mathrm{R}(\boldsymbol{A})$？

2. 已知实对称阵 $\boldsymbol{A}$ 的 k 重($k\geqslant 2$)特征值 λ_j 对应的 k 个的特征向量是线性无关的。将它们正交化后，得到的 k 个新向量是否还是 λ_j 对应的特征向量？说明理由。

A类题

1. 求可逆矩阵 $\boldsymbol{P}$，分别将下列实对称矩阵化为对角矩阵：

(1) $\begin{pmatrix} 2 & 0 & 0 \\ 0 & 3 & 2 \\ 0 & 2 & 3 \end{pmatrix}$；　(2) $\begin{pmatrix} 1 & 1 & 1 \\ 1 & 1 & -1 \\ 1 & -1 & 1 \end{pmatrix}$；　(3) $\begin{pmatrix} 0 & -2 & 2 \\ -2 & -3 & 4 \\ 2 & 4 & -3 \end{pmatrix}$；

(4) $\begin{pmatrix} 2 & -1 & -1 \\ -1 & 2 & -1 \\ -1 & -1 & 2 \end{pmatrix}$；　(5) $\begin{pmatrix} 3 & -2 & 0 \\ -2 & 2 & -2 \\ 0 & -2 & 1 \end{pmatrix}$；　(6) $\begin{pmatrix} 2 & 2 & -2 \\ 2 & 5 & -4 \\ -2 & -4 & 5 \end{pmatrix}$。

2. 已知三阶实对称矩阵 $\boldsymbol{A}$ 的3个特征值分别为 $\lambda_1=\lambda_2=1,\lambda_3=2$，且属于 λ_1,λ_2 的特征向量分别为

$$\boldsymbol{\alpha}_1=\begin{pmatrix} 1 \\ 1 \\ -1 \end{pmatrix},\quad \boldsymbol{\alpha}_2=\begin{pmatrix} 2 \\ 3 \\ -3 \end{pmatrix}。$$

解答下列问题：

(1) 求矩阵 $\boldsymbol{A}$ 的属于 λ_3 的特征向量；(2)求矩阵 $\boldsymbol{A}$。

3. 已知三阶矩阵 $\boldsymbol{A}$ 的3个特征值分别为 $\lambda_1=1,\lambda_2=0,\lambda_3=-1$，对应的特征向量分别为

$$\boldsymbol{\alpha}_1=\begin{pmatrix} 1 \\ 2 \\ 2 \end{pmatrix},\quad \boldsymbol{\alpha}_2=\begin{pmatrix} 2 \\ -2 \\ 1 \end{pmatrix},\quad \boldsymbol{\alpha}_3=\begin{pmatrix} -2 \\ -1 \\ 2 \end{pmatrix}。$$

解答下列问题：

(1) $\boldsymbol{\alpha}_1,\boldsymbol{\alpha}_2,\boldsymbol{\alpha}_3$ 是否为正交向量组？(2) $\boldsymbol{A}$ 是否可对角化？(3) 求矩阵 $\boldsymbol{A}$。

4. 已知三阶实对称矩阵 $\boldsymbol{A}$ 的3个特征值分别为 $\lambda_1=1,\lambda_2=-1,\lambda_3=0$，且属于 λ_1,λ_2 的特征向量分别为

$$\boldsymbol{\alpha}_1=\begin{pmatrix} 1 \\ 2 \\ 1 \end{pmatrix},\quad \boldsymbol{\alpha}_2=\begin{pmatrix} a \\ a+1 \\ 1 \end{pmatrix}。$$

解答下列问题：

(1) 求参数 a 的值；(2) 求属于零特征值的特征向量；(3) 求矩阵 $\boldsymbol{A}$。

5. 已知三阶实对称矩阵 $\boldsymbol{A}$ 的3个特征值分别为 $\lambda_1=\lambda_2=-1,\lambda_3=8$，且属于8的一个特

征向量为$(1,-2,0)^T$，求矩阵$\boldsymbol{A}$。

6. 求正交矩阵$\boldsymbol{P}$，分别将下列实对称矩阵化为对角矩阵：

(1) $\begin{pmatrix} 1 & 2 & 2 \\ 2 & 1 & 2 \\ 2 & 2 & 1 \end{pmatrix}$；　　(2) $\begin{pmatrix} 2 & 1 & 0 & 0 \\ 1 & 2 & 0 & 0 \\ 0 & 0 & 3 & 1 \\ 0 & 0 & 1 & 3 \end{pmatrix}$。

7. 设$\boldsymbol{A}$与$\boldsymbol{B}$均为n阶实对称矩阵。证明：$\boldsymbol{A}$与$\boldsymbol{B}$相似的充分必要条件是：$\boldsymbol{A}$与$\boldsymbol{B}$有相同的特征多项式。

B类题

1. 求正交矩阵，分别将下列对称矩阵化为对角矩阵：

(1) $\begin{pmatrix} 0 & 1 & 1 & -1 \\ 1 & 0 & -1 & 1 \\ 1 & -1 & 0 & 1 \\ -1 & 1 & 1 & 0 \end{pmatrix}$；　　(2) $\begin{pmatrix} 4 & 1 & 0 & -1 \\ 1 & 4 & -1 & 0 \\ 0 & -1 & 4 & 1 \\ -1 & 0 & 1 & 4 \end{pmatrix}$。

2. 设$\boldsymbol{A}$为三阶实对称矩阵，$\boldsymbol{A}$的秩为2，且

$$\boldsymbol{A}\begin{pmatrix} 1 & 1 \\ 0 & 0 \\ -1 & 1 \end{pmatrix} = \begin{pmatrix} -1 & 1 \\ 0 & 0 \\ 1 & 1 \end{pmatrix}。$$

解答下列问题：

(1) 求$\boldsymbol{A}$的所有特征值与特征向量；(2)求矩阵$\boldsymbol{A}$。

3. 仿照定理5.1，证明：

(1) 实对称矩阵的特征值的虚部为零；

(2) 实反对称矩阵的特征值的实部为零。

4. 设$\boldsymbol{A}$为4阶实对称矩阵，且满足$\boldsymbol{A}^2+\boldsymbol{A}=\boldsymbol{0}$。若$\boldsymbol{A}$的秩为3，求与$\boldsymbol{A}$相似的对角矩阵。

复习题 5

1. 填空题

(1) 设$\boldsymbol{A}$为二阶方阵，迹为3，且$|\boldsymbol{A}|=2$，则$\boldsymbol{A}$的两个特征值为$\lambda_1=$________，$\lambda_2=$________。

(2) 设$\boldsymbol{A}$为三阶方阵，且各行元素之和均为3，则$\boldsymbol{A}$必有一特征值为________。

(3) 已知$\boldsymbol{\alpha}=(-1,0,2)^T$，$\boldsymbol{\beta}=(2,-1,0)^T$，则$\langle 2\boldsymbol{\alpha}+3\boldsymbol{\beta},\boldsymbol{\alpha}-2\boldsymbol{\beta}\rangle=$________。

(4) 设三阶方阵$\boldsymbol{A}$的特征值分别为1,2,3，则逆矩阵$\boldsymbol{A}^{-1}$的特征值分别为________，伴随矩阵$\boldsymbol{A}^*$的特征值分别为________，矩阵多项式$\boldsymbol{A}^2+\boldsymbol{A}$的特征值分别为________。

(5) 设三阶方阵$\boldsymbol{A}$的特征值分别为1,2,2，且$\boldsymbol{A}$不可对角化，则$R(\boldsymbol{A}-2\boldsymbol{E})=$________。

2. 选择题

(1) 设$\boldsymbol{\alpha}_1,\boldsymbol{\alpha}_2$是矩阵$\boldsymbol{A}$的属于特征值$\lambda$的特征向量，则下列结论一定成立的是(　　)。

A. $\boldsymbol{\alpha}_1+\boldsymbol{\alpha}_2$是$\boldsymbol{A}$的属于特征值$\lambda$的特征向量

B. $2\boldsymbol{\alpha}_1$是$\boldsymbol{A}$的属于特征值λ的特征向量

C. 对任意数k_1,k_2，$k_1\boldsymbol{\alpha}_1+k_2\boldsymbol{\alpha}_2$是$\boldsymbol{A}$的属于特征值$\lambda$的特征向量

D. $\boldsymbol{\alpha}_1,\boldsymbol{\alpha}_2$一定线性无关

(2) 设$\boldsymbol{A}$为n阶方阵，下列结论一定成立的是(　　)。

A. $\boldsymbol{A}$的特征值一定都是实数

B. $\boldsymbol{A}$最多有n个线性无关的特征向量

C. $\boldsymbol{A}$可能有$n+1$个线性无关的特征向量

D. $\boldsymbol{A}$一定有n个互不相同的特征值

(3) 若矩阵$\boldsymbol{A}$与$\boldsymbol{B}$相似，下列结论一定成立的是(　　)。

A. $\lambda\boldsymbol{E}-\boldsymbol{A}=\lambda\boldsymbol{E}-\boldsymbol{B}$

B. $|\lambda\boldsymbol{E}-\boldsymbol{A}|=|\lambda\boldsymbol{E}-\boldsymbol{B}|$

C. $\boldsymbol{A},\boldsymbol{B}$有相同的特征向量

D. $\boldsymbol{A},\boldsymbol{B}$相似于同一个对角矩阵

(4) 设三阶矩阵$\boldsymbol{A}$的特征值分别为$-1,1,2$，所对应的特征向量分别为$\boldsymbol{\alpha}_1,\boldsymbol{\alpha}_2,\boldsymbol{\alpha}_3$，记$\boldsymbol{P}=(\boldsymbol{\alpha}_1,\boldsymbol{\alpha}_2,\boldsymbol{\alpha}_3)$，则$\boldsymbol{P}^{-1}\boldsymbol{AP}=$(　　)。

A. $\begin{pmatrix}-1&&\\&1&\\&&2\end{pmatrix}$　B. $\begin{pmatrix}-1&&\\&2&\\&&1\end{pmatrix}$　C. $\begin{pmatrix}2&&\\&-1&\\&&1\end{pmatrix}$　D. $\begin{pmatrix}1&&\\&-1&\\&&2\end{pmatrix}$

(5) 下列矩阵中，可对角化的矩阵为(　　)。

A. $\begin{pmatrix}1&1&0\\0&2&1\\0&0&1\end{pmatrix}$　B. $\begin{pmatrix}1&1&0\\0&1&0\\0&0&2\end{pmatrix}$　C. $\begin{pmatrix}1&0&1\\0&1&0\\0&0&2\end{pmatrix}$　D. $\begin{pmatrix}1&0&1\\0&2&1\\0&0&1\end{pmatrix}$

3. 判断下列说法是否正确，并说明理由：

(1) n阶方阵$\boldsymbol{A}$可对角化的充分必要条件是$\boldsymbol{A}$有n个互不相同的特征值；

(2) 同阶矩阵$\boldsymbol{A},\boldsymbol{B}$相似的充分必要条件是$\boldsymbol{A},\boldsymbol{B}$有相同的特征多项式；

(3) 矩阵$\boldsymbol{A}$的属于同一特征值的特征向量的任意线性组合仍然是属于该特征值的特征向量；

(4) 可对角化的实矩阵一定是对称矩阵；

(5) 若$|\boldsymbol{A}|=0$，则$\boldsymbol{A}$必有一个特征值为零。

4. 设向量组为$\boldsymbol{\alpha}_1=(1,1,1,1)^{\mathrm{T}}$，$\boldsymbol{\alpha}_2=(1,-1,-1,1)^{\mathrm{T}}$，$\boldsymbol{\alpha}_3=(1,1,-1,-1)^{\mathrm{T}}$，向量$\boldsymbol{\beta}$与$\boldsymbol{\alpha}_1,\boldsymbol{\alpha}_2,\boldsymbol{\alpha}_3$均正交。求向量$\boldsymbol{\beta}$。

5. 求矩阵$\boldsymbol{A}=\begin{pmatrix}-3&1&-1\\-7&5&-1\\-6&6&-2\end{pmatrix}$的特征值与特征向量。

6. 设 $\boldsymbol{A}=\begin{pmatrix}1 & -4 & 1\\ -4 & -2 & -4\\ 1 & -4 & 1\end{pmatrix}$，求可逆矩阵 $\boldsymbol{P}$，使得 $\boldsymbol{P}^{-1}\boldsymbol{A}\boldsymbol{P}$ 为对角矩阵。

7. 已知 $\boldsymbol{A}=\begin{pmatrix}2 & a & 2\\ 5 & b & 3\\ -1 & 1 & -1\end{pmatrix}$ 有两个特征值分别为 1 和 −1。解答下列问题：

(1) 求 a,b 的值；(2) 求 $\boldsymbol{A}$ 的特征向量；(3) $\boldsymbol{A}$ 是否可对角化？

8. 设 $\boldsymbol{A}$ 为三阶矩阵，且满足 $\boldsymbol{A}^3+2\boldsymbol{A}^2-3\boldsymbol{A}=\boldsymbol{0}$。证明：矩阵 $\boldsymbol{A}$ 可对角化。

9. 设 $\boldsymbol{A}$ 为 n 阶方阵，$\boldsymbol{E}$ 为 n 阶单位矩阵，$\boldsymbol{A}$，$\boldsymbol{E}-\boldsymbol{A}$ 均为可逆矩阵。证明：矩阵 $\boldsymbol{E}-\boldsymbol{A}^{-1}$ 可逆。

10. 设 $\boldsymbol{A}$ 为 n 阶实方阵且特征值不等于 −1。证明：

(1) $\boldsymbol{A}+\boldsymbol{E}$ 和 $\boldsymbol{A}^{\mathrm{T}}+\boldsymbol{E}$ 均可逆；

(2) $\boldsymbol{A}$ 为正交矩阵的充分必要条件是 $(\boldsymbol{A}+\boldsymbol{E})^{-1}+(\boldsymbol{A}^{\mathrm{T}}+\boldsymbol{E})^{-1}=\boldsymbol{E}$。

第 6 章

二次型

Quadratic Forms

二次型的理论起源于解析几何中化二次曲线、二次曲面的方程为标准形式(即只含有平方项)的问题。二次型不但在几何中出现,而且在数学的其他分支以及物理、力学中也常常会遇到。本章用矩阵知识来讨论二次型的一般理论,主要包括二次型的化简、正定二次型的判定以及一些基本性质。

6.1 二次型及其矩阵表示 | *Quadratic forms and matrix representations*

在平面解析几何中,我们已经熟知了坐标原点与中心重合时的有心二次曲线,如椭圆与双曲线,它们的标准方程分别为

$$\frac{x^2}{a^2}+\frac{y^2}{b^2}=1 \quad 与 \quad \frac{x^2}{a^2}-\frac{y^2}{b^2}=\pm 1$$

或写为

$$a^2x^2+b^2y^2=1 \quad 与 \quad a^2x^2-b^2y^2=\pm 1。$$

易见,上述两个方程的左端均为二元二次齐次多项式。对于左端为一般形式的二元二次齐次多项式的方程

$$ax^2+bxy+cy^2=1, \tag{6.1}$$

它对应的曲线是哪一种?事实上,可以选择适当的角度 θ,做旋转变换

$$\begin{cases} x=\tilde{x}\cos\theta-\tilde{y}\sin\theta, \\ y=\tilde{x}\sin\theta+\tilde{y}\cos\theta, \end{cases} \tag{6.2}$$

进而将方程(6.1)化为如下标准形式

$$\tilde{a}\,\tilde{x}^2+\tilde{b}\,\tilde{y}^2=d。$$

通过$\tilde{a}$,$\tilde{b}$的符号可以判断出方程(6.1)的曲线是椭圆或双曲线。对二次曲面的研究也有类似的情况。将上面的做法加以推广,便是对二次型的研究。因此,二次型的中心问题是:讨论如何将一个二次齐次多项式化为只含有平方项的形式。下面给出二次型的定义。

定义 6.1 令 P 是一个数域,a_{ij} $(i=1,2,\cdots,n,j=i,i+1,\cdots,n)$为数域 P 中

Definition 6.1 Let P be a number field and a_{ij} $(i=1,2,\cdots,n,j=i,i+1,\cdots,n)$ be

的数。含有 n 个变量 $x_1,x_2,\cdots,x_n$ 的二次齐次多项式

numbers in P. A quadratic homogeneous polynomial in n variables $x_1, x_2, \cdots, x_n$, given by

$$f(x_1,x_2,\cdots,x_n)=a_{11}x_1^2+2a_{12}x_1x_2+\cdots+2a_{1n}x_1x_n \\ +a_{22}x_2^2+2a_{23}x_2x_3+\cdots+2a_{2n}x_2x_n \\ +\cdots+a_{nn}x_n^2 \tag{6.3}$$

称为数域 P 上的一个 ***n* 元二次型**。

is said to be a **quadratic form in *n* variables** over P.

系数全为实数的二次型称为实二次型,简称**二次型**。本章只讨论实二次型。例如,

$$x_1^2+2x_1x_2+4x_1x_3+2x_2^2+6x_2x_3+3x_3^2$$

是一个三元二次型。利用矩阵的乘法,不难验证这个二次型可写成下面的矩阵形式

$$x_1^2+2x_1x_2+4x_1x_3+2x_2^2+6x_2x_3+3x_3^2=(x_1,x_2,x_3)\begin{pmatrix}1&1&2\\1&2&3\\2&3&3\end{pmatrix}\begin{pmatrix}x_1\\x_2\\x_3\end{pmatrix}。$$

一般地,在式(6.3)中令 $a_{ij}=a_{ji}\,(i<j)$,则有

$$f(x_1,x_2,\cdots,x_n)=a_{11}x_1^2+a_{12}x_1x_2+\cdots+a_{1n}x_1x_n \\ +a_{21}x_2x_1+a_{22}x_2^2+\cdots+a_{2n}x_2x_n \\ +\cdots \\ +a_{n1}x_nx_1+a_{n2}x_nx_2+\cdots+a_{nn}x_n^2。 \tag{6.4}$$

令

$$\boldsymbol{A}=\begin{pmatrix}a_{11}&a_{12}&\cdots&a_{1n}\\a_{21}&a_{22}&\cdots&a_{2n}\\\vdots&\vdots&&\vdots\\a_{n1}&a_{n2}&\cdots&a_{nn}\end{pmatrix},\quad \boldsymbol{x}=\begin{pmatrix}x_1\\x_2\\\vdots\\x_n\end{pmatrix},$$

则有

$$f=\boldsymbol{x}^{\mathrm{T}}\boldsymbol{A}\boldsymbol{x}=(x_1,x_2,\cdots,x_n)\begin{pmatrix}a_{11}&a_{12}&\cdots&a_{1n}\\a_{21}&a_{22}&\cdots&a_{2n}\\\vdots&\vdots&&\vdots\\a_{n1}&a_{n2}&\cdots&a_{nn}\end{pmatrix}\begin{pmatrix}x_1\\x_2\\\vdots\\x_n\end{pmatrix}。$$

称 $\boldsymbol{x}^{\mathrm{T}}\boldsymbol{A}\boldsymbol{x}$ 为二次型的**矩阵表示(matrix representation)**。显然,$\boldsymbol{A}=\boldsymbol{A}^{\mathrm{T}}$。

不难验证,二次型与对称矩阵之间存在着一一对应关系,也就是说,任给一个二次型就唯一确定一个对称矩阵;反之,任给一个对称矩阵也唯一确定一个二次型。因此,将对称矩阵 $\boldsymbol{A}$ 称为**二次型 $f=\boldsymbol{x}^{\mathrm{T}}\boldsymbol{A}\boldsymbol{x}$ 的矩阵**;$\boldsymbol{A}$ 的秩称为 $f=\boldsymbol{x}^{\mathrm{T}}\boldsymbol{A}\boldsymbol{x}$ 的**秩**;$f=\boldsymbol{x}^{\mathrm{T}}\boldsymbol{A}\boldsymbol{x}$ 称为**对称矩阵 $\boldsymbol{A}$ 的二次型**。

注意,与二次型对应的对称矩阵 $\boldsymbol{A}$ 的对角元素 a_{ii} 为二次型中 x_i^2 的系数,非对角元素 $a_{ij}\,(i\neq j)$ 为二次型中 x_ix_j 的系数的$\dfrac{1}{2}$。

例 6.1 写出对应于二次型 $f=2x_1x_2+2x_1x_3+2x_2^2-4x_2x_3$ 的矩阵及矩阵表示,并求出二次型的秩。

分析 根据矩阵元素与二次型中各项系数的对应关系可写出矩阵;求二次型的秩实为求矩阵的秩。

解 二次型的对应矩阵为

$$\boldsymbol{A}=\begin{pmatrix}0&1&1\\1&2&-2\\1&-2&0\end{pmatrix},$$

相应的矩阵表示为

$$f=2x_1x_2+2x_1x_3+2x_2^2-4x_2x_3=(x_1,x_2,x_3)\begin{pmatrix}0&1&1\\1&2&-2\\1&-2&0\end{pmatrix}\begin{pmatrix}x_1\\x_2\\x_3\end{pmatrix}。$$

由于

$$\boldsymbol{A}=\begin{pmatrix}0&1&1\\1&2&-2\\1&-2&0\end{pmatrix}\to\begin{pmatrix}1&-2&0\\0&1&1\\1&2&-2\end{pmatrix}\to\begin{pmatrix}1&-2&0\\0&1&1\\0&4&-2\end{pmatrix}\to\begin{pmatrix}1&-2&0\\0&1&1\\0&0&-6\end{pmatrix}。$$

易见,矩阵 $\boldsymbol{A}$ 的秩为 3,因此二次型的秩为 3。

例 6.2 求对称矩阵

$$\boldsymbol{A}=\begin{pmatrix}1&1&1\\1&1&1\\1&1&1\end{pmatrix}$$

对应的二次型,并求出二次型的秩。

分析 根据矩阵元素与二次型系数的关系。

解 对应的二次型为

$$f(x_1,x_2,x_3)=x_1^2+2x_1x_2+2x_1x_3+x_2^2+2x_2x_3+x_3^2。$$

容易求得

$$\boldsymbol{A}=\begin{pmatrix}1&1&1\\1&1&1\\1&1&1\end{pmatrix}\to\begin{pmatrix}1&1&1\\0&0&0\\0&0&0\end{pmatrix}。$$

易见,矩阵 $\boldsymbol{A}$ 的秩为 1,所以二次型的秩为 1。

如前所述,希望通过变量的线性替换来简化二次型,为此,引入线性替换定义。

定义 6.2 设 $x_1,x_2,\cdots,x_n$ 和 $y_1,y_2,\cdots,y_n$ 是两组变量。如下关系式

Definition 6.2 Let $x_1,x_2,\cdots,x_n$ and $y_1,y_2,\cdots,y_n$ be two sets of variables. The following relation, given by

$$\begin{cases}x_1=c_{11}y_1+c_{12}y_2+\cdots+c_{1n}y_n,\\x_2=c_{21}y_1+c_{22}y_2+\cdots+c_{2n}y_n,\\\quad\vdots\\x_n=c_{n1}y_1+c_{n2}y_2+\cdots+c_{nn}y_n\end{cases}\tag{6.5}$$

称为从变量 $x_1, x_2, \cdots, x_n$ 到变量 $y_1, y_2, \cdots, y_n$ 的一个**线性替换**，矩阵 $\boldsymbol{C}=(c_{ij})$ 称为该线性替换的**系数矩阵**。如果系数矩阵的行列式不为零，即 $|\boldsymbol{C}|\neq 0$，那么线性替换(6.5)称为**非退化的**；否则，称之为**退化的**。如果矩阵 $\boldsymbol{C}=(c_{ij})$ 是正交矩阵，则线性替换(6.5)称为**正交替换**。

is said to be a **linear substitution** from the variables $x_1, x_2, \cdots, x_n$ to the variables $y_1, y_2, \cdots, y_n$, and the matrix given by $\boldsymbol{C}=(c_{ij})$ is said to be the **coefficient matrix** of the linear substitution. If the coefficient determinant is nonzero, i.e., $|\boldsymbol{C}|\neq 0$, then the linear substitution (6.5) is said to be **non-degenerate**, otherwise, it is called **degenerate**. If the matrix given by $\boldsymbol{C}=(c_{ij})$ is an orthogonal matrix, then the linear substitution (6.5) is said to be an **orthogonal substitution.**

例如，在式(6.2)中，$\begin{vmatrix}\cos\theta & -\sin\theta\\ \sin\theta & \cos\theta\end{vmatrix}=1\neq 0$，因此线性替换(6.2)为非退化的，且是正交替换。

令

$$\boldsymbol{C}=(c_{ij})_{n\times n},\quad \boldsymbol{x}=\begin{pmatrix}x_1\\x_2\\\vdots\\x_n\end{pmatrix},\quad \boldsymbol{y}=\begin{pmatrix}y_1\\y_2\\\vdots\\y_n\end{pmatrix},$$

则线性替换(6.5)可写为

$$\boldsymbol{x}=\boldsymbol{C}\boldsymbol{y}。$$

设二次型为 $f(x_1,x_2,\cdots,x_n)=\boldsymbol{x}^{\mathrm{T}}\boldsymbol{A}\boldsymbol{x}$，其中 $\boldsymbol{A}=\boldsymbol{A}^{\mathrm{T}}$。经非退化线性替换 $\boldsymbol{x}=\boldsymbol{C}\boldsymbol{y}$，可得

$$f(x_1,x_2,\cdots,x_n)=(\boldsymbol{C}\boldsymbol{y})^{\mathrm{T}}\boldsymbol{A}(\boldsymbol{C}\boldsymbol{y})=\boldsymbol{y}^{\mathrm{T}}(\boldsymbol{C}^{\mathrm{T}}\boldsymbol{A}\boldsymbol{C})\boldsymbol{y}=\boldsymbol{y}^{\mathrm{T}}\boldsymbol{B}\boldsymbol{y}。$$

显然，它是关于变量 $y_1,y_2,\cdots,y_n$ 的新二次型。容易验证，$\boldsymbol{B}$ 为对称矩阵，因此为新二次型的矩阵。矩阵 $\boldsymbol{B}=\boldsymbol{C}^{\mathrm{T}}\boldsymbol{A}\boldsymbol{C}$ 反映了线性替换前后两个二次型的矩阵之间的关系。与之相应，引入如下定义。

定义 6.3 对于给定的同阶矩阵 $\boldsymbol{A}$ 与 $\boldsymbol{B}$，若存在可逆矩阵 $\boldsymbol{C}$，使得 $\boldsymbol{C}^{\mathrm{T}}\boldsymbol{A}\boldsymbol{C}=\boldsymbol{B}$，则称矩阵 $\boldsymbol{A}$ 与 $\boldsymbol{B}$ **合同**，记作 $\boldsymbol{A}\simeq\boldsymbol{B}$。

Definition 6.3 For the given matrices $\boldsymbol{A}$ and $\boldsymbol{B}$ of the same order, if there exists an invertible matrix $\boldsymbol{C}$ such that $\boldsymbol{C}^{\mathrm{T}}\boldsymbol{A}\boldsymbol{C}=\boldsymbol{B}$, then $\boldsymbol{A}$ is said to be **congruent** to $\boldsymbol{B}$, written as $\boldsymbol{A}\simeq\boldsymbol{B}$.

不难验证，矩阵的合同关系是一种等价关系，即

(1) 反身性 $\boldsymbol{A}\simeq\boldsymbol{A}$。事实上，$\boldsymbol{A}=\boldsymbol{E}^{\mathrm{T}}\boldsymbol{A}\boldsymbol{E}$。

(2) 对称性 若 $\boldsymbol{A}\simeq\boldsymbol{B}$，则 $\boldsymbol{B}\simeq\boldsymbol{A}$。事实上，由 $\boldsymbol{B}=\boldsymbol{C}^{\mathrm{T}}\boldsymbol{A}\boldsymbol{C}$，得 $\boldsymbol{A}=(\boldsymbol{C}^{-1})^{\mathrm{T}}\boldsymbol{B}\boldsymbol{C}^{-1}$。

(3) 传递性 若 $\boldsymbol{A}\simeq\boldsymbol{B}$，$\boldsymbol{B}\simeq\boldsymbol{C}$，则 $\boldsymbol{A}\simeq\boldsymbol{C}$。事实上，由 $\boldsymbol{B}=\boldsymbol{C}_1^{\mathrm{T}}\boldsymbol{A}\boldsymbol{C}_1$，$\boldsymbol{C}=\boldsymbol{C}_2^{\mathrm{T}}\boldsymbol{B}\boldsymbol{C}_2$，即得 $\boldsymbol{C}=(\boldsymbol{C}_1\boldsymbol{C}_2)^{\mathrm{T}}\boldsymbol{A}(\boldsymbol{C}_1\boldsymbol{C}_2)$。

习题 6.1

思考题

1. 二次型和对称矩阵有什么关系？

2. 若 $\boldsymbol{A}$ 为非对称矩阵，二次型 $\boldsymbol{x}^{\mathrm{T}}\boldsymbol{A}\boldsymbol{x}$ 的矩阵是不是 $\boldsymbol{A}$？如果不是，是什么？

A类题

1. 判断下列各式是否为二次型，若是，写出对应的矩阵：

(1) $f=x_1^2+2x_2^2+x_3^2+4x_1x_2+x_1$；　(2) $f=x_1^2+4x_2^2-x_3^2+x_1x_3-x_2x_3+1$；

(3) $f=x_1^2+3x_2^2+4x_1x_2$；　(4) $f=x_1^2+4x_1x_2+2x_2^2+4x_2x_3+3x_3^2$；

(5) $f=x_1^2+2x_1x_2+3x_2^2+4x_1x_3+2x_2x_3+2x_3^2$；　(6) $f=x_1^2+\sqrt{x_1x_2}+4x_2^2$。

2. 写出下列二次型对应的矩阵并求出其秩：

(1) $f=x_1^2-4x_1x_2+x_2^2$；

(2) $f=x_1^2-2x_1x_2+4x_1x_3-2x_2^2+8x_2x_3+3x_3^2$；

(3) $f=x_1x_2-x_1x_3+2x_2x_3+x_4^2$；

(4) $f=2x_1x_2+4x_2x_3+6x_3x_4$。

3. 写出下列矩阵对应的二次型：

(1) $\boldsymbol{A}=\begin{pmatrix}2&2&5\\2&1&0\\5&0&2\end{pmatrix}$；　(2) $\boldsymbol{A}=\begin{pmatrix}0&0&1\\0&1&0\\1&0&0\end{pmatrix}$；

(3) $\boldsymbol{A}=\begin{pmatrix}1&-1&-3&1\\-1&1&-2&1\\-3&-2&2&-3\\1&1&-3&0\end{pmatrix}$；　(4) $\boldsymbol{A}=\begin{pmatrix}1&2&0&0\\2&3&0&0\\0&0&4&5\\0&0&5&6\end{pmatrix}$。

4. 设矩阵 $\boldsymbol{A}$ 与 $\boldsymbol{B}$ 合同，矩阵 $\boldsymbol{C}$ 与 $\boldsymbol{D}$ 合同，证明：矩阵 $\begin{pmatrix}\boldsymbol{A}&\boldsymbol{0}\\\boldsymbol{0}&\boldsymbol{C}\end{pmatrix}$ 与 $\begin{pmatrix}\boldsymbol{B}&\boldsymbol{0}\\\boldsymbol{0}&\boldsymbol{D}\end{pmatrix}$ 合同。

5. 当 t 为何值时，二次型 $f(x_1,x_2,x_3)=x_1^2+6x_1x_2+4x_1x_3+2x_2^2+2x_2x_3+tx_3^2$ 的秩为 2。

B类题

1. 写出二次型 $f(x_1,x_2,x_3)=(a_1x_1+a_2x_2+a_3x_3)^2$ 的矩阵。

2. 设 $\boldsymbol{x}$ 为 n 维列向量，$\boldsymbol{A}$ 为 n 阶反对称矩阵，证明：$\boldsymbol{x}^{\mathrm{T}}\boldsymbol{A}\boldsymbol{x}=0$。

3. 证明：矩阵 $\begin{pmatrix}a&0&0\\0&b&0\\0&0&c\end{pmatrix}$ 与 $\begin{pmatrix}b&0&0\\0&c&0\\0&0&a\end{pmatrix}$ 合同。

4. 设矩阵 $\boldsymbol{A}$ 和 $\boldsymbol{B}$ 为可逆矩阵，且 $\boldsymbol{A}$ 与 $\boldsymbol{B}$ 合同。证明：$\boldsymbol{A}^{-1}$ 与 $\boldsymbol{B}^{-1}$ 合同。

6.2 二次型的标准形 | Canonical forms of quadratic forms

由 6.1 节内容可知，二次型 $\boldsymbol{x}^{\mathrm{T}}\boldsymbol{A}\boldsymbol{x}$ 可以通过非退化的线性替换 $\boldsymbol{x}=\boldsymbol{C}\boldsymbol{y}$ 转化为新的二次型 $\boldsymbol{x}^{\mathrm{T}}\boldsymbol{B}\boldsymbol{x}$，其中 $\boldsymbol{B}=\boldsymbol{C}^{\mathrm{T}}\boldsymbol{A}\boldsymbol{C}$。自然想到的是，新二次型会是什么形式？能不能得到比 $\boldsymbol{x}^{\mathrm{T}}\boldsymbol{A}\boldsymbol{x}$ 更

简单的形式？能得到的最简单的形式是什么样的？如何化成最简单的形式？最简单的形式是否唯一？本节来回答这些问题。

定义 6.4 如果 n 元二次型 $\boldsymbol{y}^{\mathrm{T}}(\boldsymbol{C}^{\mathrm{T}}\boldsymbol{A}\boldsymbol{C})\boldsymbol{y}$ 具有如下的形式

Definition 6.4 If a quadratic form $\boldsymbol{y}^{\mathrm{T}}(\boldsymbol{C}^{\mathrm{T}}\boldsymbol{A}\boldsymbol{C})\boldsymbol{y}$ of order n has the following form

$$d_1y_1^2+d_2y_2^2+\cdots+d_ry_r^2,$$

其中 $d_i\neq 0(i=1,2,\cdots,r,r\leqslant n)$，称这个形式为二次型(6.3)的一个**标准形**。矩阵

where $d_i\neq 0$ $(i=1,2,\cdots,r,r\leqslant n)$, it is called a **canonical form** of the quadratic form (6.3). The matrix given by

$$\boldsymbol{D}=\begin{pmatrix} d_1 & & & & & & \\ & d_2 & & & & & \\ & & \ddots & & & & \\ & & & d_r & & & \\ & & & & 0 & & \\ & & & & & \ddots & \\ & & & & & & 0 \end{pmatrix}$$

称为对称矩阵 $\boldsymbol{A}$ 的合同标准形矩阵，简称为 $\boldsymbol{A}$ 的**标准形**。

is called a congruently canonical matrix of the symmetric matrix $\boldsymbol{A}$, for short, a **canonical form** of $\boldsymbol{A}$.

定理 6.1 任给二次型 $f=\boldsymbol{x}^{\mathrm{T}}\boldsymbol{A}\boldsymbol{x}$，存在正交替换 $\boldsymbol{x}=\boldsymbol{P}\boldsymbol{y}$，将 f 化成标准形，即

Theorem 6.1 For any given quadratic form $f=\boldsymbol{x}^{\mathrm{T}}\boldsymbol{A}\boldsymbol{x}$, there exists an orthogonal substitution $\boldsymbol{x}=\boldsymbol{P}\boldsymbol{y}$ such that f can be reduced to the following canonical form, i. e. ,

$$f=\lambda_1y_1^2+\lambda_2y_2^2+\cdots+\lambda_ny_n^2,$$

其中 $\lambda_1,\lambda_2,\cdots,\lambda_n$ 是 $\boldsymbol{A}$ 的特征值。

where $\lambda_1,\lambda_2,\cdots,\lambda_n$ are eigenvalues of $\boldsymbol{A}$.

这个定理事实上是定理 5.10 的等价说法。

用正交替换将二次型化为标准形，其特点是保持几何图形不变。因此，它在理论和实际应用中都有非常重要的意义。根据 5.4 节中的方法，可利用正交替换将二次型 $f=\boldsymbol{x}^{\mathrm{T}}\boldsymbol{A}\boldsymbol{x}$ 化为标准形，具体步骤为：

第一步 写出二次型的矩阵 $\boldsymbol{A}$；

第二步 求出 $\boldsymbol{A}$ 的特征值 $\lambda_1,\lambda_2,\cdots,\lambda_n$；

第三步 求出对应的标准正交的特征向量组 $\boldsymbol{\eta}_1,\boldsymbol{\eta}_2,\cdots,\boldsymbol{\eta}_n$；

第四步 以 $\boldsymbol{\eta}_1,\boldsymbol{\eta}_2,\cdots,\boldsymbol{\eta}_n$ 为列向量构造正交矩阵 $\boldsymbol{P}$；

第五步 作正交替换 $\boldsymbol{x}=\boldsymbol{P}\boldsymbol{y}$，即可将二次型 $f=\boldsymbol{x}^{\mathrm{T}}\boldsymbol{A}\boldsymbol{x}$ 化为标准形

$$f=\lambda_1y_1^2+\lambda_2y_2^2+\cdots+\lambda_ny_n^2。$$

例 6.3 求一个正交替换 $\boldsymbol{x}=\boldsymbol{P}\boldsymbol{y}$，将下列二次型化为标准形：

(1) $f=2x_1^2-4x_1x_2+x_2^2-4x_2x_3$； (2) $f=2x_1x_2+x_3^2$。

分析 按照上面提供的步骤求解。

解 (1) 易见，二次型 f 对应的矩阵为

$$A=\begin{pmatrix}2&-2&0\\-2&1&-2\\0&-2&0\end{pmatrix}。$$

矩阵 A 的特征方程为

$$|\lambda E-A|=\begin{vmatrix}\lambda-2&2&0\\2&\lambda-1&2\\0&2&\lambda\end{vmatrix}=(\lambda-1)(\lambda+2)(\lambda-4)=0。$$

故矩阵 A 的特征值为 $\lambda_1=1,\lambda_2=-2,\lambda_3=4$。

对于 $\lambda_1=1$，线性方程组 $(E-A)x=0$ 的系数矩阵可约化为

$$E-A=\begin{pmatrix}-1&2&0\\2&0&2\\0&2&1\end{pmatrix}\to\begin{pmatrix}-1&2&0\\0&4&2\\0&2&1\end{pmatrix}\to\begin{pmatrix}1&0&1\\0&1&1/2\\0&0&0\end{pmatrix},$$

对应的特征向量为

$$\alpha_1=\begin{pmatrix}2\\1\\-2\end{pmatrix}。$$

对于 $\lambda_2=-2$，线性方程组 $(-2E-A)x=0$ 的系数矩阵可约化为

$$-2E-A=\begin{pmatrix}-4&2&0\\2&-3&2\\0&2&-2\end{pmatrix}\to\begin{pmatrix}2&-1&0\\0&-2&2\\0&2&-2\end{pmatrix}\to\begin{pmatrix}1&0&-1/2\\0&1&-1\\0&0&0\end{pmatrix},$$

对应的特征向量为

$$\alpha_2=\begin{pmatrix}1\\2\\2\end{pmatrix}。$$

对于 $\lambda_3=4$，线性方程组 $(4E-A)x=0$ 的系数矩阵可约化为

$$4E-A=\begin{pmatrix}2&2&0\\2&3&2\\0&2&4\end{pmatrix}\to\begin{pmatrix}1&1&0\\0&1&2\\0&2&4\end{pmatrix}\to\begin{pmatrix}1&0&-2\\0&1&2\\0&0&0\end{pmatrix},$$

对应的特征向量为

$$\alpha_3=\begin{pmatrix}2\\-2\\1\end{pmatrix}。$$

由于 $\alpha_1,\alpha_2,\alpha_3$ 彼此正交，因此只需将其单位化，即

$$\eta_1=\frac{1}{3}\begin{pmatrix}2\\1\\-2\end{pmatrix},\quad \eta_2=\frac{1}{3}\begin{pmatrix}1\\2\\2\end{pmatrix},\quad \eta_3=\frac{1}{3}\begin{pmatrix}2\\-2\\1\end{pmatrix}。$$

构造正交矩阵

$$P=(\eta_1,\eta_2,\eta_3)=\frac{1}{3}\begin{pmatrix}2&1&2\\1&2&-2\\-2&2&1\end{pmatrix},$$

并令 $\boldsymbol{x}=\boldsymbol{P}\boldsymbol{y}$，则二次型的标准形为

$$f=\boldsymbol{x}^{\mathrm{T}}\boldsymbol{A}\boldsymbol{x}=\boldsymbol{y}^{\mathrm{T}}(\boldsymbol{P}^{\mathrm{T}}\boldsymbol{A}\boldsymbol{P})\boldsymbol{y}=y_1^2-2y_2^2+4y_3^2。$$

(2) 易见，二次型 f 对应的矩阵为

$$\boldsymbol{A}=\begin{pmatrix}0&1&0\\1&0&0\\0&0&1\end{pmatrix}。$$

矩阵 $\boldsymbol{A}$ 的特征方程为

$$|\lambda\boldsymbol{E}-\boldsymbol{A}|=\begin{vmatrix}\lambda&-1&0\\-1&\lambda&0\\0&0&\lambda-1\end{vmatrix}=(\lambda-1)^2(\lambda+1)=0。$$

故矩阵 $\boldsymbol{A}$ 的特征值为 $\lambda_1=\lambda_2=1,\lambda_3=-1$。

对于 $\lambda_1=\lambda_2=1$，线性方程组 $(\boldsymbol{E}-\boldsymbol{A})\boldsymbol{x}=\boldsymbol{0}$ 的系数矩阵可约化为

$$\boldsymbol{E}-\boldsymbol{A}=\begin{pmatrix}1&-1&0\\-1&1&0\\0&0&0\end{pmatrix}\rightarrow\begin{pmatrix}1&-1&0\\0&0&0\\0&0&0\end{pmatrix},$$

对应的特征向量为

$$\boldsymbol{\alpha}_1=\begin{pmatrix}1\\1\\0\end{pmatrix},\quad\boldsymbol{\alpha}_2=\begin{pmatrix}0\\0\\1\end{pmatrix}。$$

对于 $\lambda_3=-1$，线性方程组 $(-\boldsymbol{E}-\boldsymbol{A})\boldsymbol{x}=\boldsymbol{0}$ 的系数矩阵可约化为

$$-\boldsymbol{E}-\boldsymbol{A}=\begin{pmatrix}-1&-1&0\\-1&-1&0\\0&0&-2\end{pmatrix}\rightarrow\begin{pmatrix}1&1&0\\0&0&1\\0&0&0\end{pmatrix},$$

对应的特征向量为

$$\boldsymbol{\alpha}_3=\begin{pmatrix}-1\\1\\0\end{pmatrix}。$$

由于 $\boldsymbol{\alpha}_1,\boldsymbol{\alpha}_2,\boldsymbol{\alpha}_3$ 彼此正交，因此只需将其单位化，即

$$\boldsymbol{\eta}_1=\frac{1}{\sqrt{2}}\begin{pmatrix}1\\1\\0\end{pmatrix},\quad\boldsymbol{\eta}_2=\begin{pmatrix}0\\0\\1\end{pmatrix}=\frac{1}{\sqrt{2}}\begin{pmatrix}0\\0\\\sqrt{2}\end{pmatrix},\quad\boldsymbol{\eta}_3=\frac{1}{\sqrt{2}}\begin{pmatrix}-1\\1\\0\end{pmatrix}。$$

构造正交矩阵

$$\boldsymbol{P}=(\boldsymbol{\eta}_1,\boldsymbol{\eta}_2,\boldsymbol{\eta}_3)=\frac{1}{\sqrt{2}}\begin{pmatrix}1&0&-1\\1&0&1\\0&\sqrt{2}&0\end{pmatrix},$$

并令 $\boldsymbol{x}=\boldsymbol{P}\boldsymbol{y}$，则得到标准形

$$f=\boldsymbol{x}^{\mathrm{T}}\boldsymbol{A}\boldsymbol{x}=\boldsymbol{y}^{\mathrm{T}}(\boldsymbol{P}^{\mathrm{T}}\boldsymbol{A}\boldsymbol{P})\boldsymbol{y}=y_1^2+y_2^2-y_3^2。$$

例 6.4 设二次型 $f=x_1^2+3x_2^2+2ax_2x_3+3x_3^2\,(a>0)$ 可以通过正交替换化为标准形

$f=y_1^2+y_2^2+5y_3^2$。求参数 a 的值及所用的正交替换对应的矩阵。

分析 根据定理6.1求解。首先根据两个二次型的矩阵之间的关系确定参数 a 的值，进而可求出 $\boldsymbol{A}$ 的标准正交的特征向量组。

解 不难求得，替换前后的二次型对应的矩阵分别为

$$\boldsymbol{A}=\begin{pmatrix}1&0&0\\0&3&a\\0&a&3\end{pmatrix},\quad \boldsymbol{\Lambda}=\begin{pmatrix}1&0&0\\0&1&0\\0&0&5\end{pmatrix}。$$

设所求正交矩阵为 $\boldsymbol{P}$，则有 $\boldsymbol{P}^{\mathrm{T}}\boldsymbol{AP}=\boldsymbol{\Lambda}$，此时两边取行列式，并注意到 $|\boldsymbol{P}|=\pm1$，得

$$|\boldsymbol{P}^{\mathrm{T}}||\boldsymbol{A}||\boldsymbol{P}|=|\boldsymbol{P}|^2|\boldsymbol{A}|=|\boldsymbol{A}|=|\boldsymbol{\Lambda}|,$$

即 $(9-a^2)=5$。由 $a>0$，得 $a=2$。

易见，$\boldsymbol{A}$ 的特征值为 $\lambda_1=\lambda_2=1,\lambda_3=5$。

当 $\lambda_1=\lambda_2=1$ 时，线性方程组 $(\boldsymbol{E}-\boldsymbol{A})\boldsymbol{x}=\boldsymbol{0}$ 的系数矩阵可约化为

$$\boldsymbol{E}-\boldsymbol{A}=\begin{pmatrix}0&0&0\\0&-2&-2\\0&-2&-2\end{pmatrix}\to\begin{pmatrix}0&1&1\\0&0&0\\0&0&0\end{pmatrix},$$

求得对应的特征向量为

$$\boldsymbol{\alpha}_1=\begin{pmatrix}1\\0\\0\end{pmatrix},\quad \boldsymbol{\alpha}_2=\begin{pmatrix}0\\-1\\1\end{pmatrix}。$$

类似地，可求得与 $\lambda_3=5$ 对应的特征向量为

$$\boldsymbol{\alpha}_3=\begin{pmatrix}0\\1\\1\end{pmatrix}。$$

由于 $\boldsymbol{\alpha}_1,\boldsymbol{\alpha}_2,\boldsymbol{\alpha}_3$ 是正交向量组，将它们单位化，可得

$$\boldsymbol{\eta}_1=\begin{pmatrix}1\\0\\0\end{pmatrix}=\frac{1}{\sqrt{2}}\begin{pmatrix}\sqrt{2}\\0\\0\end{pmatrix},\quad \boldsymbol{\eta}_2=\frac{1}{\sqrt{2}}\begin{pmatrix}0\\-1\\1\end{pmatrix},\quad \boldsymbol{\eta}_3=\frac{1}{\sqrt{2}}\begin{pmatrix}0\\1\\1\end{pmatrix}。$$

以 $\boldsymbol{\eta}_1,\boldsymbol{\eta}_2,\boldsymbol{\eta}_3$ 为列即可得到所求的正交矩阵，即

$$\boldsymbol{P}=(\boldsymbol{\eta}_1,\boldsymbol{\eta}_2,\boldsymbol{\eta}_3)=\frac{1}{\sqrt{2}}\begin{pmatrix}\sqrt{2}&0&0\\0&-1&1\\0&1&1\end{pmatrix}。$$

例 6.5 对于给定矩阵

$$\boldsymbol{A}=\begin{pmatrix}1&-2&2\\-2&4&-4\\2&-4&4\end{pmatrix},$$

解答下列问题：

(1) 求一个正交矩阵 $\boldsymbol{P}$ 使得 $\boldsymbol{P}^{\mathrm{T}}\boldsymbol{AP}$(即 $\boldsymbol{P}^{-1}\boldsymbol{AP}$)成为对角矩阵。

(2) 求一个正交替换 $\boldsymbol{x}=\boldsymbol{Py}$，将二次型

$$f = x_1^2 - 4x_1x_2 + 4x_1x_3 + 4x_2^2 - 8x_2x_3 + 4x_3^2$$

约化为标准形。

分析 依题意,需求矩阵 $\boldsymbol{A}$ 的特征值与标准正交的特征向量组。

解 (1) 矩阵 $\boldsymbol{A}$ 的特征方程为

$$|\lambda \boldsymbol{E} - \boldsymbol{A}| = \begin{vmatrix} \lambda-1 & 2 & -2 \\ 2 & \lambda-4 & 4 \\ -2 & 4 & \lambda-4 \end{vmatrix} = \lambda^2(\lambda-9) = 0。$$

因此,矩阵 $\boldsymbol{A}$ 的特征值为 $\lambda_1=\lambda_2=0,\lambda_3=9$。

对 $\lambda_1=\lambda_2=0$,求解线性方程组 $(0\boldsymbol{E}-\boldsymbol{A})\boldsymbol{x}=\boldsymbol{0}$,得到对应的特征向量为

$$\boldsymbol{\alpha}_1 = \begin{pmatrix} 2 \\ 1 \\ 0 \end{pmatrix}, \quad \boldsymbol{\alpha}_2 = \begin{pmatrix} -2 \\ 0 \\ 1 \end{pmatrix}。$$

将它们正交化得

$$\boldsymbol{\beta}_1 = \boldsymbol{\alpha}_1 = \begin{pmatrix} 2 \\ 1 \\ 0 \end{pmatrix}, \quad \boldsymbol{\beta}_2 = \boldsymbol{\alpha}_2 - \frac{\langle \boldsymbol{\alpha}_2, \boldsymbol{\beta}_1 \rangle}{\langle \boldsymbol{\beta}_1, \boldsymbol{\beta}_1 \rangle}\boldsymbol{\beta}_1 = \frac{1}{5}\begin{pmatrix} -2 \\ 4 \\ 5 \end{pmatrix}。$$

对于 $\lambda_3=9$,求解线性方程组 $(9\boldsymbol{E}-\boldsymbol{A})\boldsymbol{x}=\boldsymbol{0}$,得到对应的特征向量为

$$\boldsymbol{\alpha}_3 = \begin{pmatrix} 1 \\ -2 \\ 2 \end{pmatrix}。$$

由于 $\boldsymbol{\alpha}_3$ 与 $\boldsymbol{\beta}_1,\boldsymbol{\beta}_2$ 正交,故只需将 $\boldsymbol{\beta}_1,\boldsymbol{\beta}_2,\boldsymbol{\alpha}_3$ 单位化,得

$$\boldsymbol{\eta}_1 = \begin{pmatrix} \frac{2}{\sqrt{5}} \\ \frac{1}{\sqrt{5}} \\ 0 \end{pmatrix}, \quad \boldsymbol{\eta}_2 = \begin{pmatrix} -\frac{2}{3\sqrt{5}} \\ \frac{4}{3\sqrt{5}} \\ \frac{5}{3\sqrt{5}} \end{pmatrix}, \quad \boldsymbol{\eta}_3 = \begin{pmatrix} \frac{1}{3} \\ -\frac{2}{3} \\ \frac{2}{3} \end{pmatrix}。$$

令正交矩阵

$$\boldsymbol{P} = (\boldsymbol{\eta}_1, \boldsymbol{\eta}_2, \boldsymbol{\eta}_3) = \begin{pmatrix} \frac{2}{\sqrt{5}} & -\frac{2}{3\sqrt{5}} & \frac{1}{3} \\ \frac{1}{\sqrt{5}} & \frac{4}{3\sqrt{5}} & -\frac{2}{3} \\ 0 & \frac{5}{3\sqrt{5}} & \frac{2}{3} \end{pmatrix},$$

则有 $\boldsymbol{P}^{-1}\boldsymbol{A}\boldsymbol{P}=\boldsymbol{P}^{\mathrm{T}}\boldsymbol{A}\boldsymbol{P}=\boldsymbol{\Lambda}$,其中

$$\boldsymbol{\Lambda} = \begin{pmatrix} 0 & & \\ & 0 & \\ & & 9 \end{pmatrix}。$$

(2) 显然,二次型 f 的矩阵恰好为 $\boldsymbol{A}$。因此,$\boldsymbol{P}$ 可以取为(1)中得到的正交矩阵。令 $\boldsymbol{x}=$

$\boldsymbol{Py}$，则有

$$f = \boldsymbol{x}^{\mathrm{T}}\boldsymbol{Ax} = \boldsymbol{y}^{\mathrm{T}}\boldsymbol{\Lambda y} = 9y_3^2。$$

评注 (1) 由定理5.9知，实对称矩阵的属于不同特征值的特征向量是正交的，所以本例中属于 $\lambda_3=9$ 的特征向量 $\boldsymbol{\alpha}_3$ 与 $\lambda_1=\lambda_2=0$ 对应的特征向量正交，只需将其单位化即可。

(2) 特征向量(即齐次线性方程组的基础解系)的取法不是唯一的，所以正交矩阵 $\boldsymbol{P}$ 也不是唯一的。

(3) 在构成正交矩阵 $\boldsymbol{P}$ 时，标准正交向量 $\boldsymbol{\eta}_1,\boldsymbol{\eta}_2,\boldsymbol{\eta}_3$ 的顺序是可变的，但得到的对角阵中 $\lambda_1,\lambda_2,\lambda_3$ 的位置也要做相应的变化。

用正交替换化二次型为标准形，虽然具有保持几何形状不变的优点，但缺点是计算量较大。除了正交替换，还有多种方法可将二次型约化为标准形，如配方法、初等变换法，等等。下面通过几个实例介绍**配方法**。由于初等变换法较难理解，用起来不是很方便，本书不予引入，有兴趣的读者可参见教材[1,2]。

例 6.6 用配方法化下列二次型：

(1) $f=2x_1^2+4x_1x_2+x_2^2+4x_2x_3$；　　(2) $f=x_1x_2+2x_1x_3-x_2x_3$

为标准形，并求对应的替换矩阵。

分析 (1)先将含 x_1 的项进行配方，再对剩余的项将含 x_2 的项配方，以此类推。(2)此题不含平方项，需先凑出平方项，再按(1)的步骤进行配方。

解 (1) 由于二次型 f 中含变量 x_1 的平方项，故将含 x_1 的项归并起来配方，有

$$f = 2(x_1+x_2)^2 - x_2^2 + 4x_2x_3。$$

上式右端除第一项外已不再含 x_1。将剩余的项中含 x_2 的项配方，得

$$f = 2(x_1+x_2)^2 - (x_2-2x_3)^2 + 4x_3^2。$$

令

$$\begin{cases} y_1 = x_1 + x_2, \\ y_2 = \qquad x_2 - 2x_3, \\ y_3 = \qquad\qquad x_3, \end{cases}$$

不难求得

$$\begin{cases} x_1 = y_1 - y_2 - 2y_3, \\ x_2 = \qquad y_2 + 2y_3, \\ x_3 = \qquad\qquad y_3。 \end{cases}$$

易见，上述替换为非退化线性替换。令

$$\boldsymbol{C} = \begin{pmatrix} 1 & -1 & -2 \\ 0 & 1 & 2 \\ 0 & 0 & 1 \end{pmatrix},$$

经非退化线性替换 $\boldsymbol{x}=\boldsymbol{Cy}$ 后，所得的标准形为

$$f = 2y_1^2 - y_2^2 + 4y_3^2。$$

(2) 显然，二次型 f 不含平方项。由于含有 x_1x_2 乘积项，取如下的非退化线性替换

$$\begin{cases} x_1 = y_1 + y_2, \\ x_2 = y_1 - y_2, \\ x_3 = y_3, \end{cases}$$

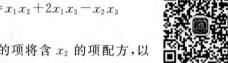

矩阵表示式为

$$\boldsymbol{x}=\begin{pmatrix}x_1\\x_2\\x_3\end{pmatrix}=\begin{pmatrix}1&1&0\\1&-1&0\\0&0&1\end{pmatrix}\begin{pmatrix}y_1\\y_2\\y_3\end{pmatrix}=\boldsymbol{C}_1\boldsymbol{y}。$$

将相应的替换代入二次型 f,得

$$f=y_1^2+y_1y_3-y_2^2+3y_2y_3。$$

对上式进行配方,可得

$$f=\left(y_1+\frac{1}{2}y_3\right)^2-y_2^2+3y_2y_3-\frac{1}{4}y_3^2=\left(y_1+\frac{1}{2}y_3\right)^2-\left(y_2-\frac{3}{2}y_3\right)^2+2y_3^2。$$

令

$$\begin{cases}z_1=y_1+\dfrac{1}{2}y_3,\\ z_2=y_2-\dfrac{3}{2}y_3,\\ z_3=y_3,\end{cases}$$

不难求得

$$\begin{cases}y_1=z_1-\dfrac{1}{2}z_3,\\ y_2=z_2+\dfrac{3}{2}z_3,\\ y_3=z_3。\end{cases}$$

易见,这是一个非退化线性替换,替换矩阵为

$$\boldsymbol{C}_2=\begin{pmatrix}1&0&-\dfrac{1}{2}\\0&1&\dfrac{3}{2}\\0&0&1\end{pmatrix}。$$

令 $\boldsymbol{x}=\boldsymbol{C}_1\boldsymbol{y}=\boldsymbol{C}_1\boldsymbol{C}_2\boldsymbol{z}=\boldsymbol{C}\boldsymbol{z}$,其中

$$\boldsymbol{C}=\begin{pmatrix}1&1&1\\1&-1&-2\\0&0&1\end{pmatrix}。$$

于是,二次型 f 的标准形为 $f=z_1^2-z_2^2+2z_3^2$。

上面介绍了通过正交替换法或配方法将二次型化为标准形的方法。需要指出的是:

(1) 对同一个二次型,使用的方法不同,得到的标准形可能会不同。看一个简单的例子。考虑二次型 $f=x_1^2-4x_2^2+9x_3^2$,它本身就是标准形的形式。如果作下面的非退化线性替换

$$\begin{cases}x_1=y_1,\\ x_2=\dfrac{1}{2}y_2,\\ x_3=\dfrac{1}{3}y_3,\end{cases}$$

则原二次型就化为新的二次型 $f=y_1^2-y_2^2+y_3^2$。显然，这个新的二次型也是原二次型的标准形。这表明，同一个二次型对应的标准形并不唯一。

(2) 若利用正交替换化二次型为标准形，各平方项的系数恰好为二次型的矩阵的特征值。但利用配方法化二次型为标准形时，由于所使用的非退化替换矩阵不一定是正交矩阵，所得二次型的平方项的系数不能保证是二次型的矩阵的特征值。这也表明二次型的标准形并不唯一。

(3) 经过观察还可以发现，虽然上述二次型的标准形的形式不同，但系数为正的平方项的个数与系数为负的平方项的个数是不变的。这并不是偶然的。

下面引入规范标准形的概念。

定义 6.5 如果二次型 $\boldsymbol{x}^{\mathrm{T}}\boldsymbol{A}\boldsymbol{x}$ 经过非退化线性替换得到的新二次型 $\boldsymbol{y}^{\mathrm{T}}(\boldsymbol{C}^{\mathrm{T}}\boldsymbol{A}\boldsymbol{C})\boldsymbol{y}$ 具有下面的形式

Definition 6.5 If a quadratic form $\boldsymbol{y}^{\mathrm{T}}(\boldsymbol{C}^{\mathrm{T}}\boldsymbol{A}\boldsymbol{C})\boldsymbol{y}$ obtained by a nondegenerate linear substitution on $\boldsymbol{x}^{\mathrm{T}}\boldsymbol{A}\boldsymbol{x}$ has the following form

$$y_1^2+y_2^2+\cdots+y_p^2-y_{p+1}^2-y_{p+2}^2-\cdots-y_{p+q}^2,$$

称这个形式为二次型 $\boldsymbol{x}^{\mathrm{T}}\boldsymbol{A}\boldsymbol{x}$ 的**规范标准形**，简称为**规范形**。

it is called the **normalized canonical form** of the quadratic form $\boldsymbol{x}^{\mathrm{T}}\boldsymbol{A}\boldsymbol{x}$, for short, the **normalized form.**

定理 6.2(惯性定理) 任一二次型都可以化为规范形。一个二次型的规范形是唯一的。

Theorem 6.2 (Inertia theorem) Each quadratic form can be reduced to a normalized form. The normalized form of a quadratic form is unique.

推论 任一对称矩阵都合同于如下形式的对角矩阵

Corollary Each symmetric matrix is congruent to a diagonal matrix with the following form

$$\begin{pmatrix} \boldsymbol{E}_p & \boldsymbol{0} & \boldsymbol{0} \\ \boldsymbol{0} & -\boldsymbol{E}_q & \boldsymbol{0} \\ \boldsymbol{0} & \boldsymbol{0} & \boldsymbol{0} \end{pmatrix},$$

其中 $\boldsymbol{E}_p,\boldsymbol{E}_q$ 分别为 p 阶和 q 阶单位矩阵，且 $p+q=\mathrm{R}(\boldsymbol{A})$。

where $\boldsymbol{E}_p,\boldsymbol{E}_q$ are identity matrices of order p and q, respectively, and $p+q=\mathrm{R}(\boldsymbol{A})$.

在二次型的规范形中，系数为正的平方项的个数 p 称为二次型的**正惯性指数(positive index of inertia)**，系数为负的平方项的个数 q 称为二次型的**负惯性指数(negative index of inertia)**，正负惯性指数的差 $p-q$ 称为二次型的符号差。对二次型的矩阵，也有同样的定义。

由定理 6.2 知，要确定二次型的惯性指数，需要将二次型化为规范形后统计系数分别为正、负的平方项的个数。事实上，在非退化线性替换作用下，二次型的惯性指数保持不变，于是只需得到二次型的任一标准形，统计其系数为正、负的平方项的个数即可。在本书中给出了两种化二次型为标准形的方法，因此计算二次型的惯性指数有两种方法：

(1) 求出二次型的矩阵的所有特征值，正的特征值的个数即为正惯性指数，负的特征值的个数即为负惯性指数。

(2) 利用配方法将二次型化为标准形，系数为正的平方项的个数即为正惯性指数，系数为负的平方项的个数即为负惯性指数。

例 6.7 求下列二次型的惯性指数：

(1) $f=2x_1x_2+x_3^2$；

(2) $f=2x_1^2-4x_1x_2+x_2^2-4x_2x_3$；

(3) $f=2x_1^2+4x_1x_2+x_2^2+4x_2x_3$；

(4) $f=x_1x_2+2x_1x_3-x_2x_3$。

分析 求出二次型对应的矩阵的所有特征值或通过配方法化二次型为标准形，即可得到这些二次型的惯性指数。本例中的(1)～(4)分别是例 6.3 和例 6.6 中的题目。

解 由例 6.3 可得：

(1) 二次型的矩阵的全部特征值为 $\lambda_1=1,\lambda_2=-2,\lambda_3=4$，所以正惯性指数为 2，负惯性指数为 1；

(2) 二次型的矩阵的全部特征值为 $\lambda_1=\lambda_2=1,\lambda_3=-1$，所以正惯性指数为 2，负惯性指数为 1。

由例 6.6 可得：

(3) 二次型的标准形为 $f=2y_1^2-y_2^2+4y_3^2$，所以正惯性指数为 2，负惯性指数为 1；

(4) 二次型的标准形为 $f=z_1^2-z_2^2+2z_3^2$，所以正惯性指数为 2，负惯性指数为 1。

习题 6.2

思考题

1. 二次型的标准形是否唯一？规范形是否唯一？

2. 二次型的惯性指数是如何确定的？与矩阵的特征值有何关系？

A类题

1. 分别用正交替换法、配方法将下列二次型化为标准形，并给出相应的非退化线性替换矩阵以及惯性指数：

(1) $f=-2x_1x_2+2x_1x_3+2x_2x_3$；(2) $f=2x_1^2-4x_1x_2+x_2^2-4x_2x_3$；

(3) $f=x_1^2+4x_1x_2+4x_1x_3+x_2^2+4x_2x_3+x_3^2$；

(4) $f=5x_1^2-2x_1x_2+6x_1x_3+5x_2^2-6x_2x_3+3x_3^2$；

(5) $f=3x_1^2+8x_1x_2-4x_1x_3+3x_2^2+4x_2x_3+6x_3^2$；

(6) $f=x_1^2-4x_1x_2-8x_1x_3+4x_2^2-4x_2x_3+x_3^2$。

2. 已知二次型 $f=x_1^2+2ax_1x_2+2x_1x_3+x_2^2+2bx_2x_3+x_3^2$ 经过正交替换化为标准形 $f=y_2^2+2y_3^2$，求参数 a,b 的值及所用的正交替换矩阵。

3. 已知二次型 $f=ax_1^2+(4-2a)x_1x_2+ax_2^2+2x_3^2$ 的秩为 2，求参数 a 的值，并利用正交替换将该二次型化为标准形。

4. 设二次型 $f=x_1^2-4x_1x_2-4x_1x_3+x_2^2+2ax_2x_3+x_3^2$ 在正交替换 $\boldsymbol{x}=\boldsymbol{Q}\boldsymbol{y}$ 下的标准形为 $3y_1^2+3y_2^2+by_3^2$，求 a,b 的值及所用的正交替换。

6.3 正定二次型 | Positive definite quadratic forms

本节讨论一种特殊的实二次型，即正定二次型。

定义 6.6 实二次型 $f(x_1,x_2,\cdots,x_n)=\boldsymbol{x}^{\mathrm{T}}\boldsymbol{A}\boldsymbol{x}$ 称为**正定二次型**，如果对于任意的 n 维非零实向量 $\boldsymbol{x}=(c_1,c_2,\cdots,c_n)^{\mathrm{T}}$，都有不等式 $f(c_1,c_2,\cdots,c_n)>0$ 成立，对应的矩阵 $\boldsymbol{A}$ 称为**正定矩阵**。

Definition 6.6 The real quadratic form $f(x_1,x_2,\cdots,x_n)=\boldsymbol{x}^{\mathrm{T}}\boldsymbol{A}\boldsymbol{x}$ is called a **positive definite quadratic form** if the inequality $f(c_1,c_2,\cdots,c_n)>0$ is always valid for any nonzero real vector $\boldsymbol{x}=(c_1,c_2,\cdots,c_n)^{\mathrm{T}}$, the corresponding matrix $\boldsymbol{A}$ is called a **positive definite matrix.**

与正定二次型的定义类似，还有下面的概念。

定义 6.7 设 $f(x_1,x_2,\cdots,x_n)$ 是一个实二次型。如果对任意的 n 维非零实向量 $\boldsymbol{x}=(c_1,c_2,\cdots,c_n)^{\mathrm{T}}$，都有不等式 $f(c_1,c_2,\cdots,c_n)<0$ 成立，那么 $f(x_1,x_2,\cdots,x_n)$ 称为**负定的**；如果都有 $f(c_1,c_2,\cdots,c_n)\geqslant 0$，那么 $f(x_1,x_2,\cdots,x_n)$ 称为**半正定的**；如果都有 $f(c_1,c_2,\cdots,c_n)\leqslant 0$，那么 $f(x_1,x_2,\cdots,x_n)$ 称为**半负定的**；如果它既不是半正定的，又不是半负定的，那么 $f(x_1,x_2,\cdots,x_n)$ 就称为**不定的**。

Definition 6.7 Let $f(x_1,x_2,\cdots,x_n)$ be a real quadratic form. For any n dimensional nonzero real vector given by $\boldsymbol{x}=(c_1,c_2,\cdots,c_n)^{\mathrm{T}}$, $f(x_1,x_2,\cdots,x_n)$ is said to be **negative definite** if the inequality $f(c_1,c_2,\cdots,c_n)<0$ is valid, to be **positive semidefinite** if $f(c_1,c_2,\cdots,c_n)\geqslant 0$, and to be **negative semidefinite** if $f(c_1,c_2,\cdots,c_n)\leqslant 0$. The quadratic form neither positive semidefinite nor negative semidefinite is said to be **indefinite.**

例如，$f=x_1^2+x_2^2+\cdots+x_n^2$ 是正定二次型；$f=x_2^2+\cdots+x_n^2$ 是半正定二次型。

设二次型 $f(x_1,x_2,\cdots,x_n)=\boldsymbol{x}^{\mathrm{T}}\boldsymbol{A}\boldsymbol{x}$ 是正定的。令 $\boldsymbol{x}=\boldsymbol{C}\boldsymbol{y}$，$\boldsymbol{C}$ 可逆，则

$$f(x_1,x_2,\cdots,x_n)=\boldsymbol{x}^{\mathrm{T}}\boldsymbol{A}\boldsymbol{x}=\boldsymbol{y}^{\mathrm{T}}(\boldsymbol{C}^{\mathrm{T}}\boldsymbol{A}\boldsymbol{C})\boldsymbol{y},$$

即二次型 $\boldsymbol{y}^{\mathrm{T}}(\boldsymbol{C}^{\mathrm{T}}\boldsymbol{A}\boldsymbol{C})\boldsymbol{y}$ 也正定。

事实上，对任意的非零实向量 $\boldsymbol{y}=(y_1,y_2,\cdots,y_n)^{\mathrm{T}}$，因为 $\boldsymbol{C}$ 可逆，所以

$$\boldsymbol{x}=\boldsymbol{C}\begin{pmatrix}y_1\\y_2\\\vdots\\y_n\end{pmatrix}\neq\boldsymbol{0}。$$

由于 $f(x_1,x_2,\cdots,x_n)$ 正定，所以

$$(y_1,y_2,\cdots,y_n)(\boldsymbol{C}^{\mathrm{T}}\boldsymbol{A}\boldsymbol{C})\begin{pmatrix}y_1\\y_2\\\vdots\\y_n\end{pmatrix}=\boldsymbol{x}^{\mathrm{T}}\boldsymbol{A}\boldsymbol{x}>0。$$

因此二次型 $\boldsymbol{y}^{\mathrm{T}}(\boldsymbol{C}^{\mathrm{T}}\boldsymbol{A}\boldsymbol{C})\boldsymbol{y}$ 也是正定的。

以上说明：**正定二次型经过非退化的线性替换作用时不改变二次型的正定性**。于是有下面的结论。

定理 6.3 实二次型 $f(x_1,x_2,\cdots,x_n)=\boldsymbol{x}^{\mathrm{T}}\boldsymbol{A}\boldsymbol{x}$ 正定的充分必要条件是：它的标准形中的系数都大于零，即 $d_i>0(i=1,2,\cdots,n)$。换句话说，$f(x_1,x_2,\cdots,x_n)$ 正定，当且仅当 $\boldsymbol{A}$ 合同于

Theorem 6.3 The real quadratic form $f(x_1,x_2,\cdots,x_n)=\boldsymbol{x}^{\mathrm{T}}\boldsymbol{A}\boldsymbol{x}$ is positive definite if and only if all the coefficients in its canonical form are greater than zero, i.e., $d_i>0(i=1,2,\cdots,n)$. That is to say, $f(x_1,x_2,\cdots,x_n)$ is positive definite if and only if $\boldsymbol{A}$ is congruent to

$$\boldsymbol{D}=\begin{pmatrix} d_1 & & & \\ & d_2 & & \\ & & \ddots & \\ & & & d_n \end{pmatrix},$$

其中 $d_i>0(i=1,2,\cdots,n)$。

where $d_i>0(i=1,2,\cdots,n)$.

显然，$\boldsymbol{D}$ 合同于单位矩阵 $\boldsymbol{E}$。因而，有如下定理。

定理 6.4 实二次型 $f(x_1,x_2,\cdots,x_n)=\boldsymbol{x}^{\mathrm{T}}\boldsymbol{A}\boldsymbol{x}$ 正定的充分必要条件是：它的矩阵 $\boldsymbol{A}$ 与单位矩阵 $\boldsymbol{E}$ 合同。

Theorem 6.4 The real quadratic form, given by $f(x_1,x_2,\cdots,x_n)=\boldsymbol{x}^{\mathrm{T}}\boldsymbol{A}\boldsymbol{x}$, is positive definite if and only if $\boldsymbol{A}$ is congruent to the identity matrix $\boldsymbol{E}$.

若 $\boldsymbol{A}$ 合同于 $\boldsymbol{E}$，即 $\boldsymbol{A}=\boldsymbol{C}^{\mathrm{T}}\boldsymbol{C}$，则 $|\boldsymbol{A}|>0$。因此有

推论 1 如果矩阵 $\boldsymbol{A}$ 是正定的，则 $|\boldsymbol{A}|>0$。

Corollary 1 If the matrix $\boldsymbol{A}$ is positive definite, then $|\boldsymbol{A}|>0$.

推论 2 设 $\boldsymbol{A}$ 为 n 阶对称矩阵。二次型 $\boldsymbol{x}^{\mathrm{T}}\boldsymbol{A}\boldsymbol{x}$（或矩阵 $\boldsymbol{A}$）正定的充分必要条件是：二次型的正惯性指数等于 n。

Corollary 2 Let $\boldsymbol{A}$ be a symmetric matrix of order n. The quadratic form $\boldsymbol{x}^{\mathrm{T}}\boldsymbol{A}\boldsymbol{x}$ (or the matrix $\boldsymbol{A}$) is positive definite if and only if its positive index of inertia is equal to n.

此外，对实对称矩阵 $\boldsymbol{A}$ 而言，存在正交矩阵 $\boldsymbol{P}$，使得

$$\boldsymbol{P}^{\mathrm{T}}\boldsymbol{A}\boldsymbol{P}=\boldsymbol{P}^{-1}\boldsymbol{A}\boldsymbol{P}=\mathrm{diag}(\lambda_1,\lambda_2,\cdots,\lambda_n)。$$

于是，$\boldsymbol{A}$ 正定$\Leftrightarrow\lambda_i>0\ (i=1,2,\cdots,n)$。因此有下面的结论。

定理 6.5 实二次型 $f(x_1,x_2,\cdots,x_n)=\boldsymbol{x}^{\mathrm{T}}\boldsymbol{A}\boldsymbol{x}$（或实对称矩阵 $\boldsymbol{A}$）正定的充分必要条件是：$\boldsymbol{A}$ 的特征值均大于零。

Theorem 6.5 The real quadratic form given by $f(x_1,x_2,\cdots,x_n)=\boldsymbol{x}^{\mathrm{T}}\boldsymbol{A}\boldsymbol{x}$ (or a real symmetric matrix $\boldsymbol{A}$) is positive definite if and only if all the eigenvalues of $\boldsymbol{A}$ are positive.

通过定理 6.3 或定理 6.5 来判断对称矩阵（或二次型）的正定性，有时候并不一定方便，特别是当二次型对应的矩阵是一些具有特殊形式矩阵时，如分块对角矩阵、稀疏矩阵，等等。下面给出一种通过计算行列式来判断二次型的正定性的方法。

定义 6.8 子式

Definition 6.8 The subdeterminant

$$\Delta_i=\begin{vmatrix} a_{11} & a_{12} & \cdots & a_{1i} \\ a_{21} & a_{22} & \cdots & a_{2i} \\ \vdots & \vdots & & \vdots \\ a_{i1} & a_{i2} & \cdots & a_{ii} \end{vmatrix},\quad i=1,2,\cdots,n$$

称为矩阵 $\boldsymbol{A}=(a_{ij})_{n\times n}$ 的**顺序主子式**。

is called the **sequence principal subdeterminant** of $\boldsymbol{A}=(a_{ij})_{n\times n}$.

定理 6.6 实对称矩阵 $\boldsymbol{A}$（或实二次型 $f(x_1,x_2,\cdots,x_n)=\boldsymbol{x}^{\mathrm{T}}\boldsymbol{A}\boldsymbol{x}$）是正定的，当且仅当 $\boldsymbol{A}$ 的各阶顺序主子式全为正，即

Theorem 6.6 The real symmetric matrix $\boldsymbol{A}$ (or the real quadratic form $f(x_1, x_2,\cdots,x_n)=\boldsymbol{x}^{\mathrm{T}}\boldsymbol{A}\boldsymbol{x}$) is positive definite if and only if all the sequence principal subdeterminants of $\boldsymbol{A}$ are positive, that is,

$$\Delta_r=\begin{vmatrix} a_{11} & a_{12} & \cdots & a_{1r} \\ a_{21} & a_{22} & \cdots & a_{2r} \\ \vdots & \vdots & & \vdots \\ a_{r1} & a_{r2} & \cdots & a_{rr} \end{vmatrix}>0,\quad r=1,2,\cdots,n。$$

类似地，矩阵 $\boldsymbol{A}$ 是负定的，当且仅当 $\boldsymbol{A}$ 的奇数阶顺序主子式为负，偶数阶顺序主子式为正，即

Similarly, the matrix $\boldsymbol{A}$ is negative definite if and only if its sequence principal subdeterminants of odd order are negative and those of even order are positive, that is,

$$(-1)^r\begin{vmatrix} a_{11} & a_{12} & \cdots & a_{1r} \\ a_{21} & a_{22} & \cdots & a_{2r} \\ \vdots & \vdots & & \vdots \\ a_{r1} & a_{r2} & \cdots & a_{rr} \end{vmatrix}>0,\quad r=1,2,\cdots,n。$$

这个定理称为**胡尔维茨定理(Hurwitz theorem)**。

例 6.8 判定下列二次型的正定性：

(1) $f=(x_1,x_2,x_3)\begin{pmatrix} 3 & 2 & 0 \\ 2 & 3 & 0 \\ 0 & 0 & 1 \end{pmatrix}\begin{pmatrix} x_1 \\ x_2 \\ x_3 \end{pmatrix}$；(2) $f=(x_1,x_2,x_3)\begin{pmatrix} 3 & -2 & 0 \\ -2 & 2 & -2 \\ 0 & -2 & 7 \end{pmatrix}\begin{pmatrix} x_1 \\ x_2 \\ x_3 \end{pmatrix}$。

分析 通过 $\boldsymbol{A}$ 的所有特征值或各阶顺序主子式来判断。(1)此题中 $\boldsymbol{A}$ 的特征值相对好求，所以用特征值是否全正来判断；(2)此题中 $\boldsymbol{A}$ 的特征值不是很容易求，所以可用顺序主子式判断。

解 (1) 由于 $|\lambda\boldsymbol{E}-\boldsymbol{A}|=(\lambda-1)^2(\lambda-5)$，得 $\boldsymbol{A}$ 的特征值为 1,1,5。根据定理 6.5，$\boldsymbol{A}$ 为正定矩阵，从而 f 为正定二次型。

(2) 容易求得，矩阵 $\boldsymbol{A}$ 的顺序主子式分别为 $\Delta_1=3,\Delta_2=2,\Delta_3=2$，由定理 6.6 知，$\boldsymbol{A}$ 为正定矩阵，从而 f 为正定二次型。

例 6.9 判别下列二次型的正定性：

(1) $f=x_1^2-2x_1x_2-2x_1x_3+4x_2^2+4x_2x_3+6x_3^2$；

(2) $f=-5x_1^2+4x_1x_2+4x_1x_3-6x_2^2-4x_3^2$。

分析 通过二次型对应的矩阵的各阶顺序主子式来判断。

解 (1) f 的对应矩阵为

$$\boldsymbol{A}=\begin{pmatrix}1 & -1 & -1\\ -1 & 4 & 2\\ -1 & 2 & 6\end{pmatrix}。$$

因为

$$\Delta_1=1>0,\quad \Delta_2=\begin{vmatrix}1 & -1\\ -1 & 4\end{vmatrix}=3>0,\quad \Delta_3=|\boldsymbol{A}|=14>0,$$

根据定理 6.6 可知，f 为正定二次型。

(2) f 的对应矩阵为

$$\boldsymbol{A}=\begin{pmatrix}-5 & 2 & 2\\ 2 & -6 & 0\\ 2 & 0 & -4\end{pmatrix}。$$

因为

$$\Delta_1=-5<0,\quad \Delta_2=\begin{vmatrix}-5 & 2\\ 2 & -6\end{vmatrix}=26>0,\quad \Delta_3=|\boldsymbol{A}|=-80<0,$$

根据定理 6.6 可知，f 为负定二次型。

例 6.10 设 $f=x_1^2+2ax_1x_2-2x_1x_3+x_2^2+4x_2x_3+5x_3^2$。当 a 为何值时，使得 f 为正定二次型。

分析 通过正定二次型对应的矩阵的各阶顺序主子式全正来确定 a 的取值。

解 二次型 f 的矩阵为

$$\boldsymbol{A}=\begin{pmatrix}1 & a & -1\\ a & 1 & 2\\ -1 & 2 & 5\end{pmatrix}。$$

各阶顺序主子式依次为

$$\Delta_1=1,\quad \Delta_2=1-a^2,\quad \Delta_3=-a(5a+4)。$$

根据定理 6.6 知，当

$$\begin{cases}1-a^2>0,\\ -a(5a+4)>0,\end{cases}$$

即当 $-\dfrac{4}{5}<a<0$ 时，二次型 f 正定。

例 6.11 已知 $\boldsymbol{A}$ 是 n 阶正定矩阵。证明：$|\boldsymbol{A}+\boldsymbol{E}|>1$。

分析 只需证明 $\boldsymbol{A}+\boldsymbol{E}$ 的特征值均大于 1 即可。

证 因 $\boldsymbol{A}$ 正定，所以 $\boldsymbol{A}$ 的所有特征值 λ_i 都大于零，那么 $\boldsymbol{A}+\boldsymbol{E}$ 的特征值 λ_i+1 均大于 1，再由式(5.6)可知

$$|\boldsymbol{A}+\boldsymbol{E}|=\prod_{i=1}^{n}(\lambda_i+1)。$$

于是，$|\boldsymbol{A}+\boldsymbol{E}|>1$。 证毕

习题6.3

思考题

1. 判定二次型的正定性有几种常用的方法？在使用时有哪些优缺点？

2. 下列说法是否正确，并说明理由：

(1) 若 $\boldsymbol{A}$ 为 n 阶正定矩阵，$\boldsymbol{B}$ 为 n 阶半正定矩阵，则 $\boldsymbol{A}+\boldsymbol{B}$ 为正定矩阵。

(2) 正定矩阵的主对角线元素不全为正数。

A类题

1. 判断下列二次型的正定性：

(1) $f=2x_1^2+4x_1x_2-4x_1x_3+5x_2^2-8x_2x_3+5x_3^2$；

(2) $f=-2x_1^2+2x_1x_2-6x_2^2+2x_2x_3-4x_3^2$；

(3) $f=3x_1^2+4x_1x_2+4x_2^2-4x_2x_3+5x_3^2$；

(4) $f=x_1^2+4x_1x_2+2x_2^2+2x_2x_3-3x_3^2$。

2. 求 a 的值，使下列二次型正定：

(1) $f=5x_1^2+4x_1x_2-2x_1x_3+x_2^2-2x_2x_3+ax_3^2$；

(2) $f=ax_1^2-4x_1x_2-2ax_1x_3+x_2^2+4x_2x_3+5x_3^2$；

(3) $f=x_1^2+2x_1x_2+2x_1x_3+2x_2^2+2x_2x_3+ax_3^2$。

3. 设 $\boldsymbol{A}$ 与 $\boldsymbol{B}$ 是 n 阶正定矩阵。证明：$\boldsymbol{A}+\boldsymbol{B}$ 为正定矩阵。

4. 若 $\boldsymbol{A}$ 是 n 阶正定矩阵，证明：$\boldsymbol{A}^{-1}$ 也是正定矩阵。

5. 若 $\boldsymbol{A}$ 是 n 阶正定矩阵，证明：伴随矩阵 $\boldsymbol{A}^*$ 也是正定矩阵。

6. 设 $\boldsymbol{A}$ 为正定矩阵。证明：存在可逆矩阵 $\boldsymbol{U}$，使 $\boldsymbol{A}=\boldsymbol{U}^{\mathrm{T}}\boldsymbol{U}$。

7. 设 $\boldsymbol{A}$ 为 m 阶正定矩阵，$\boldsymbol{B}$ 为 $m\times n$ 实矩阵。证明：$\boldsymbol{B}^{\mathrm{T}}\boldsymbol{A}\boldsymbol{B}$ 为正定矩阵的充分必要条件是 $\mathrm{R}(\boldsymbol{B})=n$。

B类题

1. 若 $\boldsymbol{A}$ 与 $\boldsymbol{B}$ 是两个 n 阶实对称矩阵，并且 $\boldsymbol{A}$ 是正定的，证明：存在一个实可逆矩阵 $\boldsymbol{U}$，使得 $\boldsymbol{U}^{\mathrm{T}}\boldsymbol{A}\boldsymbol{U}$ 和 $\boldsymbol{U}^{\mathrm{T}}\boldsymbol{B}\boldsymbol{U}$ 都是对角矩阵。

2. 若 $\boldsymbol{A}$ 与 $\boldsymbol{A}-\boldsymbol{E}$ 是正定矩阵，证明：$\boldsymbol{E}-\boldsymbol{A}^{-1}$ 也是正定矩阵。

3. 设 $\boldsymbol{A}$ 是一个实对称矩阵。求证：对充分大的 t，$t\boldsymbol{E}+\boldsymbol{A}$ 是对称正定矩阵。

复习题6

1. 填空题

(1) 若二次型 $f(x_1,x_2,x_3)=x_1^2+2x_1x_2+tx_2^2+3x_3^2$ 的秩为 2，则 $t=$________。

(2) 若实对称矩阵$A=\begin{pmatrix}1&\lambda&0\\\lambda&3&1\\0&1&2\end{pmatrix}$是正定矩阵，则$\lambda$的取值范围是________。

(3) 二次型$f(x_1,x_2,x_3)=x_1^2-x_2^2+2x_1x_2+2x_2x_3$标准形是________________。

(4) 若二次型$f(\boldsymbol{x})=\boldsymbol{x}^{\mathrm{T}}\boldsymbol{A}\boldsymbol{x}$的矩阵$\boldsymbol{A}$的特征值都是正的，则$f(\boldsymbol{x})=\boldsymbol{x}^{\mathrm{T}}\boldsymbol{A}\boldsymbol{x}$是________二次型。

(5) 二次型$f(x_1,x_2,x_3)=3x_1^2-4x_1x_2+2x_1x_3-2x_2^2-2x_1x_2+x_3^2$的正惯性指数是________。

2. 选择题

(1) 二次型$f(x_1,x_2,x_3)=x_1^2+x_2^2-2x_1x_2$对应的矩阵是(　　)。

A. $\begin{pmatrix}1&-2\\0&1\end{pmatrix}$　　B. $\begin{pmatrix}1&-1\\-1&1\end{pmatrix}$　　C. $\begin{pmatrix}1&-2&0\\0&1&0\\0&0&0\end{pmatrix}$　　D. $\begin{pmatrix}1&-1&0\\-1&1&0\\0&0&0\end{pmatrix}$

(2) 设$\boldsymbol{A}$是三阶正定矩阵，则$|\boldsymbol{A}+\boldsymbol{E}|$(　　)。

A. $=1$　　B. >1　　C. <1　　D. 不能确定

(3) 设矩阵$\boldsymbol{A}$和$\boldsymbol{B}$都是实对称矩阵，则$\boldsymbol{A}$与$\boldsymbol{B}$合同的充分必要条件是(　　)。

A. $\boldsymbol{A}$与$\boldsymbol{B}$都与对角矩阵合同　　B. $\boldsymbol{A}$与$\boldsymbol{B}$的秩相同

C. $\boldsymbol{A}$与$\boldsymbol{B}$的特征值相同　　D. $\boldsymbol{A}$与$\boldsymbol{B}$的正负惯性指数相同

(4) 二次型$f(x_1,x_2,x_3)=-2x_1^2-x_2^2-x_3^2-4x_1x_2-6x_1x_3$是(　　)。

A. 正定的　　B. 负定的

C. 既不正定也不负定　　D. 无法确定

(5) 如果$\boldsymbol{A}$是正定矩阵，则(　　)。($\boldsymbol{A}^*$是$\boldsymbol{A}$的伴随矩阵)

A. $\boldsymbol{A}^{\mathrm{T}}$和$\boldsymbol{A}^{-1}$也正定，但$\boldsymbol{A}^*$不一定　　B. $\boldsymbol{A}^{-1}$和$\boldsymbol{A}^*$也正定，但$\boldsymbol{A}^{\mathrm{T}}$不一定

C. $\boldsymbol{A}^{\mathrm{T}},\boldsymbol{A}^{-1},\boldsymbol{A}^*$也都是正定矩阵　　D. 无法确定

3. 设二次型$f(x_1,x_2,x_3)=2x_1^2+2x_2^2+3x_3^2+2x_1x_2$，解答下列问题：

(1) 写出其矩阵表达式；

(2) 用正交替换将其化为标准形，并写出所用的正交替换。

4. 用配方法将下列二次型化为标准形，并写出所做的实可逆线性替换：

(1) $f(x_1,x_2,x_3,x_4)=x_1x_2+x_2x_3+x_3x_4+x_4x_1$；

(2) $f(x_1,x_2,x_3)=x_1^2+4x_1x_2-8x_2x_3$。

5. 判断下列二次型的正定性：

(1) $f=-2x_1^2-6x_2^2-4x_3^2+2x_1x_2+2x_1x_3$；

(2) $f=x_1^2+3x_2^2+9x_3^2+19x_4^2-2x_1x_2+4x_1x_3+2x_1x_4-6x_2x_4-12x_3x_4$。

6. 试问当t取何值时，下列二次型为正定二次型？

(1) $f(x_1,x_2,x_3)=2x_1^2+x_2^2+x_3^2+2x_1x_2+2tx_2x_3$；

(2) $f(x_1,x_2,x_3)=x_1^2+5x_2^2+x_3^2-4x_1x_2-2tx_2x_3$。

7. 求一个正交替换$\boldsymbol{x}=\boldsymbol{Q}\boldsymbol{y}$，将二次型

$$f(x_1,x_2,x_3)=x_1^2+x_2^2+x_3^2+4x_1x_2+4x_1x_3+4x_2x_3$$

化为标准形，并判断是否为正定二次型。

8. 若二次型

$$f(x_1,x_2,x_3)=11x_1^2+2x_2^2+5x_3^2+4x_1x_2+16x_1x_3-20x_2x_3-t(x_1^2+x_2^2+x_3^2)$$

可以通过正交替换 $\boldsymbol{x}=\boldsymbol{Q}\boldsymbol{y}$ 化为标准形 $-5y_1^2+13y_2^2+22y_3^2$，解答下列问题：

(1) 求 t 的值；

(2) 求所用的正交替换 $\boldsymbol{x}=\boldsymbol{Q}\boldsymbol{y}$；

(3) 若上述的二次型 $f(x_1,x_2,x_3)$ 为正定二次型，问 t 应如何取值。

9. 证明：若 $\boldsymbol{A}$ 为正定矩阵，则存在正定矩阵 $\boldsymbol{S}$，使得 $\boldsymbol{A}=\boldsymbol{S}^2$。

10. 设 $\boldsymbol{A}$ 为 n 阶实对称阵，且 $\boldsymbol{A}^3-3\boldsymbol{A}^2+3\boldsymbol{A}-\boldsymbol{E}=\boldsymbol{0}$，证明：$\boldsymbol{A}$ 是正定矩阵。

11. 设 $\boldsymbol{A}$ 为 $m\times n$ 实矩阵，$\boldsymbol{E}$ 为 n 阶单位矩阵。证明：对任意正数 λ，$\lambda\boldsymbol{E}+\boldsymbol{A}^{\mathrm{T}}\boldsymbol{A}$ 为正定矩阵。

12. 已知 $\boldsymbol{A}$ 为 n 阶实矩阵，$\boldsymbol{x}$ 为 n 维实列向量。证明：线性方程组 $\boldsymbol{A}\boldsymbol{x}=\boldsymbol{0}$ 只有零解的充分必要条件是 $\boldsymbol{A}^{\mathrm{T}}\boldsymbol{A}$ 正定。

习题答案及其他

第 1 章

习题 1.1

A 类题

1. (1) 12；(2) $\cos 2x$；(3) 0；(4) 0；(5) 120；(6) $(-1)^{1+n}n!$。

2. (1) $x_1=1,x_2=2$；(2) $x_1=\frac{165}{113},x_2=-\frac{48}{113},x_3=\frac{59}{113}$；(3) $x_1=-1,x_2=2,x_3=0$；(4) $x_1=1,x_2=1,x_3=2$。

B 类题

1. (1) $3abc-a^3-b^3-c^3$；(2) $(ab+1)cd$；(3) $(\lambda^2-1)^2$；(4) $(-1)^{\frac{(n-1)(n-2)}{2}}n!$。

2. (1) $x_{1,2}=1,x_3=2$；(2) $x_1=-1,x_2=2,x_3=5$。

习题 1.2

A 类题

1. (1) -294×10^5；(2) $-2(x^3+y^3)$；(3) 4；(4) $(\lambda-1)^3(\lambda+3)$；(5) 57；(6) 0。

2. 略。

3. -12。

4. 0。

5. -15。

6. $-1,0$。

7. (1) $2^n+(-1)^{n+1}$；(2) $2n+1$。

B 类题

1. (1) $x^2+y^2+z^2+1$；(2) $a_{11}a_{22}-a_{12}a_{21}$；(3) 0；(4) $4(a+9)$。

2. 略。

3. $\frac{21}{2}$。

4. (1) 0；(2) 56；(3) 128。

习题 1.3

A 类题

1. (1) $6(n-3)!$；(2) $n+1$；(3) $(-1)^n2(n+1)a_1a_2\cdots a_n$；(4) $b_1b_2\cdots b_n$；(5) 当 $x=0$ 时，$D_1=a_1,D_n=0(n\geqslant2)$；当 $x\neq0$ 时，$D_n=x^{n-1}\left(x+\sum_{i=1}^{n}a_i\right)$；

(6) $\left(1+a_1-\frac{1}{a_2}-\cdots-\frac{1}{a_n}\right)a_2\cdots a_n$；(7) $\left(\frac{n(n+1)}{2}+x\right)x^{n-1}$；(8) $a(x+a)^n$。

2. $x_1=0,x_2=1,x_3=2,\cdots,x_n=n-1$。

3. 略。

B 类题

1. (1) $nx^{n-1}+(n-1)x^{n-2}+\cdots+2x+1$；(2) $\left(2+\frac{1}{2}+\cdots+\frac{1}{n}\right)n!$；(3) 0。

2～3. 略。

习题 1.4

A 类题

1. (1) $x_1=2,x_2=0,x_3=-2$；(2) $x_1=3,x_2=1,x_3=1$。

2. (1) $x_1=0,x_2=0,x_3=0$；(2) $x_1=0,x_2=k,x_3=-k$(k 为任意实数)。

3. (1) $\lambda=4$ 或 $\lambda=-1$；(2) $\lambda=1$。

4. $a\neq1$，且 $b\neq0$。

5. $\frac{1}{3}-x+\frac{2}{3}x^2$。

6. $11-\frac{4}{3}x-9x^2+\frac{10}{3}x^3$。

B 类题

1. (1) $x_1=3,x_2=-4,x_3=-1,x_4=1$；(2) $x_1=-\frac{1}{10},x_2=\frac{27}{10},x_3=\frac{12}{5},x_4=-\frac{9}{10}$。

2. (1) $\lambda\neq5,2,8$；(2) $\lambda=5$ 或 $\lambda=2$ 或 $\lambda=8$。

3. 略。

复习题 1

1. (1) 1；(2) 3；(3) k^4；(4) $2(a-1)(a-2)(a-3)$；(5) 2。

2. (1) D；(2) C；(3) D；(4) B；(5) C。

3. (1) 480；(2) $(-1)^{\frac{n(n-1)}{2}}\frac{1}{2}n^{n-1}(n+1)$；(3) $\left(\frac{n(n-1)h}{2}+na\right)a^{n-1}$；

(4) $a_1x^{n-1}+a_2x^{n-2}+\cdots+a_n$。

4. (1) 0；(2) 0,0。

5. $\lambda\neq-1$ 和 4。

6. $\lambda=1-a$ 或 $a-3$ 或 $a+4$。

7. 略。

第 2 章

习题 2.1

A 类题

1. (1) 10；(2) $\begin{pmatrix}3&6&9\\2&4&6\\1&2&3\end{pmatrix}$；(3) $\begin{pmatrix}2&4&-6\\6&12&-18\\4&8&-12\end{pmatrix}$；(4) $\begin{pmatrix}4&1\\-4&-1\\8&2\end{pmatrix}$。

2. (1) $\begin{pmatrix}-2 & 13 & 22\\ -2 & -17 & 20\\ 4 & 29 & -2\end{pmatrix}$；(2) $\begin{pmatrix}6 & 1 & 6\\ 0 & -7 & 4\\ 2 & 5 & -4\end{pmatrix}$。

3. $7^{n-1}\begin{pmatrix}2 & 4 & 6\\ 1 & 2 & 3\\ 1 & 2 & 3\end{pmatrix}$。

4. (1) $\boldsymbol{AB}\neq\boldsymbol{BA}$；(2) $(\boldsymbol{A}+\boldsymbol{B})^2\neq\boldsymbol{A}^2+2\boldsymbol{AB}+\boldsymbol{B}^2$；(3) $(\boldsymbol{A}+\boldsymbol{B})(\boldsymbol{A}-\boldsymbol{B})\neq\boldsymbol{A}^2-\boldsymbol{B}^2$。

5～6. 略。

B 类题

1. (1) $\begin{pmatrix}1 & n\lambda\\ 0 & 1\end{pmatrix}$；(2) $\begin{pmatrix}35\\ 6\\ 49\end{pmatrix}$；(3) $\begin{pmatrix}6 & -7 & 9\\ 20 & -5 & -7\end{pmatrix}$；

(4) $a_{11}x_1^2+a_{22}x_2^2+a_{33}x_3^2+2a_{12}x_1x_2+2a_{13}x_1x_3+2a_{23}x_2x_3$。

2. (1) $\begin{pmatrix}1 & 1\\ 0 & 0\end{pmatrix}$；(2) $\begin{pmatrix}1 & 0\\ 0 & 1\end{pmatrix}$；(3) $\begin{pmatrix}-8 & -12\\ 6 & 9\end{pmatrix}$。

3. (1) $\boldsymbol{A}=\begin{pmatrix}0 & 1\\ 0 & 0\end{pmatrix}$；(2) $\boldsymbol{A}=\begin{pmatrix}1 & 0\\ 0 & 0\end{pmatrix},\boldsymbol{X}=\begin{pmatrix}1 & 1\\ -1 & 1\end{pmatrix},\boldsymbol{Y}=\begin{pmatrix}1 & 1\\ 0 & 1\end{pmatrix}$。

4. 3.

5～6. 略。

习题 2.2

A 类题

1. 2,0。

2. (1) -160；(2) -20；(3) $-\frac{1}{20}$；(4) $\frac{5}{4}$。

3. $-\frac{29^3}{24}$。

4. $\frac{125}{36}$。

5. $\frac{1}{2}(-4)^n$。

6. (1) $\begin{pmatrix}5 & -2\\ -2 & 1\end{pmatrix}$；(2) $\begin{pmatrix}\cos\theta & \sin\theta\\ -\sin\theta & \cos\theta\end{pmatrix}$；(3) $\frac{1}{2}\begin{pmatrix}2 & 6 & -4\\ -3 & -6 & 5\\ 2 & 2 & -2\end{pmatrix}$。

7. $\frac{1}{2}\begin{pmatrix}1 & 5 & 4\\ 0 & 2 & 4\\ 1 & 3 & 1\end{pmatrix}$。

8. 略。

9. (1) $\begin{pmatrix}0 & 0 & 0\\ 0 & 0 & 0\\ 0 & 1 & 0\end{pmatrix}$；(2) $-(\boldsymbol{B}+2\boldsymbol{E})$。

10. $\begin{pmatrix}3&0&0\\0&3&0\\0&0&-1\end{pmatrix}$。

11. $-(\boldsymbol{A}^2+\boldsymbol{A}-\boldsymbol{E})$。

12. (1) $\frac{1}{3}(2\boldsymbol{A}+\boldsymbol{E})$；(2) $\frac{1}{18}(2\boldsymbol{A}+7\boldsymbol{E})$。

13. (1) $x_1=1,x_2=0,x_3=0$；(2) $x_1=5,x_2=0,x_3=3$。

B 类题

1. (1) $\frac{1}{3}$；(2) 9；(3) 81；(4) $-\frac{1}{3}$；(5) 3^{16}。

2. (1)错误，如 $\boldsymbol{A}=\begin{pmatrix}1&0\\0&-1\end{pmatrix}$；(2)错误，如 $\boldsymbol{A}=\begin{pmatrix}1&0&0\\0&0&0\\0&0&0\end{pmatrix}$；(3)错误，如 $\boldsymbol{A}=\begin{pmatrix}1&0\\0&0\end{pmatrix}$；(4)正确。

3. 略。

4. $|\boldsymbol{A}|^{(n-1)^2}$。

5. 1。

6. 略。

7. $\boldsymbol{B}(\boldsymbol{A}+\boldsymbol{B})^{-1}\boldsymbol{A}$。

习题 2.3

A 类题

1. (1) $\begin{pmatrix}2\\0\end{pmatrix}$；(2) $\begin{pmatrix}-2&2&1\\-\frac{8}{3}&5&-\frac{2}{3}\end{pmatrix}$；(3) $\begin{pmatrix}1&1\\\frac{1}{4}&0\end{pmatrix}$；(4) $\begin{pmatrix}3&-8&-6\\2&-9&-6\\-2&12&9\end{pmatrix}$。

2. $\begin{pmatrix}-2&1\\10&-4\\-10&4\end{pmatrix}$。

3. $\begin{pmatrix}6&0&0\\0&2&0\\0&0&1\end{pmatrix}$。

4. $\begin{pmatrix}1&\frac{1}{2}&0\\-\frac{1}{3}&1&0\\0&0&2\end{pmatrix}$。

5. $\begin{pmatrix}2&0\\1&1\\-\frac{1}{2}&\frac{1}{2}\end{pmatrix}$。

6. $\begin{pmatrix}6&0&0&0\\0&6&0&0\\6&0&6&0\\0&3&0&-1\end{pmatrix}$。

B 类题

1. $\dfrac{1}{4}\begin{pmatrix}1&1&0\\0&1&1\\1&0&1\end{pmatrix}$。

2. $\begin{pmatrix}2&0&1\\0&3&0\\1&0&2\end{pmatrix}$。

3. $\begin{pmatrix}0&1&-1\\-1&0&1\\1&-1&0\end{pmatrix}$。

4. $\begin{pmatrix}5&2&4\\2&0&1\\-3&-1&-1\end{pmatrix}$。

5. (1)略；(2) $\dfrac{1}{6}\begin{pmatrix}1&1&1\\0&1&1\\0&0&1\end{pmatrix}$。

6. $\boldsymbol{A}=2\boldsymbol{E},\boldsymbol{B}=\dfrac{1}{2}\boldsymbol{E}$。

习题 2.4

A 类题

1. (1) $\begin{pmatrix}4&-1&0&0\\9&-2&0&0\\0&0&-2&3\\0&0&7&5\end{pmatrix}$；(2) $\begin{pmatrix}17&12&0&0\\24&17&0&0\\0&0&1&-2\\0&0&0&1\end{pmatrix}$；(3) $\begin{pmatrix}1&-2&1&-4\\0&1&-2&4\\0&0&8&-3\\0&0&-6&3\end{pmatrix}$。

2. (1) $\begin{pmatrix}7&-2&0&0\\-3&1&0&0\\0&0&-2&3\\0&0&3&-4\end{pmatrix}$；(2) $\begin{pmatrix}1&0&0&0&0\\2&-1&0&0&0\\0&0&-\frac{1}{3}&-\frac{1}{3}&\frac{1}{3}\\0&0&-\frac{1}{3}&\frac{2}{3}&\frac{1}{3}\\0&0&\frac{4}{3}&\frac{1}{3}&-\frac{1}{3}\end{pmatrix}$；

(3) $\begin{pmatrix}0&0&\frac{1}{2}&-\frac{1}{2}&\frac{1}{2}\\0&0&\frac{1}{2}&\frac{1}{2}&-\frac{1}{2}\\0&0&-\frac{1}{2}&\frac{1}{2}&\frac{1}{2}\\-\frac{3}{5}&\frac{2}{5}&0&0&0\\\frac{4}{5}&-\frac{1}{5}&0&0&0\end{pmatrix}$。

3. (1) 10^{16}；(2) $\begin{pmatrix} 5^4 & 0 & 0 & 0 \\ 0 & 5^4 & 0 & 0 \\ 0 & 0 & 2^4 & 0 \\ 0 & 0 & 2^6 & 2^4 \end{pmatrix}$；(3) $\begin{pmatrix} \frac{3}{25} & \frac{4}{25} & 0 & 0 \\ \frac{4}{25} & -\frac{3}{25} & 0 & 0 \\ 0 & 0 & \frac{1}{2} & 0 \\ 0 & 0 & -\frac{1}{2} & \frac{1}{2} \end{pmatrix}$。

4. $\begin{pmatrix} 1 & 0 & -1 & 0 \\ -1 & -3 & 0 & -1 \\ 4 & 3 & 1 & 2 \\ -3 & -4 & 3 & 0 \end{pmatrix}$。

B 类题

1. $\left(\begin{array}{cc:cc} \alpha^3 & 2\alpha^2 & 0 & 0 \\ 0 & \alpha^3 & 0 & 0 \\ \hdashline 0 & 0 & \beta^3 & 0 \\ 0 & 0 & -2\beta^2 & \beta^3 \end{array}\right)$。

2. (1) $\begin{pmatrix} 0 & 0 & \cdots & 0 & a_1^{-1} \\ a_2^{-1} & 0 & \cdots & 0 & 0 \\ 0 & a_3^{-1} & \cdots & 0 & 0 \\ \vdots & \vdots & & \vdots & \vdots \\ 0 & 0 & \cdots & a_n^{-1} & 0 \end{pmatrix}$；

(2) $\begin{pmatrix} 0 & 0 & \cdots & 0 & a_{n+1}^{-1} & 0 & \cdots & 0 \\ 0 & 0 & \cdots & 0 & 0 & a_{n+2}^{-1} & \cdots & 0 \\ \vdots & \vdots & \ddots & \vdots & \vdots & \vdots & & \vdots \\ 0 & 0 & \cdots & 0 & 0 & 0 & \cdots & a_{2n}^{-1} \\ 0 & \cdots & 0 & a_n^{-1} & 0 & 0 & \cdots & 0 \\ 0 & \cdots & a_{n-1}^{-1} & 0 & 0 & 0 & \cdots & 0 \\ \vdots & & \vdots & \vdots & \vdots & & \vdots & \vdots \\ a_1^{-1} & \cdots & 0 & 0 & 0 & 0 & \cdots & 0 \end{pmatrix}$。

3. $\begin{pmatrix} \mathbf{0} & \cdots & \mathbf{0} & \boldsymbol{A}_s^{-1} \\ \mathbf{0} & \cdots & \boldsymbol{A}_{s-1}^{-1} & \mathbf{0} \\ \vdots & \iddots & \vdots & \vdots \\ \boldsymbol{A}_1^{-1} & \cdots & \mathbf{0} & \mathbf{0} \end{pmatrix}$。

4. (1) $\begin{pmatrix} -\boldsymbol{B}^{-1}\boldsymbol{C}\boldsymbol{A}^{-1} & \boldsymbol{B}^{-1} \\ \boldsymbol{A}^{-1} & \mathbf{0} \end{pmatrix}$；(2) $\begin{pmatrix} \boldsymbol{A}^{-1} & -\boldsymbol{A}^{-1}\boldsymbol{C}\boldsymbol{B}^{-1} \\ \mathbf{0} & \boldsymbol{B}^{-1} \end{pmatrix}$；

(3) $\begin{pmatrix} \boldsymbol{A}^{-1} & \mathbf{0} \\ -\boldsymbol{B}^{-1}\boldsymbol{C}\boldsymbol{A}^{-1} & \boldsymbol{B}^{-1} \end{pmatrix}$；(4) $\begin{pmatrix} \mathbf{0} & \boldsymbol{B}^{-1} \\ \boldsymbol{A}^{-1} & -\boldsymbol{A}^{-1}\boldsymbol{C}\boldsymbol{B}^{-1} \end{pmatrix}$。

复习题 2

1. (1) $\frac{2^n}{a}$；(2) 81；(3) -3；(4) $\begin{pmatrix} 0 & 0 & 0 & 1 \\ 0 & 0 & 0 & 0 \\ 0 & 0 & 0 & 0 \\ 0 & 0 & 0 & 0 \end{pmatrix}$；(5) $(-1)^{n+nm}3^m ab$。

2. (1) B；(2) C；(3) D；(4) B；(5) C。

3. (1) $\begin{pmatrix} 0 & 3 & 3 \\ -1 & 2 & 3 \\ 1 & 1 & 0 \end{pmatrix}$；(2) $2^{n-1}\mathbf{A}$；(3) $\begin{pmatrix} 5 & -2 & -1 \\ -2 & 2 & 0 \\ -1 & 0 & 1 \end{pmatrix}$；(4) $128, -\frac{19^3}{16}, \frac{1}{4}$；

(5) -1，$\begin{pmatrix} -5 & 8 & 0 & 0 & 0 \\ 2 & -3 & 0 & 0 & 0 \\ 0 & 0 & -2 & 0 & 1 \\ 0 & 0 & 0 & -3 & 4 \\ 0 & 0 & 1 & 2 & -3 \end{pmatrix}$。

4. (1) $(-1)^{n+1}\frac{5^n}{6}$；(2) $(-3)\times 2^{2n-1}$。

5. 40。

6. 略。

7. (1)正确；(2)正确；(3)正确。

8. (1) $\frac{1}{9}\begin{pmatrix} -2 & 4 & 1 \\ 6 & -3 & -3 \\ 1 & -2 & -5 \end{pmatrix}$；(2) $\frac{1}{9}\begin{pmatrix} 2 \\ 3 \\ -1 \end{pmatrix}$。

9. $-2\begin{pmatrix} 1 & 3 & 0 \\ 2 & 5 & 0 \\ 1 & -1 & 2 \end{pmatrix}$。

10～11. 略。

第 3 章

习题 3.1

A 类题

1. (1)行阶梯形矩阵为 $\begin{pmatrix} 1 & 2 & 3 \\ 0 & 2 & 5 \\ 0 & 0 & -1 \end{pmatrix}$，行最简形矩阵为 $\begin{pmatrix} 1 & 0 & 0 \\ 0 & 1 & 0 \\ 0 & 0 & 1 \end{pmatrix}$；

(2) 行阶梯形矩阵为 $\begin{pmatrix} 1 & -1 & 3 & 0 \\ 0 & -1 & 4 & 1 \\ 0 & 0 & 0 & 0 \end{pmatrix}$；行最简形矩阵为 $\begin{pmatrix} 1 & 0 & -1 & -1 \\ 0 & 1 & -4 & -1 \\ 0 & 0 & 0 & 0 \end{pmatrix}$；

(3) 行阶梯形矩阵为 $\begin{pmatrix} 1 & -2 & 1 & 3 \\ 0 & 3 & -2 & -4 \\ 0 & 0 & 0 & 0 \\ 0 & 0 & 0 & 0 \end{pmatrix}$，行最简形矩阵为 $\begin{pmatrix} 1 & 0 & -\frac{1}{3} & \frac{1}{3} \\ 0 & 1 & -\frac{2}{3} & -\frac{4}{3} \\ 0 & 0 & 0 & 0 \\ 0 & 0 & 0 & 0 \end{pmatrix}$；

(4) 行阶梯形矩阵为 $\begin{pmatrix}1 & 2 & 3 & -1 & 2\\0 & -1 & -6 & 1 & -3\\0 & 0 & 11 & -3 & 8\\0 & 0 & 0 & 0 & 0\end{pmatrix}$，行最简形矩阵为 $\begin{pmatrix}1 & 0 & 0 & -\frac{16}{11} & \frac{28}{11}\\0 & 1 & 0 & \frac{7}{11} & -\frac{15}{11}\\0 & 0 & 1 & -\frac{3}{11} & \frac{8}{11}\\0 & 0 & 0 & 0 & 0\end{pmatrix}$。

2. $\boldsymbol{E}(1,2)\boldsymbol{A}=\begin{pmatrix}1 & -1 & 2\\2 & 3 & 1\\2 & 0 & 3\end{pmatrix}$，$\boldsymbol{AE}(1,2)=\begin{pmatrix}3 & 2 & 1\\-1 & 1 & 2\\0 & 2 & 3\end{pmatrix}$，$\boldsymbol{E}(2(3))\boldsymbol{A}=\begin{pmatrix}2 & 3 & 1\\3 & -3 & 6\\2 & 0 & 3\end{pmatrix}$，

$\boldsymbol{AE}(2(3))=\begin{pmatrix}2 & 9 & 1\\1 & -3 & 2\\2 & 0 & 3\end{pmatrix}$，$\boldsymbol{E}(32(2))\boldsymbol{A}=\begin{pmatrix}2 & 3 & 1\\1 & -1 & 2\\4 & -2 & 7\end{pmatrix}$，$\boldsymbol{AE}(32(2))=\begin{pmatrix}2 & 5 & 1\\1 & 3 & 2\\2 & 6 & 3\end{pmatrix}$。

3. (1) $\begin{pmatrix}3 & 2 & 1\\4 & 3 & 2\\13 & 10 & 7\end{pmatrix}$；(2) $\begin{pmatrix}1 & 2 & 3\\2\times 3^5 & 3\times 3^5 & 4\times 3^5\\3 & 4 & 5\end{pmatrix}$；(3) $\begin{pmatrix}3 & 2 & 1\\4 & 3 & 2\\45 & 34 & 23\end{pmatrix}$。

4. $\begin{pmatrix}1 & 7\\0 & 5\end{pmatrix}$。

5. (1) $\frac{1}{6}\begin{pmatrix}-12 & 6 & 0\\13 & -6 & 1\\8 & -6 & 2\end{pmatrix}$；(2) $\begin{pmatrix}1 & -4 & -3\\1 & -5 & -3\\-1 & 6 & 4\end{pmatrix}$；(3) $\frac{1}{24}\begin{pmatrix}24 & 0 & 0 & 0\\-12 & 12 & 0 & 0\\-12 & -4 & 8 & 0\\-9 & -5 & -2 & 6\end{pmatrix}$；

(4) $\begin{pmatrix}1 & 1 & -2 & -4\\0 & 1 & 0 & -1\\-1 & -1 & 3 & 6\\2 & 1 & -6 & -10\end{pmatrix}$。

6. (1) $\begin{pmatrix}2\\0\end{pmatrix}$；(2) $\begin{pmatrix}1 & 1\\\frac{1}{4} & 0\end{pmatrix}$；(3) $\begin{pmatrix}-2 & 2 & 1\\-\frac{8}{3} & 5 & -\frac{2}{3}\end{pmatrix}$。

B 类题

1. 略。

2. (1) $\begin{pmatrix}\frac{1}{4} & -\frac{3}{16} & -\frac{3}{64}\\0 & \frac{1}{4} & -\frac{3}{16}\\0 & 0 & \frac{1}{4}\end{pmatrix}$；(2) $\begin{pmatrix}3 & -8 & -6\\2 & -9 & -6\\-2 & 12 & 9\end{pmatrix}$；(3) $\begin{pmatrix}\frac{1}{2} & \frac{1}{2} & 0\\-\frac{1}{2} & \frac{1}{2} & 2\\\frac{1}{4} & -\frac{1}{4} & 1\end{pmatrix}$。

3. $\begin{pmatrix}0 & 1 & 1\\1 & 0 & 0\\0 & 0 & 1\end{pmatrix}$。

4. (1) 略；(2) $\boldsymbol{A}\boldsymbol{B}^{-1}=\boldsymbol{E}\left(i\left(\frac{1}{k}\right)\right)$，$\boldsymbol{B}\boldsymbol{A}^{-1}=\boldsymbol{E}(i(k))$。

5. $\begin{pmatrix}1&0&0\\-1&1&0\\0&0&1\end{pmatrix}\begin{pmatrix}1&0&0\\0&1&0\\3&0&1\end{pmatrix}\begin{pmatrix}1&0&0\\0&1&0\\0&0&-8\end{pmatrix}\begin{pmatrix}1&0&0\\0&1&3\\0&0&1\end{pmatrix}\begin{pmatrix}1&0&0\\0&0&1\\0&1&0\end{pmatrix}\begin{pmatrix}1&2&0\\0&1&0\\0&0&1\end{pmatrix}$。

习题 3.2

A 类题

1. (1) 2；(2) 2。

2. 2。

3. (1)当 $\lambda=2$ 时，$\mathrm{R}(\boldsymbol{A})=2$；当 $\lambda\neq2$ 时，$\mathrm{R}(\boldsymbol{A})=3$。

(2) 当 $\lambda=3$ 时，$\mathrm{R}(\boldsymbol{A})=2$；当 $\lambda\neq3$ 时，$\mathrm{R}(\boldsymbol{A})=3$。

4. (1)秩为 2，$\begin{vmatrix}3&1\\4&3\end{vmatrix}$；(2)秩为 3，$\begin{vmatrix}1&2&-2\\2&-1&3\\4&-5&7\end{vmatrix}$；(3)秩为 2，$\begin{vmatrix}2&-1\\3&1\end{vmatrix}$；

(4)秩为 4，$\begin{vmatrix}1&-1&2&0\\3&0&-1&1\\2&2&-3&1\\0&1&2&2\end{vmatrix}$。

5. (1)错误；(2)错误；(3)正确。

B 类题

1. 当 $\lambda=1$ 时，$\mathrm{R}(\boldsymbol{A})=1$；当 $\lambda=-3$ 时，$\mathrm{R}(\boldsymbol{A})=3$；当 $\lambda\neq1$ 且 $\lambda\neq-3$ 时，$\mathrm{R}(\boldsymbol{A})=4$。

2. 略。

习题 3.3

A 类题

1. (1)有唯一解；(2)无解；(3)有唯一解；(4)无解；(5)有无穷多解。

2. (1) $\begin{pmatrix}x_1\\x_2\\x_3\\x_4\end{pmatrix}=k_1\begin{pmatrix}-2\\1\\0\\0\end{pmatrix}+k_2\begin{pmatrix}1\\0\\0\\1\end{pmatrix}$， k_1,k_2 为任意实数；

(2) $\begin{pmatrix}x_1\\x_2\\x_3\\x_4\\x_5\end{pmatrix}=k_1\begin{pmatrix}-2\\1\\1\\0\\0\end{pmatrix}+k_2\begin{pmatrix}-1\\-3\\0\\1\\0\end{pmatrix}+k_3\begin{pmatrix}2\\1\\0\\0\\1\end{pmatrix}$， k_1,k_2,k_3 为任意实数。

3. (1) $\begin{pmatrix}x_1\\x_2\\x_3\end{pmatrix}=\begin{pmatrix}-1\\-2\\2\end{pmatrix}$；(2) $\begin{pmatrix}x_1\\x_2\\x_3\\x_4\end{pmatrix}=k_1\begin{pmatrix}4\\-2\\1\\0\end{pmatrix}+k_2\begin{pmatrix}-1\\-2\\0\\1\end{pmatrix}+\begin{pmatrix}-1\\1\\0\\0\end{pmatrix}$， k_1,k_2 为任意实数；

(3) $\begin{pmatrix}x_1\\x_2\\x_3\\x_4\end{pmatrix}=k\begin{pmatrix}0\\1\\2\\1\end{pmatrix}+\begin{pmatrix}-8\\3\\6\\0\end{pmatrix}$， k 为任意实数。

4. (1) 当 $\lambda\neq1$ 且 $\lambda\neq-2$ 时，线性方程组有唯一解 $x_1=\dfrac{-\lambda-1}{\lambda+2}$，$x_2=\dfrac{1}{\lambda+2}$，$x_3=\dfrac{(\lambda+1)^2}{(\lambda+2)}$；

(2) 当 $\lambda=-2$ 时，线性方程组无解，

(3) 当 $\lambda=1$ 时，线性方程组有无穷多解，

$$\begin{pmatrix}x_1\\x_2\\x_3\end{pmatrix}=k_1\begin{pmatrix}-1\\1\\0\end{pmatrix}+k_2\begin{pmatrix}-1\\0\\1\end{pmatrix}+\begin{pmatrix}1\\0\\0\end{pmatrix},\quad k_1,k_2\text{ 为任意实数。}$$

5. (1) 当 $a=2$ 时，且 $b\neq2$ 时，线性方程组无解；

(2) 当 $a\neq2$ 时，线性方程组有唯一解；

(3) 当 $a=2$ 且 $b=2$ 时，线性方程组有无穷多解，

$$\begin{pmatrix}x_1\\x_2\\x_3\\x_4\end{pmatrix}=\begin{pmatrix}0\\\frac{3}{7}\\0\\\frac{1}{7}\end{pmatrix}+k\begin{pmatrix}0\\-2\\1\\0\end{pmatrix},\quad k\text{ 为任意实数。}$$

6. (1) 正确；(2) 正确；(3) 正确。

B 类题

1. $\begin{pmatrix}10\\-15\\12\end{pmatrix}$，$\begin{pmatrix}2\\-3\\4\end{pmatrix}$。

2. -1。

3. 3。

4. (1) 当 $k\neq-1$ 且 $k\neq4$ 时，线性方程组有唯一解；(2) 当 $k=-1$ 时，线性方程组无解；(3) 当 $k=4$ 时，线性方程组有无穷多解，$\begin{pmatrix}x_1\\x_2\\x_3\end{pmatrix}=k\begin{pmatrix}-3\\-1\\1\end{pmatrix}+\begin{pmatrix}0\\4\\0\end{pmatrix}$（$k$ 为任意实数）。

复习题 3

1. (1) 0；(2) 2，1，$k\begin{pmatrix}1\\1\\0\end{pmatrix}+\begin{pmatrix}1\\0\\3\end{pmatrix}$（$k$ 为任意实数）；(3) 1；(4) -2；(5) 1。

2. (1) C；(2) D；(3) C；(4) B；(5) C。

3. (1) 秩为 3,最高阶非零子式为$\begin{vmatrix}1&2&4\\2&1&-2\\3&1&2\end{vmatrix}$；(2) 秩为 2,最高阶非零子式为$\begin{vmatrix}2&-1\\3&2\end{vmatrix}$。

4. 当 $k=1$ 时,$\mathrm{R}(\boldsymbol{A})=1$；当 $k=-2$ 时,$\mathrm{R}(\boldsymbol{A})=2$；当 $k\neq1$,且 $k\neq-2$ 时,$\mathrm{R}(\boldsymbol{A})=3$。

5. 当 $a=1$ 时,$\mathrm{R}(\boldsymbol{A})=1$；当 $a=1-n$ 时,$\mathrm{R}(\boldsymbol{A})=n-1$；当 $a\neq1$,且 $a\neq1-n$ 时,$\mathrm{R}(\boldsymbol{A})=n$。

6. (1) $\begin{pmatrix}1&0&0&0\\-1&1&0&0\\-2&1&1&0\\-4&2&1&1\end{pmatrix}$；(2) $\begin{pmatrix}2&-1&0&0\\-1&1&0&0\\0&0&5&-2\\0&0&-2&1\end{pmatrix}$；

(3) $\begin{pmatrix}-\frac{1}{16}&\frac{3}{8}&0&0\\\frac{3}{32}&-\frac{1}{16}&0&0\\\frac{5}{32}&\frac{57}{16}&-3&-4\\-\frac{1}{16}&-\frac{5}{8}&\frac{1}{2}&\frac{1}{2}\end{pmatrix}$。

7. (1) $\begin{pmatrix}x_1\\x_2\\x_3\\x_4\end{pmatrix}=k_1\begin{pmatrix}-13\\8\\1\\0\end{pmatrix}+k_2\begin{pmatrix}14\\-9\\0\\1\end{pmatrix}$, k_1,k_2 是任意实数；

(2) $\begin{pmatrix}x_1\\x_2\\x_3\\x_4\end{pmatrix}=\begin{pmatrix}-\frac{17}{4}\\\frac{15}{4}\\0\\0\end{pmatrix}+k_1\begin{pmatrix}-\frac{7}{4}\\\frac{5}{4}\\1\\0\end{pmatrix}+k_2\begin{pmatrix}-\frac{23}{4}\\\frac{13}{4}\\0\\1\end{pmatrix}$, k_1,k_2 是任意实数。

8. 当 $\lambda=-1$ 或 $\lambda=2$ 线性方程组有非零解。当 $\lambda=-1$ 时,$\begin{pmatrix}x_1\\x_2\\x_3\end{pmatrix}=k\begin{pmatrix}1\\1\\-3\end{pmatrix}$($k$ 是任意实数)；当 $\lambda=2$ 时,$\begin{pmatrix}x_1\\x_2\\x_3\end{pmatrix}=k_1\begin{pmatrix}1\\1\\0\end{pmatrix}+k_2\begin{pmatrix}-1\\0\\1\end{pmatrix}$($k_1,k_2$ 是任意实数)。

9. (1) 当 $\lambda\neq0$ 时,且 $\lambda\neq-3$ 时,线性方程组有唯一解。

(2) 当 $\lambda=0$ 时,线性方程组无解。

(3) 当 $\lambda=-3$ 时,线性方程组有无穷多解,$\begin{pmatrix}x_1\\x_2\\x_3\end{pmatrix}=k\begin{pmatrix}1\\1\\1\end{pmatrix}+\begin{pmatrix}-1\\-2\\0\end{pmatrix}$($k$ 是任意实数)。

10. (1) 无论 a 和 b 取何值线性方程组都不存在唯一解；

(2) 当 $b\neq-2$ 时,线性方程组无解；

(3) 当 $b=-2$ 时，线性方程组有无穷多解。当 $a\neq-8$ 时，线性方程组的解为

$$\begin{pmatrix}x_1\\x_2\\x_3\\x_4\end{pmatrix}=k\begin{pmatrix}-1\\-2\\0\\1\end{pmatrix}+\begin{pmatrix}-1\\1\\0\\0\end{pmatrix},\quad k\text{ 是任意实数；}$$

当 $a=-8$ 时，线性方程组的解为

$$\begin{pmatrix}x_1\\x_2\\x_3\\x_4\end{pmatrix}=k_1\begin{pmatrix}4\\-2\\1\\0\end{pmatrix}+k_2\begin{pmatrix}-1\\-2\\0\\1\end{pmatrix}+\begin{pmatrix}-1\\1\\0\\0\end{pmatrix},\quad k_1,k_2\text{ 是任意实数。}$$

第 4 章

习题 4.1

A 类题

1. $\boldsymbol{\alpha}=(11,8,7,14)^{\mathrm{T}}$。

2. $\boldsymbol{\beta}=2\boldsymbol{\alpha}_1-\boldsymbol{\alpha}_2-3\boldsymbol{\alpha}_3$。

3. $\lambda=-2$。

4. (1) $a=-1,b\neq0$；(2) $a\neq-1,\boldsymbol{\beta}=-\dfrac{2b}{a+1}\boldsymbol{\alpha}_1+\dfrac{a+b+1}{a+1}\boldsymbol{\alpha}_2+\dfrac{b}{a+1}\boldsymbol{\alpha}_3$；(3) $a=-1,b=0,\boldsymbol{\beta}=(k_2-2k_1)\boldsymbol{\alpha}_1+(k_1-2k_2+1)\boldsymbol{\alpha}_2+k_1\boldsymbol{\alpha}_3+k_2\boldsymbol{\alpha}_4$（$k_1,k_2$ 为任意实数）。

5. 略。

6. (1)可以；(2)不可以。

习题 4.2

A 类题

1. 线性相关。

2. (1) $x\neq5$；(2) $x\neq-10$。

3. (1) $x\neq-\dfrac{1}{4}$；(2) $x\neq2$。

4～6. 略。

7. (1)错误；(2)错误。

8. 当 $a\neq6$ 且 $b\neq-2$ 时，向量组线性无关；当 $a=6$ 或 $b=-2$ 时，向量组线性相关。

9. $t=-1$。

10. 略。

B 类题

1～5. 略。

习题 4.3

A 类题

1. (1) $3,\boldsymbol{\alpha}_1,\boldsymbol{\alpha}_2,\boldsymbol{\alpha}_3$；(2) $2,\boldsymbol{\alpha}_1,\boldsymbol{\alpha}_2$；(3) $2,\boldsymbol{\alpha}_1,\boldsymbol{\alpha}_2$；(4) $3,\boldsymbol{\alpha}_1,\boldsymbol{\alpha}_2,\boldsymbol{\alpha}_3$。

2. (1) $3,\boldsymbol{\alpha}_1,\boldsymbol{\alpha}_2,\boldsymbol{\alpha}_3,\boldsymbol{\alpha}_4=\dfrac{7}{12}\boldsymbol{\alpha}_1-\dfrac{1}{12}\boldsymbol{\alpha}_2+\dfrac{5}{12}\boldsymbol{\alpha}_3$；(2) $3,\boldsymbol{\alpha}_1,\boldsymbol{\alpha}_2,\boldsymbol{\alpha}_3,\boldsymbol{\alpha}_4=\boldsymbol{\alpha}_1+3\boldsymbol{\alpha}_2-\boldsymbol{\alpha}_3$；

(3) 2, $\boldsymbol{\alpha}_1,\boldsymbol{\alpha}_2,\boldsymbol{\alpha}_3=-\frac{1}{5}\boldsymbol{\alpha}_1+\frac{8}{5}\boldsymbol{\alpha}_2,\boldsymbol{\alpha}_4=\frac{7}{5}\boldsymbol{\alpha}_1-\frac{1}{5}\boldsymbol{\alpha}_2$;

(4) 2, $\boldsymbol{\alpha}_1,\boldsymbol{\alpha}_2,\boldsymbol{\alpha}_3=-2\boldsymbol{\alpha}_1+\boldsymbol{\alpha}_2,\boldsymbol{\alpha}_4=4\boldsymbol{\alpha}_1-2\boldsymbol{\alpha}_2,\boldsymbol{\alpha}_5=-4\boldsymbol{\alpha}_1+3\boldsymbol{\alpha}_2$。

3. $a=2,b=0$。

4. $a=13,b=\frac{13}{3}$。

5. (1) $p\neq 2,\boldsymbol{\alpha}=2\boldsymbol{\alpha}_1+\frac{3p-4}{p-2}\boldsymbol{\alpha}_2+\boldsymbol{\alpha}_3+\frac{1-p}{p-2}\boldsymbol{\alpha}_4$; (2) $p=2$, 3, $\boldsymbol{\alpha}_1,\boldsymbol{\alpha}_2,\boldsymbol{\alpha}_3$(或$\boldsymbol{\alpha}_1,\boldsymbol{\alpha}_3,\boldsymbol{\alpha}_4$)。

6. 略。

7. 不正确。

8. 略。

B 类题

1～2. 略。

3. $x_1=1,x_2=-1,x_3=1$。

4. (1) $\begin{pmatrix}3&2&6&3\\-2&-1&-4&-2\\0&0&-7&-9\\0&0&3&4\end{pmatrix}$; (2) $\begin{pmatrix}-1&-2&5&11\\2&3&0&0\\0&0&-4&-9\\0&0&3&7\end{pmatrix}$。

习题 4.4

A 类题

1. (1) $\boldsymbol{x}=\begin{pmatrix}x_1\\x_2\\x_3\\x_4\\x_5\end{pmatrix}=k_1\begin{pmatrix}-2\\1\\0\\0\\0\end{pmatrix}+k_2\begin{pmatrix}-3\\0\\1\\0\\0\end{pmatrix}+k_3\begin{pmatrix}-4\\0\\0\\1\\0\end{pmatrix}+k_4\begin{pmatrix}-5\\0\\0\\0\\1\end{pmatrix}$, k_1,k_2,k_3,k_4 为任意实数;

(2) $\boldsymbol{x}=\begin{pmatrix}x_1\\x_2\\x_3\\x_4\end{pmatrix}=k_1\begin{pmatrix}\frac{2}{7}\\\frac{5}{7}\\1\\0\end{pmatrix}+k_2\begin{pmatrix}\frac{3}{7}\\\frac{4}{7}\\0\\1\end{pmatrix}$, k_1,k_2 为任意实数;

(3) $\boldsymbol{x}=\begin{pmatrix}x_1\\x_2\\x_3\\x_4\end{pmatrix}=k_1\begin{pmatrix}2\\-2\\1\\0\end{pmatrix}+k_2\begin{pmatrix}\frac{5}{3}\\-\frac{4}{3}\\0\\1\end{pmatrix}$, k_1,k_2 为任意实数;

(4) $\boldsymbol{x}=\begin{pmatrix}x_1\\x_2\\x_3\\x_4\end{pmatrix}=k_1\begin{pmatrix}-\frac{5}{3}\\\frac{1}{3}\\1\\0\end{pmatrix}+k_2\begin{pmatrix}1\\-1\\0\\1\end{pmatrix}$, k_1,k_2 为任意实数。

2. (1) $\begin{pmatrix}x_1\\x_2\\x_3\end{pmatrix}=\begin{pmatrix}1\\0\\0\end{pmatrix}+k_1\begin{pmatrix}-2\\1\\0\end{pmatrix}+k_2\begin{pmatrix}-3\\0\\1\end{pmatrix}$， k_1,k_2 为任意实数；

(2) $\boldsymbol{x}=\begin{pmatrix}x_1\\x_2\\x_3\\x_4\end{pmatrix}=\begin{pmatrix}-2\\5\\0\\0\end{pmatrix}+k_1\begin{pmatrix}-1\\2\\1\\0\end{pmatrix}+k_2\begin{pmatrix}5\\-7\\0\\1\end{pmatrix}$， k_1,k_2 为任意实数；

(3) $\boldsymbol{x}=\begin{pmatrix}x_1\\x_2\\x_3\\x_4\end{pmatrix}=\begin{pmatrix}-\frac{28}{11}\\-\frac{15}{11}\\-\frac{29}{11}\\0\end{pmatrix}+k\begin{pmatrix}-\frac{25}{11}\\-\frac{13}{11}\\-\frac{20}{11}\\1\end{pmatrix}$， k 为任意实数；

(4) $\boldsymbol{x}=\begin{pmatrix}x_1\\x_2\\x_3\\x_4\end{pmatrix}=\begin{pmatrix}-6\\4\\0\\0\end{pmatrix}+k_1\begin{pmatrix}-5\\3\\1\\0\end{pmatrix}+k_2\begin{pmatrix}-4\\3\\0\\1\end{pmatrix}$， k_1,k_2 为任意实数。

3. 当 $\lambda=1$ 时，通解为 $\boldsymbol{x}=\begin{pmatrix}x_1\\x_2\\x_3\end{pmatrix}=\begin{pmatrix}1\\0\\0\end{pmatrix}+k\begin{pmatrix}1\\1\\1\end{pmatrix}$（$k$ 为任意实数）；(2)当 $\lambda=-2$ 时，通解为 $\boldsymbol{x}=\begin{pmatrix}x_1\\x_2\\x_3\end{pmatrix}=\begin{pmatrix}2\\2\\0\end{pmatrix}+k\begin{pmatrix}1\\1\\1\end{pmatrix}$（$k$ 为任意实数）。

4. (1) 当 $a\neq1$ 且 $b\neq0$ 时，线性方程组有唯一解，$x_1=\dfrac{3-4b}{b(1-a)}$，$x_2=\dfrac{3}{b}$，$x_3=\dfrac{4b-3}{b(1-a)}$；当 $b=0$ 时，线性方程组无解，且与 a 的取值无关；

当 $a=1,b\neq\dfrac{3}{4}$ 时，线性方程组无解；

当 $a=1,b=\dfrac{3}{4}$ 时，通解为 $\boldsymbol{x}=\begin{pmatrix}x_1\\x_2\\x_3\end{pmatrix}=\begin{pmatrix}0\\4\\0\end{pmatrix}+k\begin{pmatrix}-1\\0\\1\end{pmatrix}$（$k$ 为任意实数）。

(2) 当 $b\neq2$ 时，$R(\mathbf{A})<R(\bar{\mathbf{A}})$，线性方程组无解；

当 $b=2$，且 $a\neq1$ 时，线性方程组有唯一解，$x=\begin{pmatrix}x_1\\x_2\\x_3\end{pmatrix}=\begin{pmatrix}-1\\2\\0\end{pmatrix}$；

当 $b=2$，且 $a=1$ 时，线性方程组有无穷多解，通解为 $\boldsymbol{x}=\begin{pmatrix}x_1\\x_2\\x_3\end{pmatrix}=\begin{pmatrix}-1\\2\\0\end{pmatrix}+k\begin{pmatrix}-2\\1\\1\end{pmatrix}$（$k$ 为任

意实数)。

5. $\begin{pmatrix} -1 & -2 & 0 \\ 1 & 0 & 0 \\ 0 & 1 & 0 \end{pmatrix}$。

6. $k\begin{pmatrix} 13 \\ -5 \\ -1 \end{pmatrix}+\begin{pmatrix} 6 \\ -1 \\ 1 \end{pmatrix}$, k 为任意实数。

7. $\begin{cases} x_1=3x_3-2x_4, \\ x_2=2x_3-x_4。\end{cases}$

8. $\boldsymbol{x}=\begin{pmatrix} 3 \\ -4 \\ 1 \\ 2 \end{pmatrix}+k\begin{pmatrix} 1 \\ -7 \\ -3 \\ 2 \end{pmatrix}$, k 为任意实数。

B 类题

1. $\boldsymbol{x}=k\begin{pmatrix} 1 \\ -2 \\ 1 \\ 0 \end{pmatrix}+\begin{pmatrix} 1 \\ 1 \\ 1 \\ 1 \end{pmatrix}$, k 为任意实数。

2. $\boldsymbol{x}=k\begin{pmatrix} 0 \\ -1 \\ 1 \\ 1 \end{pmatrix}+\begin{pmatrix} \frac{1}{2} \\ \frac{1}{2} \\ 0 \\ 1 \end{pmatrix}$, k 为任意实数。

3. (1) 当 $\lambda\neq1$,且 $\lambda\neq-\frac{4}{5}$ 时,线性方程组有唯一解。

(2) 当 $\lambda=-\frac{4}{5}$ 时,线性方程组无解。

(3) $\lambda=1$ 时,通解为 $\boldsymbol{x}=\begin{pmatrix} x_1 \\ x_2 \\ x_3 \end{pmatrix}=\begin{pmatrix} 1 \\ -1 \\ 0 \end{pmatrix}+k\begin{pmatrix} 0 \\ 1 \\ 1 \end{pmatrix}$($k$ 为任意实数)。

4~6. 略。

复习题 4

1. (1) $k\neq0$ 且 $k\neq-3$; (2) $a=2b$; (3)无关,相关; (4) $\lambda=1$; (5) $n-1$。

2. (1) D; (2) D; (3) A; (4) C; (5) D。

3. $\boldsymbol{\alpha}_1,\boldsymbol{\alpha}_2,\boldsymbol{\alpha}_3$ 线性无关; $\boldsymbol{\alpha}_1,\boldsymbol{\alpha}_2,\boldsymbol{\alpha}_3,\boldsymbol{\alpha}_4$ 线性相关。

4. $R(\boldsymbol{\alpha}_1,\boldsymbol{\alpha}_2,\boldsymbol{\alpha}_3,\boldsymbol{\alpha}_4)=3$, $\boldsymbol{\alpha}_1,\boldsymbol{\alpha}_2,\boldsymbol{\alpha}_4$; $R(\boldsymbol{\alpha}_1,\boldsymbol{\alpha}_2,\boldsymbol{\alpha}_3,\boldsymbol{\alpha}_4,\boldsymbol{\alpha}_5)=3$, $\boldsymbol{\alpha}_1,\boldsymbol{\alpha}_2,\boldsymbol{\alpha}_4$。

5. 当 $m\neq0, m\neq\pm2$ 时,线性无关; 当 $m=0$ 或 $m=\pm2$ 时,线性相关。

6. 略。

7. $\begin{pmatrix}x_1\\x_2\\x_3\\x_4\\x_5\end{pmatrix}=k_1\begin{pmatrix}1\\1\\0\\0\\0\end{pmatrix}+k_2\begin{pmatrix}\frac{1}{3}\\0\\\frac{4}{3}\\1\\0\end{pmatrix}+k_3\begin{pmatrix}1\\0\\-1\\0\\1\end{pmatrix}+\begin{pmatrix}\frac{4}{3}\\0\\\frac{1}{3}\\0\\0\end{pmatrix}$， k_1,k_2,k_3 为任意实数。

8. (1) 当 $a=-1$ 且 $b\neq 36$ 时，线性方程组无解；

(2) 当 $a\neq -1, a\neq 6$ 时，线性方程组有唯一解；

(3) 当 $a=-1$ 且 $b=36$ 时，线性方程组有无穷多解，通解为 $\boldsymbol{x}=\boldsymbol{\xi}+k\boldsymbol{\eta}=\begin{pmatrix}6\\-12\\0\\0\end{pmatrix}+k\begin{pmatrix}-2\\5\\0\\1\end{pmatrix}$，$k$ 为任意实数；

当 $a=6$ 时，线性方程组有无穷多解。通解为 $\boldsymbol{x}=\boldsymbol{\xi}+k\boldsymbol{\eta}=\frac{1}{7}\begin{pmatrix}114-2b\\-12-2b\\0\\b-36\end{pmatrix}+k\begin{pmatrix}-2\\1\\1\\0\end{pmatrix}$（$k$ 为任意实数）。

9. (1) 略；(2) $\boldsymbol{x}=\begin{pmatrix}-1\\1\\1\end{pmatrix}+k\begin{pmatrix}2\\0\\-2\end{pmatrix}$， k 为任意实数。

10. $\boldsymbol{x}=\begin{pmatrix}\frac{1}{2}\\\frac{3}{2}\\\frac{1}{2}\end{pmatrix}+k_1\begin{pmatrix}0\\1\\-2\end{pmatrix}+k_2\begin{pmatrix}0\\3\\2\end{pmatrix}$， k_1,k_2 为任意实数。

11. $a=1,b=4,c=3$。

12～14. 略。

第 5 章

习题 5.1

A 类题

1. (1) 特征值为 4，−2，对应的特征向量分别为 $k_1\begin{pmatrix}1\\1\end{pmatrix}$ 和 $k_2\begin{pmatrix}-1\\5\end{pmatrix}$（$k_1,k_2$ 为任意的非零数）；

(2) 特征值为 3，2，−3，对应的特征向量分别为 $k_1\begin{pmatrix}3\\-9\\1\end{pmatrix}$，$k_2\begin{pmatrix}0\\1\\0\end{pmatrix}$ 和 $k_3\begin{pmatrix}0\\0\\1\end{pmatrix}$（$k_1,k_2,k_3$ 为任

意的非零数)；

(3) 特征值为-1(三重)，对应的特征向量分别为$k\begin{pmatrix}-1\\-1\\1\end{pmatrix}$($k$为任意的非零数)；

(4) 特征值为0，-1，9，对应的特征向量分别为$k_1\begin{pmatrix}-1\\-1\\1\end{pmatrix}$，$k_2\begin{pmatrix}-1\\1\\0\end{pmatrix}$和$k_3\begin{pmatrix}1\\1\\2\end{pmatrix}$($k_1,k_2,k_3$为任意的非零数)；

(5) 特征值为-2，7(二重)，对应的特征向量分别为$k_1\begin{pmatrix}2\\1\\2\end{pmatrix}$，$k_2\begin{pmatrix}-1\\2\\0\end{pmatrix}+k_3\begin{pmatrix}-1\\0\\1\end{pmatrix}$($k_1$为任意的非零数，$k_2,k_3$为不全为零的数)；

(6) 特征值为2，1(二重)，对应的特征向量分别为$k_1\begin{pmatrix}0\\0\\1\end{pmatrix}$和$k_2\begin{pmatrix}-1\\-2\\1\end{pmatrix}$($k_1,k_2$为任意的非零数)；

(7) 特征值为-2，1(二重)，对应的特征向量分别为$k_1\begin{pmatrix}-1\\1\\1\end{pmatrix}$，$k_2\begin{pmatrix}-2\\1\\0\end{pmatrix}+k_3\begin{pmatrix}0\\0\\1\end{pmatrix}$($k_1$为任意的非零数，$k_2,k_3$为不全为零的数)；

(8) 特征值为1(二重)，-1(二重)，对应的特征向量分别为$k_1\begin{pmatrix}0\\1\\1\\0\end{pmatrix}+k_2\begin{pmatrix}1\\0\\0\\1\end{pmatrix}$，$k_3\begin{pmatrix}0\\-1\\1\\0\end{pmatrix}+k_4\begin{pmatrix}-1\\0\\0\\1\end{pmatrix}$($k_1,k_2$为不全为零的数，$k_3,k_4$为不全为零的数)。

2. $a=1$。

3～4. 略。

5. $a\neq-9$。

6. 特征值为7，7，1。

7. $a=2,b=-3$。

8～9. 略。

10. 若$\boldsymbol{A}$的特征值为$\lambda_1,\lambda_2,\cdots,\lambda_n$，$\boldsymbol{B}$的特征值为$\mu_1,\mu_2,\cdots,\mu_n$，则$\begin{pmatrix}\boldsymbol{A}&\boldsymbol{0}\\\boldsymbol{0}&\boldsymbol{B}\end{pmatrix}$的特征值为$\lambda_1,\lambda_2,\cdots,\lambda_n,\mu_1,\mu_2,\cdots,\mu_n$。

B 类题

1. 特征值为1或2。

2. 18。

3～7. 略。

习题 5.2

A 类题

1. (1) 不可以；(2) 可以；(3) 可以；(4) 可以。

2. (1) 特征值为 1,2,4,对应的特征向量分别为 $k_1\begin{pmatrix}-1\\1\\1\end{pmatrix}$,$k_2\begin{pmatrix}0\\-1\\1\end{pmatrix}$和 $k_3\begin{pmatrix}2\\1\\1\end{pmatrix}$($k_1,k_2,k_3$为任意的非零数)；

(2) 可以对角化,$\boldsymbol{P}=\begin{pmatrix}-1&0&2\\1&-1&1\\1&1&1\end{pmatrix}$。

3. (1) 特征值为$-4,-6,-12$。相似的对角矩阵为$\begin{pmatrix}-4&&\\&-6&\\&&-12\end{pmatrix}$；

(2) $-288,-72$。

4. $a=0,b=-2,\boldsymbol{P}=\begin{pmatrix}0&0&-1\\-2&1&0\\1&1&1\end{pmatrix}$。

5. (1) $\begin{pmatrix}1&2^{100}-1&1-2^{100}\\0&2-2^{100}&2^{100}-1\\0&2-2^{101}&2^{101}-1\end{pmatrix}$；(2) $\dfrac{1}{3}\begin{pmatrix}4^{100}+2&4^{100}-1&4^{100}-1\\4^{100}-1&4^{100}+2&4^{100}-1\\4^{100}-1&4^{100}-1&4^{100}+2\end{pmatrix}$。

6. $\begin{pmatrix}-2&1&1\\0&2&0\\-4&1&3\end{pmatrix}$。

7～10. 略。

B 类题

1. $\boldsymbol{P}=\begin{pmatrix}-1&1&1\\1&0&-2\\0&1&3\end{pmatrix}$。

2. 略。

3. $\boldsymbol{\Lambda}=\begin{pmatrix}0&&\\&1&\\&&-3\end{pmatrix}$。

习题 5.3

A 类题

1. (1) 9；(2) $\sqrt{6},3\sqrt{2}$；(3) $\dfrac{\pi}{6}$；(4) -39。

2. $\begin{pmatrix}-1\\0\\1\end{pmatrix}$。

3. $\begin{pmatrix} -2 \\ -1 \\ -1 \\ 1 \end{pmatrix}$。

4. $\boldsymbol{\alpha}_2=\begin{pmatrix} -1 \\ 1 \\ 0 \end{pmatrix}, \boldsymbol{\alpha}_3=\frac{1}{2}\begin{pmatrix} -1 \\ -1 \\ 2 \end{pmatrix}$。

5. (1) $\frac{\sqrt{3}}{3}\begin{pmatrix} -1 \\ 1 \\ 1 \end{pmatrix}, \frac{\sqrt{6}}{6}\begin{pmatrix} 1 \\ -1 \\ 2 \end{pmatrix}, \frac{\sqrt{2}}{2}\begin{pmatrix} 1 \\ 1 \\ 0 \end{pmatrix}$；(2) $\frac{\sqrt{2}}{2}\begin{pmatrix} 1 \\ -1 \\ 0 \end{pmatrix}, \frac{\sqrt{6}}{6}\begin{pmatrix} 1 \\ 1 \\ 2 \end{pmatrix}, \frac{\sqrt{3}}{3}\begin{pmatrix} -1 \\ -1 \\ 1 \end{pmatrix}$。

(3) $\frac{\sqrt{3}}{3}\begin{pmatrix} 1 \\ 0 \\ -1 \\ 1 \end{pmatrix}, \frac{\sqrt{15}}{15}\begin{pmatrix} 1 \\ -3 \\ 2 \\ 1 \end{pmatrix}, \frac{\sqrt{35}}{35}\begin{pmatrix} -1 \\ 3 \\ 3 \\ 4 \end{pmatrix}$。

6. (1) 不是；(2) 是。

7. (1) $a=\frac{2}{\sqrt{5}}, c=-\frac{1}{\sqrt{5}}; b=\pm\frac{1}{\sqrt{5}}$ 或 $a=-\frac{2}{\sqrt{5}}, c=\frac{1}{\sqrt{5}}; b=\pm\frac{1}{\sqrt{5}}$；

(2) $a=\pm\frac{1}{2}, b=-\frac{\sqrt{3}}{2}, c=\pm\frac{\sqrt{3}}{2}$ 或 $a=\pm\frac{1}{2}, b=\frac{\sqrt{3}}{2}, c=\mp\frac{\sqrt{3}}{2}$。

8～10. 略。

B 类题

1～5. 略。

习题 5.4

A 类题

1. (1) $\begin{pmatrix} 0 & 1 & 0 \\ -1 & 0 & 1 \\ 1 & 0 & 1 \end{pmatrix}$；(2) $\begin{pmatrix} -1 & 1 & 1 \\ 1 & 1 & 0 \\ 1 & 0 & 1 \end{pmatrix}$；(3) $\begin{pmatrix} -1 & -2 & 2 \\ -2 & 1 & 0 \\ 2 & 0 & 1 \end{pmatrix}$；(4) $\begin{pmatrix} 1 & -1 & -1 \\ 1 & 1 & 0 \\ 1 & 0 & 1 \end{pmatrix}$；

(5) $\begin{pmatrix} 1 & -2 & 2 \\ 2 & -1 & -2 \\ 2 & 2 & 1 \end{pmatrix}$；(6) $\begin{pmatrix} -2 & 2 & -1 \\ 1 & 0 & -2 \\ 0 & 1 & 2 \end{pmatrix}$。

2. (1) $k\begin{pmatrix} 0 \\ 1 \\ 1 \end{pmatrix}$ (k 为任意非零数)；(2) $\frac{1}{2}\begin{pmatrix} 2 & 0 & 0 \\ 0 & 3 & 1 \\ 0 & 1 & 3 \end{pmatrix}$。

3. (1)是；(2)可以；(3) $\frac{1}{3}\begin{pmatrix} -1 & 0 & 2 \\ 0 & 1 & 2 \\ 2 & 2 & 0 \end{pmatrix}$。

4. (1) $a=-1$；(2) $k\begin{pmatrix} 1 \\ -1 \\ 1 \end{pmatrix}$ (k 为任意非零数)； (3) $\frac{1}{3}\begin{pmatrix} -1 & 1 & 2 \\ 1 & 2 & 1 \\ 2 & 1 & -1 \end{pmatrix}$。

5. $\frac{1}{5}\begin{pmatrix} 4 & -18 & 0 \\ -18 & 31 & 0 \\ 0 & 0 & -5 \end{pmatrix}$。

6. (1) $\begin{pmatrix} -\frac{1}{\sqrt{2}} & -\frac{1}{\sqrt{6}} & \frac{1}{\sqrt{3}} \\ \frac{1}{\sqrt{2}} & -\frac{1}{\sqrt{6}} & \frac{1}{\sqrt{3}} \\ 0 & \frac{2}{\sqrt{6}} & \frac{1}{\sqrt{3}} \end{pmatrix}$；(2) $\frac{1}{\sqrt{2}}\begin{pmatrix} -1 & 0 & 1 & 0 \\ 1 & 0 & 1 & 0 \\ 0 & -1 & 0 & 1 \\ 0 & 1 & 0 & 1 \end{pmatrix}$。

7. 略。

B 类题

1. (1) $\begin{pmatrix} \frac{1}{\sqrt{2}} & 0 & \frac{1}{2} & \frac{1}{2} \\ \frac{1}{\sqrt{2}} & 0 & -\frac{1}{2} & -\frac{1}{2} \\ 0 & \frac{1}{\sqrt{2}} & \frac{1}{2} & -\frac{1}{2} \\ 0 & \frac{1}{\sqrt{2}} & -\frac{1}{2} & \frac{1}{2} \end{pmatrix}$；(2) $\begin{pmatrix} \frac{1}{\sqrt{2}} & 0 & \frac{1}{2} & -\frac{1}{2} \\ 0 & \frac{1}{\sqrt{2}} & -\frac{1}{2} & -\frac{1}{2} \\ \frac{1}{\sqrt{2}} & 0 & -\frac{1}{2} & \frac{1}{2} \\ 0 & \frac{1}{\sqrt{2}} & \frac{1}{2} & \frac{1}{2} \end{pmatrix}$。

2. (1) 0,−1,1,对应的特征向量分别为 $k_1\begin{pmatrix} 0 \\ 1 \\ 0 \end{pmatrix}$,$k_2\begin{pmatrix} 1 \\ 0 \\ -1 \end{pmatrix}$ 和 $k_3\begin{pmatrix} 1 \\ 0 \\ 1 \end{pmatrix}$ (k_1,k_2,k_3 是任意非零的数)；(2) $\begin{pmatrix} 0 & 0 & 1 \\ 0 & 0 & 0 \\ 1 & 0 & 0 \end{pmatrix}$。

3. 略。

4. $\begin{pmatrix} -1 & & & \\ & -1 & & \\ & & -1 & \\ & & & 0 \end{pmatrix}$。

复习题 5

1. (1) 1,2；(2) 3；(3) −18；(4) $\boldsymbol{A}^{-1}$ 的特征值是 $1,\frac{1}{2},\frac{1}{3}$,$\boldsymbol{A}^*$ 的特征值是 6,3,2,$\boldsymbol{A}^2+\boldsymbol{A}$ 的特征值是 2,6,12；(5) 2。

2. (1) B；(2) B；(3) B；(4) A；(5) C。

3. (1) 错误；(2) 错误；(3) 错误；(4) 错误；(5) 正确。

4. $\boldsymbol{\beta}=\begin{pmatrix} -1 \\ 1 \\ -1 \\ 1 \end{pmatrix}$。

5. 特征值为 4, −2(2 重)，对应的特征向量分别为 $k_1\begin{pmatrix}0\\1\\1\end{pmatrix}$ 和 $k_2\begin{pmatrix}1\\1\\0\end{pmatrix}$ (k_1,k_2 是任意非零的数)。

6. $\begin{pmatrix}-1 & 1 & 1\\ 0 & 2 & -1\\ 1 & 1 & 1\end{pmatrix}$。

7. (1) $a=-1,b=-3$；(2) $k_1\begin{pmatrix}5\\7\\1\end{pmatrix}$，$k_2\begin{pmatrix}-1\\-1\\1\end{pmatrix}$ 和 $k_3\begin{pmatrix}-1\\-2\\1\end{pmatrix}$ (k_1,k_2,k_3 是任意非零的数)；(3)可以。

8～10. 略。

第 6 章

习题 6.1

A 类题

1. (1) 不是；(2)不是；(3)是，$\begin{pmatrix}1 & 2\\ 2 & 3\end{pmatrix}$；(4)是，$\begin{pmatrix}1 & 2 & 0\\ 2 & 2 & 2\\ 0 & 2 & 3\end{pmatrix}$；(5)是，$\begin{pmatrix}1 & 1 & 2\\ 1 & 3 & 1\\ 2 & 1 & 2\end{pmatrix}$；(6)不是。

2. (1) $\begin{pmatrix}1 & -2\\ -2 & 1\end{pmatrix}$，秩为 2；(2) $\begin{pmatrix}1 & -1 & 2\\ -1 & -2 & 4\\ 2 & 4 & 3\end{pmatrix}$，秩为 3；(3) $\begin{pmatrix}0 & 1/2 & -1/2 & 0\\ 1/2 & 0 & 1 & 0\\ -1/2 & 1 & 0 & 0\\ 0 & 0 & 0 & 1\end{pmatrix}$，秩为 4；(4) $\begin{pmatrix}0 & 1 & 0 & 0\\ 1 & 0 & 2 & 0\\ 0 & 2 & 0 & 3\\ 0 & 0 & 3 & 0\end{pmatrix}$，秩为 4。

3. (1) $f=2x_1^2+4x_1x_2+10x_1x_3+x_2^2+2x_3^2$；(2) $f=2x_1x_3+x_2^2$；
(3) $f=x_1^2-2x_1x_2-6x_1x_3+2x_1x_4+x_2^2-4x_2x_3+2x_2x_4+2x_3^2-6x_3x_4$；
(4) $f=x_1^2+4x_1x_2+3x_2^2+4x_3^2+10x_3x_4+6x_4^2$。

4. 略。

5. $t=3/7$。

B 类题

1. $\begin{pmatrix}a_1^2 & a_1a_2 & a_1a_3\\ a_1a_2 & a_2^2 & a_2a_3\\ a_1a_3 & a_2a_3 & a_3^2\end{pmatrix}$。

2～4. 略。

习题 6.2

A 类题

1. (1) 正交替换法：标准形为 $f=y_1^2+y_2^2-2y_3^2$，相应的正惯性指数为 2，负惯性指数为

1；配方法：替换矩阵为$\begin{pmatrix}1&1&1\\1&-1&1\\0&0&1\end{pmatrix}$；

(2) 正交替换法：标准形为 $f=-2y_1^2+y_2^2+4y_3^2$。相应的正惯性指数为 2，负惯性指数为 1；配方法：替换矩阵为$\begin{pmatrix}1&1&-2\\0&1&-2\\0&0&1\end{pmatrix}$；

(3) 正交替换法：标准形为 $f=-y_1^2-y_2^2+5y_3^2$。相应的正惯性指数为 1，负惯性指数为 2；配方法：$\begin{pmatrix}1&-2&-2/3\\0&1&-2/3\\0&0&1\end{pmatrix}$；

(4) 正交替换法：标准形为 $f=4y_2^2+9y_3^2$。易见，二次型的正惯性指数为 2，负惯性指数为 0；配方法：替换矩阵为$\begin{pmatrix}1&1/10&-1/2\\0&1/2&1/2\\0&0&1\end{pmatrix}$；

(5) 正交替换法：标准形为 $f=7y_1^2+7y_2^2-2y_3^2$。相应的正惯性指数为 2，负惯性指数为 1；配方法：替换矩阵为$\begin{pmatrix}1&-4/3&-2\\0&1&2\\0&0&1\end{pmatrix}$；

(6) 正交替换法：标准形为 $f=5y_1^2+5y_2^2-4y_3^2$。相应的正惯性指数为 2，负惯性指数为 1；配方法：替换矩阵为$\begin{pmatrix}1&-\frac{2}{3}&4\\0&1&0\\0&-\frac{2}{3}&1\end{pmatrix}$。

2. $a=b=0$，$\frac{1}{\sqrt{2}}\begin{pmatrix}-1&0&1\\0&\sqrt{2}&0\\1&0&1\end{pmatrix}$。

3. $a=1$，$f=2x_2^2+2x_3^2$。

4. $a=-2$，$b=-3$，$\begin{pmatrix}-\frac{1}{\sqrt{2}}&-\frac{1}{\sqrt{6}}&\frac{1}{\sqrt{3}}\\\frac{1}{\sqrt{2}}&-\frac{1}{\sqrt{6}}&\frac{1}{\sqrt{3}}\\0&\frac{2}{\sqrt{6}}&\frac{1}{\sqrt{3}}\end{pmatrix}$。

习题 6.3

A 类题

1. (1) 正定；(2) 负定；(3) 正定；(4) 不定。

2. (1) $a>2$；(2) $4<a<5$；(3) $a>1$。

3～7. 略。

B 类题

1～3. 略。

复习题 6

1. (1) $t=1$；(2) $-\sqrt{\frac{5}{2}}<\lambda<\sqrt{\frac{5}{2}}$；(3) $y_1^2+y_2^2-y_3^2$；(4) 正定；(5) 2。

2. (1) D；(2) B；(3) D；(4) C；(5) C。

3. (1) $\boldsymbol{x}^{\mathrm{T}}\begin{pmatrix}2&1&0\\1&2&0\\0&0&3\end{pmatrix}\boldsymbol{x}$；(2) $f=y_1^2+3y_2^2+3y_3^2$，$\boldsymbol{x}=\boldsymbol{Q}\boldsymbol{y}$，$\boldsymbol{Q}=\frac{1}{\sqrt{2}}\begin{pmatrix}-1&1&0\\1&1&0\\0&0&\sqrt{2}\end{pmatrix}$。

4. (1) $f=z_1^2-z_2^2$，$\begin{pmatrix}x_1\\x_2\\x_3\\x_4\end{pmatrix}=\begin{pmatrix}1&1&-1&0\\1&-1&0&-1\\0&0&1&0\\0&0&0&1\end{pmatrix}\begin{pmatrix}z_1\\z_2\\z_3\\z_4\end{pmatrix}$；

(2) $f=y_1^2-4y_2^2-4y_3^2$，$\begin{pmatrix}x_1\\x_2\\x_3\end{pmatrix}=\begin{pmatrix}1&-2&2\\0&1&-1\\0&0&1\end{pmatrix}\begin{pmatrix}y_1\\y_2\\y_3\end{pmatrix}$。

5. (1) 负定；(2) 正定。

6. (1) $-\frac{1}{\sqrt{2}}<t<\frac{1}{\sqrt{2}}$；(2) $-1<t<1$。

7. $\boldsymbol{x}=\boldsymbol{Q}\boldsymbol{y}$，$\boldsymbol{Q}=\begin{pmatrix}-\frac{1}{\sqrt{2}}&\frac{1}{\sqrt{6}}&\frac{1}{\sqrt{3}}\\\frac{1}{\sqrt{2}}&\frac{1}{\sqrt{6}}&\frac{1}{\sqrt{3}}\\0&-\frac{2}{\sqrt{6}}&\frac{1}{\sqrt{3}}\end{pmatrix}$，标准形为 $f=-x_1^2-x_2^2+5x_3^2$，不是正定二次型。

8. (1) $t=-4$；(2) $\boldsymbol{x}=\boldsymbol{Q}\boldsymbol{y}$，$\boldsymbol{Q}=\frac{1}{3}\begin{pmatrix}-1&-2&2\\2&-2&-1\\2&1&2\end{pmatrix}$；(3) $t<-9$。

9～12. 略。

课程总体回顾及模拟试卷讲解

课程总体回顾

模拟试卷 1

模拟试卷 2

中英名词索引

按汉语拼音排序，参见“章.节”.习题作每章最后一节。

参考文献

[1] 同济大学数学系.线性代数[M]. 6 版.北京：高等教育出版社，2014.

[2] 上海交通大学数学系.线性代数[M]. 3 版.北京：科学出版社，2014.

[3] 邵珠艳，岳丽.线性代数[M].北京：北京大学出版社，2014.

[4] 吴赣昌.线性代数[M]. 5 版.北京：中国人民大学出版社，2017.

[5] 牛大田，袁学刚，张友.线性代数(中英双语版)[M].北京：科学出版社，2017.

[6] PETER PETERSEN. Linear Algebra[M]. New York：Springer，2012.

[7] SERGE LANG. Introduction to Linear Algebra[M]. New York：Springer，1997.

[8] 张立卓.线性代数辅导讲义[M].北京：清华大学出版社，2017.